高等院校21世纪课程教材

大学物理实验系列

大学物理实验

第2版

主　编◎张永春　王玉杰　杨　癸
副主编◎江锡顺　付　翔　程　军
编　委◎（按姓氏笔画排序）
王玉杰　付　翔　冯明春　朱炳辉　江锡顺
李　杰　李亚琴　李辛毅　杨　癸　汪　平
张　臻　张永春　张舒月　尚宏伟　周晓烨
胡　丹　姜浩轩　程　军

北京师范大学出版集团
BEIJING NORMAL UNIVERSITY PUBLISHING GROUP
安徽大学出版社

图书在版编目(CIP)数据

大学物理实验 / 张永春，王玉杰，杨癸主编. 2 版. -- 合肥 : 安徽大学出版社，2025. 1.--(高等院校 21 世纪课程教材). -- ISBN 978-7-5664-2916-2

Ⅰ. O4 - 33

中国国家版本馆 CIP 数据核字第 2024A2P036 号

大学物理实验(第 2 版)
Daxue Wuli Shiyan

张永春 王玉杰 杨 癸 主编

出版发行：北京师范大学出版集团
安 徽 大 学 出 版 社
(安徽省合肥市肥西路 3 号 邮编 230039)
www. bnupg. com
www. ahupress. com. cn
印　　刷：安徽利民印务有限公司
经　　销：全国新华书店
开　　本：710 mm×1010 mm　　1/16
印　　张：25
字　　数：370 千字
版　　次：2025 年 1 月第 2 版
印　　次：2025 年 1 月第 1 次印刷
定　　价：59.00 元
ISBN 978-7-5664-2916-2

策划编辑：刘中飞　武溪溪　　装帧设计：李　军
责任编辑：武溪溪　　美术编辑：李　军
责任校对：陈玉婷　　责任印制：赵明炎

前　言

大学物理实验是理工科学生必修的一门重要基础课程，旨在通过系统的物理实验知识学习，使学生掌握实验的基本理论和技能，培养严谨的工作作风和实事求是的科学态度，并为后续理工科专业实践类课程学习打下坚实的基础。

本书是在《大学物理实验》第1版的基础上，为适应非物理类理工科实践类课程教学改革的新形势、新要求，按照《非物理类理工学科大学物理实验课程教学基本要求》，根据地方性、应用型和高水平人才培养目标，融合编者长期从事大学物理学和大学物理实验课程的教学经验修订而成。主要内容包括测量与误差的基本理论、数据处理方法、常用物理量的测量方法、常用仪器的使用方法和经典物理实验项目等。为了增强经典物理实验中的现代技术气息，书中对于一些物理量的测量引入了现代科技发展的新技术和新成果。本次修订在教学内容和实验项目选择上注重实用性和时代性。为更加适应非物理类理工科学生的特点，实验原理介绍力求简明扼要，重点强调对物理知识的运用，通过对实验仪器、实验步骤和数据处理方法的详细介绍，提高学生的学习效率和兴趣，落实“学生中心、目标导向、持续改进”的新工科教材发展理念。同时，本书提供了数据记录表格和数据处理计算公式，使学生能够更加专注于实验操作本身。

本书共八章，前三章主要介绍物理实验基本理论、实验仪器相关知识以及数据处理和误差分析常用方法；后五章编入力学、热学、电磁学、光学以及近代物理等方面的 38 个实验，在《大学物理实验》第 1 版的基础上更新和新增的实验有 18 个。本书设定基础性、综合性和设计性三类不同难易程度和教学要求的实验项目，一方面可以满足学生对物理实验相关基本知识和操作技巧的学习需求，另一方面，也可以锻炼学生处理复杂工程问题的能力。

张永春、王玉杰、杨癸担任本书主编，负责组织编写与统稿工作；江锡顺、付翔、程军担任本书副主编。参与修订工作的还有胡丹、李亚琴、尚宏伟、张舒月、朱炳辉、汪平、李杰、李辛毅、周晓烨、冯明春、姜浩轩、张臻等。在本书编写过程中得到了滁州学院机械与电气工程学院领导和大学物理实验室教师的大力支持和帮助。在编写过程中，还借鉴和参阅了一些兄弟院校教师编写的相关教材和实验讲义，以及杭州大华仪器制造有限公司、四川世纪中科光电技术有限公司、武汉光驰教育科技股份有限公司等教学仪器厂家提供的仪器设备资料，从中汲取了宝贵的经验，在此一并致谢。

由于编者水平有限，书中难免存在不妥之处，恳请读者、专家批评指正，以便再次修订完善。

编者

2024 年 8 月

目录 CONTENTS

第1章 绪　论

大学物理实验作为理工科专业必修的重要专业基础课之一，是学生在大学阶段用科学实验方法探索科学问题的重要开端。大学物理实验着重培养与提高学生的科学实验能力，即让学生通过实验测量和分析，掌握基本的物理知识，加强对基本物理原理和规律的理解。大学物理实验也是培养学生综合分析和解决问题的能力、创新意识和创新能力、动手能力和团队协作能力等综合素质的重要手段。本课程主要包括力学、热学、电磁学、光学以及近代物理学等方面的实验内容。

1.1　大学物理实验的教学目标

实验是人类开展科学研究最直接的方法之一，在科学研究发展史中，人类通常借助实验去认识自然并发现自然规律。物理学本质上是一门实验科学，物理学中新理论的建立和新规律的发现都是依靠实验来检验的。物理实验是自然科学实验的重要组成部分，它体现了大多数自然科学实验的共同特征，其实验思想、实验方法以及实验仪器和技术等是各自然学科科学实验的基础。

大学物理实验是高校理工科专业一门重要的必修基础实验课程，是学生接受系统的科学实验基本技能训练和基本素质培养的开端，是培养学生科学实验能力和实事求是科学素质的重要基础；同时，大学物理实验在培养学生严谨的科学态度、理论联系实际的能力及辩证唯物主义世界观等方面都起到重要的作用，为学生后续课程学习和以后工作奠定良好的基础。

本课程的主要教学目标如下：

(1)学习基本实验理论、典型的实验方法及物理思想。通过实验操作、实验分析和实验探究，掌握基本的物理实验方法和实验技能；同时，运用理论知识，对实验现象、故障和测量结果进行初步分析、预测和判断。

掌握基本物理量和物性参数（如质量、长度、时间、电流、电压、电阻、磁感应强度、温度、比热容、频率、液体表面张力系数和弹性模量等）的测量方法以及典型的实验方法和物理思想（如比较法、转换法、放大法、模拟法、补偿法和干涉法等），有助于开阔思路，激发探索和创新能力。

(2)掌握常见实验仪器的性能和操作方法。借助实验教材和设备说明书，掌握常见实验装置（如长度测量仪器、计时仪器、测温仪器、变阻器、电表、电桥、分光仪、电源和光源等）的性能、操作规范、注意事项和调节方法（如零位调节、水平/铅直调节、光路调节、电路故障检查与排除等），是做好物理实验的基础和前提，有助于培养与提高学生的科学实验能力。

(3)掌握数据处理和误差分析的方法。学会利用计算机软件正确处理实验数据（如列表法、作图法和最小二乘法等），掌握测量误差的基本理论和处理方法，学会利用不确定度对直（间）接测量结果进行分析和表达，学会撰写符合要求的实验报告，培养学生自主设计精确实验方案的能力。

(4)培养基本科学素养。通过对大学物理实验课程的学习，培养学生认真严谨的科学态度、坚韧不拔的探索精神、团结协作的团队精神和遵守实验室规则的纪律意识。同时，通过学习，逐步培养学生的科学思维和创新意识，养成爱护实验设备的良好品质。

1.2 大学物理实验教学要求

大学物理实验是指学生在教师指导下独立自主进行实验测量、数据处理和分析的一种科学实践活动，开设大学物理实验课程的最根本目的在于培养学生对实验仪器的操作能力、实验调节与故障排查能力以及对测量数据的处理与误差分析能力。为了最大化提高学生的自主实验能力,需要学生投入足够的时间和精力。学好大学物理实验的关键在于认真做好实验课前预习、课中操作和课后总结。

1. 课前预习

每个实验项目都限定了实验时间,要想在规定的时间内高质量地完成实验任务并获得较高精确度的实验测量结果,必须在实验之前做好充分的预习。预习时以理解为主,明白具体的实验原理和实验内容,了解实验仪器和实验方法。预习主要包括认真阅读实验教材、参考网络资源以及查询相关资料。通过预习,了解实验目的,掌握实验原理,初步掌握实验仪器的操作和调节方法以及注意事项。通过预习,学生需要完成实验方案的设计工作。在充分做好实验前准备的基础上,还要完成预习报告和回答预习思考题。具体来说,课前预习需要完成以下学习任务:

(1)阅读实验教材,观看在线教学视频,熟悉实验内容,明确实验目的。

(2)重点学习与实验相关的理论知识,如公式、定律等,必要时应自主收集与实验相关的背景知识进行学习。针对实验所涉及的物理理论进行复习或学习,确保理解与实验相关的核心概念。在理解的基础上,能够简要阐述实验原理和测量条件,写出实验的理论公式,并明确公式中各字母对应的物理含义和单位。

(3)了解主要实验仪器和设备的使用方法。通过对教材中的仪器介绍和在线教学平台中的图片和视频的学习,理解仪器设备的工作原理,了解仪器设备的操作方法和操作注意事项,避免在实验操作中出现错误。

(4)提前熟悉实验操作步骤,理解每一个步骤的意义和作用。了解实验公式中的待测量有哪些,哪些是直接测量量,哪些是间接测量量,以及它们的测量方法,并规划好合理的测量顺序。对于间接测量量,要了解如何通过直接测量量来计算得到间接测量量的值。通过预习,对于一些实验项目,学生还要自主设计出电路图、光路图等实验原理图。

(5)预习实验数据的记录方式。根据实验要求梳理出需要直接测量的物理量并设计出实验数据记录表格,以便在实验过程中高效、准确地记录数据。

(6)思考教材上的实验思考题。

上课前,指导教师检查每位同学的预习报告,提问实验预习思考题,并给出相应的实验预习成绩。对于没有预习或未完成预习报告要求的学生,不得进入实验室进行实验,待完成预习和预习报告后再补做实验。预习报告书写要求如下:

(1)写出主要实验内容和步骤。在完成预习任务之后,根据自己的学习所得,整理归纳出实验的主要内容,明确实验测量任务,并规划出主要实验步骤。实验内容和步骤不要照抄教材中的内容。这部分内容既可用于检测自己预习的效果,也可作为进入实验室后进行实验操作的简化版实验指南。

(2)绘制实验数据记录表格。在预习报告上提前用铅笔绘制数据记录表格,在实验过程中将所测数据直接记录在表格中,避免漏测数据。对于有多个实验任务的实验,在设计表格时,不要将所有待测量全部设计在一个表格中,可按照一个实验任务设计一个表格的方式,保持不同实验任务数据的独立性,避免造成混淆。

2. 课中操作

学生进入实验室前,必须详细了解并严格遵守实验室的各项规章制度。进入实验室后,结合实验室提供的仪器设备说明书,利用实验教材再次快速预习实验内容,重点是进一步熟悉仪器的结构原理和操作方法。在教师宣布开始实验操作之前,不得对仪器设备进行任何操作。

实验课上,指导教师首先会进行必要的实验内容讲解,并告知实验的操作规范以及注意事项;然后指导学生熟悉并调试好仪器,一切准备就绪后,开始实验。实验过程中,学生要学会自主分析测量数据和排查仪器故障,必要时请教指导教师。学生应实事求是地正确记录实验测量数据,注意有效数字的位数和单位,测量结束后检查数据是否记录完整。

实验数据记录必须经指导教师审核,不符合要求的要及时改正或补测,必要时学生需要重做或补做实验。结合学生的实验操作过程及实验数据记录情况,指导教师给出学生实验操作成绩。实验结束后,学生应整理好实验设备,待指导教师检查通过后方可离开实验室。

3. 课后总结

实验结束后,学生应及时进行数据处理和误差分析,对实验进行全面分析与总结,完成实验报告的撰写工作。结合自己的实际实验操作,评判是否已达到实验要求,是否掌握实验原理及实验方法,实验操作是否规范;同时,针对实验过程中遇到的现象、问题和实验仪器产生的故障,从理论上进行分析,判断实验结果是否与理论相一致;结合实际实验条件,思考操作过程中是否能够尽可能减小测量误差,测量误差是否在合理范围内,是否可以提出更加合理优化的实验步骤或实验方法。

1.3 大学物理实验报告撰写规范

实验报告是对实验过程进行较为全面的书面总结,融合实验原理、设计思想、实验方法及相关的理论知识,对实验测量数据进行科学计算、分析、判断、归纳与综合,如实客观地把实验的全过程和实验结果用图表、文字形式进行展示,可锻炼学生独立进行实验和科学探究的能力,逐步培养自主实验设计和分析的基本能力,为撰写学术论文打下基础。因此,学生要认真按实验要求独立撰写实验报告,做到字迹工整,态度端正,内容翔实,且具有一定的逻辑性,图表正确,数据处理有理有据,测量误差计算正确,误差分析合理,结论明确。

实验报告在下次实验时提交给指导教师进行批阅。对实验报告不符合要求的,应当重写。实验报告在预习报告的基础上应着重阐述以下内容:

(1)实验数据处理与误差分析。对实验原始数据作进一步整理,便于后续的数据处理与分析,同时将原始数据记录粘贴在实验报告上,便于教师批阅时核对数据;结合实验原理、实验操作过程和误差理论,根据要求对测量数据进行处理与误差计算,实验数据处理要有条理，计算方法要正确，计算过程要有必要的文字说明，注意单位统一和有效数字的保留，要能明确展示出结果。

（2）实验结果讨论。首先，从理论上分析实验中观察到的异常现象以及故障排除方法。其次，结合误差处理结果，对主要的实验误差作详细分析与讨论，尤其对于误差计算结果较大的情况下，应重点分析主要原因，对误差作出合理解释。最后，结合误差分析与讨论，对实验过程或实验方法提出合理的改进措施与建议。本部分内容主要看重的不是实验结果如何好，而是考查学生对实验过程和实验设计的全面认识和总结能力，以及对实验结果的综合分析与判断能力。

实验报告撰写内容主要包括：①学生个人信息；②实验名称；③实验目的；④实验原理与设计；⑤数据处理与误差分析；⑥实验结果（结论）与讨论。

1.4 实验室学生守则

（1）严格遵守实验室的规章制度，在规定时间进入实验室，并在规定时限内完成实验任务。严禁无故迟到、早退和旷课。

（2）严格遵守课堂纪律，不准大声喧哗、嬉闹，不得随意走动。严禁在实验室内从事与实验无关的行为，如吸烟、进食等。未经指导教师许可，不得动用仪器设备和实验材料。

（3）实验课前，学生必须认真预习实验内容，明确实验目的和要求，理解实验原理，了解实验方法和步骤。实验课上，学生应认真聆听指导教师的讲解，尤其要做到能够熟练掌握实验原理、实验步骤、仪器设备性能、操作方法和注意事项。实验操作前，学生应先清点仪器设备和实验材料，如有缺少或损坏，应立即报告指导教师。

（4）注意用电安全。严禁用湿手、湿布接触电源开关和用电器具。通电前，必须认真检查电器设备线路连接是否正确。实验结束后，必须在切断电源的情况下拆卸实验设备。在实验中若发生意外事故，不要惊慌，在采取必要应对措施的同时，立即报告指导教师和实验室管理人员。

(5)严防事故,确保人身及实验室财产安全。实验过程中如发现仪器设备出现异常气味、打火、冒烟、发热、响声、振动等异常现象,应立即向指导教师报告,并按实验室相关规定采取必要措施。

(6)实验中要严格执行操作规程,仔细观察实验现象,实事求是地认真做好实验记录。操作结束后,将数据记录本交给指导教师检查,符合要求者,指导教师签字通过;不合格或缺课的学生需分类标记。需要重做、补做实验的学生应自行与指导教师和实验室管理人员联系,确定重做、补做实验的时间。

(7)爱护仪器设备,节约用电,严禁浪费实验材料。发生仪器或公物损坏时,应及时报告指导教师。凡是不按操作规程造成损坏的,由当事人按相关规定进行赔偿。实验仪器和材料未经指导教师许可,不得带出实验室。

(8)实验结束,在指导教师和实验室管理人员的指导下,整理好实验器材,放回原位,妥善处理废物,并认真做好实验台和实验室的清洁工作,经指导教师允许后才能离开实验室。

第2章 误差理论及数据处理基础

2.1 误差及其处理

2.1.1 误差和误差的表示方法

测量的目的是希望得到待测物体的真值，真值是指待测物体在一定物理条件下客观所具有的量值。然而，受测量工具、测量方法、测量环境以及测量者等因素的影响，实验中并不能得到待测物体的真值，所以它是一个无法得到的理想值。为表征测量值和真值之间的差异，特引入误差的概念，即待测物体的测量值与真值之间的差异。随着科技的发展，对测量仪器、测量方法、测量环境和测量者素质等因素的改善，可有效减少测量误差，但是误差却一直存在，不可能降为零。为评估测量值的可靠性，需引入对测量值误差的评定，从某种程度上而言，没有误差评定的测量值是没有物理意义的。

误差的表现形式分为绝对误差和相对误差。设某物理量的真值为 A，测量值为 x，将测量值和真值的数值之差称为绝对误差 δ，即

$$\delta = x - A \tag{2-1-1}$$

在实际操作中，仅靠绝对误差并不能全面衡量测量值的可靠性。例如，测量两种不同物体的长度，用分度值为 1 mm 的直尺测量出物体 M 的长度为 51.4 mm，绝对误差 $\delta=0.2$ mm，而使用分度值为0.01 mm的螺旋测微器测量另一物体 N 的长度为 0.235 mm，绝对误差 $\delta=0.005$ mm。从绝对误差角度而言，0.2 mm 远大于 0.005 mm，前者的测量精度要比后者低很多，而实际上却相反。因为物体 M 的绝对误差 0.2 mm 对于 51.4 mm 这个总长度而言，仅占

0.4%；而对于物体N来说，相应的绝对误差0.005 mm却占总长度0.235 mm的2%。为避免绝对误差带来的这种误解，特引入相对误差的概念。

相对误差E为绝对误差δ与被测量物体量的最佳估计值$\bar{x}$的比值，即

$$E=\frac{\delta}{\bar{x}}\times 100\% \tag{2-1-2}$$

2.1.2 误差的分类

根据误差产生的原因和误差的特征，可将误差分为系统误差和随机误差。

1. 系统误差

在相同的操作步骤、测量仪器和物理环境下对同一待测物体进行数次测量时，误差的大小和正负保持恒定或按一定的规律变化，这种误差称为系统误差。系统误差的最大特点是其具有确定的规律性。系统误差在实验中不可避免，根据对系统误差的掌握程度可将其分为可定系统误差和未定系统误差两类。可以准确测量或计算出大小的系统误差称为可定系统误差；反之，不能确切计算出的系统误差称为未定系统误差。可定系统误差一般根据修正公式在测量结果中进行修正，而未定系统误差一般只能估测其取值范围。例如，电压表出厂时的最大允许误差（简称仪器误差）用符号$\Delta_{仪}$表示，该电压表误差的大小在使用中并不能被确定。

产生系统误差的原因及处理方法有：

(1)仪器误差（又称工具误差）是由于仪器本身具有缺陷或仪器安装调整不到位等而引起的误差，具体分为仪器的示值误差、零值误差、基值误差、固有误差和附件误差等。比如游标卡尺的零点不准、杨氏模量测试仪的水平偏心、移测显微镜的回程误差、因测量仪器安装调整不当而产生的误差（如未做好磁电的屏蔽和良好的接地处理）等。

处理方法：对仪器进行不断的升级改造，提升仪器精度；实验中使用仪器时，注意对仪器进行保护和维护，保证仪器的良好使用；严格按照实验相关要求对仪器进行安装调整，尽量减少由此带来的系

统误差。

(2)由于测量所依据的理论本身具有一定的近似性，同时存在实验方法不完善、实验条件达不到理论公式的完整要求等情况，因此，在测量结果中引入了误差。例如，在推导单摆实验理论公式时引入了 $\sin\theta\approx\theta$，摆幅角 θ 越接近 0，引入的系统误差越小；当 θ 为 5°时，引入的误差约为 0.05%。因此，为了控制实验误差，规定在单摆实验中摆幅角 θ 不得超过 5°。

处理方法：对实验原理进行深入分析，了解理论上的不足，从理论上提出修正办法，或者在实验中严格控制相关物理参数，争取使由此引入的系统误差降到最小。

(3)由实验人员和环境因素引起的误差。①因人而异的操作引起的误差。例如，使用秒表计时时，由于人的反应能力不同，计时结果会比真值偏小或偏大。②由环境(如温度、气压、重力场等)变化引入的误差。如在固体比热容实验中，在投入金属块前后测量时，水的能量与外界发生了交换，温度发生改变，导致被测物体数据出现误差。

处理方法：提升实验人员的理论水平和操作能力，改善实验的物理环境，降低系统误差。

2. 随机误差

在相同实验条件下，对同一物理量的多次测量过程中，误差的大小和符号不可预知，没有确定规律，但随着测量次数的增多，误差的分布服从一定的统计规律，这种误差称为随机误差，又称偶然误差。随机误差具有单次随机性，总体上满足统计规律的特点。因此，在相同实验条件下，通过增加测量次数可得出随机误差的统计规律，并可依据该规律讨论测量结果的意义。

随机误差的特点是总体上服从统计规律，最常见的一种统计规律就是正态分布，又称高斯分布。如图 2-1-1 所示，横坐标代表随机误差，纵坐标是随机误差出现的概率密度函数。图中 δ 为测量值的误差，$f(\delta)$ 是指用概率密度函数表示误差值出现的概率。该正态分布可用公式描述为

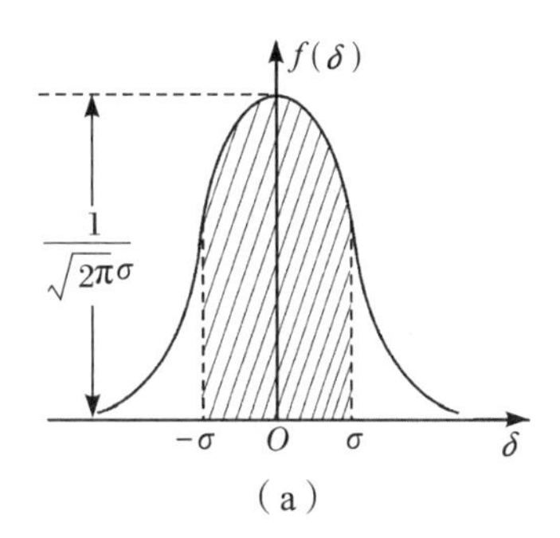

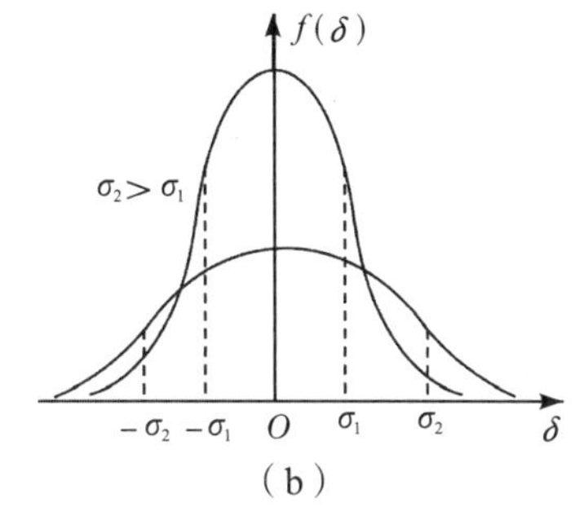

图 2-1-1　高斯误差分布

$$f(\delta)=\frac{1}{\sigma\sqrt{2\pi}}e^{\frac{-\delta^2}{2\sigma^2}} \tag{2-1-3}$$

式(2-1-3)中，σ 称为标准误差，也称为均方根误差，其表达式为

$$\sigma=\sqrt{\frac{\sum_{i=1}^{n}\delta^2}{n}}=\sqrt{\frac{\sum_{i=1}^{n}(x_i-x_0)^2}{n}} \tag{2-1-4}$$

式(2-1-4)中，x_i 为测量值，x_0 为真值。由此得到

$$P=\int_{-\infty}^{+\infty}f(\delta)\mathrm{d}\delta=1 \tag{2-1-5}$$

这意味着误差出现在区间$(-\infty,+\infty)$的概率为100%。

从图2-1-1 (b)中可以看出，σ 的绝对值越小，峰值 $f(\delta)$越大，这表明多数测量值的误差越小，测量准确度越高。因此，通过 σ 可判断出测量精度。

同理，可以得到在$(-\sigma,+\sigma)$、$(-2\sigma,+2\sigma)$和$(-3\sigma,+3\sigma)$内测量值误差出现的概率分别为

$$\left.\begin{aligned}P_1&=\int_{-\sigma}^{\sigma}f(\delta)\mathrm{d}\delta=68.3\%\\P_2&=\int_{-2\sigma}^{2\sigma}f(\delta)\mathrm{d}\delta=95.5\%\\P_3&=\int_{3\sigma}^{3\sigma}f(\delta)\mathrm{d}\delta=99.7\%\end{aligned}\right\} \tag{2-1-6}$$

由于测量值误差超出$\pm3\sigma$ 范围的概率非常小，因此，常将 3σ 称为极限误差。

2.1.3　标准偏差

标准偏差值的大小可以用来衡量测量值误差的大小。从式

(2-1-4)中可以看出，在计算标准偏差时，需要知道待测物理量的真值。然而，待测物理量的真值是客观存在却不能得到的一个理想值，计算标准误差 σ 便也成为天方夜谭。因此，如何得到最接近真值的测量值成为实验者努力的方向。

由图 2-1-1 (b)可知，经过足够多次的测量，随机误差的代数和会趋于 0。用 $x_1, x_2, \cdots, x_n$ 表示 n 次测量值，x_0 为物理量的真值，那么

$$\delta_1 = x_1 - x_0$$

$$\delta_2 = x_2 - x_0$$

$$\cdots\cdots$$

$$\delta_n = x_n - x_0$$

对 n 次测量误差求和，可得

$$\sum_{i=1}^{n} \delta_i = \sum_{i=1}^{n} x_i - n x_0$$

由 $\lim\limits_{n \to \infty} \sum\limits_{i=1}^{n} \delta_i = 0$ 得到

$$\frac{\sum\limits_{i=1}^{n} x_i}{n} = \overline{x} \to x_0$$

可见，在测量次数足够多时，用算术平均值 $\overline{x}$ 可代替真值。此时的测量误差又称为测量残差，可表达为

$$v_i = x_i - \overline{x} \tag{2-1-7}$$

则用残差表示的测量量标准偏差为

$$S = \sqrt{\frac{1}{n-1} \sum_{i=1}^{n} (x_i - \overline{x})^2} \tag{2-1-8}$$

式(2-1-8)称为贝赛尔公式，该公式与标准误差 σ 所代表的物理意义相同，即任意一次的测量误差分布在 $-S$ 到 $+S$ 之间的概率为 68.3%。

同理，平均值 $\overline{x}$ 的标准偏差为

$$S_{\overline{x}} = \sqrt{\frac{1}{n(n-1)} \sum_{i=1}^{n} (x_i - \overline{x})^2} = \frac{S}{\sqrt{n}} \tag{2-1-9}$$

其物理意义是，真值在 $[\overline{x} - S_{\overline{x}}, \overline{x} + S_{\overline{x}}]$ 范围内的概率是 68.3%。

2.2 测量不确定度与测量结果的表示

2.2.1 测量不确定度

由于测量时测量值与真值之间总是存在误差，需要对测量值的可靠性进行评估，因此，国际计量组织出版了《测量不确定度表示指南》。该指南中，引入一个与测量结果相关联的参数——测量不确定度来表达测量值的可靠性。对于一个测量值，不仅要给出该测量值的大小，还要给出其不确定度。测量不确定度分为A类不确定度和B类不确定度。

1. A类不确定度

A类不确定度是指在物理实验中，可以采用统计方法衡量与计算的不确定度。按照定义，可用算术平均值的标准偏差$S_{\overline{x}}$作为A类不确定度，即

$$u_A(x)=S_{\overline{x}}=\sqrt{\frac{1}{n(n-1)}\sum_{i=1}^{n}(x_i-\overline{x})^2} \qquad (2\text{-}2\text{-}1)$$

此时，真值位于测量值范围$[\overline{x}-u_A(x),\overline{x}+u_A(x)]$中的概率为68.3%。

2. B类不确定度

B类不确定度是指采用非统计方法衡量与计算的不确定度。非统计方法衡量的不确定度来源及计算方法超出普通物理实验课程的教学要求，为简化起见，本书约定非统计方法衡量的不确定度来源仅考虑仪器的误差，其值$\Delta_{仪}$取仪器的误差限值（一般在仪器的说明书中会给出）或测量工具的分度值，则B类不确定度为

$$u_B(x)=\frac{\Delta_{仪}}{\sqrt{3}} \qquad (2\text{-}2\text{-}2)$$

3. 合成不确定度

测量结果的总不确定度$u(x)$由A类不确定度分量$u_A(x)$和B类不确定度分量$u_B(x)$组成。

(1)直接测量结果的不确定度。

①单次测量的不确定度。由于单次测量时不具备统计规律，其

A类不确定度为0。总不确定度 $u(x)$ 只包含B类不确定度。

②多次测量的不确定度。多次测量的不确定度由A类不确定度分量 $u_A(x)$ 和B类不确定度分量 $u_B(x)$ 组成，表示为

$$u(x)=\sqrt{u_A^2(x)+u_B^2(x)} \tag{2-2-3}$$

(2)间接测量结果的不确定度。间接测量结果是在直接测量结果的基础上得到的，其不确定度与直接测量的不确定度紧密相连，其计算方法如下：设间接测量量 N 是 n 个独立的直接测量量 $x,y,z,\cdots$ 的函数，即

$$N=f(x,y,z,\cdots)$$

这里 $x=\overline{x}\pm u(x)$，$y=\overline{y}\pm u(y)$，$z=\overline{z}\pm u(z)$。

由于算术平均值是直接测量真值的最佳值，因此间接测量真值的最佳接近值为

$$\overline{N}=f(\overline{x},\overline{y},\overline{z},\cdots)$$

由于不确定度相当于微小增量，间接测量的不确定度公式与数学中的全微分公式基本相同，利用全微分公式，则间接测量的不确定度为

$$u(\overline{N})=\sqrt{\left(\frac{\partial f}{\partial x}\right)^2u^2(\overline{x})+\left(\frac{\partial f}{\partial y}\right)^2u^2(\overline{y})+\left(\frac{\partial f}{\partial z}\right)^2u^2(\overline{z})+\cdots} \tag{2-2-4}$$

若先对函数表达式取对数，再求全微分，可得

$$u(\overline{N})=\sqrt{\left(\frac{\partial \ln f}{\partial x}\right)^2u^2(\overline{x})+\left(\frac{\partial \ln f}{\partial y}\right)^2u^2(\overline{y})+\left(\frac{\partial \ln f}{\partial z}\right)^2u^2(\overline{z})+\cdots}\cdot\overline{N} \tag{2-2-5}$$

由此可见，当间接测量值与直接测量值 $x,y,z,\cdots$ 满足和或差的函数关系时，用式(2-2-4)计算更为方便；当间接测量值与直接测量值 $x,y,z,\cdots$ 满足积或商的函数关系时，则用式(2-2-5)计算更为方便。表2-2-1给出了间接测量值与直接测量值的几种常见函数关系下的不确定度合成公式。

表 2-2-1　常用函数的不确定度合成公式

函数表达式	不确定度合成公式
$N=x\pm y$	$u(N)=\sqrt{u^2(x)+u^2(y)}$
$N=A\times B, N=\frac{A}{B}$	$\frac{u(N)}{N}=\sqrt{\left(\frac{u(A)}{A}\right)^2+\left(\frac{u(B)}{B}\right)^2}$
$N=KA$（K 为常数）	$u(N)=Ku(A), \frac{u(N)}{N}=\frac{u(A)}{A}$
$N=A^n, n=1,2,\cdots$	$\frac{u(N)}{N}=n\frac{u(A)}{A}$
$N=\sqrt[n]{A}$	$\frac{u(N)}{N}=n\frac{u(A)}{A}$
$N=\sin A$	$u(N)=\lvert\cos A\rvert u(A)$
$N=\ln x$	$u(N)=\frac{u(A)}{A}$

2.2.2　测量结果的一般表示

一个完整的测量结果应包括该量值的大小、单位和它的不确定度，即应写成下列标准形式

$$x=\bar{x}\pm u(x)\text{（单位）}$$

$$U_r=\pm\frac{u(x)}{\bar{x}}\times 100\%$$

在等精度测量时，$\bar{x}$ 是多次测量值的算术平均值，$u(x)$ 为不确定度，U_r 为相对不确定度。

2.3　有效数字及其运算规则

2.3.1　有效数字的定义

由于在实验的测量过程中存在误差，测量数值在一定程度上要求反映出测量的精度，因此，测量值的取值位数不能随意取舍。这时，就需要用有效数字来科学合理地反映测量结果。

能够正确表达出测量和实验结果信息的数字，称为有效数字。在表示测量结果的数字中，除保留一位可疑数外，其余应全部是确切数。

例如，实验中测量某一物体，经过多次测量，得到测量值的算术

平均值为 $\bar{x}=1.562$ cm，计算得到其不确定度为 $u(x)=0.03$ cm。因此，测量量的误差产生在小数点后两位，所以，算术平均值中的"6"已经是有误差的可疑数，$\bar{x}$ 的最后一位"2"不用再写上了，结果的正确表达式应为

$$x = 1.56 \pm 0.03 \text{ cm}$$

2.3.2 有效数字的选取

在实验测量中，测量数值的有效数字的选取与以下几个因素有关。

(1)测量仪器的精度。测量仪器的精度决定了有效数字的选取。例如，测量物体长度，采用最小分度值为 1 mm 的直尺时，物体的长度为 1.61 cm，只有三位有效数字，其中"1.6"为准确值，"0.01"为估测值；而采用螺旋测微器测量可得到 1.6132 cm，有效数字为 5 位，其中"1.613"为准确值，"0.0002"为估测值。

(2)测量方法。测量方法影响有效数字的选取。例如，在单摆实验中用秒表测量单摆周期，一般误差为 0.2 s。单次测量时，得到的一个周期是 $T=1.8$ s，而在测量连续 100 个周期时，记录的时间为 $t=181.3$ s，求得周期的平均值为 $\overline{T}=1.813$ s。因此，不同的测量方法对测量结果的有效数字会产生影响。

(3)数据处理过程。数据处理过程影响有效数字的选取。在数据处理过程中，有效数字末位的选取法则为"四舍六入五凑偶"。即当末位后的一个数不大于 4 时，舍去；不小于 6 时，进位；等于 5 时，将末位数凑成偶数，但是如果 5 的后面存在非零数，则仍然要进位，不受"凑偶"限制。例如，3.7450，取四位有效数字为 3.745；取三位有效数字时，由于 4 是偶数，且 5 的后面没有非零数，故为 3.74，取两位有效数字为 3.7。又如 3.452，取两位有效数字时，因为 5 的后面有非零数 2，要进位，所以结果为 3.5。

注意事项：①在有效数字中，末位的"0"不可随意舍去，其包含有相应的物理意义。例如，用直尺测量物体长度是 2.40 cm，这表明最后的 0 是估测值，采用的是最小分度值为 1 mm 的直尺。②在单位换算过程中，不得改变有效数字的位数。例如，3.60 m=360 cm，但不能写成 3600 mm。为避免出现类似错误，在单位换算时一般采

用科学计数法，如 3.60 m＝3.60×10^2 cm＝3.60×10^3 mm。

2.3.3 有效数字运算规则

有效数字关系到测量结果的精确表达，为避免在运算过程中造成有效数字位数取舍的混乱，需统一规定有效数字在运算中所遵循的规则。

(1)四则运算规则(加、减、乘、除)。

①加减法运算规则：按正常加减运算规则进行运算，所取结果的有效位数与运算中存疑数字所占位数最高的相同。如 $2.1\underline{3}+12.14\underline{3}=14.273$，所取结果为 14.27。

②乘除法运算规则：一般将参加运算中有效数字位数最少的位数定为计算结果的有效位数。

注意：当两个数相乘，最高位相乘的积出现进位时(大于或等于10)，所取结果的有效数字要比最少位数多取一位。如 $7.55\times48.82=368.591$，所取结果为 368.6。

当两个数相除时，被除数的有效位数小于或等于除数的有效位数，且被除数最高位数的值小于除数最高位数的值时，所取结果的有效数字应比最少位数少一位。如 $236\div489=0.4826$，所取结果为 0.48。

(2)乘方和开方运算规则。乘方和开方的运算规则和乘除法运算规则一致。

(3)函数运算有效位数的取位规则。采用误差分析法，确定误差的有效位数，再将计算结果按照误差的末位数取值。已知 x，计算 $y=f(x)$时，Δx 为 x 的最后一位的数量级，确定 y 的误差位数可通过不确定度传递公式 $\Delta y=|f'(x)|\Delta x$进行估计，则 y 的计算结果按照 Δy 的末位数值取值。

例　已知 $x=25.32$，$y=\ln x$，求 y。

由于 x 的误差位在小数点后两位(百分位)上，所以取 $\Delta x\approx0.01$，根据不确定度传递公式 $\Delta y=|f'(x)|\Delta x$，即 $\Delta y=\dfrac{\Delta x}{x}=\dfrac{0.01}{25.32}\approx0.0004$，这表明 y 的误差位在小数点后四位(万分位)上，则 y 的取值结果的有效位数也应到达万分位，即 $y=\ln x=\ln25.32=3.2316$。

（4）特殊数或常数的有效位数选取。特殊数或常数的有效位数可以认为是无限的，其在运算过程中的取位以不降低运算结果的有效数字位数为原则。例如，圆周长 $2\pi r$，$r=5.456$ 的有效位数为 4 位，则取 $\pi=3.1416$，$2=2.0000$ 参与到运算过程中。

（5）运算的中间过程有效位数的选取。在运算的中间过程中，可在有效位数的选取上保留两位存疑数，在最终得到结果时，再按前面的规则对有效位数进行选取。

2.4 实验数据的处理方法

数据处理是指在实验中从测量结果的记录、整理、计算推导、作图、分析到得出物理结论的整个过程。常用的数据处理方法有列表法、作图法、逐差法和最小二乘法等。

2.4.1 列表法

列表法是数据处理中最基本的一种方法，常用在记录数据时。它是将测量数据按照物理量之间的对应关系列成表格，使得数据简明醒目，有条不紊。这样有助于在记录数据时发现异常的测量结果，从而发现实验中存在的问题。采用列表法处理数据时，应遵循下列原则：

（1）设置各栏目时要考虑对应的物理关系，使数据在处理时逻辑更加清晰。

（2）各栏目所表达的物理量及单位要标注清楚，若采用符号表达，需加以说明。

（3）记录的数据应为测量的原始数据，以便后续查证。对于中间处理的数据，应给出处理的步骤或公式。

（4）要对测量数据进行必要的说明，如测量环境、测量仪器的型号等。例如，在长度测量实验中，采用螺旋测微器测量钢球直径，数据见表 2-4-1。使用仪器：0～25 mm 螺旋测微器，$\Delta_{仪}=0.004$ mm。

表 2-4-1　钢球直径测量结果

次数	初读数(mm)	末读数(mm)	直径 D_i(mm)	平均值 $\overline{D}$(mm)	标准偏差 $S(\overline{D})$(mm)
1	+0.003	7.007	7.004	7.0042	0.00089
2	+0.003	7.005	7.002		
3	+0.003	7.007	7.004		
4	+0.003	7.009	7.006		
5	+0.003	7.008	7.005		
6	+0.003	7.007	7.004		

2.4.2　作图法

将实验中测得的数据按照所遵循的函数关系进行可视化处理的过程，称为作图法。将数据通过曲线或直线直观地表示出来，不仅有利于筛选出异常数据，而且有利于发现数据之间存在的函数关系，探索存在的物理规律。

1. 图示法

将物理实验中物理量之间的关系通过曲线或直线的方式展示在坐标图中，称为图示法。

图示法的作图规则如下：

(1)选取不同的坐标纸。根据数据对应的函数关系选取不同的坐标纸，如选用 1 mm 分度值的直角方格坐标纸、对数坐标纸、极坐标纸等。在物理实验中，最常用的是直角坐标纸。由于科技的发展，很多时候不再采用传统的坐标纸进行绘图，而是根据需要在电脑上制作合适的坐标图。

(2)定坐标和坐标标度。构建坐标系，通常以 X 坐标表示自变量，Y 坐标表示因变量，并标注出各坐标轴代表的物理量和相应的单位。坐标的标度是根据测量数据的有效位数来确定的，数据中的可靠数字在坐标上应该是可靠的，估读数也是估计出来的，不能因为作图而改变测量误差。坐标分度值的分布要均匀，图中标记出的测量数据要和原始数据的有效位数相同。为使图中标点和读数更加方便，通常用“1、2、5、10”等进行分度，而不采用“3、6、7、9”。

(3)标出原始测量数据点。在作图时，要将坐标纸上的原始测量数据用标记符号标出，有多种测量数据时，可用不同标记符号进行区别，如“＋”“⊙”“△”等。

（4）连线。选用合适作图工具将尽可能多的原始测量数据点连接成直线或光滑的曲线。对于不在图线上的点，应尽量使其分布在图线两侧，对偏离较大的点，应进行分析后再决定取舍，在曲线的转折处，要适当增加测量次数。

（5）标明图的名称。在图纸的明显位置处标明图的名称，注明作者、日期以及重要的说明等。

（6）曲线改直。由于在作图时，直线最容易绘制，也最不容易引入新的误差。因此，为作图方便，可将许多非线性函数关系通过数学变换改造成线性关系。这种由曲线变成直线的方法称为曲线改直。举例如下。

①$PV=C$，C 为常数。

由 $P=\frac{C}{V}$，令$\frac{1}{V}$为 x，则 $P-\frac{1}{V}$图为直线，斜率为 C。

②$y=ax^b$，其中 a、b 为常数。

在方程两边取对数，得 $\lg y=\lg a+b\lg x$，令 $y'=\lg y$、$x'=\lg x$，原函数 $y=ax^b$ 可变为 $y'=bx'+\lg a$，则 $y'-x'$图为直线，具有线性关系，斜率为 b，截距为 $\lg a$。

2. 图解法

在作图法的基础上，解析出已作图线的函数形式，根据图线中的数据求出函数各参数，得出已作图线满足的具体方程的方法，称为图解法。实验中常用的函数有线性函数、二次函数、三角函数、幂函数等。随着科技的发展，在电脑上作图时，可采用拟合的方式直接得到图线的方程，这为实验中数据的处理带来极大的方便。下面以直线图解法为例，介绍图解法的步骤和注意事项。

（1）在直线上选点。在直线上选取 A(x_1,y_1)、B(x_2,y_2)两点。选点时要注意：A、B 两点一般不取原始数据点，两点相距不要太近，同时 A、B 两点也不要超出原始数据的范围。将 A、B 两点用与原始数据不同的符号标注出来。

（2）求斜率 k。将选取的 A、B 两点的坐标带入直线方程 $y=kx$

$+b$,可得出斜率公式

$$k=\frac{y_2-y_1}{x_2-x_1} \tag{2-4-1}$$

(3)求截距 b。若横坐标的起点为0,则可以直接得到截距 b,也就是 $x=0$ 时的 y 值。否则,可将A、B两点的坐标值带入直线方程 $y=kx+b$,求得截距

$$b=\frac{x_2y_1-x_1y_2}{x_2-x_1} \tag{2-4-2}$$

(4)得到直线的函数方程。

$$y=kx+b$$

2.4.3 逐差法

对等间距测量的数据进行逐项或相等间隔项相减,得到算术平均值的方法,称为逐差法。该方法具有计算简便、可充分利用测量数据等优点,有利于及时发现实验中的异常,总结规律。

1. 逐差法的使用条件

(1)自变量 x 是等间距变化的。

(2)被测物理量 y 可表达为 x 的多项式,即 $y=\sum\limits_{m=0}^{m}a_mx^m$。

2. 逐差法的应用

以拉伸法测弹簧劲度系数为例,在实验中每次在弹簧下增加1个砝码(砝码的质量是固定的,如20 g),共增加9次,分别记下每次弹簧下端的位置 $L_0,L_1,L_2,\cdots,L_9$。

将所测的数据等间隔或逐项相减,即

$$\Delta L_1=L_1-L_0$$
$$\Delta L_2=L_2-L_1$$
$$\cdots\cdots$$
$$\Delta L_9=L_9-L_8$$

观察数据 $\Delta L_1,\Delta L_2,\cdots,\Delta L_9$ 是否相等,若 ΔL_i 基本相等,这就验证了外力与弹簧伸长量之间的函数关系是线性的,即

$$\Delta F=k\Delta L$$

3. 求物理量数值

现计算每增加1个砝码时弹簧的平均伸长量,即

$$\overline{\Delta L}=\frac{\Delta L_1+\Delta L_2+\Delta L_3+\cdots+\Delta L_9}{9}$$

$$=\frac{(L_1-L_0)+(L_2-L_1)+(L_3-L_2)+\cdots+(L_9-L_8)}{9}$$

$$=\frac{L_9-L_0}{9}$$

从上式可以看出，中间的测量值全部抵消了，只有始末两次测量值起作用，这就失去了多次测量减小误差的实际意义。

为避免上述问题，通常将所测数据分成前后两组，前一组为 L_0，L_1，L_2，L_3，L_4，后一组为 L_5，L_6，L_7，L_8，L_9，将前后两组的对应项相减

$$\Delta L'_1=L_5-L_0$$

$$\Delta L'_2=L_6-L_1$$

$$\cdots\cdots$$

$$\Delta L'_5=L_9-L_4$$

再取平均值，得

$$\overline{\Delta L'}=\frac{1}{5}\left(\frac{\Delta L'_1+\Delta L'_2+\Delta L'_3+\Delta L'_4+\Delta L'_5}{5}\right)$$

此时，每个原始测量数据都能用上，得到每次增加砝码时弹簧的平均伸长量。因此，对应项逐差法可以充分利用测量数据，减少测量带来的随机误差和测量仪器带来的误差。

2.4.4 最小二乘法

根据一组原始实验数据拟合出一条最佳直线，进而准确求出两个物理量之间满足的线性函数关系的方法，称为最小二乘法。假定所研究的变量为 x 和 y，且 x 和 y 之间满足线性关系，即

$$y=A_0+A_1x \tag{2-4-3}$$

已知所测量的实验数据为

$$x_1, x_2, x_3, \cdots, x_m$$

$$y_1, y_2, y_3, \cdots, y_m$$

最小二乘法的目的是确定式(2-4-3)中的 A_0 和 A_1。为方便理解和讨论，我们假定：①实验中采用的是等精度测量；②只有 y 一个变量具有明显的随机误差，x 的误差相较 y 的误差可以忽略。

把实验数据(x_1, y_1)，(x_2, y_2)，…，(x_m, y_m)代入式(2-4-3)，得

$$\begin{cases} \varepsilon_1 = y_1 - y = y_1 - A_0 - A_1 x_1 \\ \varepsilon_2 = y_2 - y = y_2 - A_0 - A_1 x_2 \\ \cdots\cdots \\ \varepsilon_m = y_m - y = y_m - A_0 - A_1 x_m \end{cases}$$

即

$$\varepsilon_i = y_i - y = y_i - A_0 - A_1 x_i \tag{2-4-4}$$

ε_i 的大小与正负表示实验点在直线两侧的分散程度，其值与 A_0、A_1 有关。由最小二乘法理论可以得出，当 $\sum_{i=1}^{m}\varepsilon_i^2$ 最小时，对应的 A_0、A_1 的值为最佳参数，即

$$\sum_{i=1}^{m}\varepsilon_i^2 = \sum_{i=1}^{m}(y_i - A_0 - A_1 x_i)^2 \tag{2-4-5}$$

根据极值条件，对 A_0 和 A_1 求一阶偏导数，且使其为零，得

$$\begin{cases} \dfrac{\partial}{\partial A_0}\left(\sum_{i=1}^{m}\varepsilon_i^2\right) = -2\sum_{i=1}^{m}(y_i - A_0 - A_1 x_i) = 0 \\ \dfrac{\partial}{\partial A_1}\left(\sum_{i=1}^{m}\varepsilon_i^2\right) = -2\sum_{i=1}^{m}[(y_i - A_0 - A_1 x_i)x_i] = 0 \end{cases} \tag{2-4-6}$$

令 $\overline{x}$ 为 x 的平均值，即 $\overline{x} = \frac{1}{m}\sum_{i=1}^{m}x_i$，$\overline{y}$ 为 y 的平均值，即 $\overline{y} = \frac{1}{m}\sum_{i=1}^{m}y_i$，$\overline{x^2}$ 为 x^2 的平均值，即 $\overline{x^2} = \frac{1}{m}\sum_{i=1}^{m}x_i^2$，$\overline{xy}$ 为 xy 的平均值，即 $\overline{xy} = \frac{1}{m}\sum_{i=1}^{m}x_i y_i$。

代入式(2-4-6)，得

$$\begin{cases} \overline{y} - A_0 - A_1\overline{x} = 0 \\ \overline{xy} - A_0\overline{x} - A_1\overline{x^2} = 0 \end{cases}$$

求解方程组，得

$$\begin{cases} A_1 = \dfrac{\overline{xy} - \overline{x}\cdot\overline{y}}{\overline{x^2} - \overline{x}^2} \\ A_0 = \overline{y} - A_1\overline{x} \end{cases} \tag{2-4-7}$$

上述情况是在已知的函数形式下，由测量数据求出实验回归方

程。因此，在函数形式确定的情况下，用最小二乘法处理数据，将得到唯一的数据，不会像作图法那样因人而异。可见，用最小二乘法处理问题的关键是函数形式的选取。但是当函数形式不确定时，只能靠实验数据的趋势来推测测量值，进而寻求经验公式。不同的实验者对同一组实验数据可能会采用不同的函数形式，进而得出不同的结果。

判断所得结果是否合理，不仅要确定待定常数，还需要计算相关系数 γ，对于元线性回归，将 γ 定义为

$$\gamma = \frac{\overline{xy} - \overline{x} \cdot \overline{y}}{\sqrt{(\overline{x^2} - \overline{x}^2)(\overline{y^2} - \overline{y}^2)}} \tag{2-4-8}$$

相关系数 γ 的数值大小反映了线性函数相关程度。正常情况下，$|\gamma|$ 介于 0 和 1 之间，且当 x 和 y 之间存在线性关系时，实验数据在求得的直线附近比较密集，$|\gamma|$ 接近于 1，此时用线性函数进行回归比较合理。相反，当实验数据相对求得的直线很分散，x 和 y 之间不存在线性关系时，$|\gamma|$ 远小于 1 而接近 0，说明此时用线性回归不妥，必须用其他函数重新拟合。

在物理中，一般认为，当 $|\gamma| \geqslant 0.9$ 时，两个物理量之间就存在较密切的线性关系。

表 2-4-2 为相关系数检验表（部分），将计算的相关系数 γ 与表格中相应的测量次数 n 和显著性水平 α 所对应的数值进行比较，即可获得线性相关的显著水平。例如，测量 10 次，计算得到的线性相关系数 $\gamma=0.92457$。查表 2-4-2，$n=10$，$\alpha=0.01$ 对应的相关系数值为 0.76459，$0.92457>0.76459$，即线性相关显著性水平达到 0.01，说明 x 与 y 间存在显著的线性相关性。

表 2-4-2　相关系数检验表

测量次数 n	显著性水平 α		
	0.10	0.05	0.01
3	0.98769	0.99692	0.99988
4	0.90000	0.95000	0.99000

续表

测量次数 n	显著性水平 α		
	0. 10	0. 05	0. 01
5	0. 80538	0. 87834	0. 95874
6	0. 72930	0. 81140	0. 91720
7	0. 66944	0. 75449	0. 87453
8	0. 62149	0. 70673	0. 83434
9	0. 58221	0. 66638	0. 79768
10	0. 54936	0. 63190	0. 76459
11	0. 52140	0. 60207	0. 73479
12	0. 49726	0. 57598	0. 70789
13	0. 47616	0. 55294	0. 68353
14	0. 45750	0. 53241	0. 66138
15	0. 44086	0. 51398	0. 64114
16	0. 42590	0. 49731	0. 62259
17	0. 41236	0. 48215	0. 60551
18	0. 40003	0. 46828	0. 58971
19	0. 38873	0. 45553	0. 57507
20	0. 37834	0. 44376	0. 56144
21	0. 36874	0. 43286	0. 54871
22	0. 35983	0. 42271	0. 53680

第3章 物理实验基本测量工具及测量方法

物理实验是人们认识和掌握宇宙运行规律的重要途径。无论是物理规律的发现，还是物理理论的验证，都依赖于物理实验。物理实验过程主要由三部分组成：①在条件可控的情况下重现物理现象；②采用合适的测量方法和测量工具对相关物理量进行测量；③从观测到的实验数据中获取物理规律。物理量的测量是物理实验的重要组成部分，它直接影响最终获得的物理规律。

测量结果的精确度与测量工具和测量方法密切相关。例如，对时间的测量，在我国历法中，将一日等分成十二个时辰，可通过日晷、滴水计时法等对时间进行测量。在单摆摆动的近似等时性被发现后，单摆被应用到时间测量上，从而发明了摆钟，这使得时间测量的精确度提升到秒级。近代以来，随着测量工具和测量方法的不断改进，时间测量的精确度不断提升。原子钟的发明使得时间的测量误差每天小于 10^{-10} s。由此可见，测量工具和测量方法在物理实验中占据重要地位。本章将对大学物理实验中常用的测量工具和测量方法进行介绍。

3.1 测量与单位

1. 测量

测量是日常生活或实验中获取被测物体数据的一种过程。例如，生活中用秤或天平测量物体的质量，用尺子测量物体的长度等。在物理实验中，为得到被研究对象的数据、特性或所遵循的物理规律，都需要进行最基本的测量。那么，什么是测量呢？测量就是选定一个可作为标准的同类物理量，将待测的物理量与之进行比较，进而得到待测物理量的值，通常将作为标准的量称为单位，与之比较得到的倍数称为测量值。

例如，用最小单位为毫米的米尺测量物体的长度，如图3-1-1所示。经过比较，测量得到的数值为16 mm，考虑到估计的值，该测量值为16.5 mm，也可记录为1.65 cm。

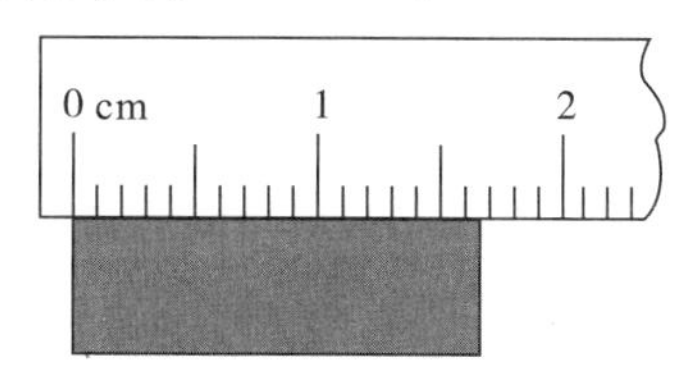

图3-1-1　用直尺测量物体的长度

从测量数据的获得上来讲，可把测量分为直接测量和间接测量。直接测量是指从仪器上经过与标准单位比较可直接得到待测物体的数据的过程。例如，在单摆实验中用直尺测量摆线长度，在静电场描绘实验中用探针测量导电纸电势等，都属于直接测量。间接测量是指在直接测量的基础上，经过一定的数学函数关系运算而得到被测物体物理量的过程。例如，为得到圆柱体的密度，根据密度公式$\rho=\frac{4m}{\pi D^2 h}$，实验中需要采用直接测量法来得到圆柱体的质量$m$、直径$D$和高度$h$，然后，再根据函数关系式计算得到密度$\rho$，该过程就是间接测量。

2. 国际单位

各个国家对同一物理量进行衡量时采用的单位各不相同，为国际上的相互交流造成障碍。为解决该问题，在1960年第11届国际计量大会上，确定了国际单位制（Le Système International d'Unités，SI），它规定以千克、米、安［培］、秒、坎［德拉］、开［尔文］、摩［尔］7个单位作为基本单位，其他物理量的单位（如牛顿、伏特等）都可以用基本单位来表达，称为导出单位。

3.2　物理实验常用仪器仪表及其使用

大学物理实验中会使用许多不同的实验器具，例如，力学实验里的游标卡尺和螺旋测微器，热学实验中常用的温度计，电磁学实验则离不开各种电学仪表。其中，涉及长度、时间和质量等物理量测量的器具最为常用。下面主要介绍几类常用器具的使用方法，其他实验仪器将在具体实验项目中进行介绍。

3.2.1 长度测量器具

长度作为7个基本物理量之一，几乎在所有的实验项目中都会涉及。在许多实验中，经常将其他物理量通过转换法转变成对长度的测量，如水银温度计利用汞的热胀冷缩规律将对温度的测量转变成对水银柱长度的测量。长度测量所用的器具较多，其中最基本的器具有直尺（或钢卷尺）、游标卡尺、螺旋测微器和移测显微镜等。

1. 直尺和钢卷尺

直尺和钢卷尺是最常见的长度测量工具，其分度值通常为1 mm，少数直尺的分度值可以指示到0.5 mm，如图3-2-1和图3-2-2所示。直尺的测量范围有0～15 cm、0～20 cm等不同规格，而钢卷尺的测量范围要大些，可以达500 cm。直尺和钢卷尺的测量范围和精度基本上可以满足日常生活中的测量需求。

图3-2-1 直 尺

图3-2-2 钢卷尺

直尺和钢卷尺的测量要领是“紧贴、对齐和正视”。使待测物与直尺或钢卷尺的刻度面紧贴，如图3-2-3所示。为了避免因直尺刻度起始端边缘磨损导致的测量偏差，通常从直尺刻度起始端后面1～2 cm的地方开始测量物体长度，如图3-2-3所示。读数时视线要与刻度面垂直，分别读出待测物左右两端（A端和B端）对应的刻度值，刻度值之差即为待测物体的长度测量值。垂直于刻度面读数主要是为了避免由于观测者的视觉差异而引起的测量误差。读数时要在分度值后面再估读一位，如图3-2-3所示，物体右端（B端）的读数为396.5 mm，读数的最后一位 0.5 mm 是估读数据。

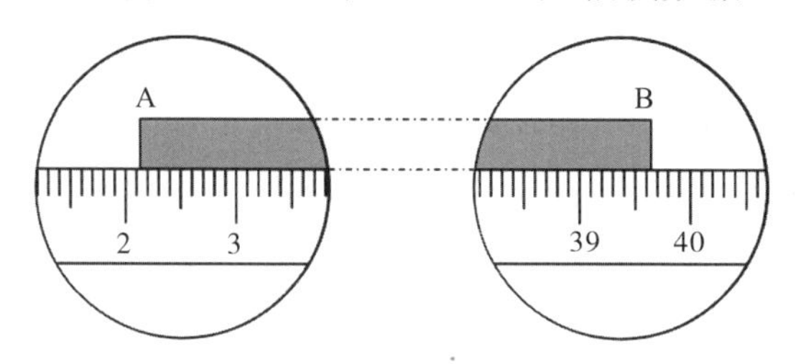

图 3-2-3　米尺测量方法

2. 游标卡尺

游标卡尺的测量精度要明显高于直尺和钢卷尺，可以满足更高精度的测量需求。游标卡尺由主尺和套在主尺上可以自由移动的副尺(又称游标)组成，如图 3-2-4 所示。主尺相当于一个直尺，副尺上刻有不同数量的分格，根据副尺上分格数量的不同，游标卡尺大致可分为 10 分度、20 分度和 50 分度三种规格，对应三种不同的测量精度分别是 0.1 mm、0.05 mm 和 0.02 mm。游标卡尺上下两侧各有一对测量爪(或称测量刀口)，上测量爪通常用来测量物体内边缘的长度，下测量爪通常用来测量物体外边缘的长度。

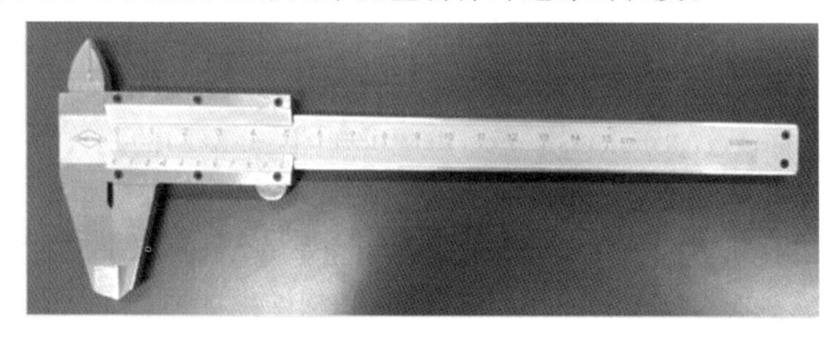

图 3-2-4　游标卡尺

(1)游标卡尺工作原理及读数方法。现简述 10 分度游标卡尺的工作原理和读数方法，其他规格的游标卡尺类同。当副尺上的“0”刻度线(又称游标零线)与主尺的“0”刻度线对齐时，测量刀口之间的长度为“0”，如图 3-2-5(a)所示。10 分度游标尺的副尺上共有 10 个分格，其全长是 9 mm，每一个分格长0.9 mm，即副尺上每一分格比主尺上每一个分格短 0.1 mm。缓慢滑动副尺，将副尺的第 1 条刻度线与主尺上 1 mm 刻度线对齐，则副尺的“0”刻度线与主尺的“0”刻度线相距 1 mm－1×0.9 mm＝0.1 mm，也就是测量刀口之间的距离为 0.1 mm。如副尺的第 2 条刻线与主尺的 2 mm 刻度线对齐，则测量刀口张开距离为 2 mm－0.9 mm×2＝0.2 mm，以此类推。由此可知，游标卡尺测量的长度值是由两个确定数值之差来求得的，所以没有估读值。游标卡尺的精度等于主尺上 1 个分格与副尺上 1 个分格的长度之差，即 0.1 mm。

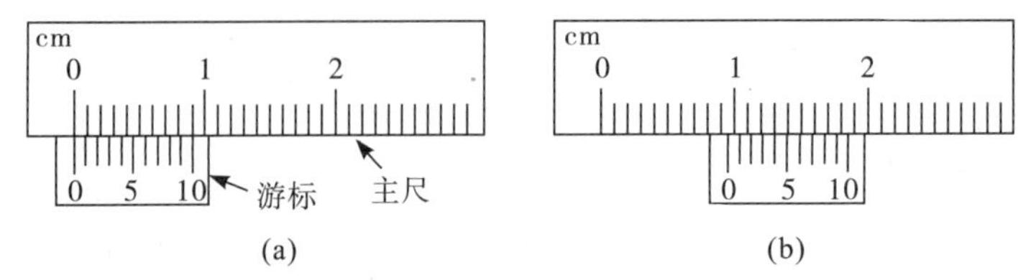

图 3-2-5　游标卡尺工作原理示意图

根据游标卡尺的工作原理可知，游标卡尺的测量结果由主尺读数与副尺读数组成。以图 3-2-5(b)为例，读数方法如下：第一步，先确认副尺“0”刻度线对应的主尺的位置，读出主尺上位于副尺“0”刻度线左侧的分格数，将其作为游标卡尺读数的整数部分（单位：mm），图 3-2-5(b)显示副尺“0”刻度线左侧的主尺上有 9 个分格，即 9 mm；第二步，观察副尺上第几条分格线与主尺上某条分格线的对齐情况，图 3-2-5(b)显示副尺上第 4 条分格线与主尺上某条分格线对齐，则用 4 乘以 10 分度游标卡尺的精度 0.1 mm，乘积即为游标卡尺读数的小数部分，即0.4 mm，由此可知图 3-2-5(b)的读数为 9 mm＋0.1 mm×4＝9.4 mm。其他规格的游标卡尺读数方法类同。

(2)使用方法。测量前先将测量爪合并，检查游标卡尺有无“零点读数”，即主尺“0”刻度线和游标的“0”刻度线是否对齐，如果不对齐，则记下读数，此读数即为“零点读数”，用来修正测量值。测量时，根据测量对象来选择测量爪，如果测量物体的内边缘长度，可选用上测量爪；如果测量物体的外边缘长度，可以选用下测量爪。将测量爪卡紧物体边缘，注意不可过紧也不可过松，旋紧副尺上的固定螺丝，使副尺无法移动来固定读数。将游标卡尺从待测物上取下后便可进行读数。游标卡尺还可以用来测量深度。将主尺的右边缘与待测深度的上边缘对齐，向外移动副尺，这时从主尺右侧会伸出深度测量杆，直到测量杆抵达待测深度的底端时，旋紧副尺上的固定螺丝，便可读数。最终的测量结果还要用“零点读数”来进行修正，即用游标卡尺读数减去“零点读数”，得到的值便是待测物体的长度测量值。注意：测量时应注意保护测量爪，避免损伤，不可将测量刀口在物体边缘上摩擦；游标卡尺不适合测量粗糙的物体。

3. 螺旋测微器

螺旋测微器是我们在进行精确测量时经常要用到的测量仪器。螺旋测微器又称千分尺、螺旋测微仪、分厘卡，它是比游标卡尺更精密的长度测量器具，常用于测量较小的长度，如金属丝直径、薄片厚度等。螺旋测微器是利用螺旋放大原理，将螺旋运动转变成直线运动的一种量具，螺旋测微器的外形如图 3-2-6 所示。

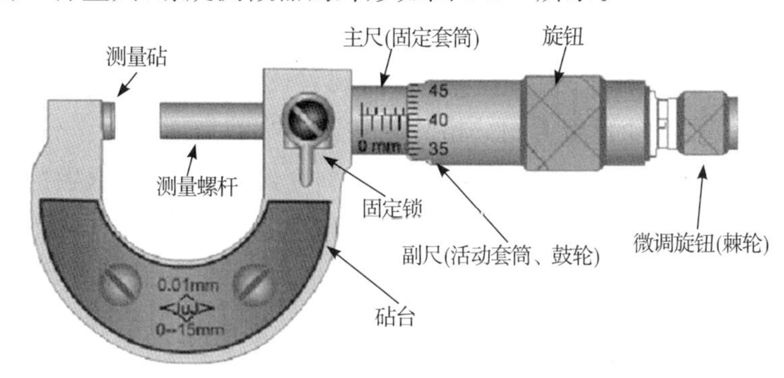

图 3-2-6　螺旋测微器

与游标卡尺相似，螺旋测微器的测量系统也是由主尺和副尺两部分构成的。主尺为固定在砧台上的固定套筒，副尺为套在固定套筒上可以自由运动的活动套筒(又称鼓轮)。螺旋测微器的测量螺杆与活动套筒连接成为一个整体，通过精密螺纹结构与固定套筒相互咬合，螺纹的螺距为 0.500 mm。转动活动套筒可以实现测量螺杆的左右移动，同时活动套筒也随测量螺杆沿轴向在固定套筒上左右滑动，活动套筒沿轴向滑动的距离与测量螺杆左右移动的距离相同。螺旋测微器的读数即为测量砧与测量螺杆之间的距离。

刻在固定套筒上的主尺被一条沿套筒轴线方向的直线分成上下两部分。此轴向直线上下两侧都均匀刻画有间距为 1.000 mm 的刻度线，并且上下两侧刻度线互相平分各分格，即下方的每条刻度线恰好将上方对应的分格从中间等分成两份，同样，上方的每条刻度线也将下方对应的分格从中间等分成两份。如此一来，任何相邻的上下两条刻度线的间距均为 0.500 mm，即主尺的最小分度值为 0.500 mm。活动套筒的一周均匀刻画的 50 个分格构成螺旋测微器的副尺。活动套筒转动一周，活动套筒和测量螺杆前进或后退 0.500 mm，所以活动套筒每转动 1 个分格，测量螺杆前进或后退 0.010 mm，这就是螺旋测微器的测量精度。

（1）读数方法。螺旋测微器的读数方法与游标卡尺类似，也是通过主尺读数加上副尺读数计算得出测量结果。首先读出活动套筒边缘左侧主尺上的分格总数（即相邻上下刻度线所夹的分格数，每分格长度为0.500 mm），取整数。主尺读数＝主尺分格数×0.500 mm，图 3-2-7 所示的主尺读数为 12×0.5 mm＝6.000 mm。然后观察主尺的轴向直线所指向的副尺读数（活动套筒上的分格数）。注意：活动套筒上的分格数要估读到小数点后面的十分位，如果主尺的轴向直线正好与鼓轮的某条刻度线对齐，则分格数的小数点后的十分位数值估读为“0”。图 3-2-7 中主尺的轴向直线指向的副尺的位置介于第 27 条与第 28 条刻度线之间，估读小数部分为 0.3，即 27.3 个分格，则副尺的读数为 27.3×0.01 mm＝0.273 mm，则图3-2-7所示的读数为6.000 mm＋0.273 mm＝6.273 mm。

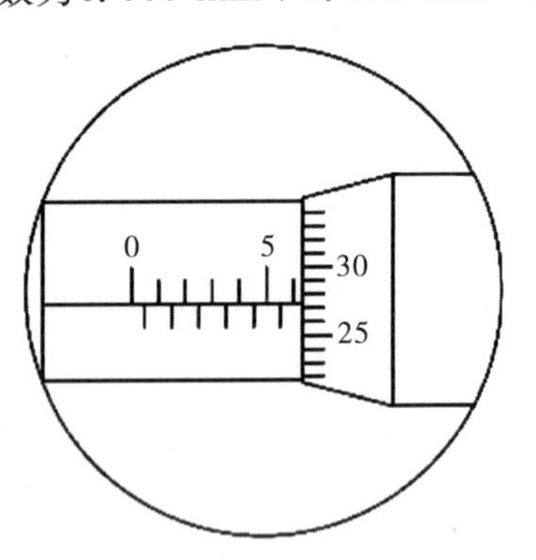

图 3-2-7　螺旋测微器读数示意图

（2）使用方法。在使用螺旋测微器进行测量前要读取“零点读数”。左手握住半圆形砧台，右手缓慢转动活动套筒。当测量螺杆靠近测量砧时，停止转动活动套筒，改为转动棘轮来带动测量螺杆前进，这是为了保护螺旋测微器内部精密的螺纹结构。棘轮带有自动保护装置，当测量螺杆与测量砧接触时，再旋转棘轮便会出现“打滑”现象，发出“嗒”“嗒”的响声，此时活动套筒与固定套筒之间的螺纹不再发生相对运动，固定套筒不会再对活动套筒产生向前的推力，这可以有效避免精密螺纹结构不会因受力过大而发生形变，从而起到保护作用。这时观察活动套筒的边缘是否与主尺上的“0”刻度线对齐，以及主尺上的轴向直线是否指在鼓轮上的“0”刻度线上。如果不是，则需要读出此时螺旋测微器的读数，这个读数便是“零点读数”。接下来便可以测量物体的长度了。

将待测物体置于测量螺杆和测量砧之间，并让测量砧紧靠待测物体一端，右手缓慢转动活动套筒，使测量螺杆缓慢接近待测物体。当测量螺杆靠近待测物体的另一端时，再改为旋转棘轮，直到测量螺杆与待测物体接触。当听到“嗒”“嗒”的响声时，便可以进行读数。完成读数后，用“零点读数”对测量值进行修正，即用测量值减去“零点读数”，得到的差就是物体的长度测量值。注意：不论是读取“零点读数”还是夹测物体，都不能直接旋转活动套筒使测量螺杆与测量砧或待测物体接触。测量完毕，测量螺杆和测量砧之间要松开一段距离后再放于盒中，以免温度变化引起受热膨胀，使测量螺杆与测量砧之间压力过大而损坏精密螺纹结构。

此外，测量过程中应注意回程误差。螺旋结构中的螺丝和螺套在实际制作过程中无法做到紧密接触，必然存在一定的间隙。在转动活动套筒移动测量螺杆时，螺丝与螺套仅在一侧紧密接触，另一侧存在一定间隙，当中途改变测量螺杆的移动方向时，螺丝与螺套的接触状态发生改变，即原来密接的位置松开，而原来有间隙的一侧变成了密接部位。这样螺丝与螺套的间隙就被记入测量结果中，导致测量结果产生误差，这种误差称为回程误差。

4. 移测显微镜

移测显微镜是一种兼具精密测量和局部显微功能的长度测量器具，如图 3-2-8 所示。由于集成了显微镜，因此，移测显微镜不仅可以像螺旋测微器、游标卡尺那样测量具有具体形状的硬质物体，还可以对一些微小的特殊对象进行测量，如微小孔径、光学干涉或衍射的条纹宽度、细小刻线的宽度等。

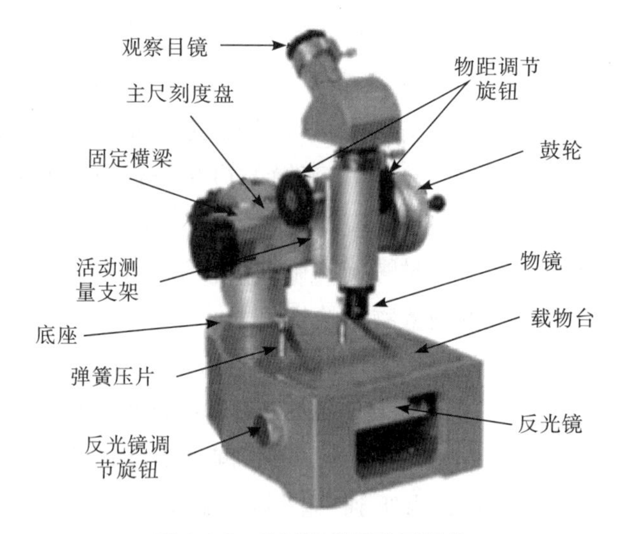

图 3-2-8　移测显微镜外形结构

移测显微镜测量部件的工作原理与螺旋测微器或游标卡尺相同，其读数方法也与螺旋测微器或游标卡尺类同。实验室中常用的移测显微镜采用测微螺旋结构的居多，图 3-2-8 所示就是采用测微螺旋结构原理的移测显微镜。下面以测微螺旋结构移测显微镜为例，简单介绍其结构及使用方法。

(1)仪器结构。测微螺旋结构移测显微镜大致由三部分组成：显微放大部件、测量部件和辅助部件。显微放大部件主要由显微镜和物距调节系统组成。显微放大部件固定在活动测量支架上，通过物距调节旋钮，可以在竖直方向上下移动显微镜来改变物距，从而在目镜中观察到清晰的像。测量部件的机构与螺旋测微器类似，主尺为固定在底座上的固定横梁，其上刻有间距为 1 mm 的刻线，鼓轮为副尺，一圈均匀刻有 100 个分格。鼓轮、活动测量支架和固定横梁之间通过精密螺纹结构相互咬合，转动鼓轮时，活动测量支架带着显微镜沿着固定横梁上的导轨左右移动，螺纹间距为1 mm，鼓轮上一个分格对应 0.01 mm，所以移测显微镜的测量精度为0.01 mm。辅助部件包括底座、载物台、弹簧压片和反光镜等。载物台实际上是一块毛玻璃，通过转动下方的反光镜使光线通过毛玻璃进入显微镜，用于调节视场的亮度，以便于观察。弹簧压片用于固定容易滚动的待测物体，如玻璃管等。

(2)使用方法。将待测物体置于载物台上,并用弹簧压片将其固定。调节观察目镜,使其中十字形叉丝"+"和平行叉丝"‖"清晰可见。转动物距调节旋钮,使显微镜缓慢地上下移动,直到可以观察到待测物体清晰的像为止。在此调节过程中,可以同时转动反光镜,使视场亮度最佳。转动鼓轮,将显微镜移动到待测物体一端,从目镜中观察的同时微调鼓轮,使测量叉丝与待测物体的边缘对齐,并记录移测显微镜的读数(其读数方法与螺旋测微器类同)。再将显微镜移到待测物体另一端,同样微调鼓轮,使测量叉丝与待测物体的边缘对齐,并记录读数。两次记录的读数之差就是待测物的长度测量值。注意:测量过程中,应根据待测物体的形状特征和测量要求来确定选用什么形状的测量叉丝;测微螺旋结构移测显微镜同样存在回程误差;严禁用手或其他粗糙物品擦拭目镜和物镜镜头,清洁镜头时,应用专门镜头纸擦拭。

3.2.2 时间测量器具

1. 电子秒表

作为电子计时器的一种,电子秒表是物理实验中常用的时间测量器具,其测量精密度较高,且操作简单。电子秒表一般采用石英晶体振荡器产生的稳定电脉冲信号作为计时基准,故计时精度较高。图 3-2-9 所示为实验室中常见的两款电子秒表。电子秒表的液晶显示屏上采用 5 位数字显示时间,其中第 1 位数字计时单位为分,后面 4 位数字(包括两位百进制小数)的计时单位为秒,故而电子秒表的计时精度可达 0.01 s。电子秒表不仅比机械秒表的测量精度高,而且还具有更多功能,除了能够进行分、秒的显示,还能进行时、日、星期及月的显示。电子秒表的功耗很小,一般在 6 μA 以下的电流工作,其供电装置为容量 100 mAh 的氧化银电池。

不同规格的电子秒表配有的按钮个数不尽相同,图 3-2-9 展示的便为两种不同规格的电子秒表。电子秒表在基本显示模式下的显示格式为"时一分一秒",通过 S_1 模式选择按钮可以切换不同工作模式。在秒表计时模式下,按下 S_2 按钮,开始计时,再按一次 S_2 按钮,计时结束,按下 S_3 按钮,计时清零。

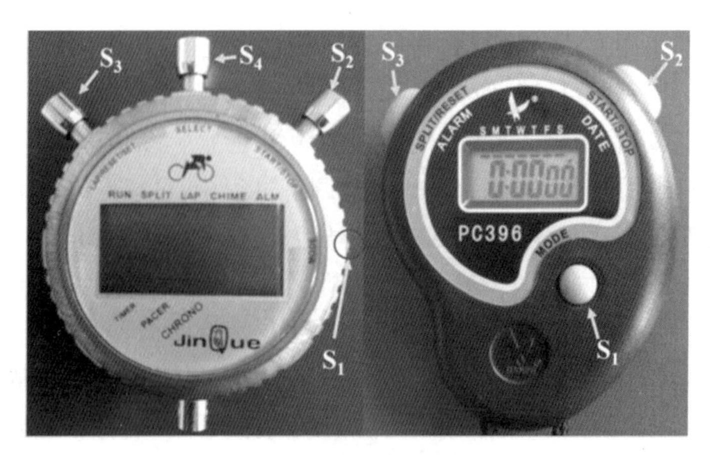

图 3-2-9　电子秒表

2. 数字毫秒计

相比于电子秒表，数字毫秒计具有计时精度更高、功能更多、自动化程度更高等优点。数字毫秒计的工作原理与电子秒表类似，也是采用石英晶体振荡器产生的电脉冲信号作为计时基准，但是其计时精度可达 0.1 ms，如图 3-2-10 所示。由于电子秒表需要手动控制，在测量较短时间量时，人需要一定的反应时间（约 0.2 s），会使测量结果产生较大误差。数字毫秒计可与光电门配合，实现自动计时，完美解决了这类问题。光电门类似于光控开关，数字毫秒计记录的时间是光电门两次挡光的时间间隔。两次挡光可以是一个光电门的前后两次挡光，也可以是两个光电门各一次挡光。两种情况的线路连接不同，具体线路连接和功能选择在后面相应的实验项目中再具体介绍。

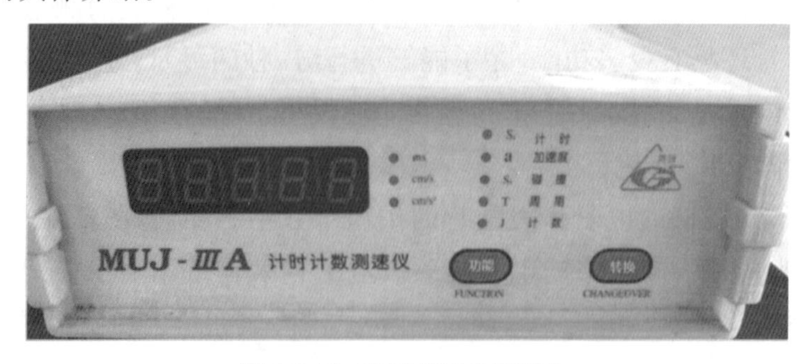

图 3-2-10　多功能数字毫秒计

3.2.3 质量测量器具

天平是最常见的质量测量器具。天平的种类很多，按工作原理大致可以分成机械天平和电子天平两大类。机械天平包括普通物理天平、光电天平、阻尼分析天平等。机械天平主要是利用杠杆原理进行测量，其灵敏度最高可达 0.1 mg。然而，灵敏度越高的机械天平，其零件和结构就越复杂，操作要求就越高，也越费时。电子天平的工作原理与机械天平不同，它是采用电磁力与待测物体重力平衡的原理来进行称量。由于电子天平直接测量的是物体的重力，因此，测量结果受重力加速度的影响，在称量前需要进行校准。与机械天平相比，电子天平具有操作简单、称量准确、性能可靠、功能丰富等优点，是实验室常用的质量测量器具。图 3-2-11 所示为电子天平。

图 3-2-11　电子天平

下面简单介绍电子天平的操作方法和注意事项。首先要将电子天平调整至水平状态，即通过调节底脚螺丝使水准器中的气泡处于中心位置。然后开机预热一段时间。一般来说，精度越高的电子天平预热时间越长，具体预热时间按说明书要求执行，通常不少于 30 min。预热结束后，如果防风罩未打开，电子天平的读数不能归零，可通过“去皮”或“置零”按钮来归零。在首次使用、长距离运输后使用或发生过载后再次使用时，都要进行“校准”操作。长按“校准”按钮，按照屏幕提示的校准砝码数值放上相应的校准砝码，电子天平会自动完成校准。完成上述操作后即可进行称量操作。将待测物体轻放到称量盘上，待屏幕数值稳定后，记下测量结果即可。注意：严禁超重称量；在取、放待测物体及称量结束后要及时关闭防风罩；禁止将待测物直接放在称量盘上称重，要在待测物体下垫放专用称重纸；长时间不用应拔去电源线。

3.3　物理实验中的基本测量方法

测量方法指的是在给定的实验条件下，根据测量要求，尽可能减少误差，使测量值更为精确的方法。人们在实践过程中创造出了许多针对物理量的测量方法。根据测量数据获得的方法不同，可分为直接测量法、间接测量法和组合测量法；按测量过程是否随时间变化可分为静态测量法和动态测量法；按测量数据是否能够直接表示被测量的量值可分为绝对测量法和相对测量法；按测量技术的不同可分为比较法、平衡法、放大法、模拟法、干涉法、转换法、补偿法等。

不同物理实验中的不同物理量往往采用不同的测量方法。掌握尽可能多的测量方法对于学生在设计性实验中优化实验方案十分重要。本节主要介绍大学物理实验中常用的几种基本测量方法。

1. 比较法

比较法是将待测量与已知的标准量进行直接或间接的比较，从而获得测量值的一种测量方法。比较法是物理量测量中最基本的测量方法。从广义上讲，所有物理量的测量都是将待测量与标准量进行比较的过程，只是比较的方式以及标准量的表现形式不相同。例如，通过将待测物体与米尺进行比较来获得待测物体的长度；将液体的体积与量杯或量筒的容积进行比较来获得液体的体积测量值；将待测物体与天平的砝码进行比较来获得待测物体的质量等。比较法可分为直接比较法和间接比较法。

（1）直接比较法。直接比较法是将待测量与标准量具（如经过校准的仪器或量具）直接进行比较，直接获取测量值的方法。例如，用米尺测量长度，用量筒测量液体的体积，用天平测量物体的质量等。直接比较法具有同量纲、直接可比性和同时性等特点。直接比较法获得测量值的精确度受测量仪器或量具的精度局限，故在测量前，量具需经过标定，并要根据测量要求来选择合适的测量器具。

(2)间接比较法。许多物理量难以制成标准量具，无法通过直接比较法来获得测量值。在实际测量中，往往利用物理量之间的函数转换关系制成相应的仪器来进行物理量的测量。这种借助于一些中间量，或将被测量进行某种变换，来间接比较测量的方法称为间接比较法。

这种变换必须服从一定的单值函数关系。如指针式电流表、电压表是利用通电线圈在磁场中受到的磁力矩与游丝发条的扭力矩平衡时，电流的大小与指针的偏转角度之间满足一一对应的关系而制成的，因此，可用指针的偏转角度间接比较出电路中的电流强度或电压值。

有些间接比较还要借助一些装置，经过或简或繁的组合后构建比较系统，才能实现被测量与标准量的比较，如电桥、电位差计等均是常用的比较系统。通过对比较系统的优化设计，间接比较法的测量结果往往可以达到很高的准确度。

2. 平衡法

平衡原理是物理学中的重要基本原理，基于平衡原理形成的平衡法测量是物理测量中的重要方法。它应用到物理学中平衡态的概念，当系统处于平衡态时，各物理量之间的物理关系可以变得十分简单、明确。这使得待测量在与标准量的比较过程中可以获得较高的分辨率和灵敏度，从而使得测量结果具有较高的精确度。

所谓“平衡法”，其本质就是通过调节或选择，在待测量与已知量或参考量之间建立平衡关系，通过“零示法”完成比较系统平衡态的建立，以此来实现物理量的测量。在平衡法中，并不研究被测物理量本身，而是关注比较系统平衡态的建立。例如，利用检流计通过“零示法”判断电路中各节点间电压的平衡关系，以此来设计电桥、电位差计，实现对电阻、电池电动势的精确测量。

3. 放大法

在物理实验中常会遇到这样一些问题，即待测量过于微小或受测量工具精度限制等，导致测量结果的精确度下降。放大法可以提高测量仪器的分辨率和灵敏度，是物理实验室中常用的方法。

（1）机械放大法。这是一种利用机械部件之间的几何关系，使待测量在测量过程中得到放大的方法。游标卡尺和螺旋测微器就是采用机械放大法进行精密测量的典型例子。精度为 0.02 mm 的游标卡尺，其副尺上 50 个格子的总长度对应主尺上 49 mm，副尺上每个格子的长度为0.98 mm。测量中，通过观察副尺上刻度线的对齐情况来区分 0.02 mm 的长度变化，即相当于将 0.02 mm 放大到 0.98 mm，放大了 49 倍。螺旋测微器是通过活动套筒来实现对微小量的放大。活动套筒一周被平均分成 50 格，每格 1 mm。活动套筒转动一周，螺杆前进或后退 1 个螺距。如果螺距为 0.5 mm，则活动套管上的每一格代表 0.01 mm，放大倍数为 100。

机械天平是机械放大法应用的另一个典型例子。用等臂天平称量物体质量时，人的眼睛很难发现天平横梁的微小倾斜角。通过固定在横梁上且与横梁垂直、长为 R 的长指针，可以将微小的角度变化 $\Delta\theta$ 转变成弧度变化 $R\Delta\theta$，即放大了 R 倍。

（2）光学放大法。根据测量对象是否发生改变，光学放大法大致可以分为两种，一种是直接放大法，另一种是间接放大法。

直接放大法是采用视角放大设备（如测微目镜、读数显微镜等）直接观察待测物，待测物体通过光学仪器形成放大的像，便于观察判别。例如，在牛顿环实验中采用显微镜放大等厚干涉条纹，这种方法并没有改变物体的实际尺寸，故而不会增加测量误差。

间接放大法是通过某种物理关系，将微小的物理量转换成较大的物理量，通过测量放大后的物理量来间接测得微小物理量。例如，拉伸法测金属丝杨氏模量的实验中，采用光杠杆放大法测量金属丝的微小伸长量，大大提高了实验的可观测性和测量精度。

4. 模拟法

模拟法是以相似性原理为基础，通过设计与被测原型（被测物体或被测现象）有物理规律相似性或数学相似性的模型来研究被测对象的物理属性及变化规律的实验方法。模拟法通过对模型的测量来实现,可以对因过分庞大、过于危险或变化过于缓慢而无法直接进行测量的研究对象进行测量研究。模拟法可分为物理模拟法、数学模拟法和计算机模拟法等。

(1)物理模拟法。保持同一物理本质的模拟方法称为物理模拟法。它要求模型的几何尺寸与原型的几何尺寸成比例地缩小或放大,即在形状上模型与原型完全相似,称为几何相似。除此之外,它还要求模型与原型遵从同样的物理规律,只有这样,才能用模型代替原型进行物理规律范围内的测试,这就叫物理相似。

例如,在风洞里形成人造风,将飞机模型静止置于其中,调整模型与原型的尺寸比例及风速大小,便可用模型的动力学参量的测量来代替原型的动力学参量的测量,这就是物理模拟。在大型水槽中,在一定速度流动的水中放置船舶、桥梁的模型,然后用模型的动力学参量的测量代替原型的动力学参量的测量,也是同类的物理模拟。

(2)数学模拟法。数学模拟法又称类比法,它和几何相似或物理相似都不相同,原型和模型在物理规律的形式上和实质上均可能毫无共同之处,但它们却遵从相同的数学规律。

例如,静电场描绘实验中用稳恒电流场来模拟静电场,这是因为电磁场理论指出,静电场和稳恒电流场具有相同的数学方程式,两个场自然具有相同的解。

(3)计算机模拟法。在物理实验中,有诸如宏观、微观、极快、极慢等特殊和极端的物理过程,难以在实验室中展现,借助计算机模拟技术,使人们能够突破时间、空间以及实验条件的约束,用模拟法预测可能的实验结果。计算机模拟的优点在于它能实现数据采集与处理的自动化,帮助人们完成大量烦琐的数学计算。此外,利用计算机灵活的计算、图形绘制、音响、色彩填充等功能,可以十分形象地演示物理现象和物理过程,将深奥的物理内涵通过直观的视觉、听觉效果而展现得有声有色。

5. 干涉法

利用相干波干涉时的物理现象和所遵循的物理规律,进行相关物理量的测量的方法，称为干涉法。它被广泛地应用于各种机械波、电磁波、光波等的研究中。干涉法可以用来精确测量微小的长度或角度变化、微小的形变以及无法直接测量的物理量（如透镜的曲率半径等）。另外，干涉法还可以将瞬息变化以及难以测量的动态研究对象变成稳定的“静态”研究对象——干涉图样，如驻波。在弦振动实验中，通过对干涉后形成的稳定驻波的研究，可以测定波的频率、波速、波长等物理量。牛顿环实验中，通过等厚干涉条纹可以测得平凸透镜的曲率半径。

6. 转换法

在物理实验中，常有一些物理现象难以直接观测，或实验过程中涉及的物理量难以直接测量，或即使能够进行直接测量，但测量起来很不方便、准确性差。为此，需要将这些物理量转换为其他能够方便、准确测量的物理量来进行测量，再反算出待测量，这种测量方法称为转换法。现实中这样的问题很多，如测量一栋三十多层楼房的高度，可通过测量阳光下楼房的阴影长度来计算楼房的高度。又如玻璃温度计和电子温度计，分别是利用热膨胀与温度的关系以及热敏电阻的阻值与温度的关系，将温度测量转换为长度测量和电信号测量。转换法是物理实验中最基本、最常见的实验方法，可分为参量转换法和能量转换法两种基本转换测量方法。

(1)参量转换法。寻找与待测参量有关的物理量，利用它们之间的函数关系，通过对有关参量的测量计算出待测参量的方法，称为参量转换法。物理实验中的间接测量均属于参量转换法测量。

例如，牛顿环实验中，平凸透镜的凸面并不是一个完整的球面，无法直接测量其曲率半径。实验中利用平凸透镜的曲率半径与牛顿环等厚干涉条纹间距间的函数关系，可将对曲率半径的测量转换为对干涉条纹间距的测量。

(2)能量转换法。能量转换法是指通过能量变换器（如传感器），将某种形式的能量转换成另一种形式的能量来进行测量的方法。随着热敏、光敏、压敏、气敏、湿敏等方面的新型功能材料的涌现，这些材料的性能不断提高，各种能量转换器件也应运而生，为物理实验测量方法的改进创造了很好的条件。由于电学参量具有测量方便、记录迅速和传输便捷的特点，同时，电学仪表的通用性较强，制备技术较为成熟，因此，许多能量转换法都是将待测物理量通过各种传感器和敏感器件转换成电学参量来进行测量的。常见的能量转换法有光电转换、热电转换、压电转换、磁电转换等。

7. 补偿法

在物理实验中，往往会遇到某些物理量不能直接测量或难以准确测量的问题。为了解决这一问题，在实际测量过程中常采用人为构造一个物理量的方法，并使人为构造的物理量与待测物理量等量或具有相同的效应，用于补偿（或抵消）待测物理量产生的效应，使测量系统处于平衡状态，从而得到构造的物理量与待测量之间的确定关系。这种通过人为构造物理量来求得待测量的方法称为补偿法。补偿法主要用于补偿法测量和补偿法校正，并且通常与平衡法、比较法结合使用。

例如，在用板式电位差计测量电池的电动势和内阻实验中，用板式电位差计产生一个电压，并与待测电池的电动势进行比较，采用“零示法”判断电位差计的电压是否与电池电动势达到平衡，从而通过读取电位差计的电压来获得电池电动势的测量值。

第4章 力学实验

4.1 长度测量

长度是基本物理量之一，长度测量与生产、生活和科学实验中许多物理量的测量密切相关，因此，对长度测量方法和测量工具的掌握就显得尤为重要。长度测量中最常用和最基本的测量工具有米尺、游标卡尺、螺旋测微器和移测显微镜等。不同测量工具的量程和分度值也各不相同，如果待测物体的线度较小，同时测量准确度要求又很高，就要用更为精密的仪器或寻找更为适合的测量方法。

【实验目的】

（1）掌握游标卡尺、螺旋测微器和移测显微镜三种测量工具的测量原理及使用方法。

（2）根据测量工具的精度，正确记录原始数据。

（3）熟悉直接测量量和间接测量量的不确定度计算方法，并用不确定度报告测量结果。

【实验仪器】

游标卡尺、螺旋测微器、移测显微镜、钢管、钢珠、铝块等。

【实验原理】

游标卡尺、螺旋测微器和移测显微镜三种常见测量工具的测量方法与使用参见第3章相关内容。

【实验内容】

1. 测钢管的体积参数

用游标卡尺测钢管的外径、内径和高，各测量5次以上，并计算钢管的体积及其不确定度。

2. 测钢珠的体积参数

用螺旋测微器测钢珠的直径，测量5次以上，并计算钢珠的体积及其不确定度。

3. 测铝块的体积参数

用移测显微镜测铝块的长、宽和高，各测量5次以上，并计算铝块的体积及其不确定度。

【注意事项】

(1)使用游标卡尺和螺旋测微器时，需注意零点误差，使用前都要记下相应的零点读数(可正可负)。考虑零点读数后，最后的测量结果应是读数值减去零点读数。游标卡尺读数中没有估读数据。游标卡尺有多种测量精度，应根据测量要求来选择游标分度。

(2)使用螺旋测微器时，考虑其精度为0.01 mm，并且存在估读，因此，最终测量结果小数点后应有3位有效数字(单位：mm)。

(3)在使用移测显微镜时要注意防止回程误差。

【实验数据记录与处理】

1. 测钢管体积

零点读数：$\Delta_0=$____ mm，仪器误差限$\Delta_{仪}=$____ mm。

测量次数	1	2	3	4	5	6	平均值
外径 d_1(mm)							$d_1=$
内径 d_2(mm)							$\bar{d}_2=$
长 l(mm)							$\bar{l}=$

数据处理：

(1)计算钢管体积。

考虑零点读数后：

$d_1=\bar{d}_1-\Delta_0=$　　$d_2=\bar{d}_2-\Delta_0=$　　$l=\bar{l}-\Delta_0=$

钢管体积最佳估计值：

$$\bar{V}=\frac{\pi(d_1^2-d_2^2)l}{4}=$$

(2)计算直接测量和间接测量的不确定度。

对 d_1：$u_A(d_1)=s(\bar{d}_1)=$　　$u_B(d_1)=\Delta_{仪}/\sqrt{3}=$

$$u(d_1)=\sqrt{u_A^2(d_1)+u_B^2(d_1)}=$$

对 d_2：$u_A(d_2)=s(\bar{d}_2)=$　　$u_B(d_2)=\Delta_{仪}/\sqrt{3}=$

$$u(d_2)=\sqrt{u_A^2(d_2)+u_B^2(d_2)}=$$

对 l：$u_A(l)=s(\bar{l})=$　　$u_B(l)=\Delta_{仪}/\sqrt{3}=$

$$u(l)=\sqrt{u_A^2(l)+u_B^2(l)}=$$

钢管体积 V 的合成标准不确定度为

$$u(V)=\sqrt{\left(\frac{\partial V}{\partial d_1}u(d_1)\right)^2+\left(\frac{\partial V}{\partial d_2}u(d_2)\right)^2+\left(\frac{\partial V}{\partial l}u(l)\right)^2}$$

$$=\sqrt{\left(\frac{\pi}{2}ld_1\right)^2u^2(d_1)+\left(\frac{\pi}{2}ld_2\right)^2u^2(d_2)+\left[\frac{\pi(d_1^2-d_2^2)}{4}\right]^2u^2(l)}$$

$$=$$

(3)钢管体积 V 测量结果表示。

$V=\bar{V}\pm u(V)=$

2. 测钢珠体积

零点读数：$\Delta_0=$____ mm，仪器误差限$\Delta_{仪}=$____ mm。

测量次数	1	2	3	4	5	6	平均值
直径 d(mm)							$\bar{d}=$

数据处理：

(1)计算钢珠体积。

考虑零点读数后：

$d=\bar{d}-\Delta_0=$

计算钢珠体积的最佳估计值：

$\overline{V}=\frac{1}{6}\pi d^3=$

(2)计算直接测量和间接测量的不确定度。

计算 d 的不确定度：

$u_A(d)=s(\overline{d})=$　　$u_B(d)=\Delta_{仪}/\sqrt{3}=$

$u(d)=\sqrt{u_A^2(d)+u_B^2(d)}=$

计算钢珠体积的不确定度：

$u(V)=\frac{1}{2}\pi d^2 u(d)=$

(3)钢珠体积 V 测量结果表示。

$V=\overline{V}\pm u(V)=$

3. 测铝块体积

零点读数：$\Delta_0=$____ mm，仪器误差限 $\Delta_{仪}=$____ mm。

测量次数	1	2	3	4	5	6	平均值
长 a(mm)							$\overline{a}=$
宽 b(mm)							$\overline{b}=$
高 c(mm)							$\overline{c}=$

数据处理：

(1)计算铝块体积。

考虑零点读数后：

$a=\overline{a}-\Delta_0=$　　$b=\overline{b}-\Delta_0=$　　$c=\overline{c}-\Delta_0=$

计算铝块体积的最佳估计值：

$\overline{V}=a\cdot b\cdot c=$

(2)计算直接测量和间接测量的不确定度。

对 a：$u_A(a)=s(\overline{a})=$　　$u_B(a)=\Delta_{仪}/\sqrt{3}=$

$u(a)=\sqrt{u_A^2(a)+u_B^2(a)}=$

对 b：$u_A(b)=s(\overline{b})=$　　$u_B(b)=\Delta_{仪}/\sqrt{3}=$

$u(b)=\sqrt{u_A^2(b)+u_B^2(b)}=$

对 c：$u_A(c)=s(\overline{c})=$　　$u_B(c)=\Delta_{仪}/\sqrt{3}=$

$u(c)=\sqrt{u_A^2(c)+u_B^2(c)}=$

计算铝块体积的不确定度：

$$u(V)=\sqrt{\left(\frac{\partial V}{\partial a}u(a)\right)^2+\left(\frac{\partial V}{\partial b}u(b)\right)^2+\left(\frac{\partial V}{\partial c}u(c)\right)^2}$$
$$=\sqrt{(b\cdot c)^2u^2(a)+(a\cdot c)^2u^2(b)+(a\cdot b)^2u^2(c)}$$
$$=$$

(3)铝块体积 V 测量结果表示。

$V=\overline{V}\pm u(V)=$

【思考题】

(1)用游标卡尺测量长度时有没有估读数？

(2)使用螺旋测微器时，如以毫米为单位，测量结果应估读至小数点哪一位？如何判断零点读数的正负？待测物体的长度要如何得出？

(3)移测显微镜液晶屏显示的测量结果有没有估读数据？

4.2 单 摆

单摆实验是经典物理实验之一，历史上有多位物理学家都对单摆运动规律做过深入研究，如伽利略、惠更斯、牛顿等。在忽略空气阻力的情况下，单摆的运动是一种典型的简谐运动。惠更斯研究发现，单摆做简谐运动的周期 T 与摆长 L 的二次方根成正比，和重力加速度 g 的二次方根成反比，与振幅、摆球的质量无关。本实验根据单摆运动规律测量重力加速度的大小，同时讨论单摆周期与摆长的关系。

【实验目的】

(1)练习米尺、游标卡尺和秒表的使用。

(2)掌握用单摆测定本地重力加速度的原理和方法。

(3)研究单摆周期和摆长的关系。

【实验仪器】

单摆、秒表、米尺、游标卡尺等。

【实验原理】

如图 4-2-1 所示，把一小球系在上端固定且不能伸长的细线上，将小球拉开平衡位置(一般情况下要求角位移 θ 小于 $5°$)，让其在竖直平面内做小角度来回运动，这样的装置称为单摆。

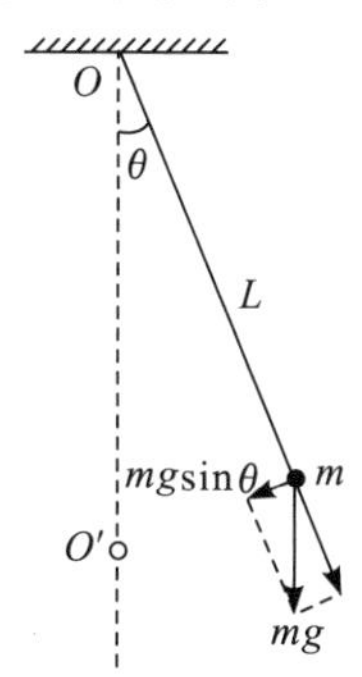

图 4-2-1　单摆示意图

设小球的质量为 m，当细线拉直时，小球球心到固定点 O 的长度为 L，即摆长。对小球做受力分析可知，小球所受重力的切向分力大小为 $mg\sin\theta$，其方向始终指向小球的平衡位置 O' 点。由于角位移 θ 很小，$\sin\theta$ 与 θ 近似相等，切向作用力大小可改写为 $mg\theta$。小球的切向加速度可表示为 $a_\tau = L\frac{\mathrm{d}^2\theta}{\mathrm{d}t^2}$。根据牛顿第二运动定律，小球的切向运动方程为

$$mL\frac{\mathrm{d}^2\theta}{\mathrm{d}t^2} = -mg\theta \qquad (4\text{-}2\text{-}1)$$

方程两边消去 m，整理后可得

$$\frac{\mathrm{d}^2\theta}{\mathrm{d}t^2} + \frac{g}{L}\theta = 0 \qquad (4\text{-}2\text{-}2)$$

式(4-2-2)表明小球的运动为简谐运动，同时可以得出该简谐运动角频率 ω 与摆长 L 的关系为

$$\omega = \frac{2\pi}{T} = \sqrt{\frac{g}{L}} \qquad (4\text{-}2\text{-}3)$$

利用周期公式 $T=\frac{2\pi}{\omega}$ 可知

$$T = 2\pi\sqrt{\frac{L}{g}} \qquad (4\text{-}2\text{-}4)$$

上式表明单摆的周期只与摆长 L 和重力加速度 g 有关。将式(4-2-4)改写后，得到重力加速度的表达式为

$$g = 4\pi^2 \frac{L}{T^2} \tag{4-2-5}$$

实验中，人需要一定的反应时间，对单摆完成一次全振动时间的测量误差影响过大，为了减小误差，可测量连续完成 n 个全振动所需的时间 t，根据 $T=t/n$，可得

$$g = 4\pi^2 \frac{n^2 L}{t^2} \tag{4-2-6}$$

式(4-2-6)即为利用单摆振动周期公式测量重力加速度 g 的计算公式。式(4-2-6)中，π 和 n 均为固定值，重力加速度 g 的不确定度传递公式 $u(g)$ 可写成

$$u(g) = g\sqrt{\left[\frac{u(L)}{L}\right]^2 + \left[2\,\frac{u(t)}{t}\right]^2} \tag{4-2-7}$$

从式(4-2-7)可以看出，增大摆长 L 和时间 t 对精确测量重力加速度 g 有利，但是摆长 L 过长，会增加空气的阻尼作用，而时间 t 越长，单摆的摆幅变化越大，L 或 t 过大会使单摆偏离简谐运动，因此，实验中 L 和 t 不宜过大。

另外，可将式(4-2-5)改写为

$$T^2 = 4\pi^2 \frac{L}{g} \tag{4-2-8}$$

该式表明，单摆周期的平方 T^2 与摆长 L 成简单的线性关系。通过绘制 T^2-L 图，得出直线斜率，也可以算出重力加速度 g。

【实验内容】

1. 测定本地重力加速度 g

(1)调整单摆。将单摆装置放置在实验台合适的位置上，并检查悬线的上端是否固定。通过调节装置底座上的螺丝旋钮，使立柱保持竖直。

(2)测量摆长 L。摆长由摆线长度和小球半径两部分组成。先拉直细线，用米尺测量小球最高点到细线固定点 O 的距离，即摆线长度 l，再用游标卡尺测小球直径 d，重复测量 5 次以上。由公式

$L=l+d/2$计算出摆长，并算出摆长平均值。

(3)测量50个全振动周期所需时间t。将小球拉开平衡位置后，让其在竖直平面内做小角度($\theta<5°$)来回摆动，测量小球连续完成50个全振动所需的时间t，重复测量5次以上。多次测量时间的偶然误差明显小于人的反应时间(约0.2 s)和秒表的误差限，故时间t的不确定度仅考虑来自人和秒表的影响。

(4)利用式(4-2-6)、式(4-2-7)计算重力加速度g及其不确定度$u(g)$。

2. 研究摆长与周期的关系

(1)通过调整摆线长度l以改变摆长L，将摆长L每次改变约5 cm，改变摆长5次以上，重复以上步骤，测出相应的连续摆动50次所需时间t，算出周期T。

(2)绘制T^2-L图，运用最小二乘法计算直线斜率k，再根据式(4-2-8)中斜率k与重力加速度g的关系计算g值。

【注意事项】

(1)实验所用悬线的上端要用铁夹夹紧固定，不能出现摆动过程中摆长增加的情况，并且要保证摆动角度不超过5°。

(2)小球开始摆动后，要注意观察小球是否在竖直平面内来回运动。

(3)从"零"开始计单摆的周期数，以小球经过最低点时开始计数，并同时按下秒表进行计时，以减小实验误差。

【实验数据记录与处理】

1. 测定本地重力加速度 *g*

米尺最小分度值$\Delta_l=$____，游标卡尺误差限$\Delta_d=$____，秒表误差限$\Delta_t=$____，人反应时间$\Delta_{人}=0.2$ s。

测量次数	摆线长度 l(cm)	摆球直径 d(cm)	50个周期时间 t(s)
1			
2			

续表

测量次数	摆线长度 l(cm)	摆球直径 d(cm)	50 个周期时间 t(s)
3			
4			
5			
6			
平均值	$\bar{l}=$	$\bar{d}=$	$\bar{t}=$

数据处理如下：

(1)计算摆长及其不确定度。

摆长的平均值：

$$\bar{L}=\bar{l}+\frac{\bar{d}}{2}=$$

摆长的不确定度：

$$u(l)=\sqrt{s^2(\bar{l})+\left(\frac{\Delta_l}{\sqrt{3}}\right)^2}=$$

$$u(d)=\sqrt{s^2(\bar{d})+\left(\frac{\Delta_d}{\sqrt{3}}\right)^2}=$$

$$u(L)=\sqrt{[u(l)]^2+\left[\frac{u(d)}{2}\right]^2}=$$

摆长：

$L=\bar{L}\pm u(L)=$

(2)计算 50 个全振动周期所需时间 t 及其不确定度。

$u(t)=\sqrt{\Delta_{人}^2+\Delta_t^2}=$

$t=\bar{t}\pm u(t)=$

(3)计算重力加速度 g。

$$\bar{g}=4\pi^2\ \frac{n^2\bar{L}}{\bar{t}^2}=$$

$$u(g)=g\sqrt{\left[\frac{u(L)}{L}\right]^2+\left[2\ \frac{u(t)}{t}\right]^2}=$$

$g=\bar{g}\pm u(g)=$

2. 研究摆长与周期的关系

次数	摆线长度 l(cm)	摆长 $L=l+\frac{\bar{d}}{2}$ (cm)	50个全振动周期时间 t(s)	周期 T (s)	周期平方 T^2(s^2)
1					
2					
3					
4					
5					
6					

数据处理如下：

(1)绘制 T^2-L 图。

(2)用最小二乘法计算所绘制 T^2-L 图的直线斜率 k 值。

(3)由式(4-2-8)计算出直线斜率 k 值，即 $k=4\pi^2/g$，计算当地重力加速度 g 的大小及其不确定度。

(4)比较两种方法计算得到的 g 的大小。

【思考题】

(1)由于单摆在摆动中会受到空气阻力，其摆动幅度会越来越小直至停止，请问其周期是否会发生变化？测得的重力加速度 g 的大小是否发生变化？

(2)根据实验数据作出的 T^2-L 线近似为一条直线，这说明什么？如果 T^2-L 线不经过坐标原点，又说明什么？

4.3 自由落体运动

自由落体运动是一种特殊的匀变速直线运动，是指仅受重力作用的物体由静止做竖直下落的运动。本实验中，由于小球从静止开始下落速度较小，空气阻力与重力相比可以忽略不计，小球下落可近似看作自由落体运动。利用自由落体运动规律可以较为准确地测定重力加速度的大小，这对经典物理学的研究尤其是在地球物理学方面有着重要意义。

【实验目的】

(1)学习运用自由落体测定仪和数字毫秒计。

(2)研究自由落体运动规律,测量当地的重力加速度 g。

(3)学习利用最小二乘法处理数据。

【实验仪器】

自由落体测定仪、数字毫秒计、光电门(2 个)、小球(金属球)等。

【实验原理】

自由落体测定仪主要由立柱、电磁铁和光电门组成,如图 4-3-1 所示。带有米尺的竖直立柱固定在三脚底座上,将电磁铁安装于立柱上端,立柱上的光电门 A、B 与数字毫秒计相连接,两个光电门的位置可以沿着立柱上下调整。闭合电磁铁控制开关 K,小球被电磁铁吸引处于静止状态。当断开电磁铁开关 K 时,小球开始做自由落体运动。当小球通过光电门 A 时,数字毫秒计开始计时;当小球通过光电门 B 时,计时结束。数字毫秒计记录的就是小球依次经过两个光电门所用的时间。

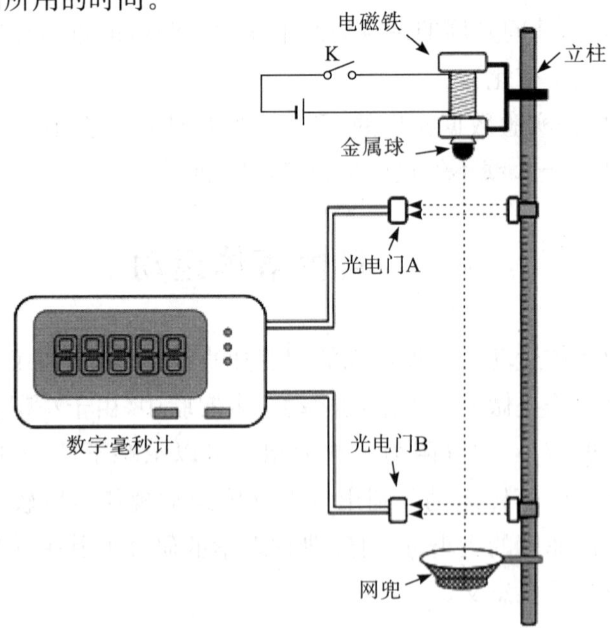

图 4-3-1　自由落体测定仪

设光电门A、B之间的距离为s，小球运动至光电门A处的速度大小为v_0，小球从光电门A运动至光电门B所需时间为t，则

$$s = v_0 t + \frac{1}{2} g t^2 \tag{4-3-1}$$

将式(4-3-1)两侧同除以时间t，可得

$$\frac{s}{t} = v_0 + \frac{1}{2} g t \tag{4-3-2}$$

再令$x=t$，$y=s/t$，则式(4-3-2)可改写为

$$y = v_0 + \frac{1}{2} g x \tag{4-3-3}$$

上式表明，y与x呈线性关系，斜率为$g/2$。实验中可调整两个光电门之间的距离，测出不同的s值及其对应的t值。利用最小二乘法可得拟合直线的斜率k，而重力加速度g的大小可由下式求出

$$g = 2k \tag{4-3-4}$$

由式(4-3-3)可知，要保证y与x呈线性关系，须确保v_0为常数，即小球下落至光电门A时的速度不变。故而在实验中改变光电门A、B的间距s时，光电门A的位置不能变。

【实验内容】

(1)调节自由落体测定仪的支架，保证立柱竖直。借助重锤线来调节电磁铁下端，光电门A、B的中心和网兜应保持在同一条竖直线上，确保小球下落通过两个光电门时能挡光计时。

(2)测量时间t值时，数字毫秒计“转换”选单位为“ms”，“功能”选“S_2计时”。

(3)将光电门A的位置固定于x_A，使光电门B的位置位于x_B，测量两个光电门间的距离$s=x_B-x_A$，用数字毫秒计记录小球经过两个光电门所需时间t，为减小误差，可重复测3次，取其平均值。

(4)保持光电门A位置不动，移动光电门B，改变s值5次以上，测出对应的t值。

(5)利用上述各组测量的x和y值，由最小二乘法求斜率k及标准偏差s_k，计算重力加速度g的大小及其不确定度$u(g)=2u(k)=2s_k$。

【注意事项】

（1）当小球下落经过光电门后，若数字毫秒计未开始计时，则需重新调整支架，直到小球能依次竖直通过两个光电门且数字毫秒计可正常计时为止。

（2）测量时务必保证支架稳定，不产生晃动。

【实验数据记录与处理】

光电门 A 的位置 $x_A=$____ cm。

次数	x_B(cm)	$s=x_B-x_A$(cm)	t(ms)			$x=\bar{t}$	$y=\frac{s}{\bar{t}}$
1							
2							
3							
4							
5							
6							

数据处理如下：

（1）计算每个 s 对应的 x 和 y 值，描点作 $s/t-t$ 图。

（2）由表中测量的 x 和 y 值，利用最小二乘法求斜率 k 及标准偏差 s_k。

$\bar{g}=2k=$

$u(g)=2s_k=$

测量结果：$g=\bar{g}\pm u(g)=$

【思考题】

（1）在此实验中，为什么只改变光电门 B 的位置，而不改变光电门 A 的位置？

（2）小球经过光电门后，数字毫秒计未能实时显示时间的原因是什么？

（3）如何利用自由落体运动测量小球下落至任意一处的速度大小？

4.4　牛顿第二运动定律的验证

牛顿运动定律奠定了经典力学的理论基础，明确地指出了力和运动之间的关系，其中，牛顿第二运动定律给出了具体的力和运动之间的定量关系。本实验在气垫导轨上研究物体运动状态的改变与其所受合外力之间的关系。实验中，通过气垫导轨营造微摩擦力环境，用砝码的重力使运动系统产生加速度，在保持系统总质量不变的情况下，研究合外力与加速度之间的关系，从而验证牛顿第二运动定律。

【实验目的】

44(1)熟悉气垫导轨结构，掌握其正确使用方法。

(2)了解光电计时系统的工作原理，掌握利用光电计时系统测量物体速度和加速度的方法。

(3)学习在气垫导轨上验证牛顿第二运动定律的方法。

【实验仪器】

气垫导轨(L-QG-T-1500/5.8)、滑块、电脑通用计数器(MUJ-ⅡB)、电子天平、游标卡尺、气源、砝码等。

【实验原理】

牛顿在《自然哲学的数学原理》中明确给出了力和运动之间的定量关系，即牛顿第二运动定律，表达形式为

$$\boldsymbol{F} = \frac{\mathrm{d}\boldsymbol{p}}{\mathrm{d}t} \tag{4-4-1}$$

牛顿第二运动定律又可以表示为

$$F = ma \tag{4-4-2}$$

即物体运动的加速度大小与物体所受合外力的大小成正比，与物体的质量成反比。本实验是在保证运动系统的总质量不变的情况下，测量运动系统在不同合外力作用下运动的加速度，检验 F 与 a 之间

是否存在如式(4-4-2)所示的线性关系。

在力学实验中,摩擦力是会对实验结果产生负面影响的主要因素之一,因此,在力学实验过程中经常采用一些特殊的装置或设计,用来减小摩擦力对实验结果的影响。本实验是在气垫导轨提供的微摩擦力条件下来验证牛顿第二运动定律的。

气垫导轨由截面为三角形的中空铝型材制成,截面成等腰三角形,长约 2 m,一端通过进气口与空气压缩机相连,另一端封闭并装有定滑轮。在导轨的两侧表面整齐地排列有直径为 0.4～0.6 mm 的喷气孔,如图 4-4-1 所示。滑块的下方有两块成倒"V"形排列的金属片,其夹角正好与气垫导轨的两个侧面的夹角相同,这使得滑块的倒"V"形金属薄片能够与气垫导轨的表面紧密吻合。当高速气流从导轨表面的喷气孔喷出时,对滑块形成向上的合力,将滑块从导轨表面托起,从而在导轨表面与滑块之间形成厚度不到 200 μm 的空气薄膜(即气垫)。这极大地减小了滑块运动时所受到的摩擦力,可以近似地认为,滑块在气垫导轨上滑动时,在运动方向上受到的阻力仅为空气黏滞阻力。

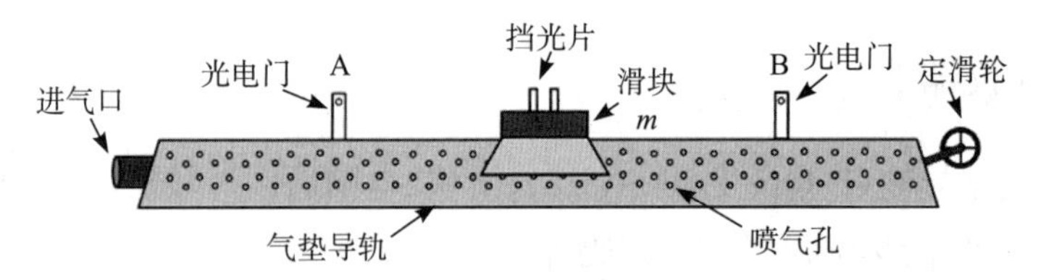

图 4-4-1　气垫导轨

导轨两侧的光电门与数字毫秒计相连,组成光电计时系统。带有挡光片的滑块在经过光电门时触发计时系统,第一次挡光,计时开始,第二次挡光,计时结束,所以数字毫秒计记录的时间是两次挡光的时间间隔。挡光片有"U"形和"1"字形两种形状,如图4-4-2所示。

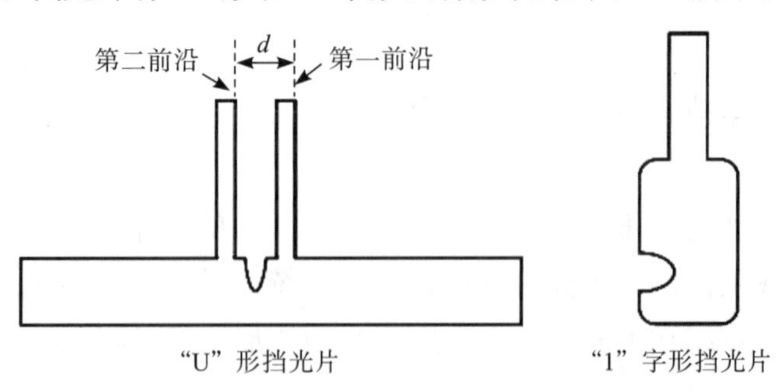

图 4-4-2　挡光片

本实验中，滑块的瞬时速度采用滑块经过光电门时的平均速度来代替，存在一定的系统误差。设“U”形挡光片的第一前沿与第二前沿距离为 d，其经过同一个光电门时会发生两次挡光，数字毫秒计记录的时间为 t，则滑块在光电门位置的平均速度(视作瞬时速度)为

$$v=\frac{d}{t} \tag{4-4-3}$$

d 越小，则平均速度越接近瞬时速度。但是 d 过小时，对应的时间 t 也会非常小，这使得 t 的相对误差增大，同样会增加系统误差。所以 d 不宜过小，实验中常用的“U”形挡光片 d 值一般在 1 cm 左右。用“1”字形挡光片测量运动时间需要两个光电门 A 和 B。滑块经过光电门 A 时第一次挡光，计时开始，到达光电门 B 时第二次挡光，计时结束。两个光电门之间的距离为 s，则滑块在光电门 A、B 之间的平均速度为

$$\overline{v}=\frac{s}{t_{AB}} \tag{4-4-4}$$

本实验通过测量滑块在光电门 A、B 之间运动时的相关参数来计算运动系统所有合外力 F 和加速度 a，并通过分析加速度 a 与合外力 F 的关系来验证牛顿第二运动定律。

1. 导轨调平

气垫导轨通过左右两端的支脚固定在实验台上，由于重力的作用，导轨的三角形中空铝管实际上并不是严格的平直直线，而是近似“两头翘，中间凹”的曲线。所谓“调平气垫导轨”，实际上是将两个光电门所在位置调整到同一水平线上。虽然滑块与导轨之间没有摩擦力，但空气阻力仍然存在，所以在无动力条件下，即使导轨调平，滑块在导轨上滑动的速度依然是逐渐减小的。由空气阻力引起的速度损失可表示为

$$\Delta v=\frac{bs}{m} \tag{4-4-5}$$

式中，b 为空气的黏性阻尼系数，s 为光电门 A、B 之间的距离，m 为滑块质量。

如果导轨调平，则可认为滑块在导轨上运动时速度的损失主要

是由空气阻力造成的。那么，可以通过滑块速度损失情况来判断导轨是否调平，即若滑块从光电门A到光电门B的速度损失近似等于滑块从光电门B到光电门A的速度损失，则导轨调平。

2. 黏性阻尼系数 b

由式(4-4-5)，空气的黏性阻尼系数 b 可表示为

$$b=\frac{m}{s}\Delta v \tag{4-4-6}$$

式中，Δv 为滑块的速度损失。导轨调平时，滑块从光电门A到光电门B的速度损失 Δv_{AB} 与从光电门B到光电门A的速度损失 Δv_{BA} 十分接近。为减小误差，取 $\Delta v=(\Delta v_{AB}+\Delta v_{BA})/2$，则式(4-4-6)可表示为

$$b=\frac{m}{s}\frac{\Delta v_{AB}+\Delta v_{BA}}{2} \tag{4-4-7}$$

3. 运动系统所受合外力 F

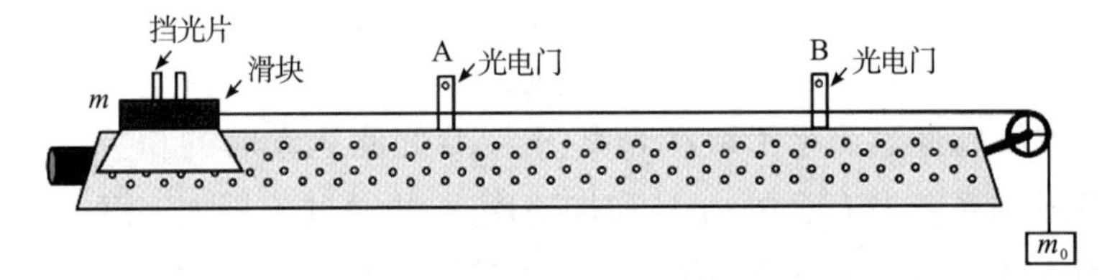

图 4-4-3　滑块在气垫导轨上运动

如图4-4-3所示，滑块 m 悬浮在气垫导轨上，通过细线与定滑轮下方的砝码 m_0 相连。由 m、m_0、细线和定滑轮组成的运动系统在砝码重力和阻力的作用下做加速运动，运动过程中系统受到的阻力主要来自两方面：空气阻力和定滑轮的摩擦力。由于光电门A、B间的距离一般小于1 m，因此，可以近似认为，运动过程中空气阻力大小与平均速度有如下关系

$$f_{空气}=b\bar{v} \tag{4-4-8}$$

式中，b 为空气黏性阻尼系数，$\bar{v}$ 为滑块在光电门A、B间的平均速度。定滑轮受到的摩擦力可表示为

$$f_{摩擦}=m_0(g-a)c \tag{4-4-9}$$

式中，a 为运动系统的加速度，c 为等效阻尼系数。c 值为作用于线的等效阻尼系数，由实验室预先测定并标注在实验台上。整个运动

系统所受合外力可以表示为

$$F = m_0 g - b\overline{v} - m_0(g-a)c \tag{4-4-10}$$

4. 加速度 a

在运动过程中认为细线不可伸长，运动系统的加速度可以通过测量滑块 m 的加速度来获得。在运动过程中，系统受到的空气阻力和定滑轮摩擦力远小于砝码的重力，故近似认为系统做匀加速运动。对于滑块 m 而言，其在光电门 A、B 之间做匀加速直线运动，设 m 在光电门 A 的瞬时速度为 v_A，在光电门 B 的瞬时速度为 v_B，则有

$$2as = v_B^2 - v_A^2 \tag{4-4-11}$$

结合式(4-4-3)、(4-4-11)可以改写为

$$a = \frac{v_B^2 - v_A^2}{2s} = \frac{d^2}{2s}\left(\frac{1}{t_B^2} - \frac{1}{t_A^2}\right) \tag{4-4-12}$$

式中，t_A 和 t_B 分别是滑块上“U”形挡光片经过光电门 A、B 的时间。

5. 运动系统总质量 M

由图 4-4-3 可以看出，运动系统由滑块质量 m、全部砝码质量 m_Σ、细线和定滑轮组成。为保证系统总质量不变，没有放在细线下端的砝码应放在滑块上，细线的质量可以忽略不计。在运动过程中，定滑轮做定轴转动，其等效质量可由定滑轮的转动惯量折合质量 J/r^2 来代替(J 为定滑轮转动惯量，r 为定滑轮半径)，实验前定滑轮的折合质量由实验室预先测定并标注在实验台上。由此，运动系统的总质量可以表示为

$$M = m + m_\Sigma + \frac{J}{r^2} \tag{4-4-13}$$

实验中，系统所受合外力的改变是通过改变细线下方砝码质量 m_0 来实现的。计算出在不同 m_0 下运动系统所受的合外力 F 和运动加速度 a，检验 F 与 a 之间是否存在线性关系，如果相关系数 γ 大于 0.88，可以认为式(4-4-2)在实验条件下成立。

【实验内容】

1. 调平气垫导轨

用纱布蘸取少量酒精轻轻擦拭导轨表面，检查喷气孔有无堵

塞，打开空气压缩机对导轨通气。连接数字毫秒计与光电门，选择"S_1 计时"挡，将"U"形挡光片固定在 m 上，调节光电门 A、B 的间距，使 s 为 30～50 cm。沿平行导轨表面方向轻轻拨动滑块，使其沿导轨向前滑动，滑块依次经过光电门 A、B，并在导轨另一端被弹簧反弹回来，依次经过光电门 B、A。滑块运动一个来回，数字毫秒计记录 4 个时间，分别是 t_A、t_B 和 t'_B、t'_A。多次重复操作，计算出滑块从 A 到 B 的速度损失 Δv_{AB}和返回时从 B 到 A 的速度损失 Δv_{BA}。如果每次来回滑块的速度损失十分接近（$\Delta v_{AB}\approx\Delta v_{BA}$），则可认为导轨已经调平。

2. 求黏性阻尼系数 b

导轨调平后，重复多次拨动滑块，使其在光电门 A、B 之间来回运动，并记录每个来回滑块经过光电门 A、B 的时间 t_A、t_B 和 t'_B、t'_A。计算出滑块从光电门 A 到光电门 B 的速度损失 Δv_{AB}和返回时从光电门 B 到光电门 A 的速度损失 Δv_{BA}。用电子天平测量滑块质量 m，从导轨上读出光电门 A、B 之间的距离 s，利用式(4-4-7)计算 b 值，取多次计算结果的平均值作为空气黏性阻尼系数。

3. 验证牛顿第二定律

(1)测量运动系统总质量 M，"U"形挡光片第一前沿到第二前沿的距离 d 和光电门 A、B 之间的距离 s。

(2)将质量为 m_0 的砝码悬挂在细线下，剩余的砝码全部放在滑块 m 上。

(3)将滑块上"U"形挡光片放在靠近光电门一侧，让滑块在细线的牵引下从固定位置开始运动，使"U"形挡光片依次经过光电门 A、B，并记录时间 t_A 和 t_B。根据式(4-4-12)计算运动系统的加速度 a。

(4)将滑块上"1"字形挡光片放在靠近光电门的一侧，保持细线下所挂砝码质量 m_0 不变，让滑块在相同拉力牵引下从同一固定位置开始运动。记录下"1"字形挡光片经过光电门 A、B 所用的时间 t_{AB}。根据式(4-4-10)计算出运动系统所受合外力 F。

(5)改变细线下所挂砝码的质量 m_0，重复(3)(4)步骤，计算不同 m_0 下(m_0 改变不少于 6 次)运动系统所受合外力 F 和加速度 a。

【注意事项】

(1)禁止对滑块及导轨轨面进行敲击,敲击产生的形变会增大物体表面的摩擦力。

(2)禁止在导轨未接通气源的情况下将滑块在导轨上来回滑动,此操作会产生干摩擦,从而损伤实验器材。

(3)禁止将滑块掉落在桌面和地面上。

(4)在进行实验前,首先应将导轨和滑块用纱布进行清洁处理,此时,可以使用少量酒精作为清洁剂。

(5)实验后,将使用的实验器材合理存放,并将导轨用布盖好。

【实验数据记录与处理】

$\frac{J}{r^2}=0.30g$,$g=9.795\ m/s^2$(重力加速度)。

1. 使用动态调平法,测量空气的黏性阻尼系数 b

$m=$____,$d=$____,$s=$____。

测量序号	A → B			B → A			b
	t_A (ms)	t_B (ms)	Δv_{AB} (m/s)	t'_B (ms)	t'_A (ms)	Δv_{BA} (m/s)	
1							
2							
3							
4							
5							
6							

数据处理:将多次实验测得的 b 取平均值,作为空气的黏性阻尼系数。

2. 测定不同 m_0 下运动系统所受合外力 F 和加速度 a

$M=$____,$d=$____,$s=$____,$c=$____。

砝码质量 m_0(g)	光电门A t_A(ms)	光电门B t_B(ms)	A到B的时间 t_{AB}(ms)	平均速度 $\bar{v}$ (m/s)	加速度 a (m/s^2)	合外力 F(N)

数据处理如下：

(1)以 a 为横坐标，F 为纵坐标，绘制 $F-a$ 曲线，观察所绘图形是否近似为直线。

(2)使用最小二乘法计算拟合所绘直线斜率 K，比较 K 值与 M 的差异是否过大，计算相关系数 γ。

【思考题】

(1)实验中如何获得滑块的瞬时速度？

(2)滑块在气垫导轨上运动时，没有外力牵引，但速度却越来越快，这是为什么？

(3)在对气垫导轨进行调平时，如何判断气垫导轨是否处于水平状态？

4.5 验证动量守恒定律

经典力学中的运动定理和守恒定律最初是从牛顿运动定律推导出来的，如动量定理、动量守恒定律等。随着物理学的发展，现代物理学所研究的一些领域中，存在很多经典力学理论不适用的情况，但动量守恒定律依然有效。例如，研究高速运动物体或微观领域中粒子的运动规律和相互作用时，牛顿运动定律、动量定理、动能定理等理论不再适用，但动量守恒定律仍然成立。动量守恒定律是自然界中最重要、最普遍的定律之一，大到宏观的宇宙天体，小到微观的质子、光子等，都遵循动量守恒定律。

现实生活中，动量守恒定律应用的例子很多，如碰撞、喷气式飞机飞行、火箭升空、导弹发射、航天器变轨、射击时的后坐力现象、炸弹爆炸等。定量研究动量守恒定律，在工程技术领域有着重要意义。本实验利用气垫导轨来研究两种不同情况下的一维碰撞，即用非完全弹性碰撞和完全非弹性碰撞来验证动量守恒定律，同时在实验过程中锻炼学生分析误差来源的能力。

【实验目的】

(1)观察非完全弹性碰撞和完全非弹性碰撞现象。

(2)在碰撞过程中，验证动量守恒定律，并了解机械能损失情况。

【实验仪器】

气垫导轨（L-QG-T-1500/5.8）、滑块、电脑通用计数器(MUJ-ⅡB)、电子天平、游标卡尺、气源、尼龙胶带、光电门等。

【实验原理】

由质点系动量守恒定律可知，当系统所受合外力为零时，系统的总动量保持不变，即

$$\boldsymbol{P}=\sum \boldsymbol{P}_i=\text{恒矢量} \tag{4-5-1}$$

上式可写成分量形式

$$\begin{cases}\sum F_{ix}=0 \Rightarrow P_x=\sum P_{ix}=C_1 \\ \sum F_{iy}=0 \Rightarrow P_y=\sum P_{iy}=C_2 \\ \sum F_{iz}=0 \Rightarrow P_z=\sum P_{iz}=C_3\end{cases} \tag{4-5-2}$$

式中，C_1、C_2 和 C_3 为恒量。由式(4-5-2)可知，在某些情况下，虽然整个系统所受合外力不为零，但在某一方向上合外力的分矢量为零，虽然系统总动量不守恒，但在该方向上系统分动量是守恒的。

如图4-5-1所示，滑块1和滑块2在水平导轨上沿水平方向发生对心碰撞。碰撞前两滑块的速度分别为 v_{10} 和 v_{20}，碰撞后速度变为 v_1 和 v_2。在碰撞瞬间，滑块1和滑块2之间的相互作用力远大于滑块在水平方向受到的空气阻力，故空气对滑块的黏滞阻力可以忽

略，即可认为滑块 1 和滑块 2 组成的系统在水平运动方向（沿导轨方向）所受合外力为零。根据动量守恒定律有

$$m_1 \boldsymbol{v}_{10} + m_2 \boldsymbol{v}_{20} = m_1 \boldsymbol{v}_1 + m_2 \boldsymbol{v}_2 \tag{4-5-3}$$

由于碰撞前后滑块的速度方向都是沿导轨方向，因此，式(4-5-3)可以写成分量形式

$$m_1 v_{10} + m_2 v_{20} = m_1 v_1 + m_2 v_2 \tag{4-5-4}$$

式(4-5-4)中，速度为代数量，正负号根据速度方向及选定坐标轴的正方向来确定。

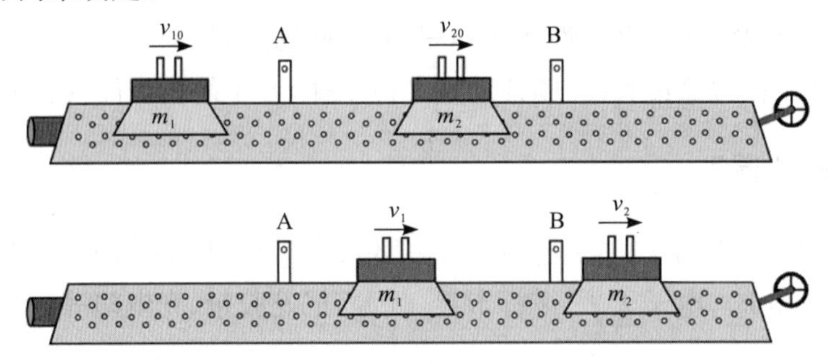

图 4-5-1　碰撞实验

通过对碰撞前后速度变化规律的研究，牛顿总结出碰撞定律：碰撞后两球的分离速度 $v_2 - v_1$ 与碰撞前的接近速度 $v_{10} - v_{20}$ 成正比，比值称为恢复系数 e，e 由两球的材质决定，公式如下

$$e = \frac{v_2 - v_1}{v_{10} - v_{20}} \tag{4-5-5}$$

当 $e=1$ 时，碰撞后的分离速度等于碰撞前的接近速度，可以证明这种情况下系统的机械能守恒，即没有机械能损失，称为完全弹性碰撞，这是一种理想状态。$e=0$ 时，碰撞后两物体以相同的速度运动，这种情况下系统的机械能损失最大，称为完全非弹性碰撞。$0<e<1$ 时，碰撞后两物体的分离速度小于碰撞前的接近速度，这种情况下系统存在机械能损失，但损失的机械能小于完全非弹性碰撞，称为非完全弹性碰撞。滑块上安装的碰撞弹簧虽然可以显著降低碰撞时的能量损失，但是无法做到完全没有能量损失，故在实验中，e 一般不可能为 1。因此，在本实验中，无法实现完全弹性碰撞。

1. 非完全弹性碰撞

取大小两个滑块 m_1 和 m_2（$m_1>m_2$），将 m_2 放置在光电门 A、B

之间。为了降低实验操作的复杂程度，让 m_2 的初速度为零，即 $v_{20}=0$。将 m_1 放置在光电门 A 的左侧，推动 m_1，使它获得一个初速度 v_{10} 并撞向 m_2，则碰撞前系统动量为 $P_{前}=m_1v_{10}$。碰撞后 m_1 和 m_2 的速度分别为 v_1 和 v_2，则碰撞后系统动量为 $P_{后}=m_1v_1+m_2v_2$，碰撞前后系统动量之比为

$$C_1=P_{后}/P_{前} \tag{4-5-6}$$

根据动量守恒定律，应有 $C_1=1$。

恢复系数为

$$e=\frac{v_2-v_1}{v_{10}} \tag{4-5-7}$$

碰撞前后，运动系统损失的机械能为

$$\begin{aligned}\Delta E&=\frac{1}{2}m_1v_{10}^2-\frac{1}{2}(m_1v_1^2+m_2v_2^2)\\&=\frac{1}{2}(1-e^2)\frac{m_1m_2}{m_1+m_2}v_{10}^2\end{aligned} \tag{4-5-8}$$

机械能损失比为

$$\begin{aligned}C_2&=\Delta E/E_{前}\\&=\frac{1}{2}(1-e^2)\frac{m_1m_2}{m_1+m_2}v_{10}^2\Big/\frac{1}{2}m_1v_{10}^2\\&=(1-e^2)\frac{m_2}{m_1+m_2}\end{aligned} \tag{4-5-9}$$

2. 完全非弹性碰撞

完全非弹性碰撞时 $e=0$，它要求碰撞后两个物体的速度相同。为满足这一要求，分别在 m_1 和 m_2 上绑定尼龙胶带。碰撞前 m_2 静置于光电门 A、B 之间，$v_{20}=0$，m_1 以初速度 v_{10} 撞向 m_2。碰撞前系统动量为 $P_{前}=m_1v_{10}$，碰撞后两滑块黏在一起以同一速度 v_2 运动，则碰撞后系统动量为 $P_{后}=(m_1+m_2)v_2$。碰撞前后系统动量之比为

$$C_3=P_{后}/P_{前} \tag{4-5-10}$$

根据动量守恒定律，应有 $C_3=1$。

机械能损失为

$$\Delta E=\frac{1}{2}\frac{m_1m_2}{m_1+m_2}v_{10}^2 \tag{4-5-11}$$

机械能损失比为

$$C_4 = \Delta E/E_{前} = \frac{m_2}{m_1 + m_2} \tag{4-5-12}$$

【实验内容】

（1）将导轨接上气源，打开电源开关。将数字毫秒计与光电门连接，数字毫秒计选择“S_1 计时”挡。在进行实验前，检查导轨表面有无异物，并用纱布蘸取少量酒精擦拭导轨表面，用小纸条检查导轨气孔是否堵塞。分别用游标卡尺测量两滑块 m_1 和 m_2 上的“U”形挡光片第一前沿到第二前沿的距离 d_1 和 d_2。

（2）调平导轨。调平方法参见第 4.4 节。

（3）非完全弹性碰撞。在两个滑块上安装碰撞弹簧片，并测量两滑块的质量 m_1 和 m_2。检查滑块上固定的碰撞弹簧，保证对心碰撞能够顺利完成。调节导轨上光电门 A、B 之间的距离，使 A、B 两光电门之间的距离尽量小，但要保证能够按顺序测量出滑块 m_1 通过光电门 A 的速度 v_{10}（$v_{10}=d_1/t_{10}$）、滑块 m_2 通过光电门 B 的速度 v_2（$v_2=d_2/t_2$）和滑块 m_1 通过光电门 B 的速度 v_1（$v_1=d_1/t_1$）。为降低操作的复杂程度，碰撞前滑块 m_2 静置于光电门 A、B 之间（即 $v_{20}=0$），碰撞前滑块 m_1 的初速度 v_{10} 不宜过快或过慢。记录滑块在光电门的挡光时间 t_{10}、t_2 和 t_1，重复实验 5 次以上。

（4）完全非弹性碰撞。移除滑块上的碰撞弹簧，在两滑块碰撞一侧分别安装尼龙胶带，并测量滑块的质量 m_1 和 m_2。碰撞前仍将滑块 m_2 静置于光电门 A、B 之间（即 $v_{20}=0$），碰撞前滑块 m_1 的初速度 v_{10} 不宜过快或过慢。记录碰撞前滑块经过光电门 A 的时间 t_{10} 和碰撞后经过光电门 B 的时间 t_2，重复实验 5 次以上。

【注意事项】

（1）实验中，光电门 A、B 之间的距离不宜过大，否则会导致实际测量的 v_{10} 可能不是碰撞发生前一瞬间的初速度，而 v_1 和 v_2 也可能不是碰撞后一瞬间的速度，这会把空气阻力产生的影响带入实验结果中，增大测量误差。

(2)实验中光电门A、B之间的距离也不能过小。如果小于两滑块的"U"形挡光片之间的最小距离,则两滑块发生碰撞时,m_1 的"U"形挡光片还没有到达光电门A的位置,那么记录的 t_{10} 便不是碰撞前 m_1 在光电门A的挡光时间,而是碰撞后在光电门A的挡光时间。

(3)实验中滑块 m_1 的初速度不宜过大或过小。另外,为了保证对心碰撞,应避免用手拨动滑块 m_1 直接撞击 m_2,而是反向拨动 m_1,使其与导轨左端弹簧片碰撞,反弹回来后再与 m_2 碰撞。

【实验数据记录与处理】

1. 非完全弹性碰撞

$m_1=$____,$d_1=$____,$m_2=$____,$d_2=$____。

测量序号	t_{10}(ms)	t_1(ms)	t_2(ms)	$C_1=P_{后}/P_{前}$	$C_2=\Delta E/E_{前}$	e
1						
2						
3						
4						
5						
6						

数据处理如下:

(1)分别计算出每次碰撞前后运动系统的动量之比 C_1,并判断该比值是否等于1。

(2)分别计算出每次碰撞前后运动系统的机械能损失之比 C_2。

(3)分别计算出每次碰撞的恢复系数 e,并比较这些 e 值有何规律。

(4)对实验结果作出分析和评价。

2. 完全非弹性碰撞

$m_1=$____,$d_1=$____,$m_2=$____,$d_2=$____。

测量序号	t_{10}(ms)	t_2(ms)	$C_3=P_{后}/P_{前}$	$C_4=\Delta E/E_{前}$	e
1					
2					
3					
4					
5					
6					

数据处理如下：

(1)分别计算出每次碰撞前后运动系统的动量之比 C_3，并判断该比值是否等于 1。

(2)分别计算出每次碰撞前后运动系统的机械能损失之比 C_4。

(3)比较两类碰撞中机械能损失比 C_2 与 C_4 的大小关系。

(4)对实验结果作出分析和评价。

【思考题】

(1)实验中主要的误差来源有哪些？如何减小误差？

(2)如何将导轨调至水平？如果导轨未调平，滑块 1 和滑块 2 在水平方向上可能受到哪些力？对验证动量守恒定律和计算机械能损失比有何影响？

(3)试分析造成运动系统在碰撞前后总动量不相等的因素有哪些。

(4)想想还有哪些其他的方法可以验证动量守恒定律。

4.6 复 摆

伽利略最早观察到并系统地研究了单摆的等时性现象，即在不考虑空气阻力且摆长固定的条件下，不论摆动幅度的大小，完成一次全摆动所需的时间(称为周期)都是相同的。这一发现挑战了当时流行的亚里士多德的物理学观念，极大地推动了动力学和实验物理学的发展。继伽利略之后，克里斯蒂安·惠更斯(Christiaan

Huygens)对摆进行了更为深入和全面的研究。他不仅验证了伽利略关于摆的等时性原理,还进一步发现了摆的周期与摆长的平方根成正比,与重力加速度的平方根成反比的关系,即著名的"惠更斯摆定律"。此外,惠更斯还设计并制造了第一个精确的摆钟,这一发明极大地提高了计时的准确性和稳定性,对当时的航海、天文观测以及日常生活都产生了深远的影响。

复摆是一个刚体,是能在重力的作用下绕固定的水平轴作微小摆动的动力运动体系,也被称为物理摆。在摆动过程中,复摆只受重力和转轴的反作用力,重力矩作为回复力矩起作用。复摆的转轴与过刚体质心并垂直于转轴的平面的交点称为支点或悬挂点。复摆的运动规律和性质类似于单摆,但复摆具有更广泛的应用场景。利用复摆可以测量一些刚体对某轴的转动惯量。复摆还常用于精密计时装置中,如某些类型的钟表。复摆与单摆的主要区别在于复摆是一个刚体,而单摆是一个质点,相较而言,复摆的运动更为复杂。单摆和复摆作为物理学中的两种重要振动系统,各自具有独特的构成、受力分析、振动周期和应用场景。理解和掌握这些知识点对于深入学习物理学和工程技术领域知识具有重要意义。

【实验目的】

(1)描绘复摆振动周期与质心到质点距离的关系。

(2)测量重力加速度、回转半径和转动惯量。

【实验仪器】

复摆实验仪、天平、通用计数器 DHTC-1A 等。

【实验原理】

如图 4-6-1 所示,复摆是一刚体绕固定的水平轴在重力的作用下作微小摆动的动力运动体系。刚体绕固定轴 O 在竖直平面内作左右摆动,G 是该物体的质心,与轴 O 的距离为 h,此时复摆受到的重力矩为

$$M = -mgh\sin\theta \tag{4-6-1}$$

式中,负号表明力矩 M 的转向与角位移 θ 的转向相反。

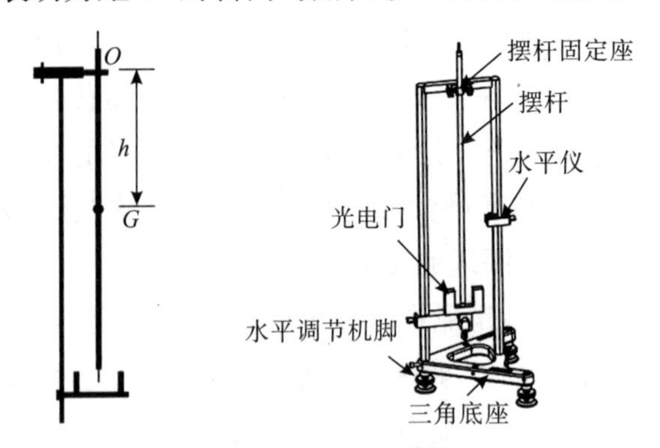

图 4-6-1　复摆示意图

当摆动的振幅很小时,$\sin\theta \approx \theta$,则 $M = -mgh\theta$。根据转动定律,有

$$\frac{d^2\theta}{dt^2} = \frac{-mgh\theta}{I} = -\omega^2\theta \tag{4-6-2}$$

式中,I 为复摆对转轴 O 的转动惯量,m 为复摆的质量,g 为当地的重力加速度,h 为摆的质点到摆的质心的距离。

通过式(4-6-2)可知,$\omega = \sqrt{\frac{mgh}{I}}$,其振动周期为

$$T = 2\pi\sqrt{\frac{I}{mgh}} \tag{4-6-3}$$

又设复摆对通过质心 G、平行于 O 轴的轴的转动惯量为 I_G,根据平行轴定理可知

$$I = I_G + mh^2 \tag{4-6-4}$$

I_G 又可写为 $I_G = mk^2$,k 就是复摆对 G 轴的回转半径,由此可将式(4-6-3)改写为

$$T = 2\pi\sqrt{\frac{k^2 + h^2}{gh}} \tag{4-6-5}$$

对式(4-6-5)开平方,并改写为

$$T^2 h = \frac{4\pi^2}{g}k^2 + \frac{4\pi^2}{g}h^2 \tag{4-6-6}$$

令 $y = T^2 h$,$x = h^2$,则式(4-6-6)可表示为

$$y = \frac{4\pi^2}{g}k^2 + \frac{4\pi^2}{g}x \tag{4-6-7}$$

式(4-6-7)为直线方程,测量出 n 组(x,y)值,用作图法或最小二乘法求出直线的截距 $A\left(即\frac{4\pi^2}{g}k^2\right)$和斜率 $B\left(即\frac{4\pi^2}{g}\right)$,可得重力加速度 g 和回转半径 k 为

$$g=\frac{4\pi^2}{B} \tag{4-6-8}$$

$$k=\sqrt{\frac{Ag}{4\pi^2}}=\sqrt{\frac{A}{B}} \tag{4-6-9}$$

【实验内容】

(1)参数设置。调节复摆水平状态,对通用计数器设置测量参数,振动周期设为5,对应的同一支点重复测量3次,通用计数器测量数据保存3次,记录复摆振动周期 T。

(2)测量不同支点的周期。已知摆杆长度为70.00 cm,摆杆上标注有刻度数,方便调节支点 O_1 的位置,通过调节支点 O_1 的位置改变转轴与重心的距离 h,每隔2 cm进行一次重复测量,共测量3次。在摆杆摆动过程中要保持摆角小于5°,改变支点位置10~20次。然后将摆杆的上下位置对调,以支点 O_2 为转轴,并通过调节支点 O_2 的位置改变转轴与重心的距离 h,再进行相应的操作实验。支点位置如图4-6-2所示。

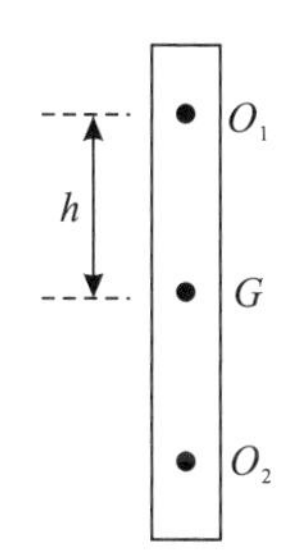

图4-6-2 支点位置

(3)根据不同的 h 值及相对应的 T,作 $T-h$ 曲线。

(4)根据式(4-6-7)拟合出直线的截距和斜率,再根据式(4-6-8)和式(4-6-9)求得重力加速度 g 和回转半径 k,最后求出转动惯量 I_G。

【注意事项】

(1)实验过程中,保证复摆处于水平位置。

(2)复摆在摆动过程中,应保证摆角小于5°。

【实验数据记录与处理】

测量不同支点位置复摆的周期(一)

支点 O_1 位置(cm)	26.0	24.0	22.0	20.0	18.0	16.0	14.0	12.0	10.0	8.0	6.0	4.0
h_1(cm)	−26.0	−24.0	−22.0	−20.0	−18.0	−16.0	−14.0	−12.0	−10.0	−8.0	−6.0	−4.0
T_1(s)												
T_1 平均值(s)												

测量不同支点位置复摆的周期(二)

支点 O_2 位置(cm)	4.0	6.0	8.0	10.0	12.0	14.0	16.0	18.0	20.0	22.0	24.0	26.0
h_2(cm)	4.0	6.0	8.0	10.0	12.0	14.0	16.0	18.0	20.0	22.0	24.0	26.0
T_2(s)												
T_2 平均值(s)												

数据处理如下:

(1)根据上面两个表格中的数据,作 $T-h$ 图线。

(2)根据上面两个格表中的数据,用作图法或最小二乘法计算重力加速度 g 和回转半径 k。

①作图法。

作图法数据记录表

O_1 位置	$y_1=T_1^2h_1$												
	$x_1=h_1^2$												
O_2 位置	$y_2=T_2^2h_2$												
	$x_2=h_2^2$												

分别作出 y_1-x_1 和 y_2-x_2 图线，根据图线拟合方程，得到截距 A 和斜率 B，并根据式(4-6-8)和式(4-6-9)，求出重力加速度 g 和回转半径 r。将算得的 g 值与参考值 g_0 进行比较，计算相对误差。

实验获得的 g 值与参考值 g_0 的比较

	斜率 B	截距 A	测量值 g (cm/s^2)	参考值 g_0 (cm/s^2)	相对误差 E(%)	回转半径 k(cm)
O_1 支点						
O_2 支点						

②最小二乘法数据记录表格自拟，数据处理过程自行完成。

【思考题】

(1)除了此实验的测量方案和数据处理方案，采用最小二乘法时应如何处理数据？

(2)如果在摆杆上加上两个摆锤，实验方案又该如何设计？测量 g 值的准确性能否得到提高？

4.7 弦振动的研究

弦是指柔软均匀的细线。弦振动的现象在现实生活中很常见，如二胡、吉他等乐器所发出的美妙乐声都是通过弦振动发出的。高压电线铁塔上悬挂的电线、大跨度的桥梁等，在某种程度上也可以看作特殊的“弦”，它们的振动所带来的后果往往是严重的安全事故。研究弦振动，有助于我们理解这些特殊“弦”的振动特点和机制，从而对其加以控制和利用。

驻波是一种特殊的干涉现象。两列振幅、振动方向和振动频率都相同，而传播方向相反的简谐波叠加就会形成驻波。在弦振动中,一列沿弦线传播的简谐波在弦线另一端被反射回来与原来的波叠加,便会在弦线上形成驻波。

目前在大学普通物理实验中,弦振动实验常用的方法主要有电动音叉法和磁电激励法两种。前者的振动频率相对固定,而后者的振动频率一般连续可调,可用于研究频率对驻波的影响,实验内容更加丰富。本实验采用磁电激励法,通过对一段两端固定的弦线上驻波的研究,来了解弦振动的特点和规律。

【实验目的】

(1)了解波在弦线上的传播及驻波形成的条件。

(2)测量弦线的共振频率与波腹数的关系。

(3)测量弦线的共振频率与弦长的关系。

(4)测量弦线的共振频率、传播速度与张力的关系。

(5)测量弦线的共振频率、传播速度与线密度的关系。

【实验仪器】

ZKY-PME0400 型弦振动实验仪、ZKY-BK0002 信号发生器、数字拉力计、NDS104E(触控版)示波器、弦线、导线等。

【实验原理】

图 4-7-1 为弦振动实验仪导轨组件示意图,主要由导轨、电磁线圈感应器、弦线、拉力传感器等组件构成。

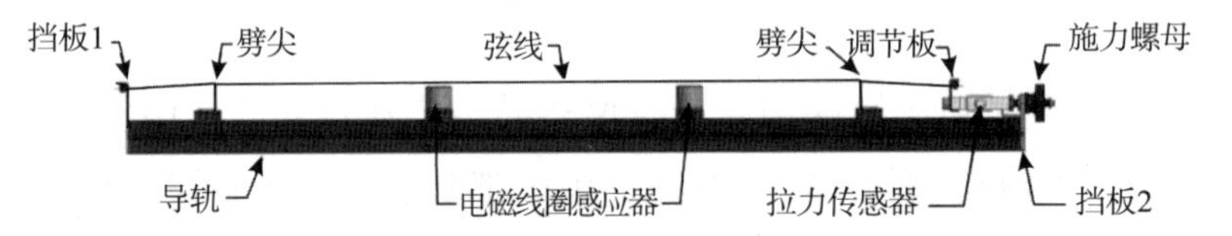

图 4-7-1 弦振动实验仪导轨组件示意图

两个劈尖的作用是抬高弦线中部相对两端的高度,使波仅在两劈尖之间来回传播。图 4-7-2 为弦振动实验仪器连接示意图。导轨上有两个电磁线圈感应器,右边为驱动传感器,左边为接收传感器,分别接信号源和示波器。驱动传感器将来自信号发生器的电信号转换为同频率变化的空间磁场,弦线受磁场作用而作同频率振动,振动状态和能量以波的形式在弦线中传播。波传递到弦线另一端劈尖处被反射回来，如此一来在弦线上存在两列振幅相同、振动方向相同、振动频率相同而传播方向相反的波。两列波满足相干条件，叠加形成驻波。在弦线上的另一处(即接收传感器所在位置)，因弦线上的一小段弦在此区域振动而扰动了该处的空间磁场，接收传感器将此变化的磁场信号转换为电信号送入示波器供观测。

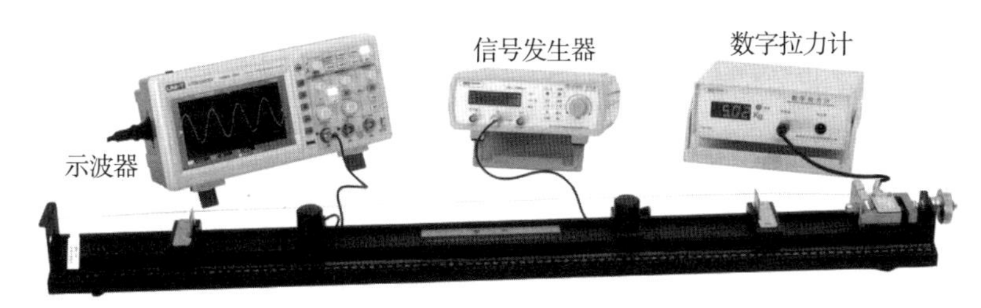

图 4-7-2　弦振动实验仪器连接示意图

1. 驻波

弦线上两列振幅、振动方向和振动频率都相同，而传播方向相反的简谐波叠加后形成驻波。

设有两个振幅相同、频率相同的简谐波在同一直线上沿相反方向传播，它们的表达式分别为

$$y_1 = A\cos\left[2\pi\left(ft - \frac{x}{\lambda}\right)\right] \tag{4-7-1}$$

$$y_2 = A\cos\left[2\pi\left(ft + \frac{x}{\lambda}\right)\right] \tag{4-7-2}$$

式中，A、f、λ 分别为简谐波的振幅、频率和波长，x 为质点的坐标位置，t 为时间。这两列简谐波叠加后形成的驻波方程可表示为

$$y = 2A\cos\left(2\pi\frac{x}{\lambda}\right)\cos(2\pi ft) \tag{4-7-3}$$

式中，A 为弦线上每个独立传播的简谐波的波幅，f 为简谐波的频率。驻波中始终静止不动的点称为波节，振幅最大的点称为波腹。由于弦线的两端固定，故弦线的两端必为波节。相邻两个波节之间的距离为半个波长，称为半波区。

式(4-7-3)中，$2A\cos\left(2\pi\frac{x}{\lambda}\right)$的绝对值便是驻波的振幅对位置 x

的关系式(与时间无关)。振幅最大的位置对应于使 $\left|\cos\left(2\pi\frac{x}{\lambda}\right)\right|=1$,即 $2\pi\frac{x}{\lambda}=k\pi$ 的各点。故波腹的位置为

$$x=k\frac{\lambda}{2},k=0,\pm1,\pm2,\cdots \tag{4-7-4}$$

振幅为零的位置对应于使 $\left|\cos\left(2\pi\frac{x}{\lambda}\right)\right|=0$,即 $2\pi\frac{x}{\lambda}=(2k+1)\frac{\pi}{2}$ 的各点。故波节的位置为

$$x=(2k+1)\frac{\lambda}{4},k=0,\pm1,\pm2,\cdots \tag{4-7-5}$$

式(4-7-3)中,$\cos(2\pi ft)$ 为振动因子,反映各点都在做简谐运动,各点的振动频率相同,但不能认为驻波中各点的振动的相都是相同的。因为当位置 x 的值不同时,式(4-7-3)中 $2A\cos\left(2\pi\frac{x}{\lambda}\right)$是有正有负的。把相邻两个波节之间的各点叫作一段,则 $2A\cos\left(2\pi\frac{x}{\lambda}\right)$的值对于同一段内的各点有相同的符号,对于分别在相邻两段内的两点则符号相反,这种符号的相同或相反就表明,在驻波中,同一段上的各点的振动同相,而相邻两段中的各点的振动反相。因此,驻波实际上就是分段振动现象。在驻波中,没有振动状态或相位的传播,也没有能量的传播,所以才称之为驻波。

由式(4-7-4)和式(4-7-5)可算出相邻两个波节及相邻两个波腹之间的距离都是 $\lambda/2$。这提供了一种测定行波波长的方法,即只要测出相邻两个波节或波腹之间的距离,就可以确定原来两列行波的波长 λ。

2. 弦线上的驻波

通过调节弦线的张力或改变信号源频率可使弦线振动达到最强,此时弦线与驱动传感器输出的交变磁场共振(即弦线固有频率与弦线上传播波的频率相等),这时在弦线上可以看到稳定而剧烈的驻波,此时的驻波称为简正模式,如图 4-7-3 所示。由于产生驻波的弦线两端绕过劈尖,劈尖处振幅为零,因此,简正模式下的驻波应有整数个半波区(即 n 必须为整数)。简正模式下具有 n 个半波区的驻波波长 λ_n与弦线长度 L 应满足以下条件

$$\lambda_n = \frac{2L}{n}, n = 1,2,3,\cdots \tag{4-7-6}$$

又因 $f_n = u/\lambda_n$，则弦线上驻波的频率 f_n 应满足如下条件

$$f_n = n\frac{u}{2L}, n = 1,2,3,\cdots \tag{4-7-7}$$

式(4-7-7)给出了在弦上可能形成驻波的频率。这些频率称为弦振动的本征频率(或称简正频率)，其中 $n=1$ 对应的频率称为基频，这时弦线上只有1个半波区，$n=2,3\cdots$ 依次称为二次谐频、三次谐频……，相应的弦线上会出现2个、3个……半波区。由式(4-7-3)可得不同简正模式下(n 不同)弦线上的驻波方程为

$$y_n = 2A\cos\left(2\pi\frac{x}{\lambda_n}\right)\cos(2\pi f_n t), n = 1,2,3,\cdots \tag{4-7-8}$$

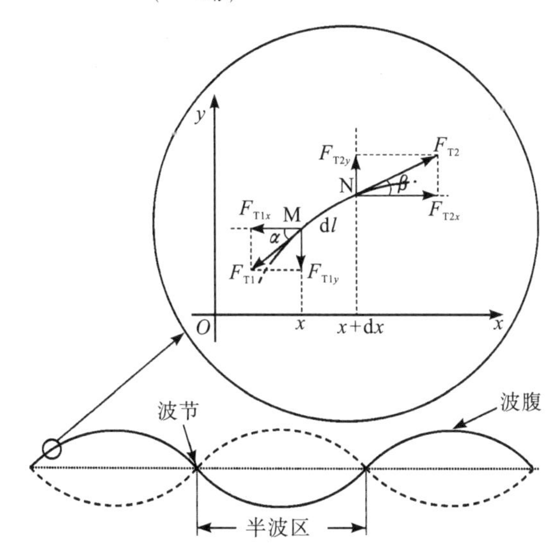

图 4-7-3　弦线上的驻波

3. 弦线上横波的传播速度

波速 $u=\lambda_n f_n$，由式(4-7-6)可得

$$u = \frac{2L}{n}f_n \tag{4-7-9}$$

本实验中弦线作受迫振动，简正模式下驻波的频率 f_n 等于信号发生器输出信号的频率。

还可以通过对弦线上波动方程的推导来获得波速的计算方法。在弦线上任取一个微元段MN进行受力分析，如图4-7-3所示。设

微元段 MN 的长度为 $\mathrm{d}l$，弦线的线密度为 ρ，则此微元段 MN 的质量 $\mathrm{d}m=\rho\mathrm{d}l$。设弦线两端 M 和 N 受到邻近段的张力分别为 F_{T1} 和 F_{T2}，其方向沿弦线切线方向，与水平方向（x 轴）的夹角分别为 α 和 β。由于弦线上传播的横波在 x 方向无振动，因此作用在微元段 MN 上的张力的 x 轴分量应该为零，即

$$F_{T2}\cos\beta-F_{T1}\cos\alpha=0 \tag{4-7-10}$$

在 y 轴方向对 MN 应用牛顿第二运动定律，可得

$$F_{T2}\sin\beta-F_{T1}\sin\alpha=\rho\mathrm{d}l\frac{\mathrm{d}^2y}{\mathrm{d}t^2} \tag{4-7-11}$$

考虑到振动幅度相对于弦线长度而言较小，故 α 和 β 很小，且 $\mathrm{d}l\approx\mathrm{d}x$。可近似认为 $\cos\alpha\approx1$，$\cos\beta\approx1$，$\sin\alpha\approx\tan\alpha$，$\sin\beta\approx\tan\beta$。由式（4-7-10）可得 $F_{T1}=F_{T2}=F_T$，即弦线的张力不随时间和位置的变化而变化，为一定值。再由导数的几何意义可知

$$\begin{cases}\sin\alpha\approx\tan\alpha=\left(\dfrac{\mathrm{d}y}{\mathrm{d}x}\right)_x\\ \sin\beta\approx\tan\beta=\left(\dfrac{\mathrm{d}y}{\mathrm{d}x}\right)_{x+\mathrm{d}x}\end{cases} \tag{4-7-12}$$

则式（4-7-11）可变形为

$$F_T\left(\frac{\mathrm{d}y}{\mathrm{d}x}\right)_{x+\mathrm{d}x}-F_T\left(\frac{\mathrm{d}y}{\mathrm{d}x}\right)_x=\rho\mathrm{d}l\frac{\mathrm{d}^2y}{\mathrm{d}t^2} \tag{4-7-13}$$

将 $\left(\dfrac{\mathrm{d}y}{\mathrm{d}x}\right)_{x+\mathrm{d}x}$ 按泰勒级数展开并略去二级小量，带入式（4-7-13）中整理可得

$$\frac{\mathrm{d}^2y}{\mathrm{d}t^2}=\frac{F_T}{\rho}\frac{\mathrm{d}^2y}{\mathrm{d}x^2} \tag{4-7-14}$$

已知简谐波的波动方程形式如下

$$\frac{\mathrm{d}^2y}{\mathrm{d}t^2}=u^2\frac{\mathrm{d}^2y}{\mathrm{d}x^2} \tag{4-7-15}$$

将式（4-7-14）与式（4-7-15）相比较，可得弦线上波的传播速度为

$$u=\sqrt{\frac{F_T}{\rho}} \tag{4-7-16}$$

由此可见，不管在何种简正模式下，波速仅与弦线密度和张力有关。

将 $u=\lambda_n f_n$ 带入式(4-7-16)，整理得

$$\lambda_n = \frac{1}{f_n}\sqrt{\frac{F_T}{\rho}} \tag{4-7-17}$$

由上式可知，波长由频率、弦线张力和弦线密度决定。

将式(4-7-6)带入式(4-7-17)，整理得

$$f_n = \frac{n}{2L}\sqrt{\frac{F_T}{\rho}} \tag{4-7-18}$$

由式(4-7-18)可知，在弦线密度 ρ、弦线张力 F_T 和弦长 L 都一定的情况下，自由弦振动的频率不是唯一的，其随着 n 的改变而改变。

【实验内容】

1. 实验前准备

将劈尖、电磁线圈感应器按图 4-7-2 所示相对位置置于导轨上，滑块含刻度线一侧应与标尺同侧。拉力传感器连接数字拉力计，驱动传感器连接信号源，接收传感器连接示波器，均开机通电预热至少 10 min。将信号源设置为输出正弦波形。按下数字拉力计上的“清零”按钮，将示数清零。

2. 观察驻波共振情况及波形

(1)在挡板 1 和调节板上安装最细的弦线，两劈尖之间的距离即弦长 L，取 80 cm 左右，驱动传感器距离一劈尖约 10 cm，将接收传感器置于偏离两劈尖中心约 5 cm 的位置。

(2)调节弦线张力，使该张力的大小为弦线最大张力的10%～20%。

(3)将信号源的频率调至最小，适当调节信号幅度(推荐 10～20 $V_{p\text{-}p}$)，同时调节示波器垂直增益为 5 mV/div，水平增益为 2 ms/div，并打开带宽限制功能(防止高频噪声干扰)。

(4)缓慢增大信号源的频率(即驱动频率，建议从步距 1 Hz 开始粗调，出现振幅突然增大的波形后再减小步距进行细调)，观察示波器屏幕中的波形变化(注：频率调节过程不能太快，因为弦线形成驻波需要一定的能量积累和稳定时间，调节太快则来不及形成驻波)。

若示波器上的波形不明显，则增大信号源的输出幅度；若弦线的振幅太大，造成弦线碰撞驱动传感器或接收传感器，则应减小信号源的输出幅度。适当调节示波器的通道增益，以观察到合适的波形大小，直到示波器接收到的波形稳定，同时振幅接近或达到最大值。这时示波器上显示的信号的频率就是共振频率，该频率与信号源输出的信号频率（即驱动频率）相同或相近，故可以将驱动频率作为共振频率。

（5）为了便于人眼能够观察到驻波形状，弦线的振动幅度可以调得比较大（但这会导致示波器上观察到的波形发生明显的非正弦畸变），用肉眼仔细观察两劈尖之间的弦线，直到两劈尖之间的弦线形成如“  ”的稳定的驻波图像，此时观察到的驻波的频率即为基频 f_1，波腹数 $n=1$。

（6）继续增大频率，重复步骤（4），然后用步骤（5）的方法观察整根弦线，应当有驻波波形形如“  ”。此时观察到的驻波的频率即为二次谐频 f_2，波腹数 $n=2$。

（7）类似地，继续增大频率，重复步骤（4），然后用步骤（5）的方法观察整根弦线，可以依次观察到形如“  ”“  ”“  ”的三次谐频、四次谐频、五次谐频的驻波波形，对应的波腹数 n 分别为 3、4、5。

注：该实验仅观察现象，不记录实验数据。

3. 测量弦线的共振频率与波腹数的关系

（1）弦长 L 取 60～70 cm 范围内某值。驱动传感器距离一劈尖约 10 cm，将接收传感器置于偏离两劈尖中心约 5 cm 的位置。

（2）在挡板 1 和调节板上安装一根弦线（线密度为 ρ），并调定弦线张力 F_T，使该张力大小在 50%～90% 最大张力范围，既使弦线充分张紧，又不超出最大张力。本实验中弦线张力在 1 kgf 左右时观察到的驻波较明显。将实际测得的 F_T 值记录在表格中。

（3）将信号源的频率调至最小，适当调节信号幅度（推荐 $5V_{p\text{-}p}$，细弦用大的信号幅度，粗弦用小的信号幅度），同时调节示波器垂直增益为 5 mV/div，水平增益为 2 ms/div，打开带宽限制功能。

（4）按照实验内容 2 步骤（4）的方法（此时可不再通过人眼观察驻

波形状，下同)，观察不同波腹数对应的共振频率 f'_n，并记录于表格中。

(5)根据式(4-7-7)计算本征频率 f_n，并计算共振频率 f'_n与本征频率 f_n 的相对误差 E_f。

(6)以波腹数 n 为横坐标，共振频率 f'_n为纵坐标，绘制 f'_n-n 曲线。该曲线应为一条过原点的直线，且斜率与 f_1 相等或相近。这说明共振频率与波腹数成正比，且高次谐频为基频的整数倍。

4. 测量弦线的共振频率与弦长的关系

(1)重复实验内容 3 步骤(2)。按本实验表格中的参考值设置两劈尖之间的距离(即弦长 L)。驱动传感器距离一劈尖约 10 cm，将接收传感器置于两劈尖的中心位置。

(2)重复实验内容 3 步骤(3)，并按照实验内容 3 步骤(4)的方法，记录波腹数 $n=1$ 时各弦长对应的共振频率 f'_n。

(3)根据式(4-7-7)计算本征频率 f_n，并计算共振频率与本征频率的相对误差 E_f。

(4)以弦长的倒数(L^{-1})为横坐标，共振频率 f'_n为纵坐标绘制 f'_n-L^{-1}曲线。

5. 测量弦线的共振频率、传播速度与张力的关系

(1)重复实验内容 3 步骤(1)。按本实验表格中的参考值设置弦线所受张力。

(2)重复实验内容 3 步骤(3)，并按照实验内容 3 步骤(4)的方法，记录波腹数 $n=1$ 时各张力对应的共振频率。

(3)以张力的二分之一次方($F_T^{1/2}$)为横坐标，共振频率 f'_n为纵坐标绘制 $f'_n-F_T^{1/2}$ 曲线。

(4)根据共振频率和波长得到波速计算值，由公式 $u_0=\sqrt{F_T/\rho}$ 求出波速理论值，并计算波速计算值与理论值的相对误差 E_u。分析波速与张力的关系。

注：实验 3、实验 4 和实验 5 采用同一根弦线。

6. 测量弦线的共振频率、传播速度与线密度的关系

(1)选用不同粗细的弦线，重复实验内容 3 步骤(1)至步骤(4)。记录波腹数 $n=1$ 时对应的共振频率 f'_n。

(2)更换弦线，重复步骤(1)。

(3)以线密度的负二分之一次方($\rho^{-1/2}$)为横坐标，共振频率f'_n为纵坐标绘制$f'_n-\rho^{-1/2}$曲线。

(4)根据共振频率和波长得到波速计算值，由公式$u_0=\sqrt{F_T/\rho}$求出波速理论值，并计算波速计算值与理论值的相对误差E_u。分析波速与线密度的关系。

【注意事项】

(1)劈尖、驱动传感器和接收传感器应小心保管，避免跌落变形而影响性能。

(2)更换弦线时，应先旋松施力螺母，使弦线两端能够从卡槽中轻松取出，勿在弦线张紧状态下强行更换，避免弦线永久损坏。

(3)实验完毕后，应旋松施力螺母，并关闭数字拉力计。

(4)给弦线施加张力时，严禁超过给定的最大张力值。

(5)读取频率过程中，张力的波动不宜超过 0.02 kgf。

(6)环境温度变化对弦线上施加的张力的稳定性有一定影响，应避免在环境温度变化较大的场所进行实验(如空调出风口附近)，建议在给弦线施加张力时，弦线附近的环境温度波动不超过 1 ℃。

(7)实验时不要使接收传感器离驱动传感器太近，应保持二者相距至少 10 cm，以避免受到干扰。

(8)弦线振动幅度不宜过大，否则观察到的波形就不是严格的正弦波，或带有变形，或带有不稳定性振动。更深入的研究需要引入非线性科学的研究方法，这里不再叙述。

(9)信号源和数字拉力计电源输入端为高压，严禁在通电情况下接触输入线缆的金属部分，否则可能会发生人身伤害。

(10)信号源和数字拉力计交流供电使用单相三线电源。三线电源线的地线必须良好接地，地线与零线之间不应有电位差。

(11)实验装置中驱动器的铁芯在工作时可能产生高温(尤其在低频和大电压幅度输入时)，故在其工作时切勿触摸其表面，以免烫伤。

【实验数据记录与处理】

1. 弦线的共振频率与波腹数的关系

线密度 ρ=____ g/m，弦长 L=____ cm，张力 F_T=____ kgf。

波腹数 n	共振频率 f'_n(Hz)	本征频率 $f_n=\frac{n}{2L}\sqrt{\frac{F_T}{\rho_l}}$(Hz)	共振频率与本征频率的相对误差 $E_f=\frac{f'_n-f_n}{f_n}\times100\%$
1			
2			
3			
4			
5			
…			

数据处理如下：

(1)根据表中各值计算相应的本征频率以及共振频率与本征频率的相对误差。

(2)根据表中数据用 Excel 软件绘制 f'_n-n 关系图。

2. 弦线的共振频率与弦长的关系

线密度 ρ=____ g/m，波腹数 n=____，张力 F_T=____ kgf。

弦长 L(cm)	L^{-1} (cm^{-1})	共振频率 f'_n(Hz)	本征频率 $f_n=\frac{n}{2L}\sqrt{\frac{F_T}{\rho_l}}$(Hz)	共振频率与本征频率的相对误差 $E_f=\frac{f'_n-f_n}{f_n}\times100\%$
80	0.013			
70	0.014			
60	0.017			
50	0.020			
40	0.025			
…				

数据处理如下：

(1)根据表中各值计算相应的本征频率以及共振频率与本征频率的相对误差。

(2)根据表中数据用 Excel 软件绘制共振频率与弦长倒数($f_n'-L^{-1}$)的关系图。

3. 弦线的共振频率、传播速度与张力的关系

线密度 ρ=____ g/m,最大张力 F_m=____ kgf,波腹数 n=____,弦长 L=____ cm。

张力 F_T(kgf)		$F_T^{1/2}$ ($kgf^{1/2}$)	共振频率 f_n'(Hz)	波速计算值 $u=\frac{2L}{n}f_n'$(m/s)	波速理论值 $u_0=\sqrt{\frac{F_T}{\rho}}$(m/s)	波速计算值与理论值的相对误差 $E_u=\frac{u-u_0}{u_0}\times100\%$
$0.5F_m$	1.00	1.000				
$0.6F_m$	1.31	1.145				
$0.7F_m$	1.60	1.265				
$0.8F_m$	2.00	1.414				
$0.9F_m$	2.52	1.587				

数据处理如下:

(1)根据表中各值计算相应的波速以及波速计算值与理论值的相对误差。

(2)根据表中数据用 Excel 软件绘制共振频率与张力二分之一次方($f_n'-F_T^{1/2}$)的关系图。

4. 弦线的共振频率、传播速度与线密度的关系

张力 F_T=____ kgf,波腹数 n=____,弦长 L=____ cm。

线密度 ρ(g/m)	$\rho^{-1/2}$ [$(g/m)^{-1/2}$]	共振频率 f_n'(Hz)	波速计算值 $u=\frac{2L}{n}f_n'$(m/s)	波速理论值 $u_0=\sqrt{\frac{F_T}{\rho}}$(m/s)	波速计算值与理论值的相对误差 $E_u=\frac{u-u_0}{u_0}\times100\%$
0.500	1.414				
0.970	1.015				
1.511	0.814				
2.203	0.674				
2.933	0.584				

数据处理如下:

(1)根据表中各值计算相应的波速以及波速计算值与理论值的相对误差。

(2)根据表中数据用 Excel 软件绘制共振频率与线密度负二分之一次方($f_n'-\rho^{-1/2}$)的关系图。

【思考题】

(1)该实验说明弦线的共振频率和波速与哪些条件有关?

(2)在驻波中,波节能否移动?弦线上有无能量传播?

(3)当弦线的线密度增大时,应如何做才能使波的传播速度不变?

4.8 杨氏弹性模量的测定(拉伸法)

杨氏弹性模量(简称“杨氏模量”)是以英国物理学家托马斯·杨(Thomas Young)的姓氏命名的。他在1807年的著作《力学原理》中首次提出了应力和应变的概念,并定义了它们之间的比例常数,即杨氏弹性模量。这一贡献极大地推动了弹性力学的发展。

物体在力的作用下会发生形变,物体的形变可分为弹性形变和塑性形变,而弹性形变又可分为纵向形变、切边形变、扭转形变、弯曲形变等。杨氏弹性模量是表征固体材料抵抗形变能力的重要物理量,是工程材料的重要参数,反映了材料弹性形变与内应力的关系,表示在弹性限度内抵抗弹性形变的能力,是选定机械构件的重要参数之一。杨氏弹性模量测定在许多领域中都具有重要应用。在纳米技术研究中,利用纳米压痕技术测量纳米材料的杨氏弹性模量,推动了高性能纳米复合材料的发展。在生物材料研究中,测定细胞和组织的杨氏弹性模量,有助于理解生物材料的力学性能,促进生物医学工程的进步。在航空航天、汽车制造等行业,准确测定材料的杨氏弹性模量对设计高性能、耐用的结构材料至关重要。

测量材料的杨氏弹性模量有拉伸法、梁弯曲法、振动法等。本实验采用静态拉伸法测定杨氏弹性模量。实验采用光杠杆光学放大法测量金属丝在拉力作用下的微小形变,根据胡克定律计算金属丝的杨氏弹性模量。

【实验目的】

(1)学习用拉伸法测量金属丝的杨氏弹性模量。

(2)理解光杠杆原理并掌握使用光杠杆测量微小伸长量的方法。

(3)进一步熟悉多种长度测量工具的正确使用方法。

(4)进一步学习不确定度的计算和测量结果的正确表达方法。

【实验仪器】

杨氏模量测定仪、尺度望远镜、光杠杆、金属丝、钢卷尺、游标卡尺、螺旋测微器等。

【实验原理】

1. 杨氏弹性模量

任何固体材料在外力作用下都会发生形变,当外力撤去后,物体能够完全恢复原状的形变称为弹性形变。通常用"模量"这个物理参数来衡量材料的弹性。本实验所要测量的杨氏弹性模量是用来表征材料在其纵向方向上受外力作用而产生的拉伸或压缩弹性大小。胡克定律指出,在弹性限度内,弹性体受到的应力 F/S 和发生应变 δ/l 成正比,即

$$\frac{F}{S}=E\frac{\delta}{l} \tag{4-8-1}$$

式中,比例系数 E 称为弹性模量(又称杨氏模量),S 为材料的横截面积,l 为材料的原长,δ 为在外力 F 作用下的伸长量。E 的大小只取决于材料本身的性质,表示材料抵抗外力产生拉伸(或压缩)形变的能力。本实验测量金属丝的弹性模量,如果金属丝的直径用 d 来表示,则式(4-8-1)可以改写为

$$E=\frac{4Fl}{\pi d^2\delta} \tag{4-8-2}$$

从式(4-8-2)中可以看出,如果想要计算出金属丝的弹性模量 E,则需测出金属丝受到的拉力 F、金属丝原长 l、金属丝直径 d 和金属丝的伸长量 δ 这四个量。本实验采用拉伸法测量金属丝的弹性模量,即金属丝所受外力 F 为金属丝下方的数字拉力计产生的拉力(单位:kgf),故 $F=mg$,式(4-8-2)可改写为

$$E=\frac{4mgl}{\pi d^2\delta} \tag{4-8-3}$$

在这四个量中，最难测的是伸长量 δ，主要原因是 δ 太小，不易准确测量，所以测量弹性模量的仪器主要是围绕如何精确测量 δ 而设计的。

2. 光杠杆放大法测量微小长度变化

放大法是一种应用十分广泛的测量技术，有机械放大法、光学放大法、电子放大法等。本实验采用的光杠杆放大法属于间接光学放大法，即通过几何光学关系将微小的物理量转换成较大的物理量，通过测量放大后的物理量来间接测量微小物理量的方法。

本实验利用杨氏模量测试架和杨氏模量测定仪通过光杠杆放大法来测量 δ(杨氏模量测试架和杨氏模量测定仪的主体结构参见"仪器介绍"部分)。实验中待测金属丝上端通过夹头固定在杨氏模量测试架上，下端通过夹头固定在测量端面上，测量端面下面与拉力传感器相连。通过旋转拉力传感器上的施力螺母可以调节施加在金属丝上的拉力大小。在拉力作用下，金属丝伸长带动光杠杆平面镜转动，从而将金属丝的微小伸长量通过光学放大后变成易测量的较大量。

图 4-8-1(a)为光杠杆结构示意图，图 4-8-1(b)为光杠杆侧面示意图。A、B、C 分别为光杠杆的 3 个尖状足，B、C 为前足，A 为后足(或称动足)，实验中 B、C 不动，A 随着金属丝伸长或缩短而向下或向上移动，锁紧螺钉用于固定反射镜的角度。3 个足构成一个等腰三角形，A 到两个前足尖 B、C 连线的垂直距离为 D，D 称为光杠杆常数，D 可根据需求改变大小(一般固定不动)。

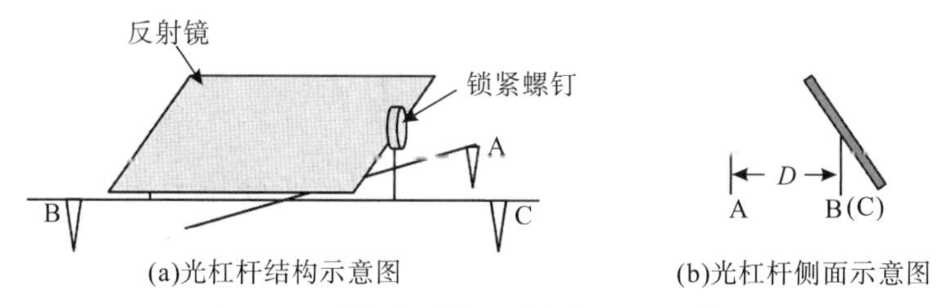

图 4-8-1　光杠杆结构和光杠杆侧面示意图

测量时，将光杠杆的两个前足尖(B 和 C)放在杨氏模量测试架上的平台上，动足尖 A 则放在待测金属丝的测量端面上，该测量端面就是与金属丝下端夹头固定连接的水平托板。当金属丝受力后，产生微小伸长，动足尖 A 便随测量端面一起向下作微小移动，并使光杠杆绕前足尖转动一微小角度，从而带动光杠杆反射镜转动相应的微小角度。这样标尺的像通过光杠杆的反射镜反射到望远镜里，便把这一微小角位移放大成较大的线位移，这就是光杠杆产生光放大的基本原理，如图 4-8-2 所示。

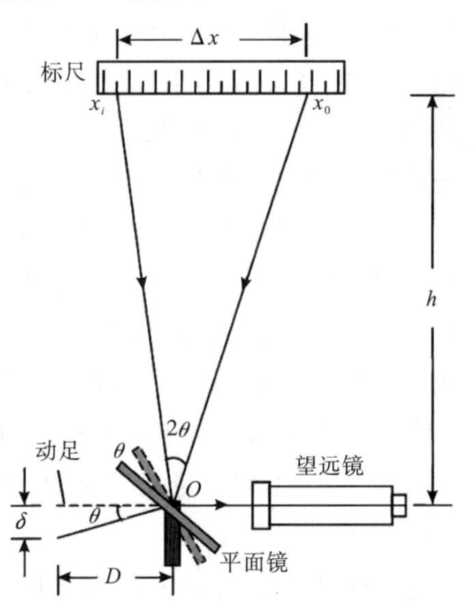

图 4-8-2　光杠杆放大原理图

从望远镜中可以观察到光杠杆平面镜反射标尺的像。当金属丝所受拉力为零时，从望远镜观察标尺的读数为 x_0，在拉力 $m_i g$ 作用下金属丝伸长δ，光杠杆转动倾角 $\theta \approx \delta/D$，望远镜中标尺读数变为 x_i，标尺上读数 x_0 和 x_i 的位置对光杠杆平面镜的转角为 $2\theta \approx |x_i - x_0|/h$。那么伸长量 δ 可以表示为

$$\delta = \frac{|x_i - x_0| D}{2h} \tag{4-8-4}$$

将式(4-8-4)代入式(4-8-3)，并将金属丝所受拉力用 $m_i g$ 表示，得到金属丝的弹性模量 E 的表达式为

$$E = \frac{8 m_i g l h}{\pi d^2 D |x_i - x_0|} \tag{4-8-5}$$

设 $k = |x_i - x_0|/m_i$，则 k 表示砝码改变单位质量时在望远镜中

看到的直尺读数变化量，则式(4-8-5)可改写成

$$E=\frac{8glh}{\pi d^2 Dk} \tag{4-8-6}$$

根据式(4-8-6)可以得出弹性模量 E 的标准不确定度 $u(E)$ 为

$$u(E)=E\sqrt{\left(\frac{u(l)}{l}\right)^2+\left(\frac{u(d_2)}{d_2}\right)^2+\left(2\frac{u(d)}{d}\right)^2+\left(\frac{u(k)}{k}\right)^2+\left(\frac{u(d_1)}{d_1}\right)^2} \tag{4-8-7}$$

【实验内容】

1. 测试架调节

实验前应保证上下夹头均夹紧金属丝，防止金属丝在受力过程中与夹头发生相对位移；确保用手能自由转动平面镜，且镜架与转轴有一定阻尼，手释放后不自由旋转。调节杨氏模量测试架的地脚螺钉，使测试架平台水平(即测试架呈竖直状态)。

(1)将光杠杆的动足尖 A 自由放置在待测金属丝的测量端面上，使动足尖 A 能随之一起上下移动，但不能触碰到金属丝。

(2)将测试架顶端的 LED 背光源输入插座与测定仪面板上的“背光源”插座对应连接起来；将拉力传感器与测定仪面板上的“传感器”接口连接起来。

(3)打开测定仪电源，此时 LED 背光源点亮，呈绿色，标尺刻度清晰可见；数字拉力计(拉力传感器)显示窗显示此时加到金属丝上的拉力，旋转施力螺母，使金属丝不受拉力，调节测定仪面板上的“调零”电位器，使拉力计显示窗指示为 0 kgf。

(4)旋转施力螺母，给金属丝施加一定的预拉力 2.00 kgf，将金属丝原本可能存在弯折的地方拉直，预拉力用于拉直金属丝，不计入金属丝所受拉力 $m_i g$ 中。此时下夹头的第一排紧固螺钉顶部应与平台上表面基本共面。

2. 望远镜调节

(1)粗调望远镜，使望远镜大致呈水平状态，且与平面镜转轴等高垂直。

(2)细调望远镜。

①调节目镜手轮，使十字分划线清晰可见。

②细调调焦镜筒（顺时针或逆时针旋转），并适当调节平面反射镜的镜角度，使视野中标尺的像清晰可见。

③松开望远镜锁紧螺钉，通过滚花手轮旋转望远镜，使十字分划线的水平刻线与标尺中的刻度线平行，再次锁紧望远镜；若视场中标尺的像倾斜明显，则需要稍微旋转测试架顶端的标尺托盘进行校正。

④微调反射镜的镜角度，使十字分划线的横线与标尺刻度线平行，并对齐 20.0 mm 的刻度线（避免超出标尺最大量程），即 $x_0=$ 20.0 mm。水平移动望远镜支架，使十字分划线的纵线对齐标尺中心。

3. 数据测量

（1）测量标尺刻度的 x_i 与拉力 m_ig 之间的关系。从 2.00 kgf 拉力开始（认为此时金属丝所受拉力为零），缓慢旋转施力螺母加力，逐渐增加施加在金属丝上的拉力，每增加 1.00 kgf 拉力，记录一次标尺的刻度 x_i（注意：最大拉力应≤12.00 kgf）。然后，反向旋转施力螺母，逐渐减小施加在金属丝上的拉力，同样地，每减小 1.00 kgf 拉力，记录一次标尺的刻度 x_i'，直到拉力为 2.00 kgf（此时标尺读数对应 x_0'）。重复测量 2 次，将数据记录到数据记录表（二）中。

注意：实验过程中不能再调整望远镜，并尽量保证实验桌不要有震动，以保证望远镜稳定。加力和减力过程中，施力螺母不能回旋，以避免回旋误差。

（2）计算 k 值。以拉力 m_ig 为横坐标，以每个 m_ig 对应的直尺读数的平均值 $\overline{x}_i$ 与 $\overline{x}_0$ 差的绝对值（$|\overline{x}_i-\overline{x}_0|$）为纵坐标作图。用最小二乘法计算出斜率 k 及其标准偏差 s_b[即 $u(k)$]。

（3）用钢卷尺测量金属丝在施加 2.00 kgf 拉力时的长度 l，作为金属丝的原长，并记录到数据记录表（一）中。

（4）用钢卷尺测量标尺（即横梁下表面）到平面镜转轴的垂直距离 h。

（5）用游标卡尺测量光杠杆常数 D。

（6）用螺旋测微器分别测量金属丝的上、中、下位置的直径（测量次数不少于 6 次)，并取平均值 $\bar{d}$。

(7)实验完成后，旋松施力螺母，使金属丝自由伸长，并关闭数字拉力计。

【注意事项】

(1)实验设备。①夹具应能牢固地固定金属丝，避免打滑或偏移；②拉力传感器应定期校准，保证测量准确。

(2)实验条件。①控制实验环境的温度和湿度，避免环境变化对材料性能的影响；②施加负荷应均匀、平稳，避免冲击载荷；③实验过程中应避免震动和外部干扰。

(3)数据采集和处理。①记录荷载和变形数据应精确及时，确保数据完整；②采用合适的数据处理方法，剔除异常数据，避免人为误差；③计算杨氏弹性模量时，选择材料弹性阶段的数据，避免塑性变形区域的数据。

(4)安全防护。①实验前应检查设备和样品，确保一切正常；②实验过程中应佩戴防护设备，防止金属丝断裂时伤人。

(5)实验方法和标准。①遵循相关的标准和规程，确保实验方法科学规范；②熟悉实验标准中的技术要求和步骤，严格按照标准进行操作；③为提高结果的可靠性，建议进行多次重复实验，并取平均值；④分析结果的一致性和重复性，确认实验数据的可靠性。

【实验数据记录与处理】

数据记录表(一)

次数 长度	1	2	3	4	5	6	平均值
d (mm)							
l (mm)							
h (mm)							
D (mm)							

数据记录表(二)

拉力(kgf)	x_i(mm)	第1次		第2次		$\overline{x}_i$
		增荷	减荷	增荷	减荷	(mm)
0	x_0					
m_1=1.00	x_1					
m_2=2.00	x_2					
m_3=3.00	x_3					
m_4=4.00	x_4					
m_5=5.00	x_5					
m_6=6.00	x_6					
m_7=7.00	x_7					
m_8=8.00	x_8					

其中 $g=9.795\ \mathrm{m/s^2}$。

数据处理如下：

(1)计算各直接测量量的平均值和不确定度。

(2)根据数据记录表(二)中的数据描点作图绘制 $|\overline{x}_i-\overline{x}_0|-m_i$ 曲线，用最小二乘法计算斜率 k 值及其标准偏差 s_b。取 $u(k)=s_b$。

(3)根据式(4-8-6)、式(4-8-7)计算 $\overline{E}$ 和 $u(E)$。

$$\overline{E}=\frac{8g\bar{l}\cdot\bar{d}_2}{\pi\bar{d}^2k\bar{d}_1}=$$

$$u(E)=E\sqrt{\left(\frac{u(l)}{l}\right)^2+\left(\frac{u(d_2)}{d_2}\right)^2+\left(2\frac{u(d)}{d}\right)^2+\left(\frac{s_b}{k}\right)^2+\left(\frac{u(d_1)}{d_1}\right)^2}$$

结果表示为：$E=\overline{E}\pm u(E)=$

【思考题】

(1)为什么选择特定材料(如金属材料)进行杨氏弹性模量的测定？

(2)杨氏弹性模量的测定过程中，为什么要避免塑性变形？

(3)如何确定材料在实验中的弹性极限？

(4)在测定杨氏弹性模量的实验中，误差可能来源于哪些方面？

(5)如果测定杨氏弹性模量的试样长度加倍,则测得的杨氏弹性模量会有何变化?

(6)在拉伸实验中,如何确保应力分布均匀?

【仪器介绍】

1. 杨氏模量测定仪

杨氏模量测定仪面板示意图如图4-8-3所示。测定仪面板上的“背光源”端口与杨氏模量测试架上的发光标尺连接,为发光标尺提供背光源能量输出。“传感器”端口与杨氏模量测试架上的拉力传感器连接,拉力传感器将拉力大小转换成电信号传输给测定仪。测定仪将接收的电信号转化成千克力数值通过“数字拉力计显示窗”显示。“调零”旋钮用于对拉力计数值初始化,在实验测量前调节杨氏模量测试架上的施力螺母,使金属丝处于松弛状态(即不对金属丝施加拉力),如果“数字拉力计显示窗”显示的数值不为零,可通过“调零”旋钮将数值调为零。

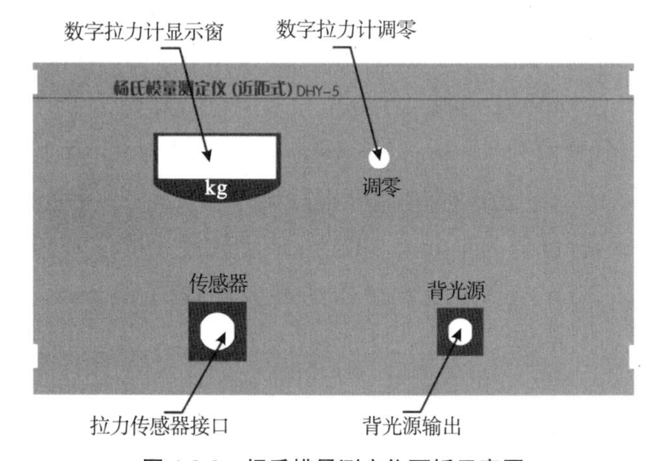

图4-8-3　杨氏模量测定仪面板示意图

2. 杨氏模量测试架

杨氏模量测试架结构示意图如图4-8-4所示。实验中待测金属丝上端由固定在横梁上的夹头固定,下端被连接在拉力传感器上的夹头夹紧。光杠杆的两个前足(B和C)放置在平台上,动足尖A自由放置在待测金属丝的测量端面上,动足尖A能随之一起上下移动。通过望远镜可观测光杠杆平面镜反射标尺在施加拉力前后的读数。

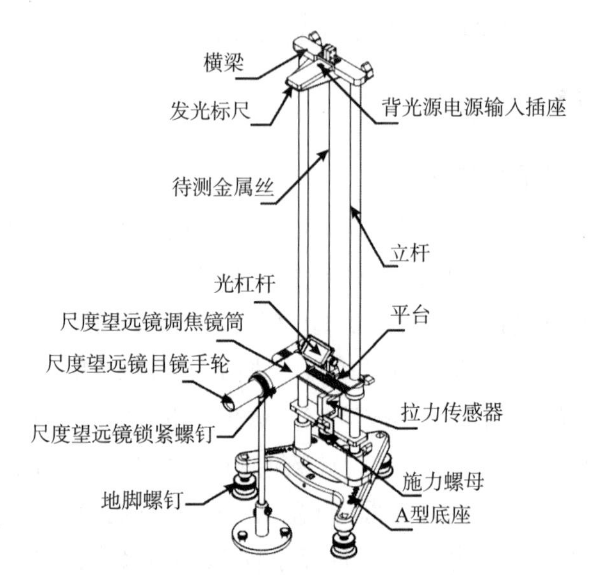

图 4-8-4　杨氏模量测试架结构示意图

产品主要技术参数如下：①望远镜的观测距离为 0.3～8 m。②光杠杆的放大倍率为 30～50。③数字拉力计的量程为 0～19.99 kgf。④LED 背光源工作电压为 DC 3 V；发光标尺的最大量程为80 mm，分度值为 1 mm。⑤待测金属丝样品为 65Mn 弹簧钢，直径约为0.7 mm。⑥杨氏模量测量相对误差＜3%。⑦钢卷尺的最大量程为 2 m，分度值为 1 mm。⑧游标卡尺的最大量程为 150 mm，分度值为 0.02 mm。⑨螺旋测微器的最大量程为 25 mm，分度值为 0.01 mm。

4.9　刚体转动惯量的测定

转动惯量是刚体转动时惯性大小的量度，是表征刚体特征的一个物理量，其大小与刚体质量、质量分布和转轴位置有关。对于质量分布均匀、形状规则的刚体，可以通过积分方法求出它绕固定转轴的转动惯量，但对于质量分布不均匀或形状不规则的刚体，则很难用积分方法计算出转动惯量，只能采用实验方法来测定。

刚体转动惯量的测定在机械、航天、航海、军工等工程技术领域和科学研究中均具有重要的意义。通常采用恒力矩转动法、扭摆法或转动法来测定刚体的转动惯量，本实验采用恒力矩转动法。

【实验目的】

(1)掌握测定刚体转动惯量的原理和方法——恒力矩转动法。

(2)通过实验观察刚体的转动惯量随刚体质量、质量分布和转轴位置改变而改变的规律。

(3)验证平行轴定理。

【实验仪器】

转动惯量实验仪、智能计数计时器、砝码、滑轮、圆环、圆柱、游标卡尺等。

【实验原理】

1. 转动惯量测量原理

根据刚体定轴转动的转动定律，有

$$M = J\beta \tag{4-9-1}$$

式中，M 为作用于刚体上的合外力矩，J 为刚体对固定轴的转动惯量，β 为刚体转动时的角加速度。

图 4-9-1 所示为实验装置示意图，在转动过程中，装置所受合外力矩为

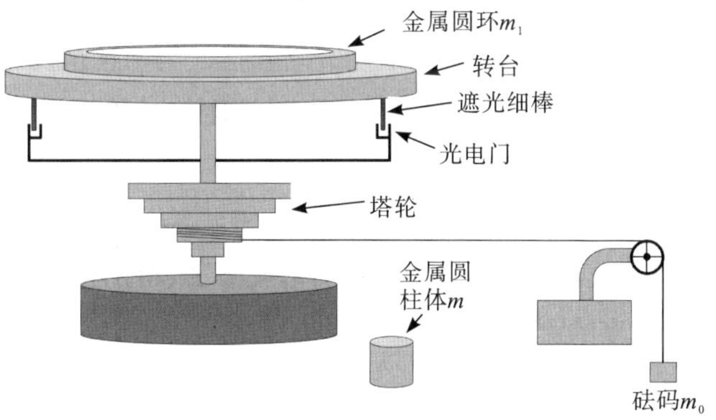

图 4-9-1　转动惯量实验装置示意图

$$M = TR - M_\mu \tag{4-9-2}$$

式中，M_μ 为实验台转动时受到的摩擦阻力矩，T 为细线张力，与转轴垂直，R 为塔轮半径。当细线下方没有挂砝码，实验台仅受摩擦阻力矩作用时，有

$$M_\mu = J_1\beta_1 \tag{4-9-3}$$

式中，J_1 为实验台的转动惯量，β_1 为实验台做匀减速运动的角加速度。当细线下悬挂质量为 m_0 的砝码时，设转动过程中摩擦阻力矩大小不变，砝码以匀加速度 a 下降，则有

$$m_0 g - T = m_0 a \tag{4-9-4}$$

假设此时实验台转动的角加速度为 β_2，则砝码下降时的加速度 $a=R\beta_2$。根据刚体转动定律，此时有

$$TR - M_\mu = J_1\beta_2 \tag{4-9-5}$$

式中，TR 为细线张力施加于实验台的力矩，由式(4-9-4)和式(4-9-5)得

$$m_0(g - R\beta_2)R - M_\mu = J_1\beta_2 \tag{4-9-6}$$

将式(4-9-3)带入式(4-9-6)，可得

$$J_1 = \frac{m_0 R(g - R\beta_2)}{\beta_2 - \beta_1} \tag{4-9-7}$$

如果在实验台上放置被测刚体，根据式(4-9-7)，可得此时系统的转动惯量 J_2 为

$$J_2 = \frac{m_0 R(g - R\beta_4)}{\beta_4 - \beta_3} \tag{4-9-8}$$

式中，β_3 与 β_4 分别为细线下方不挂砝码和挂砝码两种情况下的系统角加速度。根据转动惯量的叠加原理，被测刚体的转动惯量 J_3 为

$$J_3 = J_2 - J_1 \tag{4-9-9}$$

由式(4-9-7)、式(4-9-8)和式(4-9-9)可知，如果测得塔轮半径 R、砝码质量 m_0 及角加速度 β_1、β_2、β_3、β_4，即可计算出被测刚体的转动惯量。

2. 角加速度的测量

实验中，角加速度 β_1、β_2、β_3、β_4 的测量误差是整个实验误差的主要来源，为减小角加速度的测量误差，采用智能计数计时器与光电

门相结合的方法来记录实验台的转动过程参数。在圆形转台的一直径两端各有一个遮光细棒，转台下方固定有光电门，转台每转动半周，遮光细棒经过光电门挡一次光，智能计数计时器记录相应的遮挡次数和时间。对于匀变速转动，设初始角速度为 ω_0，从第1次遮光（$n=0$，$t=0$）开始计数、计时，对应任意两组数据（n_i，t_i）和（n_j，t_j），相应的角位移 θ_i 和 θ_j 分别为

$$\theta_i = n_i\pi = \omega_0 t_i + \frac{1}{2}\beta t_i^2 \tag{4-9-10}$$

$$\theta_j = n_j\pi = \omega_0 t_j + \frac{1}{2}\beta t_j^2 \tag{4-9-11}$$

将式(4-9-10)、式(4-9-11)联立消去 ω_0，可得

$$\beta = \frac{2\pi(n_j t_i - n_i t_j)}{t_j^2 t_i - t_i^2 t_j} \tag{4-9-12}$$

3. 平行轴定理

刚体对某轴的转动惯量等于刚体对过质心且与该轴平行的轴的转动惯量 J_0 与刚体质量 m 和两轴间距 l 的平方积之和，即

$$J = J_0 + ml^2 \tag{4-9-13}$$

【实验内容】

1. 安装并调整实验装置

将光电门与智能计数计时器连接起来，调节实验台，使其保持水平，将定滑轮调节至与绕线的塔轮槽等高。

2. 测量必要的物理量

测量砝码质量 m_0、金属圆柱体质量 m、金属圆环质量 m_1、绕线塔轮槽的直径 D、金属圆柱体的直径 d、金属圆环的内径 $d_内$ 和外径 $d_外$。

3. 测量并计算实验台的转动惯量 J_1

(1)测量不挂砝码时系统匀减速转动的角加速度 β_1。

①在智能计数计时器界面选择“计时 1—2 多脉冲”。

②根据光电门的线路连接来选择通道 A 或通道 B。

③用手轻轻拨动载物台，使载物台转动。

④按确认键进行测量,在转台转动10圈后按确认键停止测量。

⑤查阅智能计数计时器记录的前8组数据,并根据式(4-9-12)计算β_1值。

(2)测量挂砝码时系统匀加速转动的角加速度β_2。

①选择合适直径D的塔轮槽及砝码质量m_0,将一头细线打结后塞入塔轮槽边缘上开的细缝,不重叠地密绕在所选定的塔轮槽中。细线的另一头通过滑轮后下挂砝码m_0,用手按住转台使其保持静止不动。

②松开手,重复步骤(1)中的操作。

③查阅智能计数计时器记录的前8组数据,并根据式(4-9-12)计算β_2值。

(3)由式(4-9-7)即可算出实验台的J_1值。

4. 测量金属圆环的转动惯量J_3,并计算相对误差

将待测圆环放到转台上,按照前面的实验步骤,分别测量加砝码前后的角加速度β_3和β_4,由式(4-9-8)求出J_2的值,再由式(4-9-9)求出圆环的转动惯量J_3。

5. 验证平行轴定理

(1)在转台上对称放置2个金属圆柱体,圆柱体中心与中心轴相距l(可选45 mm、60 mm、75 mm、90 mm和105 mm),并按照前面同样的操作分别测量加砝码前后系统转动的角加速度β'_3和β'_4,由式(4-9-8)求出J'_2的值,则金属圆柱体的转动惯量$J'_3=\frac{1}{2}(J'_2-J_1)$。

(2)根据平行轴定理计算金属圆柱体的转动惯量$J=\frac{1}{8}md^2+ml^2$。

(3)比较实验测量值J'_3与理论计算值J,判断平行轴定理是否得到验证。

【注意事项】

(1)取放和安装待测刚体时要小心,不得摔碰。

(2)转动实验台时转速不可太大,以免把被测样品甩出实验台而跌落到地面上。

(3)计数器通道选择要与光电门电路连接相对应。

【实验数据记录与处理】

1. 测量实验台的转动惯量 J_1

$D=$__________ mm, $m_0=$__________ g。

匀减速转动					匀加速转动				
n_i	1	2	3	4	n_i	1	2	3	4
t_i(s)					t_i(s)				
n_j	5	6	7	8	n_j	5	6	7	8
t_j(s)					t_j(s)				
$\beta_1(1/s^2)$					$\beta_2(1/s^2)$				

数据处理如下：

(1)将记录的 8 组数据分成 4 组，分别为($n_i=1, n_j=5$)、($n_i=2, n_j=6$)、($n_i=3, n_j=7$)和($n_i=4, n_j=8$)，分别代入式(4-9-12)中，算出 4 个 β_1 和 4 个 β_2 值，并计算出 $\bar{\beta}_1$ 和 $\bar{\beta}_2$。

(2)由式(4-9-7)计算出 J_1。

$$J_1=\frac{m_0R(g-R\bar{\beta}_2)}{\bar{\beta}_2-\bar{\beta}_1}=$$

2. 测量圆环的转动惯量 J_3

$D=$_____ mm, $m_1=$_____ g, $m_0=$_____ g, $d_{外}=$_____ mm, $d_{内}=$_____ mm。

匀减速转动					匀加速转动				
n_i	1	2	3	4	n_i	1	2	3	4
t_i(s)					t_i(s)				
n_j	5	6	7	8	n_i	5	6	7	8
t_j(s)					t_j(s)				
$\beta_3(1/s^2)$					$\beta_4(1/s^2)$				

数据处理如下：

(1)将记录的 8 组数据分成 4 组，分别为($n_i=1, n_j=5$)、($n_i=2$,

$n_j=6$）、（$n_i=3, n_j=7$）和（$n_i=4, n_j=8$），分别代入式（4-9-12）中，算出 4 个 β_3 和 4 个 β_4 值，并计算出 $\bar{\beta}_3$ 和 $\bar{\beta}_4$。

（2）由式（4-9-8）计算出 J_2，再由式（4-9-9）算出 J_3。

$$J_2=\frac{m_0R(g-R\bar{\beta}_4)}{\bar{\beta}_4-\bar{\beta}_3}=$$

$$J_3=J_2-J_1=$$

（3）根据理论公式计算刚体圆环的转动惯量。

$$J=\frac{m_1}{8}(d_{外}^2+d_{内}^2)=$$

测量值与理论值的相对偏差：

$$E=\frac{J_3-J}{J}\times100\%=$$

3. 验证平行轴定理

$D=$______ mm，$m_0=$______ g，$d=$______ mm，$m=$______ g，$l=$______ mm。

匀减速转动					匀加速转动				
n_i	1	2	3	4	n_i	1	2	3	4
t_i(s)					t_i(s)				
n_j	5	6	7	8	n_j	5	6	7	8
t_j(s)					t_j(s)				
β'_3(1/s^2)					β'_4(1/s^2)				

数据处理如下：

（1）将记录的 8 组数据分成 4 组，分别为（$n_i=1, n_j=5$）、（$n_i=2, n_j=6$）、（$n_i=3, n_j=7$）和（$n_i=4, n_j=8$），分别代入式（4-9-12）中，算出 4 个 β'_3和 4 个 β'_4值，并计算出$\bar{\beta}'_3$和$\bar{\beta}'_4$。

（2）由式（4-9-8）计算出 J'_2，再由式（4-9-9）计算出 J'_3。

$$J'_2=\frac{m_0R(g-R\bar{\beta}'_4)}{\bar{\beta}'_4-\bar{\beta}'_3}=$$

$$J'_3=J'_2-J_1=$$

（3）根据平行轴定理计算金属圆柱体的转动惯量。

$$J=\frac{1}{8}md^2+ml^2=$$

测量值与利用平行轴定理计算出的理论值的相对偏差：

$$E=\frac{J_3'-J}{J}\times 100\%=$$

【思考题】

(1)刚体的转动惯量与哪些因素有关?

(2)如何测量任意形状的刚体绕特定轴的转动惯量?

(3)理论分析表明,同一待测刚体的转动惯量不会随转动力矩的变化而变化,选择不同的砝码和塔轮半径组合,形成不同的力矩。验证不同实验条件下的转动惯量,并与理论值进行比较,分析原因,找出规律,探索最佳的实验条件。

【仪器介绍】

实验室提供了智能计数计时器和通用计数计时器两种计时设备,可根据实际情况选择使用。

1. 通用计数计时器

通用计数计时器的计时操作步骤如下：

(1)用数据线将刚体转动平台上的光电传感器连接到通用计数计时器光电门端口 A 上,开启通用计数计时器电源,等待完成系统自检。

(2)系统进入欢迎界面后,按功能键盘上的确认键进入功能选择菜单,按功能键盘上的下键选择“计时”功能模块。

(3)在“计时”功能模块中,有“单门单脉冲”“单门双脉冲”和“单门多脉冲”3 个选项,按功能键盘上的右键,选择“单门多脉冲”,并按下确认键,进入单门多脉冲模式。

(4)在单门多脉冲模式下,需要设定脉冲次数,系统提供三位数的脉冲次数设置,默认“001”次,脉冲次数最多可设定为“999”次。通过功能键盘上的左键和右键以及面板右下方的“数值选择”旋钮来设定需要的脉冲次数。

例如：将“脉冲次数”设置为 128。先通过左键和右键将光标移到三位数的百位，旋转“数值选择”旋钮，将百位上的数值设定为“1”，然后按下右键将光标移动到十位，旋转“数值选择”旋钮，将十位上的数值设定为“2”，最后按下右键将光标移动到个位，旋转“数值选择”旋钮，将个位上的数值设定为“8”即可。

完成脉冲次数设置后，按下下键将光标移动到“完成”选项上，按下确认键进入计时界面。

(5)在刚体转动平台开始旋转后按下确认键开始计时，系统会同时记录 A、B、C 3 个光电门端口的时间数值(本实验只需要记录 A 端口的时间)。系统记录的时间是刚体转动平台上光电传感器上相邻两次挡光的时间间隔。

例如：当“脉冲次数”设置为 8 时，系统会记录 8 个时间，分别是第 1 次挡光到第 2 次挡光的时间间隔，第 2 次挡光到第 3 次挡光的时间间隔，第 3 次挡光到第 4 次挡光的时间间隔，……，第 8 次挡光到第 9 次挡光的时间间隔。

计时结束后，按下确认键停止计时。这时屏幕右上方会出现“重置”和“返回”两个选项，并且光标默认停留在“重置”选项上，按下下键，光标位置上的“重置”选项变成“通道”。这时按下确认键进入数据读取界面。

(6)数据读取界面显示的是依次记录相邻两次光电传感器挡光的时间间隔，每页面显示 5 组时间数值。记录完当前页面时间数值后，按下下键将光标移至“《 》”选项，再按下右键显示下一页面的数据，如此操作直到显示最后一页的数据。在最后一页的数据界面，再按下右键时，会返回到首页数据界面，如此循环。若要返回上一页面的数据，按下左键即可。

(7)记录完数据后，先按上键再按右键，将光标移到“返回”选项上，按下确认键返回上一级菜单，并且光标默认停留在“重置”选项上。按下确认键清除本次实验操作记录的数据。按下右键将光标移动到“返回”选项上，按下确认键返回脉冲次数设置界面。

(8)重复步骤(4)至步骤(7)，记录每次刚体转动平台转动时的时间。

2. 智能计数计时器

(1)主要技术指标。时间分辨率(最小显示位)为0.0001 s,误差为0.004%,最大功耗为0.3 W。

(2)智能计数计时器简介。智能计数计时器配备一个+9 V稳压直流电源。智能计数计时器包括:①+9 V直流电源输入段端。②122×32点阵图形LCD。③三个操作按钮:模式选择/查询下翻按钮、项目选择/查询上翻按钮、确定/开始/停止按钮。④四个信号源输入端:两个4孔输入端是一组,两个3孔输入端是另一组。4孔的A通道与3孔的A通道属于同一通道,不管接哪个效果都一样,同样,4孔的B通道和3孔的B通道属于同一通道。

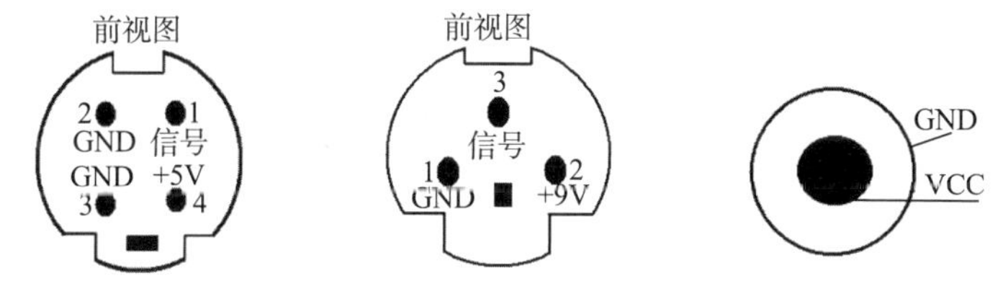

4孔输入端(主板座子)　3孔输入端(主板座子)　电源接口(主板座子)

(3)智能计数计时器计时操作步骤。

通电开机后显示"ZKY　世纪中科"画面,延时一段时间后,显示操作界面。

上行为测试模式名称和序号,例如:"1 计时⇦"表示按模式选择/查询下翻按钮选择测试模式。

下行为测试项目名称和序号,例如:"1—1 单电门⇨ "表示按项目选择/查询上翻按钮选择测试项目。

选择好测试项目后,按确定键,LCD将显示"选A通道测量⇦⇨",然后通过按模式选择/查询下翻按钮和项目选择/查询上翻按钮进行A通道或B通道的选择,选择好后再次按下确认键即可开始测量。一般测量过程中将显示"测量中* * * * *",测量完成后自动显示测量值,若该项目有几组数据,可按查询下翻按钮或查询上翻按钮进行查询,再次按下确定键退回到项目选择界面。如未测量完成就按下确定键,则测量停止,将根据已测量到的内容进行显示,再次按下确定键将退回到测量项目选择界面。

注意:有A、B两通道,每个通道各有两个不同的插件(分别为电源+5 V的光电门4芯和电源+9 V的光电门3芯），同一通道不同插件的关系是互斥的，禁止同时接插同一通道的不同插件。

A、B两通道可以互换，如为单电门，使用A通道或B通道都可以，但是尽量避免同时插A、B两通道，以免互相干扰。如为双电门，则产生前脉冲的光电门可接A通道，也可接B通道，产生后脉冲的光电门可任意插在余下那个通道。

如果光电门被遮挡时输出的信号端是高电平，则仪器测量的是脉冲的上升前沿间时间。如果光电门被遮挡时输出的信号端是低电平，则仪器测量的是脉冲的上升后沿间时间。

(4)智能计数计时器模式种类及功能。

A. 计时。

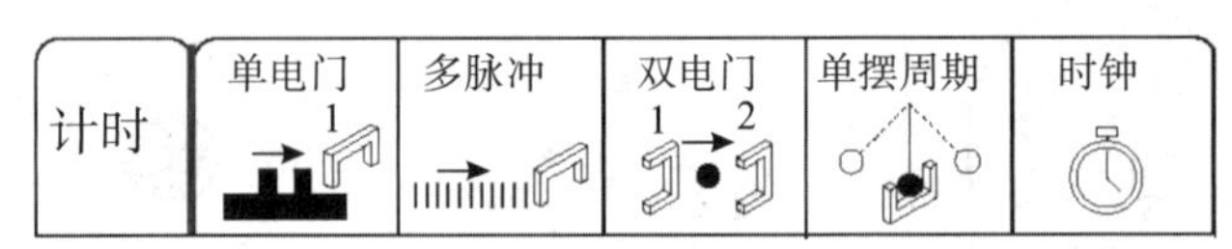

B. 速度。

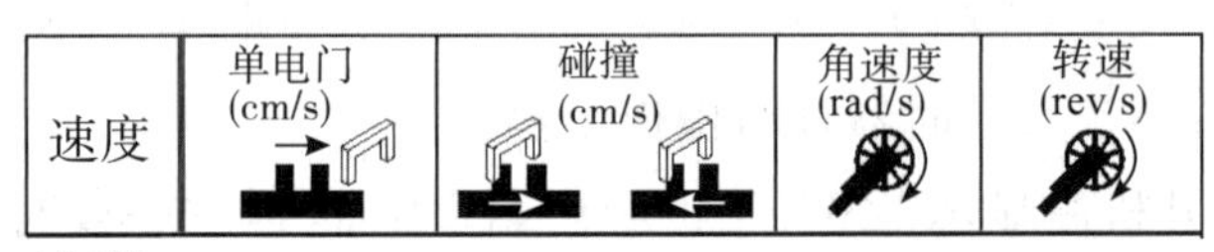

C. 加速度。

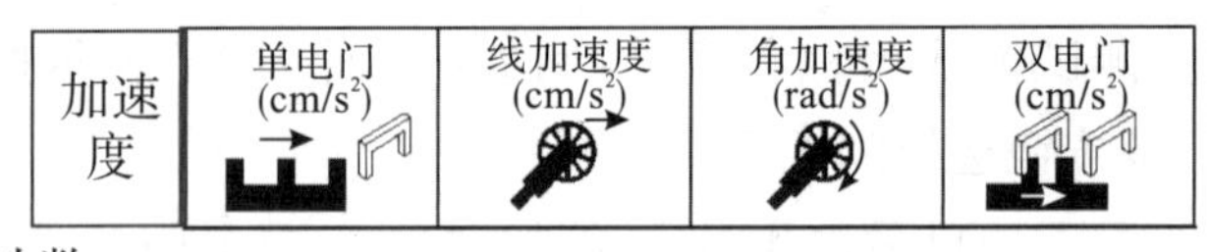

D. 计数。

计数	30秒	60秒	5分钟	手动

E. 自检。

自检	光电门自检

(5)测量信号输入。

A. 计时。

A—1 单电门，测量单电门连续两脉冲间距时间。

A—2 多脉冲，测量单电门连续脉冲间距时间，可测量99个脉冲间距时间。

A—3 双电门，测量两个电门各自发出单脉冲之间的间距时间。

A—4 单摆周期，测量单电门第三脉冲到第一脉冲的间隔时间。

A—5 时钟，类似跑表，按下确定键则开始计时。

B. 速度。

B—1 单电门，测得单电门连续两脉冲间距时间 t，然后根据公式计算速度。

B—2 碰撞，分别测得各个光电门在去和回时遮光片通过光电门的时间 t_1、t_2、t_3、t_4，然后根据公式计算速度。

B—3 角速度，测得圆盘两遮光片通过光电门产生的两个脉冲间时间 t，然后根据公式计算速度。

B—4 转速，测得圆盘两遮光片通过光电门产生的两个脉冲间时间 t，然后根据公式计算速度。

C. 加速度。

C—1 单电门，测得单电门连续三脉冲各个脉冲与相邻脉冲间距时间 t_1、t_2，然后根据公式计算加速度。

C—2 线加速度，测得单电门连续七脉冲第 1 个脉冲与第 4 个脉冲间距时间 t_1、第 7 个脉冲与第 4 个脉冲间距时间 t_2，然后根据公式计算加速度。

C—3 角加速度，测得单电门连续七脉冲第 1 个脉冲与第 4 个脉冲间距时间 t_1、第 7 个脉冲与第 4 个脉冲间距时间 t_2，然后根据公式计算加速度。

C—4 双电门，测得 A 通道第 2 脉冲与第 1 脉冲间距时间 t_1，B 通道第 1 脉冲与 A 通道第 1 脉冲间距时间 t_2，B 通道第 2 脉冲与 A 通道第 1 脉冲间距时间 t_3，然后根据公式计算加速度。

D. 计数。

D—1 30 秒，从第 1 个脉冲开始计时，共计 30 秒，记录累计脉冲个数。

D—2 60 秒，从第 1 个脉冲开始计时，共计 60 秒，记录累计脉冲个数。

D—3 5 分钟，从第 1 个脉冲开始计时，共计 5 分钟，记录累计脉冲个数。

D—4 手动，从第 1 个脉冲开始计时，手动按下确定键停止，记录累计脉冲个数。

E. 自检。

检测信号输入端电平。特别注意：如某一通道无任何线缆连接，将显示“高”。自检时正确的方法是：通过遮挡光电门来查看 LCD 显示通道是否有高低变化。有变化则说明光电门正常，反之则说明光电门异常。

第 5 章

热学实验

5.1 金属线胀系数的测定

金属线胀系数是描述金属材料随温度变化而发生长度变化的物理量。当外界压力恒定、物体温度升高时，分子的热运动加剧，导致材料长度增加。它表示单位长度的金属每升高 1 ℃温度的伸长量，即金属固体温度每升高 1 ℃（或 1 K）引起的线度伸长量与原长度之比，其大小与温度和物体的原长有关。不同金属的线胀系数不同，且线胀系数随温度变化的规律类似于热容的变化，即在温度很低时很小，随温度升高而很快增加，在某一特征温度以上时趋向于常数。例如，铜的线胀系数为 1.7×10^{-5} ℃$^{-1}$，碳钢在 20～100 ℃时的线胀系数为 $(10.6\sim12.2)\times10^{-6}$ ℃$^{-1}$。金属线胀系数是物理学和材料科学中不可或缺的基本概念，它精确地量化了在温度变化时物体的长度与温度改变量之间的对应关系。

在现代科技和工业中，金属线胀系数是材料科学、工程设计和制造等领域中的重要参数。例如，在铁路、桥梁、高层建筑、锅炉、热机、内燃机以及航天和精密机械等领域，金属线胀系数的精确测量和计算对于确保结构的稳定性和安全性至关重要。此外，金属线胀系数的研究还有助于新型复合材料的发展，通过优化线胀系数，可以设计出具有更优良综合性能的新型材料，克服单一材料的固有缺点。

金属线胀系数的测量在材料科学、工程热物理等领域有重要应用，为相关研究提供基础数据。其测量技术的发展经历了从传统方法到现代精密技术的演变，如早期的顶杆式间接法、望远镜直读法，到后来的激光法，不断提高了测量的精确度和便捷性。本实验采用真空管式炉对不锈钢棒和紫铜棒进行可控温度范围加热，用千分表测量金属棒长度变化，从而计算其线胀系数。

【实验目的】

（1）了解真空管式炉的基本原理和结构。
（2）掌握金属线胀系数的测定原理。
（3）掌握千分表和温度控制器的使用方法。
（4）测量紫铜管和不锈钢管的线胀系数。

【实验仪器】

透光真空管式炉、DH4608T 热学综合实验仪、温度控制器、千分表、紫铜棒和不锈钢棒（尺寸 Φ8 mm×150 mm）等。

【实验原理】

通常情况下，当物体温度升高时，物体内部分子运动加剧，分子间的平均距离增大，使物体发生膨胀。由于热膨胀而导致物体在一维方向上长度变化的现象，叫作物体的线膨胀。实验表明，在一定温度范围内，物体受热后的伸长量 ΔL、原长 L_0 和温度增量 Δt 三者有如下近似关系

$$\Delta L \approx \alpha L_0 \Delta t \tag{5-1-1}$$

式中，α 称为线胀系数，表示在某温度范围内，物体温度每升高 1 ℃时物体的相对伸长量。α 的大小与材料有关，单位为℃$^{-1}$。

设物体在初始温度 t_0（单位为℃）时的长度为 L_0，当温度升到 t_i 时，其长度增加 ΔL_i，根据式(5-1-1)，可得

$$\alpha = \frac{\Delta L_i}{L_0(t_i - t_0)} \tag{5-1-2}$$

测量线胀系数的难点在于：在温度变化时，固体的长度变化量 ΔL 特别微小，不易测量。由式(5-1-1)可知，ΔL 与 Δt 近似呈线性关系，在实验中等温度间隔地设置加热温度（如等间隔 5 ℃或 10 ℃），

从而测量出对应的一系列 ΔL_i，由式(5-1-2)可得

$$\Delta L_i = \alpha L_0 (t_i - t_0) \tag{5-1-3}$$

由式(5-1-3)可知，随着温度的升高，金属棒伸长量 ΔL_i 与温度 t_i 呈线性关系，设斜率为 k，则 k 与线胀系数 α 有如下关系

$$k = \alpha L_0 \tag{5-1-4}$$

即

$$\alpha = \frac{k}{L_0} \tag{5-1-5}$$

【实验内容】

(1)先将安置好温度传感器探头的待测样品从左端插入真空管式炉，使待测样品大致位于真空管式炉中心位置。

(2)将待测样品紫铜棒两端分别插入石英棒，使石英棒圆头朝内，平头朝外。

(3)将千分表固定套安装在右侧的锁紧机构中，注意此时不能使石英棒挤压到千分表，千分表不能有读数；将预紧微调组件拧松，随后将其固定套安装在左侧锁紧机构中，并调节至合适位置；缓慢调节预紧微调螺钉，使千分表读数增加到约 0.2 mm 位置，此时千分表指针指向 0。

(4)将待测样品测温 Pt100 输出插头插入“Pt100 转接输入插座”；将“Pt100 转接输出插座”与温度控制器面板上的“Pt100”连接起来。

(5)将温度控制器面板上的“加热电流输出”与测试架上的“加热电流+”和“加热电流−”对应相连。

(6)开启温度控制器，调节加热电流大小，设定控温点，每间隔一定的温度区间(如 5 ℃)将样品上的实测温度值和千分表上的读数值 ΔL(当待测样品温度趋于稳定后开始读数)记录到表格中。

注：实际实验过程中，由于温度控制器的控温过程存在超调情况，千分表读数增加和减小等情况会反复出现，为了更准确地测量样品的线胀系数，建议将温度控制器直接设置到 105 ℃，把加热电流调节到合适值(如 0.15 A)，使样品温度尽可能缓慢上升，这样可以

一边读取温度计读数一边读取千分表读数，保证样品伸长过程的连续性。

(7)根据表中数据，绘制 $\Delta L-t$ 曲线图（ t 为横轴，ΔL 为纵轴）；对数据点采用最小二乘法进行直线拟合，得到直线方程，提取斜率 k 值，由式(5-1-5)计算得到金属线胀系数 α。

(8)将紫铜棒更换成不锈钢棒，重复步骤(1)至步骤(7)。

【注意事项】

(1)在安装实验组件时要轻拿轻放，防止损坏透光真空管式炉。

(2)在实验过程中，不能使实验台和实验仪器发生震动，否则，千分表的指针会发生摆动，造成读数不准，应尽量避免重新测量。

【实验数据记录与处理】

1. 测量紫铜棒的金属线胀系数

金属棒原长 $L_0=$____ mm，初始温度 $t_0=$____℃。

实测样品温度 t(℃)										
千分表读数 ΔL(μm)										

数据处理如下：

(1)根据表中数据，绘制 $\Delta L-t$ 曲线图(t 为横轴，ΔL 为纵轴)。

(2)对数据点采用最小二乘法进行直线拟合，得出直线方程，提取斜率 $k_{紫铜}$ 值。

(3)由式(5-1-5)计算得到紫铜的线胀系数 $\alpha_{紫铜}$ 及其相对误差 $E_{紫铜}$。

$$\alpha_{紫铜}=\frac{k_{紫铜}}{L_0}=$$

$$E_{紫铜}=\frac{|\alpha_{紫铜}-\alpha_{紫铜参考}|}{\alpha_{紫铜参考}}\times 100\%=$$

2. 测量不锈钢棒的金属线胀系数

金属棒原长 L_0：____ mm，初始温度 $t_0=$____℃。

实测样品温度 t(℃)										
千分表读数 ΔL(μm)										

数据处理如下：

(1)根据表中数据，绘制 $\Delta L-t$ 曲线图(t 为横轴，ΔL 为纵轴)。

(2)对数据点采用最小二乘法进行直线拟合，得出直线方程，提取斜率 $k_{不锈钢}$值。

(3)由式(5-1-5)计算得到不锈钢的线胀系数 $\alpha_{不锈钢}$ 及其相对误差 $E_{不锈钢}$。

$$\alpha_{不锈钢}=\frac{k_{不锈钢}}{L_0}=$$

$$E_{不锈钢}=\frac{|\alpha_{不锈钢}-\alpha_{不锈钢参考}|}{\alpha_{不锈钢参考}}\times100\%=$$

【思考题】

(1)常用长度测量仪器中游标卡尺、螺旋测微器和实验中用到的千分表的最小分度值是多少？你是如何计算得到的？

(2)两根粗细和长度不同、材料相同的金属棒，在相同温度变化范围内，其线胀系数是否相同？

(3)实验中如果采用降温的方式测量材料的线胀系数，得到的结果误差会更小吗？

【仪器介绍】

1. 千分表

千分表(图 5-1-1)是一种高精度的测量仪器，在机械长度测量中有着广泛的应用。它通过杠杆或齿轮传动机构将直线位移转换为指针的角位移，并在表盘上指示出长度尺寸数值。千分表的主要类型包括杠杆千分表和数显千分表。杠杆千分表利用杠杆一齿轮或杠杆一螺旋传动机构进行测量，适用于测量工件几何形状误差和相互位置的精度，特别适合测量一般测微仪表难以达到的部位，如内孔径向跳动、端面跳动等。数显千分表则以数字方式显示测量结果，可以设置起始值、公差值等，适用于需要高精度数据处理的场合。本实验使用杠杆千分表。使用千分表时，需要注意安装时使倾斜角尽量小，安装在支撑器具上时要拧紧套筒根部，确保支撑器具牢固。读取指示值时要从正面读取，避免掉落或碰撞，长期保管时要注意进行防锈处理。

图 5-1-1　千分表

2. 温度控制器

温度控制器用于调控加热电流并实时显示真空管式炉内的温度，如图 5-1-2 所示。温度控制器上的温度控制表用于设定加热温度并能实时显示真空管式炉内的温度。温度控制器面板上的 Pt100 端口是测温传感器接口，用于连接真空管式炉内的测温传感器的 Pt100，实时采集真空管式炉内的温度并在温度控制表上显示。加热电流输出端口输出加热电流，需用导线与真空管式炉加热电流端相连。加热控制开关用于控制加热电流通断。加热电流调节旋钮用于调节真空管式炉的加热电流大小，控制加热速率，实验中可通过温度控制表上显示的温度变化快慢情况来调节加热电流的大小。电流表用于显示当前加热电流的大小。

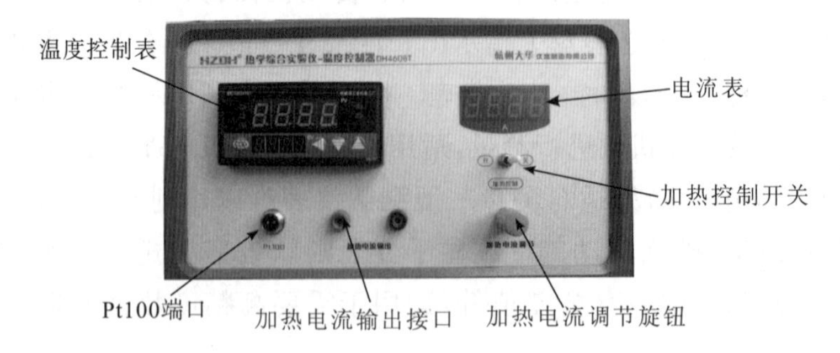

图 5-1-2　温度控制器

5.2 固体比热容的测定

比热容是物质的一项重要热力学性质，表示在单位质量的物质上使其温度升高或降低 1 ℃所需的热量。比热容的测量在物理学、化学、材料科学、环境科学及工程技术等领域中具有重要意义。了解物质的比热容不仅有助于深入研究物质的热力学性质，还能在多种实际应用中发挥关键作用。在材料科学领域，不同材料的比热容差异显著。通过测量比热容，可以为材料的选择和应用提供重要依据。

比热容这一概念的形成和测量方法的确立，为物理学尤其是热力学的发展奠定了基础。比热容的研究可以追溯到 18 世纪。当时，科学家们开始尝试理解物质的热学性质。英国科学家约瑟夫·布莱克(Joseph Black)在 18 世纪中叶首次提出了“潜热”和“显热”的概念，并通过实验发现了不同物质在吸收或释放相同热量时，其温度变化不同的现象。这一发现为比热容概念的提出奠定了基础。瑞典化学家卡尔·威廉·舍勒(Carl Wilhelm Scheele)通过实验测定了多种气体的比热容。英国科学家亨利·卡文迪许(Henry Cavendish)详细研究了水的比热容。他们的工作为比热容理论的进一步发展提供了重要的数据支持。19 世纪中叶，随着经典热力学理论的建立，比热容的概念得到了进一步完善。德国物理学家鲁道夫·克劳修斯(Rudolf Clausius)和英国物理学家詹姆斯·克拉克·麦克斯韦(James Clerk Maxwell)等人在热力学第二定律的研究中，深入探讨了比热容与物质分子运动的关系。麦克斯韦通过气体分子运动理论解释了比热容的微观机制，为理解物质的热学性质提供了新的视角。比热容研究的历史不仅反映了科学技术的进步，也展示了科学家们探索自然规律的不断努力和创新精神。

混合法是一种经典的测量物质比热容的方法，广泛应用于教育、科研和工业实践中。该方法利用热量守恒定律，通过将不同温度的物质混合在一起，观察混合后系统达到热平衡时的温度变化，从而计算出待测物质的比热容。这种方法简单、直观，且不需要复杂的仪器设备，非常适合基础物理实验教学和实验技能训练。

【实验目的】

（1）掌握基本的量热方法——混合法。

（2）掌握比热容的定义，测定固体的比热容。

【实验仪器】

固体比热容测定仪、量热器、数字温度传感器、电子天平、待测物（如钢珠）、加物器、加热恒温炉、电缆线等。

【实验原理】

温度不同的物体混合后，热量将由高温物体传递给低温物体，如果在混合过程中系统和外界没有热交换，最后将达到均匀稳定的平衡温度，在这个过程中，高温物体所放出的热量等于低温物体所吸收的热量，此即热平衡原理。

将质量为 m、温度为 t_1 的金属颗粒投入量热器的水中，设水的质量为 m_0，比热容为 c_0，铝量热器内筒的比热容为 c_1，质量为 m_1，待测金属颗粒投入水中之前水的温度为 t_2。在测量中，除金属颗粒和水、铝量热器内筒外，还会有其他诸如搅拌器、温度传感器等物质参加热交换，为了方便，通常把这些物质的热容量用水的热容量来表示，如果用 m_x 和 c_x 分别表示某物质的质量和比热容，c_0 表示水的比热容，就应当有 $m_x c_x = c_0 \omega$，式中 ω 是用水的热容量表示该物质的热容量后"相当"的质量，称之为"水当量"。在待测金属颗粒投入水中之后，系统达到平衡状态，此时混合温度为 t，设金属颗粒的比热容为 c，则在忽略量热器与外界热交换的情况下，将存在下述关系：

$$mc(t_1 - t) = (m_0 c_0 + m_1 c_1 + \omega c_0)(t - t_2) \tag{5-2-1}$$

式中，m、m_0、m_1、t_1、t_2、t 均可在实验过程中测量得到，c_0、c_1、ω 则是已知量，因此，待测物比热容 c 可表示为

$$c = \frac{(m_0 c_0 + m_1 c_1 + \omega c_0)(t - t_2)}{m(t_1 - t)} \tag{5-2-2}$$

为了尽可能使系统与外界交换的热量达到最小，在实验的操作

过程中应注意以下几点:①不应当直接用手去握量热筒的任何部分。②不应当在阳光直接照射下进行实验。③不应当在空气流通过快的地方或在火炉旁或暖气旁做实验。④由于系统与外界的温差越大,它们之间的热传递越快;时间越长,传递的热量越多,因此,在进行量热实验时,要尽可能使系统与外界的温差小些,并尽量使实验进行得快些。

【实验内容】

(1)将烧杯放置在天平上,天平清零,称取一定质量 m(约 80 g)的钢珠,并倒入加物器中,将加物器置于加热恒温炉装置的恒温腔中,用电缆线将主机上的加热输出与恒温炉装置上的对应插座连接起来,打开电源开关。

(2)按下温控表下方的 S 键,此时温控表的某一位数字会闪烁(如十位、百位等),再次按 S 键,可改变闪烁的数字位数,借助 S 键上方的上下按钮,可调节闪烁中数字的大小。通过该操作,将温控表设置值设定在所需温度 t_1(如 100 ℃),然后打开加热开关,观察加热恒温炉温度测量值的变化。

(3)当温度达到所设定的温度 t_1(100.0 ℃)时,圆柱形加物器外壁温度达到 100 ℃,但内部钢珠的温度并未达到所设定的温度,此时需继续加热约 10 min(可使用计时器进行计时)。加热结束后,加物器中钢珠的温度也将达到设定温度 t_1(100.0 ℃)。

(4)加热过程时间较长,在此期间,将天平清零,称出铝量热器内筒(简称"铝筒")的质量 m_1。

(5)将称好的铝筒放置在天平上,再次将天平清零,在铝筒中注入一定质量 m_0(约 100 g)的水,并将铝筒放回量热器中。

(6)安装好实验装置,将量热器上的测温传感器插头和搅拌器插头分别与主机对应连接,待计时器达到 7 min 时,打开搅拌器开关,搅拌 3 min(此时加热步骤和搅拌步骤同时结束),可使铝筒与水进行充分接触,达到平衡温度,记录此时左边屏幕显示的水温 t_2。

(7)打开量热器上盖(注意:不要带出水),将加物器从恒温炉中快速取出,并将钢珠快速放入量热器水中(注意:加物器不要接触铝量热器内筒、温度传感器和搅拌器）。

(8)随着水的温度不断上升，记录水温上升时的最高温度 t。

(9)关闭搅拌器开关，轻轻拿出温度计和搅拌器，将铝量热器内筒中的水倒出，用备好的多层卫生纸擦干钢珠备用。

(10)根据式(5-2-2)求出钢珠的比热容 c。

(11)将铝筒内的钢珠倒入滤网中，擦干备用，或重新称量 80 g 左右的钢珠，放入加物器中，将温控表中的设置值设定为140 ℃，重复上述步骤(3)至步骤(10)，再次求得待测钢珠的比热容。

将测量得到的钢珠温度、铝筒质量、混合前的水温、混合物最高温度分别填入表格内。将不同初温($t_1=100$ ℃和 $t_1=140$ ℃)下测得的钢珠比热容取平均值。

【注意事项】

(1)加物器金属部分的温度很高，取放时要注意安全，以免烫伤。

(2)当加物器内部装有钢珠时，不要随意按下加物器顶端的按钮，防止钢珠四处溅落。

(3)从加物器向铝筒内转移钢珠时，注意不要让加物器触碰到水面，以防止水温上升过高导致实验结果出现较大误差，也不要将加物器悬在铝筒上方，防止钢珠四处溅落。转移时，可使圆柱形加物器底面略低于铝筒上表面，按下加物器顶端的白色按钮，即可将钢珠转移到铝筒内。

(4)使用过的钢珠表面有水，不能和未使用的干钢珠混合在一起。

(5)确保两次实验条件的一致性，两次实验使用的设备和步骤应完全相同，确保两次实验中的初始条件(如水的质量、钢珠质量一致)和环境条件(如实验室温度、湿度等)相同，以减少外界因素的影响。

附注：水在 25 ℃时的比热容 c_0 为 4.173 J/(g·℃)；铝在 25 ℃时的比热容 c_1 为 0.897 J/(g·℃)；不锈钢在 25 ℃时的比热容 c' 为 0.502 J/(g·℃)；本实验仪的水当量 $\omega=2.95$ g。

【实验数据记录与处理】

本实验数据记录表格如下，两组实验分别需要记录待测钢珠质量、铝筒质量、水的质量，以及混合前水温和混合后上升的最高温度。

混合前钢珠设定温度 t_1	100 ℃	140 ℃
待测钢珠质量 m		
铝筒质量 m_1		
铝筒内水的质量 m_0		
混合前水温 t_2		
混合物最高温度 t		
比热容		

数据处理如下：

(1)根据式(5-2-2)分别计算出两组不同初温下钢珠的比热容。

$t_1=100$ ℃时：

$$c_{\mathrm{I}}=\frac{(m_0c_0+m_1c_1+\omega c_0)(t-t_2)}{m(t_1-t)}=$$

$t_1=140$ ℃时：

$$c_{\mathrm{II}}=\frac{(m_0c_0+m_1c_1+\omega c_0)(t-t_2)}{m(t_1-t)}=$$

钢珠比热容实验测量值(取两次测量的平均值)：

$$c=\frac{c_{\mathrm{I}}+c_{\mathrm{II}}}{2}=$$

(2)计算实验测量值与参考值的相对误差：

$$E=\frac{|c-c'|}{c'}\times 100\%=$$

其中 c 为两次实验得到的钢珠比热容平均值，c' 为不锈钢在常温下的比热容。

【思考题】

(1)在混合法测定比热容的实验中，解释热量守恒原理的应用。为什么必须确保钢珠和水在混合过程中不与外界交换热量？

（2）在实验过程中可能有哪些误差来源？请列举至少三种误差，并讨论如何尽量减小这些误差的影响。

（3）在实验中，假设水的比热容为已知值，请讨论这种假设的合理性。如果实际实验中水的比热容值有偏差，实验结果会受到怎样的影响？

【仪器介绍】

1. 固体比热容测定仪

固体比热容测定仪主机面板示意图如图 5-2-1 所示。将测定仪与量热器、加热恒温炉连接起来，可将待测金属颗粒加热到预设温度，并能控制金属颗粒在量热器中与水充分混合达到热平衡。测定仪面板上的加热输出端口与加热恒温炉相连接，加热开关可以控制加热恒温炉开始/停止加热，用于控制加热恒温炉温度，并能实时显示加热恒温炉的温度。测定仪面板右上方的温控表是智能温度控制器，按照设定的温度对加热恒温炉进行温度控制。按一下温控表面板上的设定键（S），此时设置值显示屏一位数码管开始闪烁；根据实验所需温度的大小，再按设定键（S）左右移动到所需设定的位置，然后通过加数键（▲）、减数键（▼）来设定好所需的加热温度；设定好加热温度后，等待 8 s 后返回至正常显示状态。搅拌输出端子与量热器搅拌电机相连接，为搅拌器提供控制电源，通过搅拌开关来启动/停止搅拌，为量热器内部液体提供自动搅拌控制。测温传感器与量热器上的温度传感器相连接，可实时记录量热器内温度，温度值从测定仪面板左上方的温度显示窗读取。

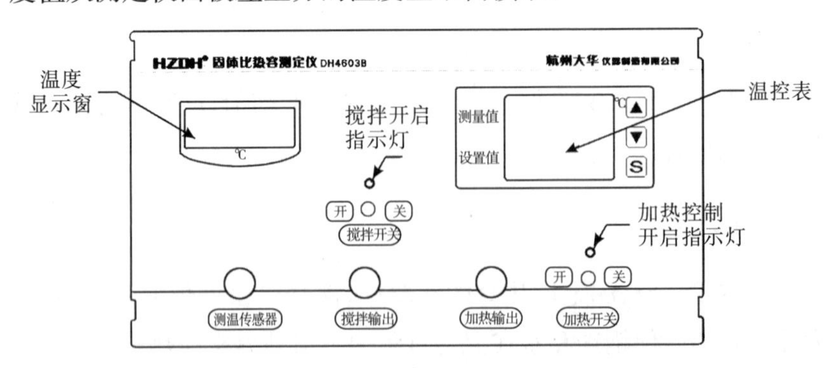

图 5-2-1　固体比热容测定仪主机面板示意图

2. 量热器装置

本实验中高温物体(金属颗粒)放热、低温物体(水、量热器内筒)吸热并最终达到热平衡的过程在量热器内完成。量热器由内筒、外筒和绝热盖等部分组成,在内外筒之间填装有隔热材料,如图5-2-2所示。量热器的绝热盖上接有搅拌电机,搅拌电机与量热器内的搅拌器相连,电机旋转时带动搅拌器转动,使内筒中的水快速流动,以便尽快达到热平衡。量热器的绝热盖上还与温度传感器相连,可实时监测内筒里的温度变化。

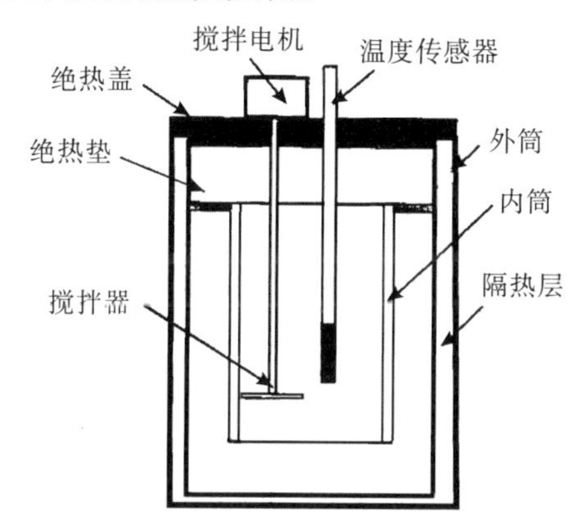

图 5-2-2　量热器装置示意图

3. 加热恒温炉和加物器

图5-2-3为加热恒温炉和加物器结构示意图。加物器为圆柱形金属网,将待测金属颗粒放入金属网中,然后连同加物器一起放入加热恒温炉中。加热恒温炉通过加热输入端子与固体比热容测定仪相连接,加热和恒温控制由固体比热容测定仪来实现。

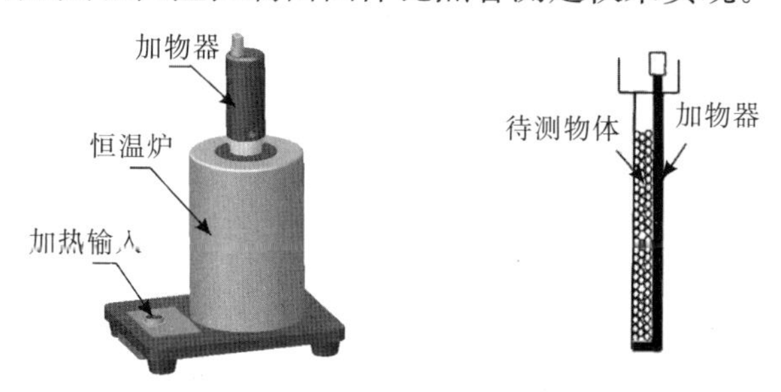

图 5-2-3　加热恒温炉和加物器结构示意图

5.3 液体表面张力系数的测定

液体表面张力系数是衡量液体性质的关键物理参数,对于深入探究液体行为特性具有重要意义。当前,测量液体表面张力系数的方法众多,其中拉脱法因具有直观性和清晰的概念而备受青睐。拉脱法通过高精度的称量仪器直接测量液体的表面张力,具有直观易懂的优点。然而,由于拉脱法测量的液体表面张力范围较为狭窄,通常在 $1\times10^{-3}\sim1\times10^{-2}$ N 之间,因此对测量设备的精度和稳定性要求极高。为了满足这一要求,需要选择量程范围小、灵敏度高且稳定性出色的测量设备,以确保测量结果的准确性和可靠性。近年来,随着技术的飞速发展,硅压阻式力敏传感器张力测定仪凭借其卓越性能,成为测量液体表面张力的理想选择。该测定仪具有高精度、高稳定性和数字信号显示功能,极大地提升了测量的准确性和便捷性,满足了液体表面张力测量的严苛要求。相较于传统的焦利秤、扭秤等设备,硅压阻式力敏传感器张力测定仪在灵敏度和稳定性方面有着显著优势。这一进步不仅使得我们能够更精确地测量液体的表面张力,还拓宽了实验研究的边界。

为了更全面地理解不同液体表面张力系数的差异,本实验除对纯水进行测量外,还可以进一步探究不同液体的表面张力系数以及同种液体不同浓度与表面张力系数的关系。例如,通过测量不同浓度乙醇的表面张力系数,可以观察到表面张力系数随液体浓度的变化而变化的规律。这些实验不仅有助于我们更深入地理解液体表面张力的概念,还能为实际应用提供有价值的参考。

【实验目的】

(1)用砝码对硅压阻式力敏传感器进行定标,计算该传感器的灵敏度,学习传感器的定标方法。

(2)观察拉脱法测量液体表面张力的物理过程和物理现象,并用物理学基本概念和定律进行分析和研究,加深对物理规律的认识。

(3)测量纯水和其他液体的表面张力系数。

(4)测量液体的浓度与表面张力系数的关系(如不同浓度蔗糖的表面张力系数)。

【实验仪器】

DH4607型液体表面张力系数测定仪、垂直调解台、硅压阻式力敏传感器、铝合金吊环、吊盘、砝码、玻璃器皿、镊子和游标卡尺等。

【实验原理】

液体表面层的厚度相当于分子引力的作用半径,约为 10^{-10} m,其内部分子所处的环境与液体内部截然不同。在液体内部,每个分子都被周围同类分子所环绕,所受的作用力相互抵消,合力为零。然而,在液体表面层,上方气相层分子数稀少,表面层内的每个分子受到来自上方的引力远小于下方的引力,导致合力不为零,且该合力垂直于液面并指向液体内部,如图5-3-1所示。这种不平衡的力使得分子倾向于从液面挤入液体内部,促使液体表面自然收缩,直至达到动态平衡状态,即在同一时间内,脱离液面挤入内部的分子数与因热运动到达液面的分子数相等。在此状态下,整个液面如同一张紧绷的弹性薄膜。这种沿着液体表面促使液面收缩的力,我们称之为表面张力。

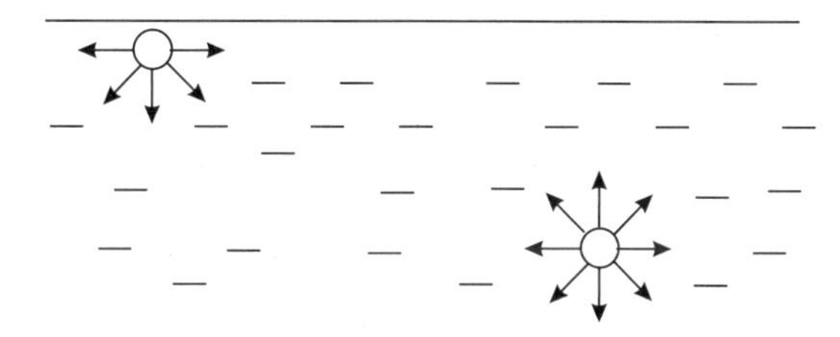

图5-3-1　液体表面层和内部分子受力示意图

设想在液面上绘制一条长度为 l 的线段MN,如图5-3-2所示。在这条线段的两侧,表面张力以拉力的形式相互作用。这些拉力 f 的方向垂直于线段MN,且拉力 f 的大小与线段长度 l 成正比,即 $f_1=f_2=f=\alpha l$。其中,α 代表单位长度线段上的表面张力,称为表面张力系数,单位是N/m。液体表面张力的大小并非恒定不变,它与液体的组成成分紧密相关。不同的液体因其摩尔体积、分子极性和分子间作用力的差异，展现出不同的表面张力特性。此外，实验还揭示了一个显著的现象：温度对液体表面张力具有极大的影响。通常，随着温度的升高，表面张力会逐渐减小，二者之间往往呈现出精确的线性关系。除液体本身的性质外，表面张力还受到液体中杂质的影响。一些杂质能够降低表面张力，而另一些杂质则可能增加表面张力。更令人惊奇的是，表面张力还与液面外的物质相互作用，这种相互作用为人们理解和控制液体表面行为提供了新的视角。

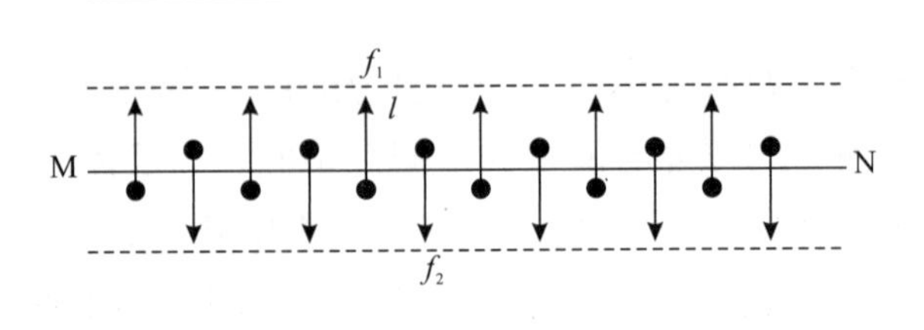

图 5-3-2　液体表面张力受力分析

将一枚经过表面清洁处理的金属吊环挂在力敏传感器上，并将其平行于液面缓缓浸入液体中。然后缓慢地提起吊环，当吊环的底面与液面平齐或略高于液面时，由于液体表面张力的作用，吊环的内壁和外壁都会吸附并带起一层薄薄的液膜，如图 5-3-3 所示。

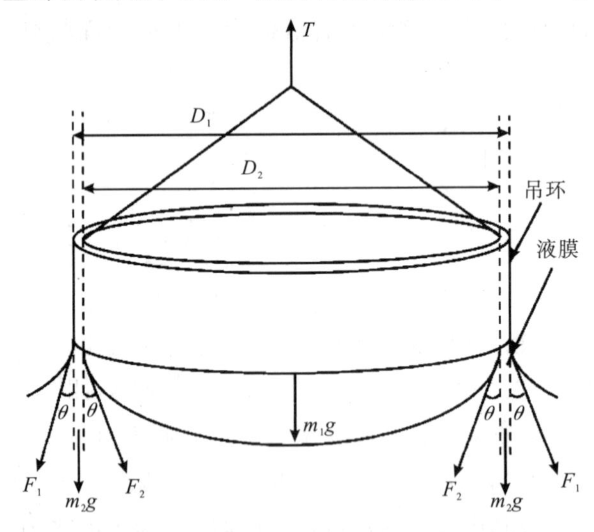

图 5-3-3　吊环拉出液膜后的受力分析示意图

在图 5-3-3 所示的系统平衡状态下进行受力分析：吊环的重力

为 $m_1 g$，力敏传感器对吊环向上的拉力为 T，吊环下表面内外壁处液体表面张力分别为 F_2 和 F_1，以及吊环带起液膜的重力为 $m_2 g$。根据力的平衡条件可得

$$T = m_1 g + F_1 \cos\theta + F_2 \cos\theta + m_2 g \tag{5-3-1}$$

若忽略吊环带起液膜的质量 m_2，且在某一临界状态下，吊环与液面的接触角 θ 接近 0（即 $\cos\theta \approx 1$），则此时式(5-3-1)可以近似简化为

$$T = m_1 g + F_1 + F_2 = m_1 g + \alpha\pi(D_1 + D_2) \tag{5-3-2}$$

式中，D_1 为吊环外直径，D_2 为吊环内直径，α 为液体的表面张力系数。

硅压阻式力敏传感器由弹性金属梁和附着在梁上的高精度传感器芯片构成。其工作原理如图5-3-4所示，芯片内部集成了四个硅扩散电阻，形成一个非平衡电桥结构。当外界压力施加到金属梁上时，由于压力的作用，电桥会失去原有的平衡状态，进而产生大小为 U 的电压信号输出。U 的大小与所施加的外力 T 成正比，可以表达为数学公式

$$U = KT \tag{5-3-3}$$

式中，U 代表输出电压，K 是传感器的灵敏度系数，它反映了传感器对单位压力变化的响应程度，而 T 则代表施加在传感器上的外力。这种精确的线性关系使得硅压阻式力敏传感器在测量和控制系统中具有广泛的应用价值。

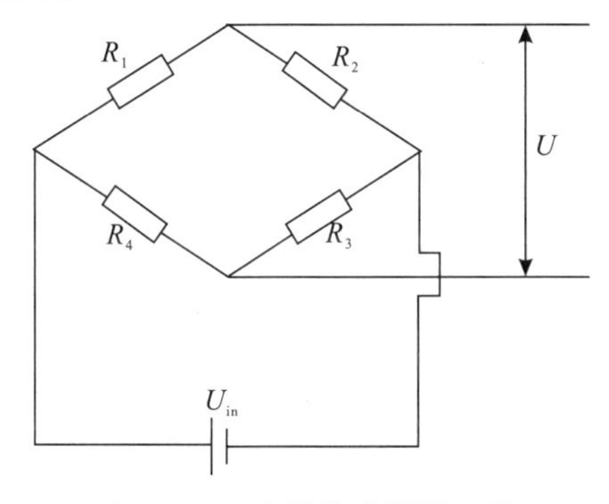

图 5-3-4　力敏传感器原理图

由式(5-3-2)可知，片状吊环在液膜拉破前瞬间有

$$T_1 = m_1 g + F_1 + F_2 \tag{5-3-4}$$

此时传感器受到的拉力 T_1 和输出电压 U_1 成正比，有

$$U_1 = KT_1 \tag{5-3-5}$$

片状吊环在液膜拉破后瞬间有

$$T_2 = m_1 g \tag{5-3-6}$$

同样有

$$U_2 = KT_2 \tag{5-3-7}$$

片状吊环在液膜拉破前后电压的变化值可表示为

$$U_1 - U_2 = K(T_1 - T_2) = K(F_1 + F_2) = K\alpha\pi(D_1 + D_2) \tag{5-3-8}$$

由式(5-3-8)可以得到液体的表面张力系数为

$$\alpha = \frac{U_1 - U_2}{K\pi(D_1 + D_2)} \tag{5-3-9}$$

式中，U_1 代表液膜在即将被拉断前的瞬间电压表读数，这一读数反映了液膜在接近破裂点时受到的拉力和表面张力的综合作用。U_2 是液膜被拉断后的瞬间电压表读数，它代表了液膜断裂后，仅由吊环自身重量引起的电压变化。这两个读数对于分析液体表面张力和其他相关物理性质至关重要。

【实验内容】

1. 力敏传感器的定标

在进行实验之前，由于每个力敏传感器的灵敏度各异，因此需要进行精确的定标操作。定标步骤如下：

(1)打开仪器电源，让仪器进行预热，确保传感器达到最佳工作状态。

(2)在传感器梁端头的小钩上挂上砝码盘，并微调调零旋钮，直至数字电压表显示为零。

(3)在砝码盘上依次将质量 $m_0 = 0.500$ g 的 7 个砝码放入砝码盘，记录对应数字电压表的读数值 U，填入表格中。

(4)利用逐差法精确地求出传感器的灵敏度 K。

2. 环状金属吊片的测量与清洁

(1)使用游标卡尺对环状金属吊片的外径 D_1 和内径 D_2 进行测

量，每个尺寸均测量6次，确保数据的准确性。

(2)考虑到环状金属吊片的表面状况对测量结果具有显著影响，实验前应将环状金属吊片在NaOH溶液中浸泡20～30 s，随后用净水彻底冲洗干净，以确保其表面清洁。

3. 液体表面张力系数的测量

(1)将清洁处理后的环状金属吊片挂在传感器的小钩上，调整升降台高度，使液体接近环片的下沿。观察并调整环状金属吊片，使其与待测液面保持平行，如有需要，可通过微调吊片上的细丝来实现。

(2)缓慢调节容器下的升降台，确保环状金属吊片的下沿完全浸入待测液体中。随后反向调节升降台，使液面逐渐下降，此时金属环片和液面间将形成一个环形液膜。继续降低液面，直至环形液膜即将拉断，记录此时数字电压表的读数值U_1。液膜拉断后，再次记录数字电压表的读数值U_2。

(3)重复测量U_1、U_2各6次。

(4)将数据带入液体表面张力系数公式，求出待测液体在某温度下的表面张力系数，并与标准值进行比较，评估实验结果的准确性。

选做实验：测出其他待测液体的表面张力系数，如乙醇、丙三醇等。

【注意事项】

(1)吊环必须彻底清洁，以确保其无油污和杂质。首先，使用NaOH溶液去除油污，随后用清洁水彻底冲洗，并用热吹风进行烘干。对于片码，使用乙醇进行清洁，并同样用热吹风进行烘干。

(2)精确调整吊环的水平度至关重要。需注意，1°的偏差可能导致0.5%的测量误差，而2°的偏差则可能导致误差增加至1.6%。

(3)在做实验之前，确保仪器已经开机预热15 min，以确保其稳定性和准确性。

(4)旋转升降台时，尽量保持液体的波动最小化，以避免影响实验结果。

(5)实验应在无风的环境中进行，以避免吊环的摆动导致零点波动，进而影响液体表面张力系数测量的准确性。

(6)若实验液体为纯净水,应特别注意防止其受到灰尘、油污和其他杂质的污染。特别要避免用手指接触被测液体。

(7)放置玻璃器皿时,要小心轻放,调节平台时要缓慢且谨慎,以防止玻璃器皿破损。

(8)在调节升降台拉起环形液膜时,动作要轻缓,确保液膜被充分拉伸而不至于过早破裂。实验过程中,避免平台摇动,以确保测量的准确性和成功率。

(9)使用力敏传感器时,要确保施加的拉力不超过 0.098 N。过大的拉力可能损坏传感器。严禁直接用手施加力量。

(10)实验结束后,要用清洁纸擦干吊环并妥善包装,然后将其放入干燥缸内保存,以确保下次使用时仍然保持清洁和干燥。

【实验数据记录与处理】

1. 传感器灵敏度的测量

测量次数	1	2	3	4	5	6	7	8
砝码质量(g)	0	0.500	1.000	1.500	2.000	2.500	3.000	3.500
电压(mV)								

注:重力加速度取 9.795 m/s^2。

数据处理如下:

利用逐差法计算传感器的灵敏度 K。

$\Delta U_1 = U_8 - U_4 =$ $\qquad$ $K_1 = \frac{\Delta U_1}{4m_0 g} =$

$\Delta U_2 = U_7 - U_3 =$ $\qquad$ $K_2 = \frac{\Delta U_2}{4m_0 g} =$

$\Delta U_3 = U_6 - U_2 =$ $\qquad$ $K_3 = \frac{\Delta U_3}{4m_0 g} =$

$\Delta U_4 = U_5 - U_1 =$ $\qquad$ $K_4 = \frac{\Delta U_4}{4m_0 g} =$

$\overline{K} = \frac{\sum_i^4 K_i}{4} =$ $\qquad$ $u_A(K) = \sqrt{\frac{1}{4\times 3}(K_i - \overline{K})^2} =$

$u_B(K)=\frac{\Delta_{仪}}{\sqrt{3}}=\frac{\overline{K}\times 0.2\%}{\sqrt{3}}=$　　$u(K)=\sqrt{u_A^2(K)+u_B^2(K)}=$

$K=\overline{K}\pm u(K)=$

2. 金属环外、内直径的测量

测量次数	1	2	3	4	5	6
外径 D_1(cm)						
内径 D_2(cm)						

数据处理如下：

$\overline{D_1}=\frac{\sum_i^6 D_{1i}}{6}=$　　$\overline{D_2}=\frac{\sum_i^6 D_{2i}}{6}=$

$u_A(D_1)=\sqrt{\frac{1}{6\times 5}(D_{1i}-\overline{D_1})^2}=$　　$u_A(D_2)=\sqrt{\frac{1}{6\times 5}(D_{2i}-\overline{D_2})^2}=$

$u_B(D_1)=\frac{\Delta_{仪}}{\sqrt{3}}=$　　$u_B(D_2)=\frac{\Delta_{仪}}{\sqrt{3}}=$

$u(D_1)=\sqrt{u_A^2(D_1)+u_B^2(D_1)}=$　　$u(D_2)=\sqrt{u_A^2(D_2)+u_B^2(D_2)}=$

$D_1=\overline{D_1}\pm u(D_1)=$　　$D_2=\overline{D_2}\pm u(D_2)=$

3. 水的表面张力系数的测量

水的温度 $t=$____℃。

测量次数	U_1(mV)	U_2(mV)	ΔU(mV)	α(N/m)
1				
2				
3				
4				
5				
6				

数据处理如下：

$\overline{\Delta U}=\frac{\sum_i^6 \Delta U_i}{6}=$

$u_A(\Delta U)=\sqrt{\frac{1}{6\times 5}(\Delta U_i-\overline{\Delta U})^2}=$

$$u_B(\Delta U)=\frac{\Delta_{仪}}{\sqrt{3}}=\frac{\overline{\Delta U}\times 0.2\%}{\sqrt{3}}=$$

$$u(\Delta U)=\sqrt{u_A^2(\Delta U)+u_B^2(\Delta U)}=$$

$$\Delta U=\overline{\Delta U}\pm u(\Delta U)=$$

$$\bar{\alpha}=\frac{\overline{\Delta U}}{\pi\overline{K}(\overline{D_1}+\overline{D_2})}=$$

$$u(\alpha)=\bar{\alpha}\cdot\sqrt{\frac{u^2(\Delta U)}{\overline{\Delta U}^2}+\frac{u^2(K)}{\overline{K}^2}+\frac{[u(D_1)+u(D_2)]^2}{(\overline{D_1}+\overline{D_2})^2}}=$$

$$\alpha=\bar{\alpha}\pm u(\alpha)=$$

4. 乙醇表面张力系数的测量（选做实验）

乙醇的温度 $t=$____℃。

测量次数	U_1(mV)	U_2(mV)	ΔU(mV)	α(N/m)
1				
2				
3				
4				
5				
6				

数据处理过程自拟。

5. 丙三醇表面张力系数的测量（选做实验）

丙三醇的温度 $t=$____℃。

测量次数	U_1(mV)	U_2(mV)	ΔU(mV)	α(N/m)
1				
2				
3				
4				
5				
6				

数据处理过程自拟。

【思考题】

(1)测量前为什么要对整机进行预热?

(2)实验过程中,液体温度对表面张力系数有何影响?

(3)实验过程中,为什么需要确保吊环完全浸没在液体中?

(4)实验过程中,为什么需要缓慢且稳定地拉脱吊环?

(5)要得到准确的测量结果,实验中的哪几个步骤最为关键?你为做好这几个步骤的测量采取了什么措施?措施是否奏效?你认为原因是什么?

(6)金属吊环不清洁、水不够纯净,将会给测量带来什么影响?所测的液体表面张力系数 α 值会偏大还是偏小?为什么?

【仪器介绍】

DH4607 型液体表面张力系数测定仪是一款专门用于测量液体表面张力系数的仪器,如图 5-3-5 所示。

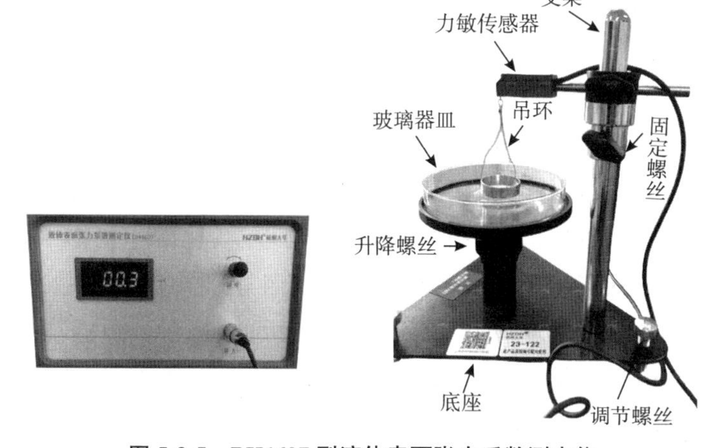

图 5-3-5　DH4607 型液体表面张力系数测定仪

(1)仪器概述。DH4607 型液体表面张力系数测定仪是一种采用新型拉脱法设计的仪器。与传统的测量仪器相比,它具有更高的灵敏度和稳定性,能够提供更加准确和可靠的测量结果。

(2)仪器组成及技术指标。

①硅压阻式力敏传感器。受力量程为 0~0.098 N;灵敏度约为

3.00 V/N(用砝码质量作单位定标);非线性误差≤0.2%;供电电压为 DC 3~6 V。

②显示部分。通过 200 mV 三位半数显表显示读数;通过手动多圈电位器进行调零;采用 5 芯航空插头进行连接。

③力敏传感器固定支架、升降台、底板及水平调节装置。

④吊环:外径 3.5 cm、内径 3.3 cm、高 0.8 cm 的铝合金吊环。

⑤直径 12.00 cm 或 13.00 cm 玻璃器皿 1 只。

⑥砝码盘及 0.500 g 砝码 7 只。

⑦用本仪器测量水等液体的表面张力系数的误差≤5%。

(3)应用范围。DH4607 型液体表面张力系数测定仪广泛应用于测量纯水和其他液体的表面张力系数,以及测量液体的浓度与表面张力系数的关系(如不同浓度乙醇的表面张力系数)。此外,该仪器还可用于学习力敏传感器的定标方法、观察拉脱法测量液体表面张力的物理过程和物理现象等。

5.4 热敏电阻温度特性的研究

通常金属的电阻随温度的升高而缓慢地上升,而热敏电阻对于温度的反应要比金属电阻灵敏得多。热敏电阻是一种半导体电阻,其体积可以做得很小,用它制成的半导体温度计已广泛地使用在温度检测、自动控制和遥控技术中,并在物理学、化学和生物学研究中得到了广泛的应用。热敏电阻的温度特性主要由温度系数来表示,而温度系数又分为正温度系数和负温度系数两种。负温度系数热敏电阻的电阻率随着温度的升高而下降(一般是按指数规律);而正温度系数热敏电阻的电阻率随着温度的升高而升高。本实验利用惠斯通电桥来研究这两种热敏电阻的温度特性。

【实验目的】

(1)研究热敏电阻的温度特性。

(2)掌握惠斯通电桥测电阻的基本原理。

(3)掌握热敏电阻温度系数的数据处理方法。

【实验仪器】

热敏电阻、DHT-2 型多功能恒温控制组合仪、惠斯通电桥、万用表等。

【实验原理】

1. 半导体热敏电阻温度特性原理

实验指出，半导体的电阻率 ρ 在某一温度范围内与绝对温度 T 满足

$$\rho = A_1 e^{B/T} \tag{5-4-1}$$

式中，A_1 和 B 是与材料性质相关的常数。热敏电阻的电阻值 R_T 可以表示为

$$R_T = \rho \frac{l}{S} \tag{5-4-2}$$

式中，l 为热敏电阻中两电极之间的距离，S 为热敏电阻的横截面积。将式(5-4-1)代入式(5-4-2)中，并令 $A=A_1 l/S$，可以得到

$$R_T = A e^{B/T} \tag{5-4-3}$$

对于一定的热敏电阻，式(5-4-3)中的 A 和 B 均为定值。将式(5-4-3)两边取对数，可得

$$\ln R_T = \frac{B}{T} + \ln A \tag{5-4-4}$$

式(5-4-4)表明，$\ln R_T$ 与 $1/T$ 呈简单的线性关系。测量不同温度 T 下的电阻值 R_T，分别计算 $1/T$ 和 $\ln R_T$ 的值，再以 $1/T$ 为横坐标，$\ln R_T$ 为纵坐标作直线拟合图，根据拟合结果求出 A 和 B 的值。最后将 A 和 B 的值再代入式(5-4-3)中，即可得到热敏电阻的电阻值 R_T 与温度 T 的变化关系。

2. 惠斯通电桥原理

图 5-4-1 所示为惠斯通电桥测电阻的电路示意图。图 5-4-1 中，将 R_1、R_2、R_0 和 R_x 四个电阻首尾相连，构成一个四边形 ABCD，称为惠斯通电桥的四个臂，其中，R_x 为待测热敏电阻(即 R_T)，R_0 为可变电阻。在四边形 ABCD 两顶点 A、C 之间接有直流电源 E 和开

关 K，而另两个顶点 B、D 间接入检流计 G，这样的电路称为惠斯通电桥。闭合开关 K，电流会流过惠斯通电桥中的每个支路。

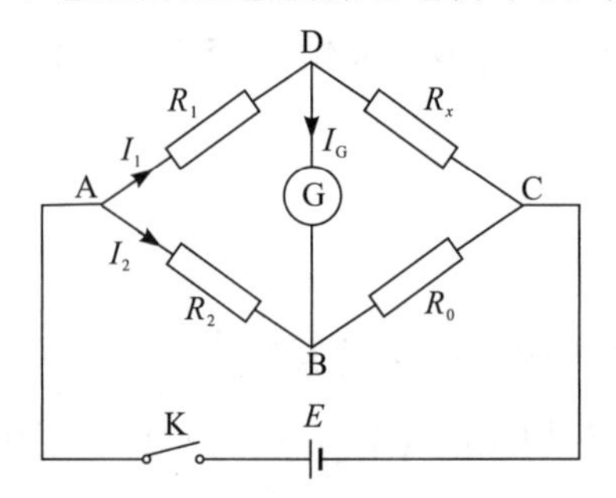

图 5-4-1　惠斯通电桥测电阻的电路示意图

当图 5-4-1 中 B、D 两点之间的电势差不为零时，惠斯通电桥中的检流计电流 $I_G \neq 0$，检流计的指针有一定的偏转。而当 B、D 两点之间的电势差为零时，检流计的示数为零，惠斯通电桥中 BD 支路无电流流过，称电桥达到平衡。

电桥平衡时，$I_G = 0$，可得

$$\begin{cases} U_{AB} = U_{AD} \\ U_{BC} = U_{DC} \end{cases}$$

即

$$\begin{cases} I_1 R_1 = I_2 R_2 \\ I_1 R_x = I_2 R_0 \end{cases} \tag{5-4-5}$$

整理可得

$$\frac{R_1}{R_x} = \frac{R_2}{R_0} \tag{5-4-6}$$

式(5-4-6)为惠斯通电桥的平衡条件。如果三个臂 R_1、R_2、R_0 的电阻值已知，就可以利用式(5-4-6)计算出 R_x 的电阻值。

$$R_x = \frac{R_1}{R_2} R_0 \tag{5-4-7}$$

式中，R_1/R_2 为电桥的比例臂，R_0 为比较臂，R_x 为待测电阻，即实验中的待测热敏电阻 R_T。

【实验内容】

热敏电阻已被固定在恒温加热器中，温度由温控仪控制。用惠斯通电桥测量不同温度下热敏电阻的电阻值，从室温开始，每升高5 ℃测一次电阻值，一直测到120 ℃。

注意：在温度不高时，正温度系数热敏电阻存在一个阻值随着温度的升高而减小的过程，当达到一定温度后，其温度系数才为正值。本实验中所使用的MZ11A型热敏电阻在温度小于70～80 ℃时温度系数为负，而在温度高于70～80 ℃时温度系数才为正。

实验步骤如下：

1. 准备工作

(1)打开恒温加热器上盖，观察桶内加热器、温度传感器和风扇的部件线路有无破损。

(2)单独将恒温加热器上的“风扇接线”端钮用双芯导线连接到DHT-2实验仪面板上的“风扇电压”端钮，打开开关，观察风扇能否正常工作。

(3)估算实验过程中热敏电阻的阻值变化范围，设置QJ23电桥，选择合适的电桥比例。

2. 线路连接

在不通电的情况下按图5-4-2所示连接实验装置。

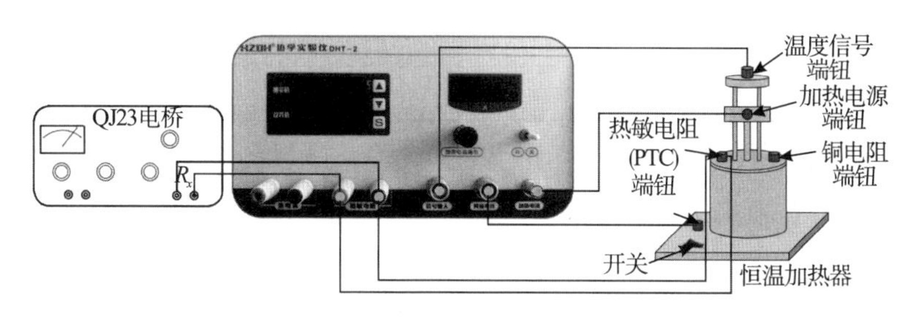

图5-4-2　实验装置线路连接示意图

3. 实验测量

(1)从DHT-2实验仪温度显示屏上读出加热前恒温加热器圆筒内的温度，并用万用电表粗测热敏电阻的电阻值，根据电阻值调节电桥比较臂R_0精测出此时热敏电阻的阻值。

(2)在DHT-2实验仪上设定目标加热温度(设置方法参见“仪器介绍”部分)，打开加热电流开关和恒温加热器上的风扇开关。

(3)观察温度显示屏上的温度变化快慢情况，微调“加热电流调节”旋钮，使温度上升速率不要过快。

（4）从室温开始，温度每升高 5 ℃，通过 QJ23 电桥测一次热敏电阻的阻值 R_T。

【注意事项】

（1）注意摄氏温标与开尔文温标的转换。

（2）测量较高温度时，注意避免烫伤。

（3）在测量不同类型的热敏电阻时，应注意导线的连接方式。

（4）待温度稳定后再测量电阻值。

【实验数据记录与处理】

1. 负温度系数热敏电阻 MF51 的温度特性

室温：__________℃。

序号	1	2	3	4	5	6	7	8	9	10
温度 T(℃)										
电阻 R_T(Ω)										
序号	11	12	13	14	15	16	17	18	19	20
温度 T(℃)										
电阻 R_T(Ω)										

数据处理如下：

（1）绘制热敏电阻的 R_T-T 曲线，验证 R_T 与 T 是否呈非线性关系。

（2）绘制热敏电阻的 $\ln R_T-1/T$ 曲线，验证 $\ln R_T$ 与 $1/T$ 是否呈线性关系。

（3）运用最小二乘法拟合 $\ln R_T-1/T$ 曲线的斜率和截距，按式(5-4-4)求出 A 和 B 的值，根据式(5-4-3)写出热敏电阻的阻值随温度变化的表达式。

2. 正温度系数热敏电阻 MZ11A 的温度特性

室温：__________℃。

序号	1	2	3	4	5	6	7	8	9	10
温度 T(℃)										
电阻 R_T(Ω)										
序号	11	12	13	14	15	16	17	18	19	20
温度 T(℃)										
电阻 R_T(Ω)										

数据处理如下：

(1)绘制热敏电阻的 R_T-T 曲线，验证 R_T 与 T 是否呈非线性关系。

(2)绘制热敏电阻的 $\ln R_T-1/T$ 曲线，验证 $\ln R_T$ 与 $1/T$ 是否呈线性关系。

(3)运用最小二乘法拟合 $\ln R_T-1/T$ 曲线的斜率和截距，按式(5-4-4)求出 A 和 B 的值，根据式(5-4-3)写出热敏电阻的阻值随温度变化的表达式。

【思考题】

(1)两种温度系数热敏电阻的温度特性有何不同？

(2)如何减小实验中热敏电阻阻值的测量误差？

【仪器介绍】

1. DHT-2 热学实验仪面板功能键介绍

DHT-2 热学实验仪面板功能键如图 5-4-3 所示。

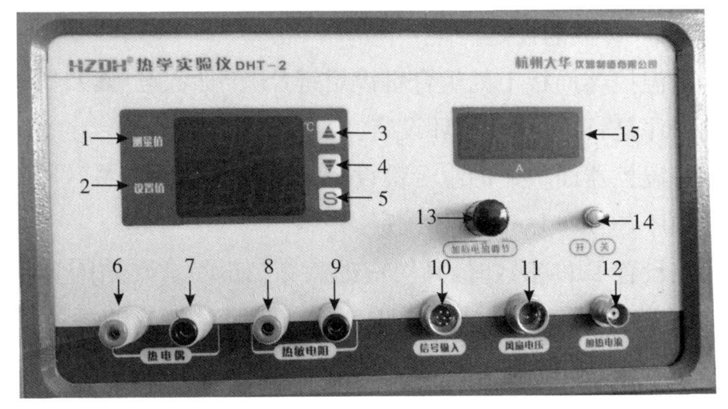

图 5-4-3　DHT-2 热学实验仪(温控仪)

注：1. 测量值：显示器（绿）。2. 设定值：显示器（红）。3. 加数键（▲）：在温度设定时作加数键。4. 减数键（▼）：在温度设定时作减数键。5. 设定键（S）：用于设定值。按设定键（S），设定值（SV）显示屏一位数码管闪烁，则该位进入修改状态，再按设定键（S），闪烁位向左移一位，不按设定键（S）8 s（即数码管闪烁 8 s）后，闪烁自动停止并返回至正常显示设定值。5－3. 设定键（S）＋加数键（▲）：组合键，设定PID 参数。5－4. 设定键（S）＋减数键（▼）：组合键，设定 PID 参数。6－7. 热电偶输出端子。8－9. 热敏电阻输出端子。10. 加热炉信号输入插座。11. 风扇电压输出插座。12. 加热电流输出插座。13. 加热电流调节电位器。14. 加热电流输出控制开关。15. 加热电流显示屏。

2. 热学实验仪使用方法

在使用之前，先把热学实验仪底部的支撑架竖起，以便在测试时方便观察和操作。

（1）按照面板及测试架的各项功能用实验连线将其中一只加热炉连接好，加热炉上盖盖严，以免影响控温效果，经检查无误后，将专用电源线插入电源插座，打开后面板上的电源开关，接通电源。此时温度控制器的测量值（PV）显示屏显示的温度为环境温度。

（2）加热温度的设定。

①按温控器面板上的设定键（S），此时设定值（SV）显示屏一位数码管开始闪烁。

②根据实验所需温度的大小，再按设定键（S）左右移动到所需设定的位置，然后通过加数键（▲）、减数键（▼）来设定好所需的加热温度。

③设定好加热温度后，等待 8 s 后返回至正常工作显示状态。如果按下了组合键，就进入 PID 参数设定的状态。

（3）PID 参数的设定。

①按温控器面板上的组合键设定键（S）＋加数键（▲），PID 参数变化的顺序是：P→D→I 循环设定。

②按温控器面板上的组合键设定键（S）＋减数键（▼），PID 参数变化的顺序是：P→I→D 循环设定。

③在设置 PID 参数时，其对应的参数（如 P）会开始闪烁。再按设定键（S）左右移动到所需设定的位置，同时此位置的参数值开始闪烁，然后通过加数键（▲）、减数键（▼）来设定好所需的 PID 参

数值。

④设定好 PID 参数值后，等待 8 s 后返回至正常工作显示状态。

(4)加热。在设定好加热温度后，将面板上的加热电流开关打开，加热炉座上电风扇的电源开关关闭。温控仪开始给加热炉加热，在使用时可根据所需升温速度的快慢及环境温度与所需加热温度的大小，调节电流调节旋钮输出一个合适的加热电流。在设定的温度低于 60 ℃时，加热电流最好小于 1 A；在设定的温度高于 100 ℃时，加热电流最好调到最大。加热电流的大小通过面板上的加热电流显示屏显示。

(5)测量。在加热过程中，将控制仪的"铜电阻"或"热敏电阻"接线柱与 DHQJ 系列非平衡电桥的测量端相接，即可进行铜电阻或热敏电阻的特性测量。

(6)设定不同的加热温度，用非平衡电桥测量出热敏电阻在不同温度下的阻值。

(7)在做完实验后，打开风扇使加热炉内的温度快速下降(注：在使用风扇降温时，须将支撑杆向上抬升，使空气形成对流)。

(8)在实验过程中需要使温度下降，首先设置所需温度，再将风扇电压线连接好，打开风扇开关，使温度下降。

(9)实验完毕后，将温度设置为 000.0，同时将面板上的加热电流开关关闭，打开风扇使炉内的温度快速下降至常温，然后关闭电源，拔下电源插座。

备注：本实验仪有自动检测功能，当出现异常时，温控器测量值显示"Errr"，设置值显示"Errr"，同时闪烁报警。当故障在 17 s 内没有排除时，系统会自动重启。

5.5 空气比热容比的测定

气体比热容比是由法国科学家皮埃尔-西蒙·拉普拉斯(Pierre-Simon Laplace)于 1816 年首次提出的，他在研究气体动力学和热力学过程中提出了拉普拉斯方程，该方程描述了理想气体的绝热膨胀过程和绝热压缩过程，并引入了气体比热容比的概念。气体比热容比概念的提出为后来研究气体热力学性质奠定了重要的理论基础,它在描述气体的绝热过程、理解气体的热力学特性等方面都具有重要意义。气体比热容比在现代也有许多具体的应用,特别是在工程热力学、航空航天和空气动力学领域。在工程热力学系统设计和分析中,气体比热容比被广泛用于计算绝热过程中压缩机和涡轮机的性能、火箭推进器设计等工程问题。在航空发动机、火箭推进器和飞机设计中,比热容比是分析燃烧室温度、喷嘴流速等参数的重要依据,对于提高发动机效率和性能具有关键作用。在空气动力学研究中,气体比热容比常用于计算气体在高速流动情况下的压缩和膨胀过程,对于飞行器设计和空气动力学模拟都具有重要意义。

总的来说,气体比热容比在现代工程和科学研究中有着广泛的应用,对于提高能源利用效率、改善工程设计和推动科学进步都具有重要意义。

【实验目的】

(1)用绝热膨胀法测定空气的比热容比。

(2)观测热力学过程中气体状态的变化及其基本物理规律。

(3)了解传感器技术,掌握压力传感器和电流型集成温度传感器的工作原理及使用方法。

【实验仪器】

测试仪、扩散硅压力传感器、AD590电流型集成温度传感器、充气阀、放气阀、充气球、玻璃储气瓶、电阻箱等。

【实验原理】

1. 气体比热容比的概念

一个热力学系统在某一无限小的过程中吸收的热量 $\mathrm{d}Q$ 与温度变化量 $\mathrm{d}T$ 的比值称为系统在该过程中的热容 C,即

$$C=\frac{\mathrm{d}Q}{\mathrm{d}T} \tag{5-5-1}$$

它表示在该热力学过程中,温度升高 1 K(或 1 ℃)时系统所吸收的

热量，单位是 J/K。单位质量的物质在某一无限小的过程中吸收的热量与温度变化量的比值称为比热容 c，其单位是 J/(K·kg)，很显然，热容和比热容的关系为 $C=mc$，其中 m 是这个热力学系统中物质的质量。1 mol 的物质在某一无限小的过程中吸收的热量与温度变化量的比值称为摩尔热容 C_{m}，单位是 J/(mol·K)。热容与摩尔热容的关系为

$$C=\frac{m}{M}C_{\mathrm{m}} \tag{5-5-2}$$

式中，m 为物质的质量，M 为物质的摩尔质量，比值$\frac{m}{M}$为对应物质的物质的量。

物质的热容不仅与物质的种类有关，还与物质经历的热力学过程有关。对于给定的系统（物质一定），经历的过程不同，其热容也不同。对于理想气体，对应等容过程中的热容称为定容热容，对应等压过程中的热容称为定压热容。对于固体和液体，由于它们的体积随温度的变化（体胀系数）比气体小得多，因此固体和液体的定容热容和定压热容差别很小，一般不予区别。

（1）理想气体的摩尔定容热容。1 mol 气体在等容过程即体积保持不变的过程中吸收的热量 $\mathrm{d}Q_V$ 与温度的变化量 $\mathrm{d}T$ 之比称为摩尔定容热容（$C_{V,\mathrm{m}}$）。根据热力学第一定律 $\mathrm{d}Q=\mathrm{d}E+p\mathrm{d}V$，理想气体在等容过程中吸收的热量全部用来增加内能，即

$$\mathrm{d}Q_V=\mathrm{d}E=\frac{m}{M}\frac{i}{2}R\mathrm{d}T \tag{5-5-3}$$

因此，理想气体的摩尔定容热容为

$$C_{V,\mathrm{m}}=\frac{\mathrm{d}Q_V}{\frac{m}{M}\mathrm{d}T}=\frac{i}{2}R \tag{5-5-4}$$

式中，i 为分子的自由度，即描述分子的空间位置所需的独立坐标个数。对于理想气体，在忽略振动能量（近似为刚性分子）的条件下，单原子分子、双原子分子和多原子分子的自由度分别为 3、5 和 6。R 为普适气体常数，其数值为 8.31 J/(mol·K)。

（2）理想气体的摩尔定压热容。1 mol 气体在等压过程即压强

保持不变的过程中吸收的热量 dQ_p 与温度的变化量 dT 之比称为摩尔定压热容（$C_{p,m}$）。与等容过程相比，等压过程中气体吸收的热量一部分用来增加气体的温度（内能），一部分用来对外做功，即温度变化量相同时，理想气体在等压过程中要比等容过程中吸收更多的热量，因此 $C_{p,m}>C_{V,m}$。根据热力学第一定律，等压过程中有

$$dQ_p = dE + p dV = \frac{m}{M}\frac{i}{2}R dT + p dV \tag{5-5-5}$$

同时，根据理想气体的状态方程 $pV=\frac{m}{M}RT$，等压过程中有

$$p dV = \frac{m}{M}R dT \tag{5-5-6}$$

综合式(5-5-5)和式(5-5-6)得

$$C_{p,m} = \frac{dQ_p}{\frac{m}{M}dT} = \frac{i}{2}R + R = C_{V,m} + R \tag{5-5-7}$$

由式(5-5-7)可知，1 mol 理想气体的摩尔定压热容比摩尔定容热容大一个恒量 R，即 1 mol 理想气体温度升高 1 K，等压过程要比等容过程多吸收 8.31 J 的热量。

(3)气体的比热容比。气体的摩尔定压热容与摩尔定容热容的比值称为气体的比热容比，以 γ 表示，即

$$\gamma = C_{p,m}/C_{V,m} \tag{5-5-8}$$

气体的比热容比 γ 又称为气体的绝热系数，在热力学过程中是一个很重要的物理量。

根据上面的推导，理想气体的比热容比为

$$\gamma = C_{p,m}/C_{V,m} = \frac{\frac{i}{2}R + R}{\frac{i}{2}R} = \frac{i+2}{i} \tag{5-5-9}$$

由式(5-5-9)可知，理想气体的比热容比只与分子的自由度也就是分子的结构有关。对于单原子气体，$\gamma=\frac{5}{3}\approx 1.67$；对于双原子气体，$\gamma=\frac{7}{5}=1.4$；对于多原子气体，$\gamma=\frac{8}{6}\approx 1.33$。

本实验测量的是空气的比热容比，空气作为一种混合气体，其

主要成分是氮气(N_2)和氧气(O_2),两者的体积分数之和超过 99%。因此,空气可以近似看作双原子气体,即空气比热容比的理论值约等于 1.4,该值可以作为本次实验测量的真值。虽然比热容比对于理想气体来说是一个恒定值,但对于实际的气体而言,在一定范围内压强和温度的变化都会导致比热容比发生轻微的变化。因此,在特定情况下,需要考虑气体的实际热力学性质来进行精确的计算和分析。需要说明的是,在本实验中将空气近似看作理想气体,即认为其比热容比与温度、环境压强等因素无关,只与分子的结构(所含原子数)有关。

2. 绝热膨胀法测空气比热容比

如图 5-5-1 所示,以储气瓶内空气(近似为理想气体)作为研究对象,定义 p_0 为环境大气压强,T_0 为室温,V_2 为储气瓶的容积。

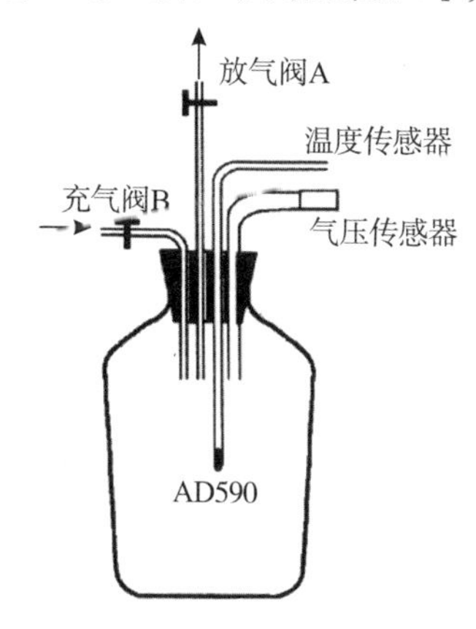

图 5-5-1 储气瓶示意图

(1)首先打开放气阀 A,使储气瓶与大气相通,再关闭 A,此时瓶内将充满与周围空气等温等压的气体,即瓶内气体压强为 p_0,温度为 T_0。

(2)打开充气阀 B,用充气球向瓶内打气,充入一定量的气体,然后关闭充气阀 B。此过程外界对气体做功,瓶内气体压强增大,温度升高。等待内部气体温度稳定且达到与周围环境温度相等时,定义此时的气体状态为状态Ⅰ(p_1,V_1,T_0)。

(3)迅速打开放气阀 A,使瓶内气体与外界大气相通,当瓶内压强降至 p_0 时,立刻关闭放气阀 A。由于放气过程较快,瓶内气体来不及与外界进行热交换,因此可以近似认为该过程是一个绝热膨胀的过程。此时，气体由状态Ⅰ（p_1，V_1，T_0）转变为状态Ⅱ（p_0，V_2，T_1）。由于绝热膨胀过程中系统对外做功且不从外界吸收热量，因此，状态Ⅱ的温度 T_1 小于状态Ⅰ的温度 T_0。

(4)由于瓶内气体温度 T_1 低于室温 T_0，因此瓶内气体慢慢从外界吸收热量，直至达到室温 T_0 为止，此时瓶内气体压强也随之增大为 p_2，气体状态变为状态Ⅲ（p_2，V_2，T_0）。从状态Ⅱ到状态Ⅲ的过程可以看作一个等容吸热的过程。

综上所述，瓶内气体从状态Ⅰ到状态Ⅱ再到状态Ⅲ的过程可以用图 5-5-2 来表示。

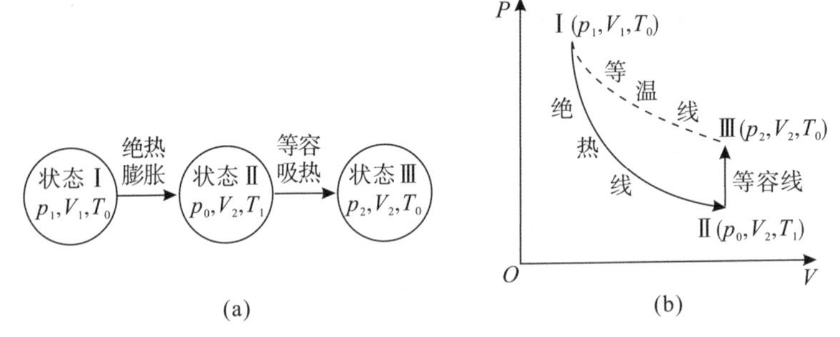

图 5-5-2　瓶内气体状态变化过程

从状态Ⅰ到状态Ⅱ是绝热过程，由绝热过程方程得

$$p_1V_1\gamma_1 = p_0V_2\gamma_2 \tag{5-5-10}$$

状态Ⅰ和状态Ⅲ的温度均为 T_0，由气体状态方程得

$$p_1V_1 = p_2V_2 \tag{5-5-11}$$

合并式(5-5-10)和式(5-5-11)，消去 V_1、V_2 后得

$$\gamma = \frac{\ln p_1 - \ln p_0}{\ln p_1 - \ln p_2} = \frac{\ln(p_1/p_0)}{\ln(p_1/p_2)} \tag{5-5-12}$$

由式(5-5-12)可以看出，只要测得环境大气压强 p_0、状态Ⅰ的气体压强 p_1、状态Ⅲ的气体压强 p_2，就可求得空气的比热容比 γ。

【实验内容】

(1)用实验室标准气压计测定环境大气压强 p_0，用水银温度计测量环境温度 T_0，并记录上述数据。

(2)按图 5-5-3 所示（见“仪器介绍”部分）依次连接各实验组件。电源机箱后面的开关拨向“内接”，即测温传感器取标准电阻内接

5 kΩ。打开放气阀 A，使储气瓶内空气压强与外界环境大气压强相等。开启电源，让测试仪预热 20 min，然后调节调零电位器，使测量空气压强的三位半数字电压表显示值 U_p 为“000.0”，并记录此时测量温度的四位半数字电压表显示值 U_{T0}(V)。

(3)关闭放气阀 A，打开充气阀 B，用充气球向储气瓶内充气，使压强电压显示值 U_p 升高到 100～150 mV，观察该过程中温度电压显示值 U_T 的变化情况。然后关闭充气阀 B，观察 U_T 和 U_p 的变化。经历一段时间后，当 U_T 和 U_p 的显示值均不变时，记录下此时的电压显示值 U_{p1}(mV)和 $U_{T0'}$(V)，此时瓶内气体近似处于状态Ⅰ(p_1，V_1，T_0')。注意，由于温度传感器的滞后性和稳态平衡时间较长等，实际气体状态Ⅰ的温度 T_0' 近似为环境温度 T_0，但往往略高于 T_0(理论上应等于 T_0)。

(4)迅速打开放气阀 A，当瓶内空气压强降至环境大气压强 p_0 时(放气声结束)，立刻关闭放气阀 A，这时瓶内气体温度降低，状态变为Ⅱ(p_0，V_2，T_1)。

(5)经历一段时间后，当瓶内空气的温度上升至温度 T_0 且压强稳定后，记下此时的气压显示值 U_{p2}(mV)以及温度显示值 U_{T2}(V)，此时瓶内气体近似处于状态Ⅲ(p_2，V_2，T_2)，T_2 近似为 T_0。

(6)打开放气阀 A，使储气瓶与大气相通，使瓶内气体回到初始状态(p_0，V_2，T_0)，以便于下一次测量。

(7)把测得的电压值 U_{p1}、$U_{T0'}$、U_{p2}、U_{T2} 填入数据表格中，根据公式 $p_1=p_0+U_{p1}/2000$ 和 $p_2=p_0+U_{p2}/2000$ 计算对应的气体压强，再依据公式 $\gamma=\frac{\ln(p_1/p_0)}{\ln(p_1/p_2)}$ 计算空气的比热容比 γ。

(8)重复步骤(3)至步骤(7)，共测量 3 次，比较 3 次测量中气体的状态变化有何异同，并计算 $\bar{\gamma}$，分析误差。

【注意事项】

(1)妥善放置储气瓶以及玻璃阀门，避免破损。

(2)实验前应检查系统是否漏气，方法是关闭放气阀 A，打开充气阀 B，用充气球向瓶内打气，使瓶内压强升高一定值，关闭充气阀

B，观察压强是否稳定，若压强始终下降，则说明系统有漏气之处。

（3）打开放气阀 A，当放气结束后，要迅速关闭放气阀，提前或推迟关闭阀门都将引入较大误差。一般放气时间约零点几秒，可以通过放气声音进行判断。

（4）不要在阳光照射情况下或者温度变化较快的环境中开展实验。

（5）充气或放气后，储气瓶中气体温度恢复至室温需要较长时间，且需保证此过程中环境温度不发生变化。当储气瓶温度变化趋于停止时，此时温度已接近环境温度。

（6）扩散硅压力传感器参数存在差异，需要与测试仪配套对应。

（7）注意充气球与充气阀之间的接口安全。

【实验数据记录与处理】

p_0 ($\times10^5$ Pa)	U_{p1} (mV)	$U_{T0'}$ (V)	U_{p2} (mV)	U_{T2} (V)	p_1 ($\times10^5$ Pa)	p_2 ($\times10^5$ Pa)	γ	$u(\gamma)$

注：在实验室缺少气压计的情况下，p_0 也可根据当天当地天气预报值给出。

数据处理如下：

（1）根据表格中记录的 p_0、p_1 和 p_2，计算 3 次实验测得的空气比热容比 γ_1、γ_2 和 γ_3。

注：由于 3 次测量过程中向储气瓶内充气的量不相等，因此，需要计算每次的 γ 后再计算平均值，不能通过 p_1、p_2 的平均值计算 γ。

（2）将实验测量的空气比热容比平均值 $\bar{\gamma}$ 与理论值（$\gamma_{理论}=1.4$）进行比较，计算相对误差。

$$\bar{\gamma}=\frac{\gamma_1+\gamma_2+\gamma_3}{3}=$$

$$E=\frac{|\bar{\gamma}-\gamma_{理论}|}{\gamma_{理论}}\times100\%=$$

(3)计算空气比热容比的不确定度 $u(\gamma)$。

①计算压强测量值的不确定度。由于每次实验的条件均改变,因此,本实验只能看作单次测量。对于单次测量,没有不确定度的 A 分量,因此,只需要计算每一次测量的不确定度的 B 分量,最后再计算平均值。这里,为了简单起见,将气体压强 p 看作直接测量量(实际应为电压测量值),则其不确定度 B 分量为 $u(p)=\frac{\Delta}{\sqrt{3}}$,这里 Δ 可取扩散硅压力传感器的精度值 5 Pa。

$$u(p_1)=\frac{\Delta}{\sqrt{3}}=$$

$$u(p_2)=\frac{\Delta}{\sqrt{3}}=$$

②根据误差传导公式计算比热容比的合成不确定度。

$$u(\gamma)=\sqrt{\left[\frac{\partial\gamma}{\partial p_1}u(p_1)\right]^2+\left[\frac{\partial\gamma}{\partial p_2}u(p_2)\right]^2} \tag{5-5-13}$$

其中

$$\frac{\partial\gamma}{\partial p_1}=\frac{\ln p_0-\ln p_2}{p_1(\ln p_1-\ln p_2)^2} \tag{5-5-14}$$

$$\frac{\partial\gamma}{\partial p_2}=\frac{\ln p_1-\ln p_0}{p_2(\ln p_1-\ln p_2)^2} \tag{5-5-15}$$

(4)给出最终空气比热容比的测量结果 $\gamma=\bar{\gamma}\pm u(\gamma)$。

【思考题】

(1)考虑实际情况下从状态Ⅰ至状态Ⅱ为非绝热过程,γ 的测量值会偏大还是偏小?

(2)实验过程中,如果在记录状态Ⅰ和状态Ⅲ的数据时未等数据稳定就记录了,会导致 γ 的测量值如何变化?

(3)试计算将电压作为直接测量量时空气比热容比不确定度的表达式。

【仪器介绍】

本实验仪器由测试仪、扩散硅压力传感器、AD590 电流型集成温度传感器、充气阀、放气阀、充气球、玻璃储气瓶、电阻箱(可根据实验需要另配)等组成,如图 5-5-3 所示。

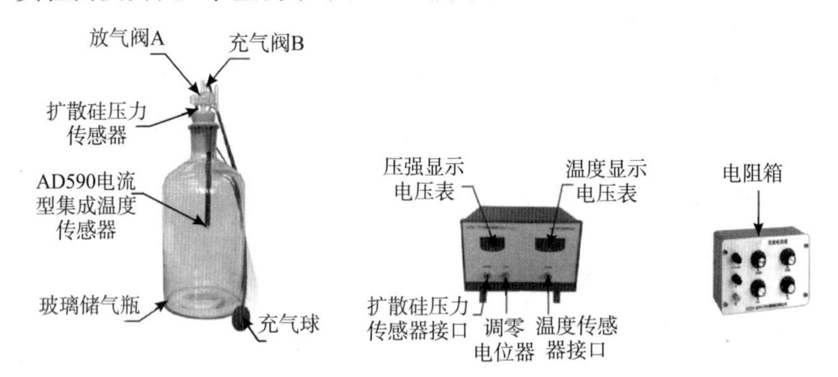

图 5-5-3　DH-NCD-Ⅲ空气比热容比测定仪

本实验中压强和温度均通过相应传感器进行测量。传感器技术是当今世界不可或缺的技术之一,是信息技术、互联网技术和人工智能技术的基础和支撑。所谓"传感器技术",就是一种将物理量、化学量、生物量等非电信号转换为电信号的技术。传感器通常由敏感元件和转换元件组成。敏感元件负责感受外界的物理量或化学量的变化,转换元件则将这些变化转换成电信号,转换的方式可以是电阻、电容、电压、电流、频率等的变化。传感器是实现自动检测和自动控制的首要环节,已经广泛应用于工业自动化、环境监测、医疗诊断、智能家居、机器人技术、汽车电子、自动驾驶等各个领域。根据检测或测量对象不同,传感器可分为温度传感器、压力传感器、光传感器、声波传感器、化学传感器、生物传感器、运动传感器和环境传感器等。目前,传感器技术正朝着以下四个方向发展:

(1)微型化。随着微电子机械系统(micro-electro-mechanical system,MEMS)技术的发展,传感器越来越小,可以集成到各种设备中。

(2)智能化。传感器不仅能够检测信息,还能够进行数据的处理和分析,实现智能决策。

(3)网络化。传感器可以连接到互联网,实现远程监控和控制。

(4)集成化。一个传感器可以集成多种检测功能,提高检测的准确性和效率。

总的来说，传感器技术的发展正在推动着各行各业的创新和进步，未来传感器将更加智能、精确、可靠，并在更多领域发挥作用。本次实验我们主要使用的是压力传感器和温度传感器。

1. 扩散硅压力传感器

扩散硅压力传感器是利用单晶硅的压阻效应制成的器件，也就是在单晶硅的基片上用扩散工艺（或离子注入及溅射工艺）制成一定形状的应变元件，当它受到外界压力作用时，应变元件的电阻会发生变化，从而使输出电压产生变化。扩散硅压力传感器被广泛应用于各个领域，具有安装方便、抗干扰能力强、稳定性好、分辨力高等特点。扩散硅压力传感器的结构示意图如图 5-5-4 所示。由于硅具有良好的压阻效应，将硅制成传感器的敏感芯片，再封装进波纹膜片的壳体里，并在其中注满硅油，增加硅的导电性能。将引线穿出壳体，并做密封处理，避免硅油外泄或者外界介质进入其中而影响精度。当传感器使用时，波纹膜片最先感受到外界压力，并传递给硅油，再由硅油传递给硅芯片，半导体硅受到压力时，电阻值发生变化，从而使电阻（传感器）两端的电压发生变化。

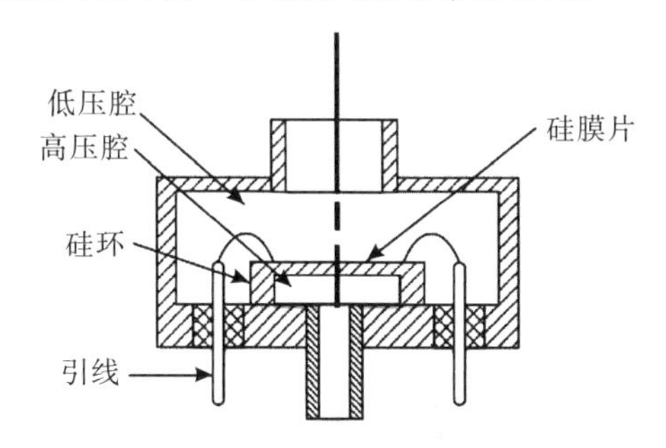

图 5-5-4　扩散硅压力传感器的结构示意图

本实验采用的仪器进一步对传感器两端的输出电压进行了放大，将其与三位半（共显示四位，但左侧第一位只能显示 0、1 或 2）最大量程为 200.0 mV 的数字电压表相连。它显示的是容器内的气体压强减去容器外环境大气压强的差值，灵敏度为 20 mV/kPa，测量精度为 5 Pa，测量范围为 0～10 kPa。设外界环境大气压强为 p_0，容器内气体压强为 p，则有

$$p = p_0 + \frac{U}{2000}$$

其中电压 U 的单位为 mV，压强 p、p_0 的单位为 $\times 10^5$ Pa。

2. AD590 电流型集成温度传感器

AD590 是一种新型的半导体温度传感器，是由美国的亚德诺半导体公司利用 P-N 结正向电流与温度的关系研制开发的电流输出型两端温度传感器，图 5-5-5 为 AD590 传感器内部电路图。它兼有集成恒流源和集成温度传感器的特点，具有线性优良、性能稳定、灵敏度高、无须补偿、动态阻抗高、抗干扰能力强、可远距离测温等优点。AD590 具有测温精度高、价格低、不需要辅助电源、线性好等特点，常用于测温和热电偶的冷端补偿。

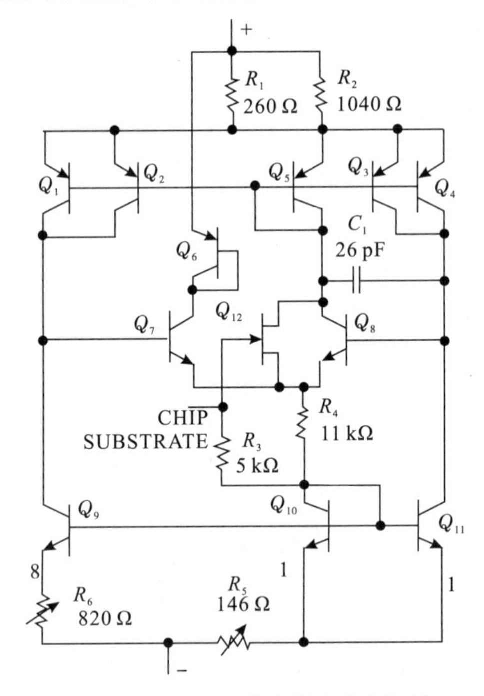

图 5-5-5　AD590 传感器内部电路图

本实验所使用的 AD590 传感器的测温范围为 −50～150 ℃，该传感器的工作电压为 4～30 V，输出阻抗 >10 MΩ。当加上电压后，这种传感器起恒流源的作用，其输出电流与传感器所处的温度呈线性关系。如用摄氏温度 t 表示温度，则输出电流为

$$I = Kt + I_0$$

式中，$K = 1\ \mu\text{A}/℃$；I_0 标称值为 273.2 μA，实际可能略有差异（有条件的情况下可以利用恒温设备等进行校正）。本实验仪中 AD590 传

感器的测温原理图如图 5-5-6 所示，在回路中串接一个适当阻值的电阻 R，将电流信号转化为电压信号 U，由公式 $I=U/R$ 算出输出的电流，再根据电流与温度的关系得出温度值。

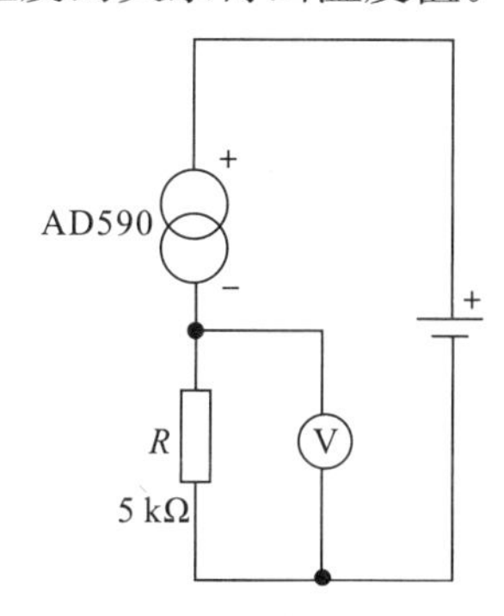

图 5-5-6　AD590 传感器的测温原理图

在实验仪器内部串接 $R=5\ \text{k}\Omega$、精度为 0.1%的标准取样电阻时，可产生 5 mV/℃的电压信号，将此电压接最大量程为 2 V 的四位半(共有五位显示，但左侧第一位只能显示 0、1 或 2)数字电压表，其最小分辨率为 0.1 mV，对应测温最小分辨率为 0.02 ℃。在需要精确测量温度的情况下(例如研究不同温度下空气比热容比的差异时)，可以外接电阻箱改变串接电阻 R，得到其他的测温分辨率，此时需要把实验仪后面板的切换开关打向外接，在外接电阻插座上接入外部可调电阻箱即可。

3. 各组件主要技术参数和特征

(1)储气瓶的最大容积为 10 L，由玻璃瓶、放气阀、充气阀以及充气球等组成；放气阀拧到竖直位置为打开状态，拧到水平位置为关闭状态。

(2)采用扩散硅压力传感器测量气体压强，测量范围为高于环境气压 0～10 kPa，灵敏度≥20 mV/kPa，显示系统采用三位半最大量程为 200.0 mV 的数字电压表。该传感器具有超压报警功能，即电压高于 200.0 mV 时会进行警报。

(3)AD590 电流型集成温度传感器的灵敏度为 1 μA/℃；仪器内置标准电阻，测温精度为 0.02 ℃，显示系统采用四位半最大量程为 2.0000 V 的数字电压表，最小分辨率为 0.1 mV。

(4)内置测温传感器电源；取样电阻可以内接和外接。

（5）电阻箱（另配）为（0～10）×（1000＋100＋10＋1）Ω，电阻的精度为±0.1%。

5.6 导热系数的测定

导热系数反映物质传导热量的能力，又称为热导率，是材料的热物性参数之一，其定义为：在稳定传热条件下，1 m厚的材料，两侧表面的温差为1 K（或℃），在1 s内，通过1 m^2 面积传递的热量。导热系数的单位为瓦每米开尔文[W/(m·K)]，此处的K也可用℃来代替。导热系数是衡量材料的导热特性和保温性能的重要指标，在实际加热器设计、散热器设计、锅炉制造、传热管道设计、房屋设计、建筑节能设计、冰箱设计等时均须考虑这个参数，导热系数被广泛应用于工程热物理、材料科学、环境工程、建筑工程、工业工程以及能源环保等研究领域。

目前导热系数的实验测定方法主要分为稳态法和瞬态法两类。

稳态法是经典的保温材料的导热系数测定方法，至今仍受到广泛应用，其原理是利用稳定传热过程中传热速率等于散热速率的平衡状态，根据傅里叶一维稳态热传导模型，通过试样的热流密度、两侧温差和厚度，计算得到导热系数。目前常用的稳态法有热流法、保护热流法和保护热板法。稳态法测量精确度高，但测量时间较长，对环境条件要求较高，适合在中等温度下测量物质的导热系数，用于测量岩土、塑料、橡胶、玻璃、绝热保温材料等低导热系数材料。

瞬态法是近几十年开发的导热系数测量方法，其工作原理是通过固定功率的热源，记录样品本身温度随时间的变化情形，由时间与温度变化的关系得到样品的导热系数。目前常用的瞬态法有热线法、激光闪射法和瞬变平面热源法。瞬态法测量速度快、测量温度范围宽（最高能达到2000 ℃）、样品制备简单，适合于测量中、高导热系数材料或在高温条件下进行测量，如金属、石墨烯、合金、陶瓷、粉末、纤维等同质均匀的材料。

本实验利用常规的稳态法测量热的不良导体材料的导热系数。各类物质的导热系数大致范围是：金属为50～415 W/(m·K)，合金为 12～120 W/(m·K)，绝热材料为 0.03～0.17 W/(m·K)，液体为 0.17～0.7 W/(m·K)，气体为 0.007～0.17 W/(m·K)，碳纳米管在 1000 W/(m·K)以上，钻石的导热系数在已知矿物中最高，高达 2000～2200 W/(m·K)。

【实验目的】

（1）了解热传导现象的物理过程及其基本规律。

（2）掌握用稳态法测量热的不良导体——胶木板材料的导热系数。

（3）学会用作图法计算冷却速率。

（4）掌握用热敏电阻测量温度的方法。

（5）了解不同材料的导热性能差异及其影响因素。

（6）了解比例-积分-微分（proportion integration differentiation，PID）控制器的温控原埋。

【实验仪器】

导热系数测定仪（含测试仪和测试架）、测试材料、PT100 测温传感器、游标卡尺、电子天平等。

【实验原理】

1. 热传导定律

热传导是热量传递的三种基本方式之一，其他两种方式分别为热对流和热辐射。热传导过程依赖于物质内部分子、原子及自由电子等微观粒子的热运动。热传导的快慢可以用导热系数来衡量，导热系数表示不同物体导热能力的强弱。

为了测定材料的导热系数，首先应了解导热系数的含义以及它的物理意义。热传导定律，又称为傅里叶定律，是描述在物体内部或物体间没有宏观运动时，热量如何在物质内部从高温区域向低温区域传递的规律。这一定律由法国科学家傅里叶在 1822 年提出，该定律是指在导热过程中，单位时间内通过给定截面的导热量，正比于垂直于该截面方向上的温度变化率和截面面积，而热量传递的方

向则与温度升高的方向相反。根据傅里叶定律，导热系数的定义式可表示为

$$\frac{\mathrm{d}Q}{\mathrm{d}t}=-\lambda\cdot\left(\frac{\mathrm{d}T}{\mathrm{d}x}\right)_{x_0}\cdot A \tag{5-6-1}$$

式(5-6-1)默认热量沿 x 轴正方向传导，其中$\frac{\mathrm{d}Q}{\mathrm{d}t}$(单位时间内通过的热量，单位为 W)表示在 x 轴上任一位置 x_0 处与热量传输方向相垂直的截面积 A(单位为 m^2)上的传热速率。$\left(\frac{\mathrm{d}T}{\mathrm{d}x}\right)_{x_0}$(单位为 K/m)表示在 x 轴上任一位置 x_0 处的温度梯度，式中负号表示热量从高温区向低温区传导，即热传导的方向与温度梯度的方向相反。式中比例系数 λ 即导热系数。由此可见导热系数的物理意义为：在温度梯度为一个单位的情况下，单位时间内垂直通过单位截面积的热量。对于各向同性的材料来说，各个方向上的导热系数是相同的。

2. 稳态法测导热系数

通过式(5-6-1)可知，要测量材料的导热系数 λ，需要测量在测试材料内形成的一个稳定的温度梯度$\left(\frac{\mathrm{d}T}{\mathrm{d}x}\right)_{x_0}$值，同时还要测量材料内由高温区向低温区的传热速率$\frac{\mathrm{d}Q}{\mathrm{d}t}$。

(1)测量温度梯度$\left(\frac{\mathrm{d}T}{\mathrm{d}x}\right)_{x_0}$。为了在样品材料内形成一个稳定的温度梯度分布，将测试样品加工成圆形平板状，并把它夹在两块良导体(铜板)之间，结构示意图如图 5-6-1 所示。在实验中，使上下两块铜板分别保持在恒定温度 T_1 和 T_2($T_1>T_2$)，为了保证样品中温度场的分布具有良好的对称性，把样品及两块铜板都加工成等大的圆形，并且样品厚度 h 远小于样品直径 D，由于样品侧面积比截面积小得多，因此由侧面散去的热量可以忽略不计，此时可以认为热量是沿垂直于样品截面的方向上传导的，即只在此方向上有温度梯度。

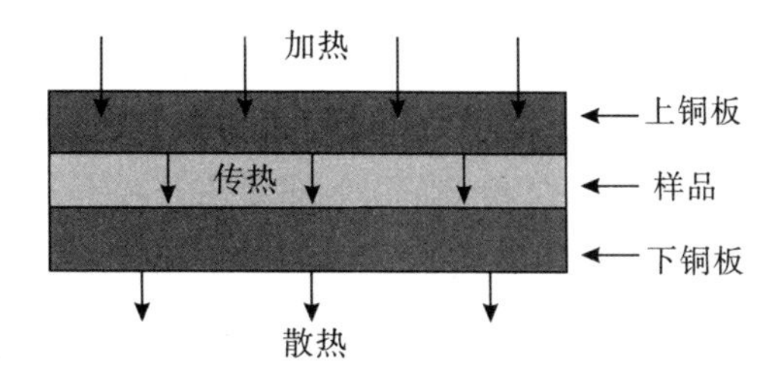

图 5-6-1 热传导实验装置结构示意图

由于铜是热的良导体，在达到恒定温度时，可以认为同一铜板各处的温度相同，同时，样品截面上各处温度也相同，则垂直于样品截面的方向上形成稳定的温度梯度，其计算式为

$$\left(\frac{\mathrm{d}T}{\mathrm{d}x}\right)_{x_0}=\frac{T_1-T_2}{h} \tag{5-6-2}$$

这里需要特别说明的是，实验中需要使铜板与样品表面紧密接触(无缝隙)，否则缝隙中的空气将产生热阻，使得温度梯度测量的误差较大。

(2)测量传热速率$\frac{\mathrm{d}Q}{\mathrm{d}t}$。热量从高温铜板(上铜板)通过样品传到低温铜块(下铜板)，下铜板则要将热量不断地向周围环境散出。当样品达到稳态时，则通过样品的传热速率与下铜板的散热速率相等，因此，只要测量出下铜板在稳态温度 T_2 时的散热速率，就可以间接测量样品的传热速率。但是，下铜板的散热速率也不易直接测量。下铜板在稳态温度 T_2 下的散热速率与其冷却速率$\left(温度变化率\frac{\mathrm{d}T}{\mathrm{d}t}\right)$的表达式为

$$\left.\frac{\mathrm{d}Q}{\mathrm{d}t}\right|_{T_2}=-mc\left.\frac{\mathrm{d}T}{\mathrm{d}t}\right|_{T_2} \tag{5-6-3}$$

式中，m 为下铜板的质量，c 为铜的比热容，负号表示热量向低温方向传递。因此，只要获得下铜板的冷却速率，即可求得样品的传热速率。

实验中，当获得恒定温度 T_1 和 T_2 后，随即将样品抽去，并让加热铜板(即上铜板)直接与散热铜板(即下铜板)接触，使下铜板温度上升到比 T_2 高出 10 ℃左右时，将上铜板移开，让下铜板在环境中自然冷却，直到其温度低于 T_2。通过记录铜板的温度与对应的时间数据，描绘出温度与时间曲线，则曲线在 T_2 附近处的斜率即为下铜

板在稳态温度 T_2 时的冷却速率。

物体的冷却速率与它的散热面积成正比。实验中，在下铜板散热时，其表面（即上、下表面和侧面）全部暴露于空气中，则此时其散热面积为 $\frac{\pi D_P^2}{2}+\pi D_P h_P$（其中 D_P 和 h_P 分别是下铜板的直径和厚度），然而在上、下两块铜板分别保持在恒定温度 T_1 和 T_2 的稳态时，下铜板的上表面却是被样品覆盖的，故需对下铜板的散热速率进行修正。在稳态时，修正后的下铜板在稳态温度 T_2 时的散热速率表达式为

$$\left.\frac{\mathrm{d}Q}{\mathrm{d}t}\right|_{T_2}=-mc\cdot\frac{\frac{\pi D_P^2}{4}+\pi D_P h_P}{\frac{\pi D_P^2}{2}+\pi D_P h_P}\cdot\left.\frac{\mathrm{d}T}{\mathrm{d}t}\right|_{T_2} \tag{5-6-4}$$

将式(5-6-4)和式(5-6-2)代入热传导定律表达式[即式(5-6-1)]中，并考虑到 $A=\pi D^2/4$，进而可以得到导热系数计算式为

$$\lambda=-mc\cdot\frac{D_P+4h_P}{2D_P+4h_P}\cdot\frac{4}{\pi D^2}\cdot\frac{h}{T_1-T_2}\cdot\left.\frac{\mathrm{d}T}{\mathrm{d}t}\right|_{T_2} \tag{5-6-5}$$

式中，D 为样品的直径，h 为样品的厚度，m 为下铜板的质量，c 为铜的比热容[其值为 385 J/(kg·K)]，D_P 和 h_P 分别是下铜板的直径和厚度。

【实验内容】

(1)用游标卡尺分别多次测量样品材料的直径 D 和厚度 h 以及下铜板的直径 D_P 和厚度 h_P；用电子天平多次称量下铜板的质量 m；各直接测量量均测量 6 次，并将数据记录到表格中。

(2)仪器安装与连接。

①通过三条传输线（分别为二孔、三孔、四孔类型）将导热系数测试架与导热系数测试仪正确连接。

②将样品材料盘对齐放置于上下铜盘之间，放下升降杆并锁紧，通过调节底部三颗调节螺钉，使上铜板、待测样品及下铜板接触紧密且共轴（不可用力过大而使样品变形）。

③将两个热敏电阻 PT100 传感器连接线分别安装在测试仪面

板传感器Ⅰ和传感器Ⅱ输入接口上，将连接传感器Ⅰ的PT100传感器的测温探头插入上铜板的小孔中，同时将连接传感器Ⅱ的PT100传感器的测温探头插入下铜板的小孔中（注意：先在测温探头上涂抹适量导热硅脂后，再插入铜板小孔的底部，确保PT100测温探头与铜板充分接触）。

(3)测量稳态时的温度 T_1 和 T_2。

①点击液晶屏界面中的“加”或“减”，将温度设置为80 ℃（或设置为其他合理数值）；点击“温控”开始加热，此时“温控”按钮变为红色，“加热电源指示”灯亮。

②温度稳定大约需要30 min（本实验通过PID算法进行程序自动控温），待上铜板的温度（即液晶屏界面中“测量值”后的温度值）波动小于0.1 ℃时，点击“数据”，再点击“开始”按钮，此时屏幕显示的是实时采集数据表，在数据表格界面下设置采集周期为30 s，则每隔30 s分别记录上、下铜板的温度（即对应传感器Ⅰ和传感器Ⅱ的测量温度值）。若下铜板的温度读数在3 min内波动小于0.2 ℃，即可认为已达到稳定状态，点击“停止”按钮停止数据采集，并将稳态时的 T_1 和 T_2 温度值记录到表格中。

(4)测量下铜板在稳态温度 T_2 时的冷却速率 $\frac{dT}{dt}$。

①抬起升降杆，移去样品材料盘（注意：操作时要小心，不要被上、下铜板烫伤），然后放下升降杆，并再次通过调节底部三颗调节螺钉使上、下铜板接触紧密且共轴（不可用力过大），此时上铜板将直接对下铜板加热。

②当下铜板温度比稳态时的温度 T_2 高出10 ℃左右时，点击“温控”按钮停止加热。

③将升降杆抬高至最高处，此时下铜板所有表面均暴露于空气中并开始自然冷却，点击“数据”，再点击“开始”按钮，设置数据采集周期为30 s。待下铜板的温度（即传感器Ⅱ的测量温度值）下降到稳态温度 T_2 以下5～10 ℃后，点击“停止”按钮，通过点击数据表右侧边缘处的“∧、∨”按钮上下查看数据，并记录下铜板的温度与对应的时间数据。

(5)计算样品的导热系数 λ。从记录到的下铜板的温度与对应的时间数据中，选取邻近 T_2 前后各 3～5 个连续测量数据，描绘下铜板的温度与时间曲线（即 $T-t$ 图），利用最小二乘法求出曲线的斜率，即为下铜板在稳态温度 T_2 的冷却速率 $\frac{\mathrm{d}T}{\mathrm{d}t}$，根据式(5-6-5)即可计算出样品的导热系数 λ。

(6)测量结束后，先开启测试架后面的开关，再点击液晶屏界面中的“风扇”按钮，开启风扇降温，待上铜板和下铜板的温度降至室温时，关闭测试仪背面的电源开关，结束实验。

【注意事项】

(1)上铜板侧面和下铜板侧面都有供安插热敏电阻 PT100 传感器的小孔，在 PT100 插入小孔之前，要先抹上导热硅脂，并插到洞孔底部，保证接触良好。

(2)调节底部三颗调节螺钉时，不可用力过大，只要使接触面紧密接触即可。

(3)在测量下铜板在稳态温度 T_2 时的冷却速率时，要小心操作，不要被上、下铜板烫伤。

(4)温度计内部处理电路对 PT100 热敏电阻进行转换，直接显示对应测量温度，由于 PT100 的测量精度有限，因此上铜板和下铜板测温存在误差，不过只要保证±1 ℃测温准确度即可。

【实验数据记录与处理】

样品材料盘和下铜板的几何尺寸以及下铜板质量

测量次数	1	2	3	4	5	6	平均值
样品直径 D(mm)							
样品厚度 h(mm)							
下铜板直径 D_P(mm)							
下铜板厚度 h_P(mm)							
下铜板质量 m(g)							

稳态时的温度和下铜板温度与对应时间记录表

稳态时的温度	上铜板高温 T_1=____℃，下铜板低温 T_2=____℃，c=385 J/(kg·K)									
测量次数	1	2	3	4	5	6	7	8	9	10
下铜板温度 T(℃)										
时间 t(s)										

数据处理如下：

(1)根据表格中数据计算样品材料盘和下铜板的几何尺寸以及下铜板质量各直接测量量的平均值。

(2)根据表格中下铜板温度与对应的时间记录数据，用 Excel 软件绘制下铜板的温度与时间曲线(即 $T-t$ 图)，并用最小二乘法拟合出曲线的线性方程，提取所绘直线斜率值 k，此 k 值即为下铜板在稳态温度 T_2 时的冷却速率$\frac{\mathrm{d}T}{\mathrm{d}t}$。

(3)根据式(5-6-5)计算样品材料的导热系数。

$$\lambda=-mc\cdot\frac{D_{\mathrm{P}}+4h_{\mathrm{P}}}{2D_{\mathrm{P}}+4h_{\mathrm{P}}}\cdot\frac{4}{\pi D^2}\cdot\frac{h}{T_1-T_2}\cdot\left.\frac{\mathrm{d}T}{\mathrm{d}t}\right|_{T_2}=$$

【思考题】

(1)测量样品的导热系数需满足什么条件？在实验中如何实现？

(2)测量下铜板的冷却速率时为什么取稳态温度 T_2 附近的冷却速率？如何计算下铜板的冷却速率？

(3)样品导热系数的大小与温度有什么关系？

【仪器介绍】

导热系数测试仪前面板如图 5-6-2 所示，导热系数测试仪液晶屏界面如图 5-6-3 所示，导热系数测试仪后面板如图 5-6-4 所示，导热系数测试架示意图如图 5-6-5 所示。

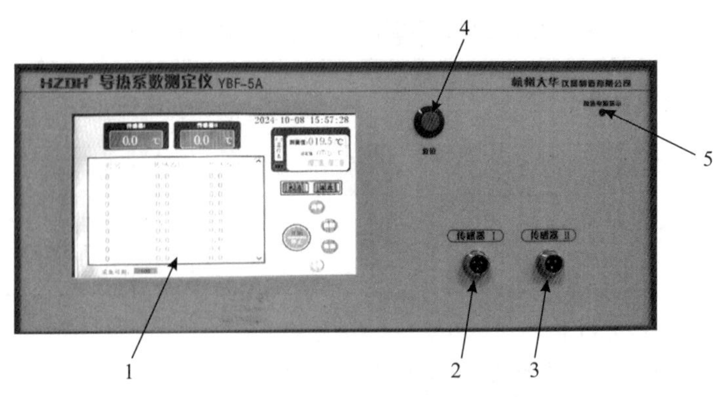

图 5-6-2　导热系数测试仪前面板

注：1. 液晶屏界面：由显示界面和操控触摸按键组成。2. 传感器Ⅰ：热敏电阻 PT100 传感器输入接口。3. 传感器Ⅱ：热敏电阻 PT100 传感器输入接口。4. 系统复位按钮。5. 加热电源指示灯(温控开启时灯亮）。

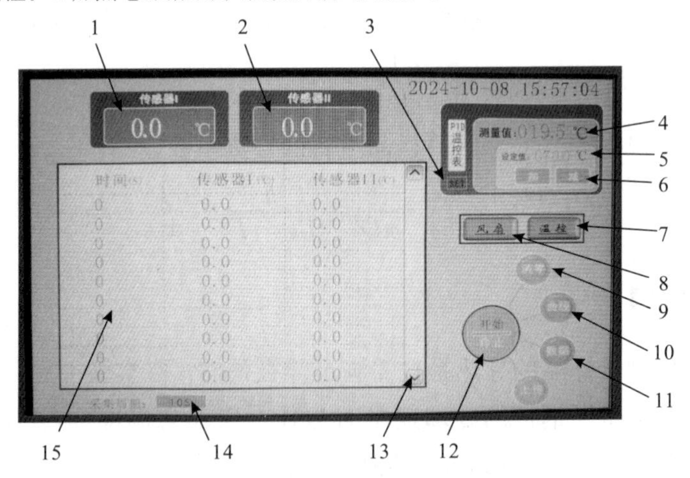

图 5-6-3　导热系数测试仪液晶屏界面

注：1. 传感器Ⅰ温度显示区。2. 传感器Ⅱ温度显示区。3. PID 温控表的 PID 参数设定区：点击“SET”会出现设置界面，可以实现 PID 参数的修改、保存和退出功能，该功能主要用于研究不同 PID 参数对控温过程的影响(不是本实验研究内容)，因此，不要轻易修改参数，或修改后确保设回原默认参数(即 Pk＝37，Ti＝175，Td＝40)并保存。4. 测量值：显示 PID 温控表的实际测量值，温度控制目标达到后，测量值等于设定值。5. 设定值：显示 PID 温控表需要控制的目标温度的设定值。6. 加/减：用于设定目标温度值，单击加/减温度变化 0.1 ℃，长按则快速减小/增加温度设定值。7. 温控：开启或关闭温度控制按钮，开启后将进行加热控温。8. 风扇：测试架散热风扇开启或关闭控制按钮。9. 清零：数据记录显示区域的清零按钮。10. 曲线：测量数据曲线显示按钮，显示传感器Ⅰ和传感器Ⅱ测量的温度值与

时间曲线。11. 数据:测量数据表格显示按钮,显示传感器Ⅰ和传感器Ⅱ测量的温度值与时间表格。12. 数据采集开始和停止按钮。13. 上下查看数据按钮。14. 测量数据表格显示模式下温度采集周期 10 s/20 s/30 s 设置按钮。15. 曲线或表格数据显示区:当前状态为传感器Ⅰ和传感器Ⅱ测量的温度值与时间数据的表格显示。

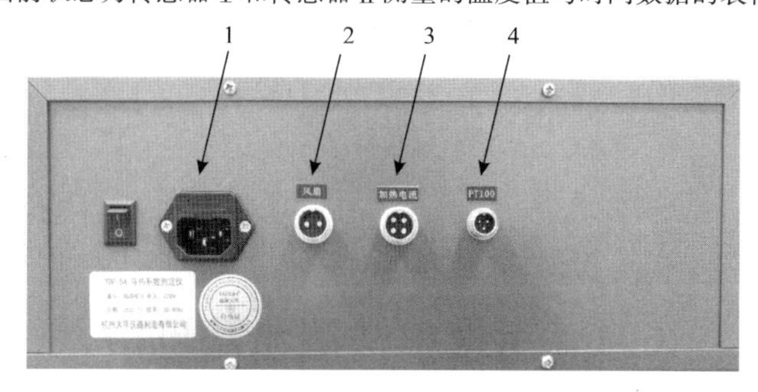

图 5-6-4　导热系数测试仪后面板

注:1. 电源插座:输入 AC 220 V/50 Hz 电源。2. 两芯插座:风扇电源插座,与测试架对应插座相连。3. 四芯插座:加热电流插座,与测试架加热电流插座相连。4. 三芯插座:温控 PT100 传感器插座,与测试架对应插座相连。

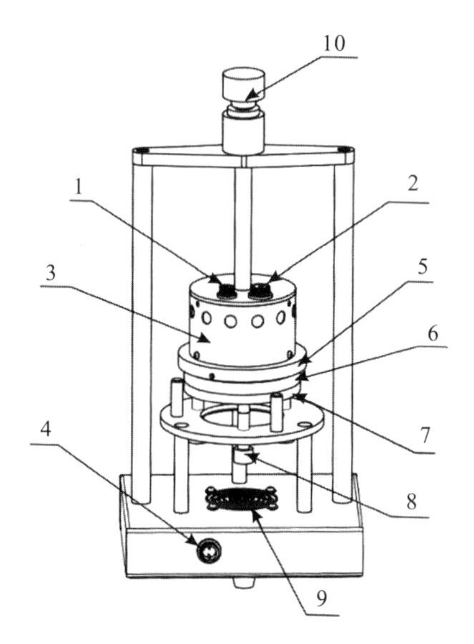

图 5-6-5　导热系数测试架示意图

注:1. 温控 PT100 热敏电阻传感器插座(三芯)。2. 加热电流插座(四芯)。3. 防护罩。4. 风扇电源插座(两芯)。5. 加热盘(上铜板)。6. 待测样品。7. 散热盘(下铜板)。8. 底部调节螺钉:通过调节使上铜板、待测样品和下铜板良好接触。9. 风扇:实验完毕后,用于上铜板和下铜板散热。10. 升降杆。

第6章 电磁学实验

6.1 用模拟法测绘静电场

电荷在周围空间激发电场，相对于观察者静止、电量不随时间变化的电荷所激发的电场也不随时间变化，称之为静电场。静电场的基本性质是，对处在电场中的其他电荷都有作用力（电场力）。描述静电场的基本物理量是电场强度。在工程实际中，人们往往需要了解电场强度分布，这对于某些科学研究和工程技术十分重要，如电子管、示波管、电子显微镜等各种电子束管的研制。通过求解静电场边值问题，原则上可以求出任意静电场分布。然而，除极少数几何构型对称且极为简易的电极系统外，通常难以运用理论方式对静电场分布展开计算，而是采用实验方法进行测量。直接测量静电场不但困难而且精度不高，因此，人们常采用模拟法来分析静电场分布。模拟法描绘静电场实验是一种借由物理模拟的途径来探析静电场的实验，其宗旨为直观地呈现静电场的分布情形。

用模拟法测绘静电场是大学物理实验中一个重要的基础性实验，能够测绘多种电极之间的静电场，并且能够便捷地延伸至物体温度场、流体流场的模拟测绘。

【实验目的】

(1)了解模拟法的基本思想，明确模拟法的运用条件。

(2)学会用模拟法测绘静电场的基本原理和方法。

(3)加深对电场强度和电势概念的理解。

【实验仪器】

DH-SEF-1模拟静电场描绘仪(含测试仪和测试架)。

【实验原理】

1. 静电场和稳恒电流场

稳恒电流场与静电场是两种不同性质的场,但是它们都遵守环路定理,即

$$\oint_L \boldsymbol{E} \cdot \mathrm{d}\boldsymbol{l} = 0 \tag{6-1-1}$$

因而,它们都是有势场,都可以引入空间位置的标量函数——电势U,电场强度与电势的微分关系是$\boldsymbol{E}=-\nabla U$。

同时,这两种场都遵守高斯定理。对于静电场,有

$$\oiint_S \boldsymbol{E} \cdot \mathrm{d}\boldsymbol{S} = \frac{q_{\mathrm{in}}}{\varepsilon} \tag{6-1-2}$$

式中,q_{in}为闭合曲面S包含的电荷量代数和,ε为电介质的电容率。当闭合曲面S内无电荷,即$q_{\mathrm{in}}=0$时,有

$$\oiint_S \boldsymbol{E} \cdot \mathrm{d}\boldsymbol{S} = 0 \tag{6-1-3}$$

对于稳恒电流场,在均匀、线性、各向同性导电介质电极之外的无源区域,电流密度$\boldsymbol{j}$有

$$\oiint_S \boldsymbol{j} \cdot \mathrm{d}\boldsymbol{S} = 0 \tag{6-1-4}$$

可见,稳恒电流场和静电场具有相似性。

如果有两个相同的导体系统,一个置于电容率为ε的均匀、线性、各向同性导电介质中,另一个置于电导率为σ的均匀、线性、各向同性导电介质中,并在导体间外加电压,使导体的电势分别为U_1,U_2,…,U_n,如图6-1-1所示。两者的电势满足相同的方程,具有相同的边界条件,它们的电势分布必相同,即静电场空间某点P的电位U与电流场中对应点P的电位U'相同。

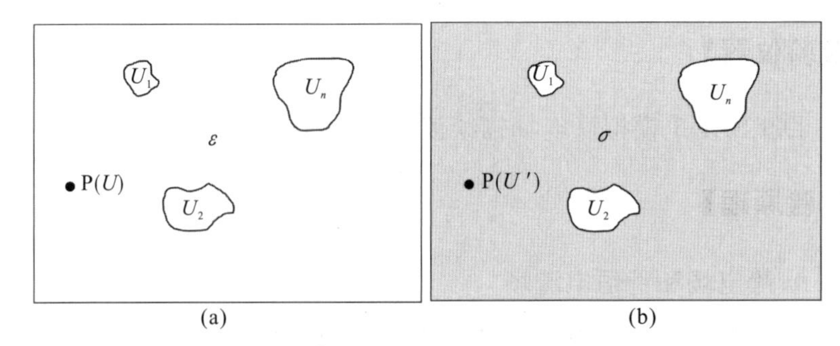

图 6-1-1　静电场和稳恒电流场中 P 点电势

对于稳恒电流场，在电极之外的均匀导电介质当中，电势的分布同样遵循拉普拉斯方程。传热学里的温度场、流体力学中不可压缩流体的速度场，在特定的边界条件下，也一样遵循拉普拉斯方程。倘若具备相同或相似的边界条件，那么稳恒电流场和静电场就会具有一样的电势分布。鉴于稳恒电流场的测试颇为便捷，因此，常常采用稳恒电流场去模拟静电场、温度场或者速度场。

2. 模拟条件

为了在实验中实现模拟，必须满足以下条件：

(1)稳恒电流场里的电极形状与位置必须和静电场中带电体的形状与位置相同或相似，如此才能通过保持电极间电压恒定，来模拟静电场中带电体上的电量恒定。

(2)静电场中的导体在静电平衡状态下，其表面属于等位面，表面附近的场强（或电场线）与表面垂直。与之相对应的稳恒电流场则要求电极表面也是等位面，并且电流线也要与表面垂直。这一条件一般只能近似满足，因为稳恒电流场中的电极一般不是等势体，表面也不是等势面，只有在电极的电导率远大于导电介质的电导率，同时导电介质的电导率远大于空气的电导率时，电极的表面才能近似看成等势面。

为此，必须让稳恒电流场中电极的电导率远远大于导电介质的电导率。由于被模拟的是真空中或者空气中的静电场，所以要求稳恒电流场中导电介质的电导率处处均匀。另外，模拟电流场中导电介质的电导率还应当远远大于与其相接触的其他绝缘材料的电导率，以保障模拟场与被模拟场的边界条件完全一样。

电极系统通常选用金属材质，导电介质可选用水、导电纸或者导电玻璃等。倘若满足上述模拟条件，那么稳恒电流场中导电介质内部的电流场与静电场就具有一样的电势分布规律。

水的电导率极为均匀，并且能够轻松地与电极达成良好的电接触，所以本实验采用水作为导电介质。

若在电极间加上直流电压，则由于水中导电离子向电极附近的聚集和电极附近发生的电解反应，增大了电极附近的场强，从而破坏了稳恒电流场和静电场的相似性，便会使模拟失真。因此，在使用水作为导电介质时，电极间应施加交流电压。当交流电压频率 f 适宜时，便可克服电极间施加直流电压引发的稳恒电流场分布的失真。交流电源频率 f 也不能过高，否则，场中电极和导电介质间构成的电容不能忽略不计。另外，应使该电磁波的波长 $\lambda(\lambda=c/f$，c 为光速）远大于电流场内相距最远两点间的距离，这样才能保证在每个时刻交流电流场和稳恒电流场的电势分布相似。这种交流电流场称为“似稳电流场”。通常 f 选为几百到上千赫兹，低至 50 Hz 也可用。

3. 无限长圆柱形电容器内部静电场分布的模拟

无限长圆柱形电容器由半径为 r_A 的无限长圆柱体 A 和内半径为 r_B 的同轴无限长圆筒形导体 B 构成，内导体与外圆筒之间充满电容率为 ε 的均匀、线性、各向同性的导电介质，如图 6-1-2(a)所示。内外导体分别带等量异号电荷，内导体单位长度的电荷量为 λ，外圆筒单位长度的电荷量为 $-\lambda$。由于电场分布具有轴对称性，因此，只要在垂直于轴线的任一截面 S 上研究电场分布即可。图 6-1-2(b)为无限长圆柱形电容器垂直于轴线的任一截面 S 上的电场分布示意图。

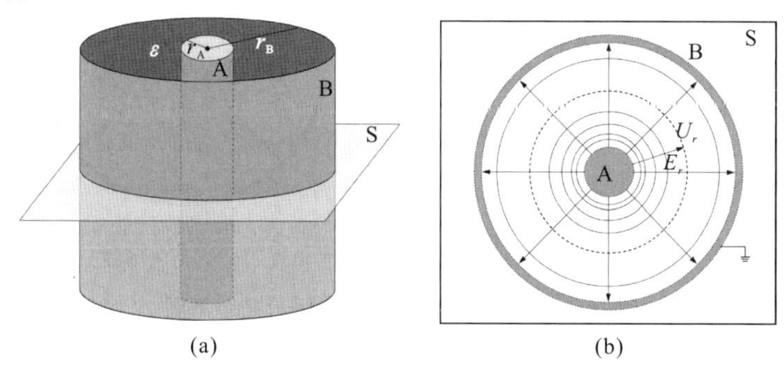

图 6-1-2　圆柱形电容器内部静电场

由高斯定理可知，距轴线的距离为 r（$r_A < r < r_B$）处的电场强度为

$$E_r = \frac{\lambda}{2\pi\varepsilon r} \tag{6-1-5}$$

相应的电势为

$$U_r = U_A - \int_{r_A}^{r} \boldsymbol{E} \cdot d\boldsymbol{r} = U_A - \frac{\lambda}{2\pi\varepsilon}\ln\frac{r}{r_A} \tag{6-1-6}$$

若圆筒形导体 B 接地，即 $r = r_B$，则 $U_B=0$，由式(6-1-6)可得

$$U_B = U_A - \frac{\lambda}{2\pi\varepsilon}\ln\frac{r_B}{r_A} = 0$$

即

$$\frac{\lambda}{2\pi\varepsilon} = \frac{U_A}{\ln\frac{r_B}{r_A}} \tag{6-1-7}$$

将式(6-1-7)代入式(6-1-6)，得

$$U_r = U_A\frac{\ln\frac{r_B}{r}}{\ln\frac{r_B}{r_A}} \tag{6-1-8}$$

$$E_r = -\frac{dU_r}{dr} = \frac{U_A}{\ln\frac{r_B}{r_A}} \cdot \frac{1}{r} \tag{6-1-9}$$

4. 无限长同轴电缆的静电场

无限长同轴电缆内的电场分布与圆柱形电容器内部的电场分布类似。

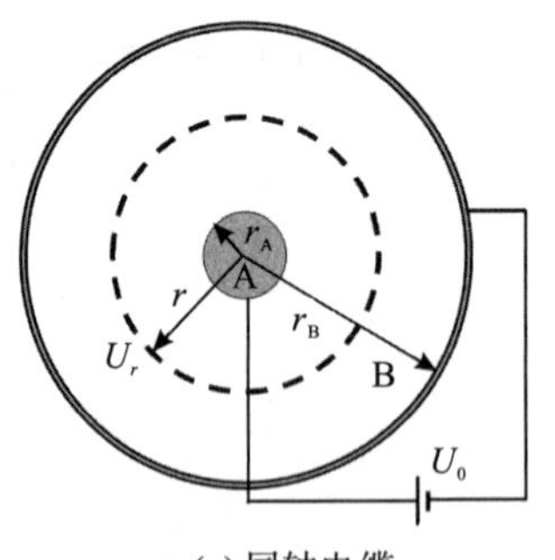

(a) 同轴电缆

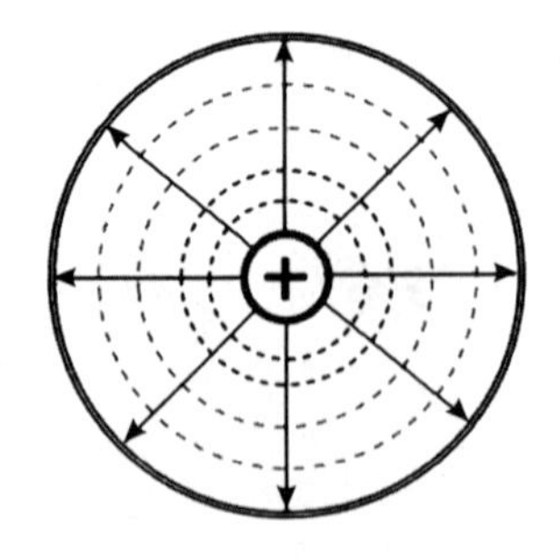

(b)同轴电缆等位线与电场线分布示意图

图 6-1-3　同轴电缆及其静电场分布示意图

如图 6-1-3(a)所示,设内圆柱电极半径为 r_A,外环电极内表面半径为 r_B,圆柱电极与圆环电极间的电势差为 U_0,静电场中距离轴心为 r 处的电势为 U_r,则有

$$U_r = U_0 \frac{\ln \frac{r_B}{r}}{\ln \frac{r_B}{r_A}} \tag{6-1-10}$$

或

$$\ln r = \ln r_B - \frac{U_r}{U_0} \ln \frac{r_B}{r_A} \tag{6-1-11}$$

实验时可将稳恒电流场的测量值与式(6-1-10)的计算值进行比较,计算百分比误差。

【实验内容】

用似稳电流场模拟测绘多种静电场。其中长直同轴圆柱形电缆中静电场的描绘为必做内容,其他内容供选做或作为本实验内容的延伸和拓展。

1. 长同轴电缆中静电场的描绘

模拟同轴电缆内静电场时,电路连接如图 6-1-4 所示。

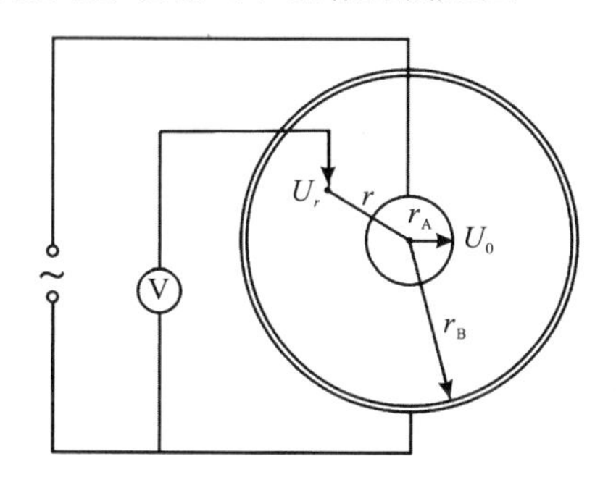

图 6-1-4　同轴电缆中静电场的描绘连线图

实验步骤如下:

(1)首先测量小圆柱的半径 r_A 和圆环内的半径 r_B。

(2)把小圆柱电极放置在水槽坐标纸中心,与 R_0 圈对齐,圆环电极放置在水槽周沿,同时确保其中心与圆柱电极中心一致,并使用导电杆将它们压住,如图 6-1-3 所示。

(3)在水槽中注入干净的自来水,自来水的深度和小圆柱上的刻线大致平齐。

(4)对装置进行水平调节。

(5)按照图 6-1-4 所示进行接线,调节"基准电压调节"旋钮,使输出电压为 15 V(也可取其他值)。

(6)在坐标纸上选取某个半径为 r 的同心圆(如 3.0 cm),在该圆周上选取若干个测量点(可在米字线上进行测量,8 个点),用探针测量出这些点的电压 U_r,此圆即为长同轴电缆截面中静电场的一条等位线。该等位线的理论电压值 U_{r0} 可由式(6-1-10)求出,进而能够得出本次测量的误差。

(7)选取不同半径的同心圆,重复上述测量步骤。

(8)依据电场线与等位线处处垂直的原理,绘制出静电场分布图。

2. 长平行圆柱间静电场的描绘

上述的长同轴电缆中的静电场被封闭在电极内,电极之外基本不存在电场,因而模拟较为准确。对于长平行圆柱间静电场,因水槽面积有限,水槽边缘的电流线无法流向水槽外部,只能平行于水槽壁流动,因此水槽边缘部分的模拟失真较大,仅有中央部分的测绘相对比较准确。

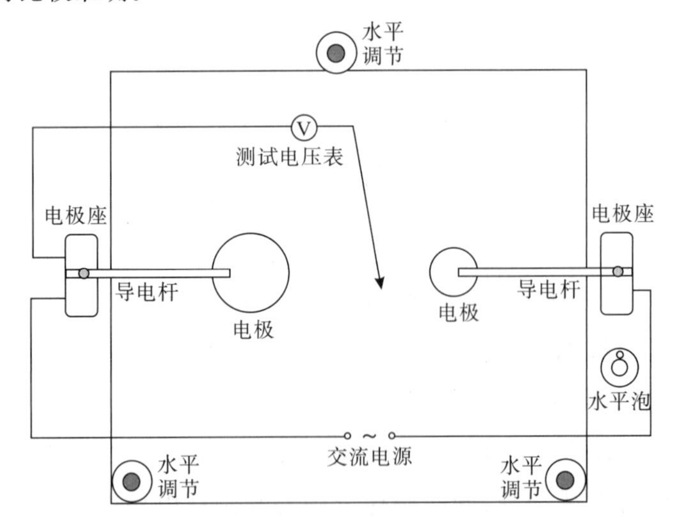

图 6-1-5　长平行圆柱间静电场的描绘测试图

实验步骤如下：

(1)将两个圆柱形电极放置于水平调节好的水槽中(如图 6-1-5 所示),并利用导电杆压住这两个电极(注意水位不能高于电极);两圆柱中心之间相距 18.0 cm,将基准电压调至 18.0 V。

(2)按照图 6-1-5 使用配置的测试线将电极座与测试仪连接起来。

(3)在毫米方格纸上将实物尺寸(指电极的大小及间距)按 1∶1 的比例进行描绘。

(4)移动探针找到某一电压(如 8.00 V)的测量点,接着在毫米方格纸上记录下对应的坐标;继续移动探针,找出若干相同电压的点。分别记录 2.0 V、4.0 V、6.0 V、8.0 V、10.0 V、12.0 V、14.0 V、16.0 V 的等位线各点的坐标;每条等位线通常要求有 12 个以上的点。

(5)将电位相等的点连成光滑的曲线,即为等位线。标注上每条等位线的电压值,依据等位线与电场线正交的关系,绘制出电场线的分布图。注意标出电场线走向的箭头,而且电场线也是光滑的曲线。

3. 平行板间静电场的描绘

平行板间静电场的测绘情况同上,但因为平行板电极的长度远大于圆柱形电极,所以边缘部分失真度要小些。

主要实验步骤与长平行圆柱间静电场的描绘相似。按照图 6-1-6使用配置的测试线连接电极座与测试仪。在毫米方格纸上分别记录 3.0 V、6.0 V、9.0 V、12.0 V、15.0 V 的等位线各点的坐标。用光滑的曲线将电位相等的点连接成等位线,标注每条等位线的电压值,并描绘出电场线的分布图。

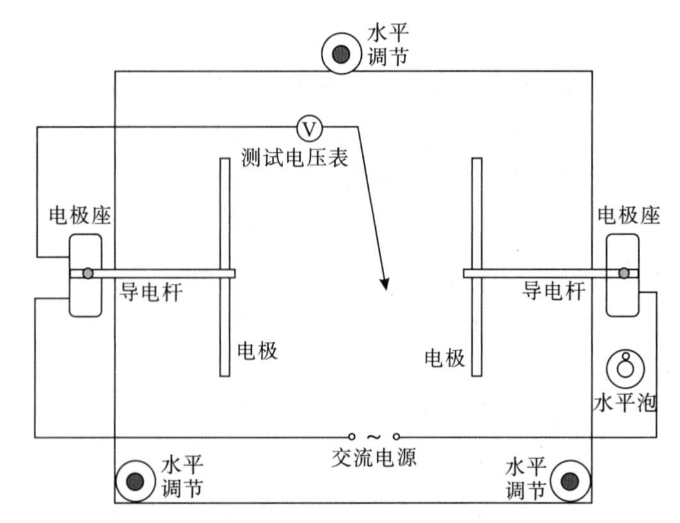

图 6-1-6　平行板间静电场的描绘测试图

4. 机翼周围速度场的描绘

两块长平行板间的等位线能够模拟液体或不可压缩气体的速度场中的流线。当在其间放置一块机翼截面形状的模块后，机翼模块上下表面外部的等位线的疏密程度即刻发生变化，从而反映出流经机翼上下表面的气流的速度变化情况，如图 6-1-7 所示。

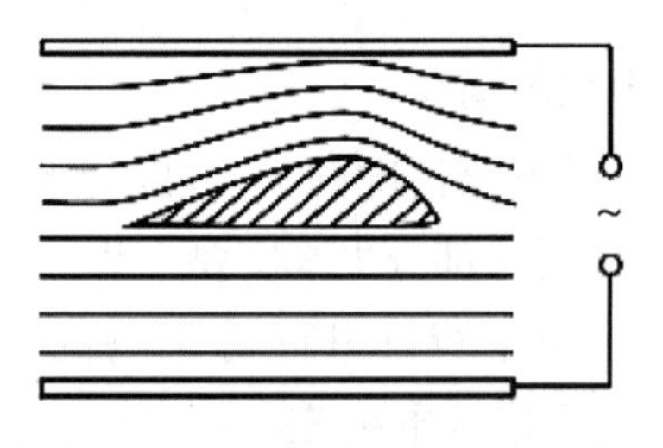

图 6-1-7　机翼周围速度场示意图

按照图 6-1-8 放置机翼模块，并使用配置的测试线连接电极座与测试仪。具体实验步骤不再赘述。

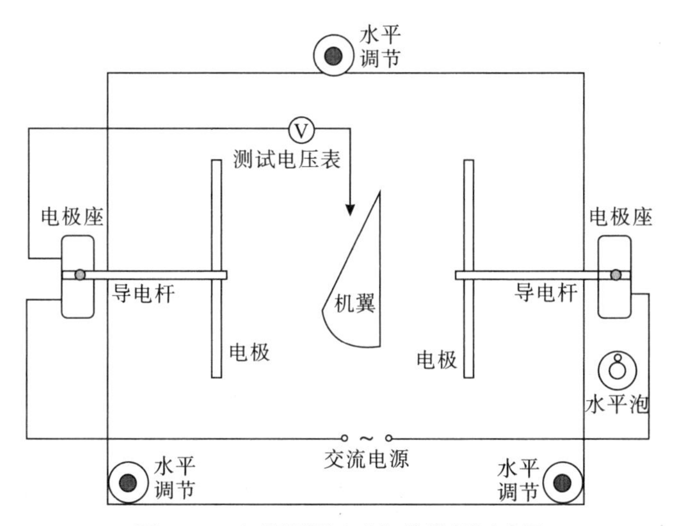

图 6-1-8　机翼周围速度场的描绘测试图

【注意事项】

(1)水槽中先放水再安装电极,确保电极与水接触均匀。

(2)实验完毕后,将电极和导电杆移出水面并擦干保存,防止电极长时间浸泡于水中出现锈斑。

(3)避免正负电极之间出现短路情况。

【实验数据记录与处理】

1. 长同轴电缆中静电场的描绘

$r_A=$____ cm,$r_B=$____ cm,$U_0=$____ V。

r(cm)	实验值 U_r(V)								平均值 $\overline{U}_r$(V)	理论值 U_{r0}(V)	相对误差 $E=\frac{\overline{U}_r-U_{r0}}{U_{r0}}\times100\%$
	1	2	3	4	5	6	7	8			

数据处理如下:

(1)根据式(6-1-10)计算所得测试点的电势理论值 U_{r0}，并计算出两者的相对误差，将结果填入表格中。

(2)用最小二乘法拟合 $\ln r - \overline{U}_r$ 线性关系，并计算斜率 a、截距 b 和相关系数 γ。

斜率 $a=$

截距 $b=$

相关系数 $\gamma=$

(3)根据式(6-1-11)计算直线 $\ln r = \ln r_B - \frac{U_r}{U_0}\ln\frac{r_B}{r_A}$ 的理论斜率和截距。

(4)计算利用最小二乘法拟合的直线斜率和截距与式(6-1-11)计算的理论直线斜率和截距的相对误差。

2. 长平行圆柱间静电场的描绘

数据记录表格及数据处理过程自拟。

3. 平行板间静电场的描绘

数据记录表格及数据处理过程自拟。

4. 机翼周围速度场的描绘

数据记录表格及数据处理过程自拟。

【思考题】

(1)为什么不能直接测量静电场?

(2)增加或减小两电极间的电压，等势面和电场线的形状是否发生变化?

(3)使用一段时间后，仪器的清洁程度有所变化，对实验结果会不会产生影响?

(4)等势线和电场线的形状与两极间电压大小是否有关? 电场强度和电势分布与两极间电压大小是否有关?

【仪器介绍】

本实验所用仪器 DH-SEF-1 模拟静电场描绘仪由测试仪(图 6-1-9)和测试架(图 6-1-10)两部分组成。

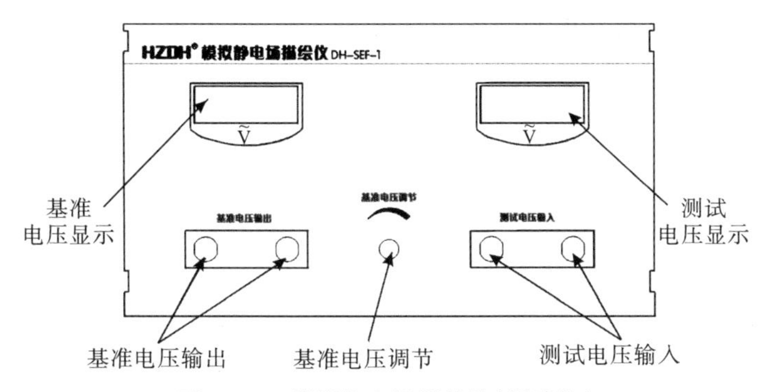

图 6-1-9　模拟静电场描绘仪(测试仪)

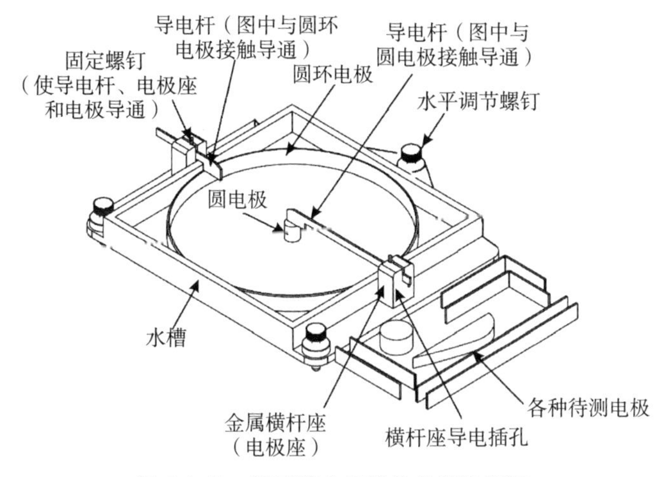

图 6-1-10　模拟静电场描绘仪(测试架)

仪器测试架是一个大规格的方形水槽,其内注有自来水,三角位置设有水平调节螺钉。该水槽中可放置各种电极,图 6-1-10 中水槽内所放置的是模拟长同轴圆柱体间静电场的一个圆电极和一个圆环电极,水槽底部铺设带直角坐标和极坐标的坐标纸。两个电极放置于坐标纸上所需位置(即圆电极与坐标纸的 R_0 圈对齐,圆环电极的外表面与坐标纸的 R_{15} 圈对齐),其高度超出水面,分别用水槽上方两个导电杆的一端压住。导电杆另一端置于水槽外金属横杆座的竖槽中,并用固定螺钉压住。两个横杆座分别与电源(基准电压)的一极相连。拧松固定螺钉后方可松动导电杆,进而自由变换电极或变动电极位置,改变实验内容。

测绘之前,可采取以下方法对水槽进行细致的水平调平。先通过水平泡大致调节水槽中水层的厚度。然后,按照长同轴电缆中静电场的描绘测试示意图,在水槽的两条对角线上临近圆环电极处对称地选4个点,测量其电压。若电压不一致,通过多次调节水平调节螺钉,最后使这4个对称点上所测电压相同或非常接近,便可认为水槽已经基本调平,可以开展测试。测绘前的这种"电调平"是实验获得高精度数据的先决条件。

水槽内电压测量点的位置根据坐标纸确定,但须对测量表笔直径的影响予以修正。在测绘模拟长同轴圆柱体间静电场时,采用极坐标甚是便利。

仪器还配有圆柱形、长方形、L形、机翼剖面形等各种形状的电极,可自由组合,模拟长平行导线、平行板电容器、聚焦电极等各种静电场,模拟圆柱、平板、机翼等物体周围的流场。

测绘长直同轴圆柱体间的静电场时,在极坐标上选择不同半径的多个圆,在每个圆周上均匀地选若干个点测量电势。倘若同一个圆上各个点所测得的电势相同或极为接近,那么就表明长同轴圆柱体间的静电场中的等势面是一个个同心的圆柱面,且能够便捷地进行数据处理。其他类型静电场的测绘方法也与之类似。

6.2 用惠斯通电桥测电阻

电桥是一类重要的电磁学测量仪器。电桥的最早形式是由英国科学家塞缪尔·亨特·克里斯蒂(Samuel Hunter Christie)于1833年发明的直流单臂电桥。1843年,英国物理学家查尔斯·惠斯通(Charles Wheatstone)第一次使用这种电桥对电阻进行了精确测量。由于惠斯通的测量方法非常巧妙,因此人们习惯上将这种电桥称为惠斯通电桥。

电桥的种类繁多,如果按照电源和阻抗的性质分类,电桥可以分为直流电桥和交流电桥。直流电桥主要用于测量电阻的阻值,交流电桥主要用于测量电容、电感等参数。其中,直流电桥又可以分为直流单臂电桥(又称惠斯通电桥)和直流双臂电桥(又称开尔文电桥),分别用于测量中值电阻(几十欧姆至几十万欧姆)和低值电阻

（几欧姆以下）。

为了满足不同的测量需求，人们设计了许多不同功能的电桥。这些电桥除了可以用来测量电阻、电容和电感等电学量，还可以借助传感器用来测量温度、压力、频率、真空度等非电学量。电桥具有灵敏度高、准确性好、使用方便等特点，因此广泛应用于电气测量、工业自动化和科研实验等领域。尽管各种电桥的测量对象不同、构造各异，但它们的基本原理和思想方法大致相同。因此，掌握惠斯通电桥的原理，能够为学习其他电桥的原理和方法奠定良好的基础。

【实验目的】

（1）掌握惠斯通电桥测电阻的原理。

（2）学会使用滑线式惠斯通电桥测电阻的方法。

（3）探究影响电桥灵敏度的因素。

（4）能够分析惠斯通电桥测电阻的误差来源及其不确定度。

【实验仪器】

DH6105A 型滑线式惠斯通电桥、MN-152D 型直流数控稳压电源、AC5 型直流检流计、ZX21 型直流多盘十进制电阻箱、DHR-1 型电阻测试板、单刀单掷开关、导线等。

【实验原理】

电阻是电路的基本元件之一，电阻的测量是基本的电学测量。测量电阻的方法很多，其中最常用的是伏安法和电桥法。用伏安法测电阻时，除电压表、电流表的准确度会带来误差外，测量方法本身也会引入误差。而电桥法测电阻的实质是在电桥平衡时将待测电阻与标准电阻进行比较，从而得到待测电阻的阻值。由于标准电阻的误差很小，如果再配上足够灵敏的检流计，那么对电阻的测量就可以达到很高的精确度。

1. 惠斯通电桥测电阻原理

惠斯通电桥原理图如图 6-2-1 所示。图中 AB、BC、CD 和 DA 四条支路分别由待测电阻 R_x 和标准电阻 R_0、R_2、R_1 组成，称为电桥的四个桥臂。在对角 A 和 C 之间连接电源 E，在对角 B 和 D 之间连接检流计 G。检流计支路起到沟通ABC和ADC两条支路的作用，好像一座“桥”一样，故称为“电桥”。当闭合开关 S_E 和 S_G 后，电流将流过各条支路。若 B、D 两点的电势不相等，则桥上有电流通过（$I_g \neq 0$），检流计 G 的指针发生偏转。适当调节 R_0、R_1 和 R_2 的阻值，使桥上没有电流通过（$I_g = 0$），检流计的指针不偏转（指零），此时 B、D 两点的电势相等，电桥的这种状态称为平衡状态。

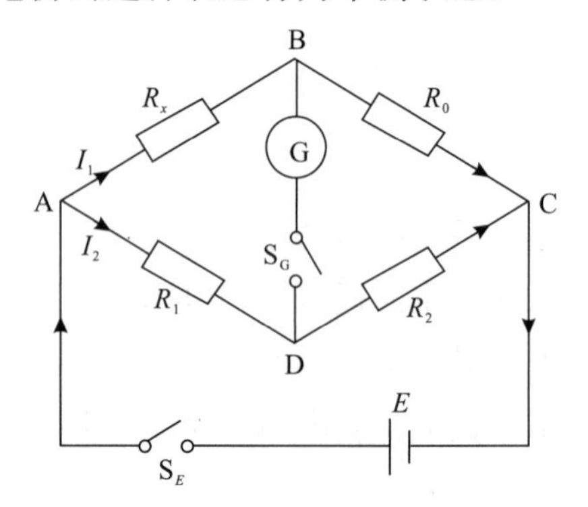

图 6-2-1　惠斯通电桥原理图

当电桥平衡时，A、B 之间的电势差等于 A、D 之间的电势差，B、C 之间的电势差等于 D、C 之间的电势差。设ABC支路和ADC支路中的电流分别为 I_1 和 I_2，则根据欧姆定律有

$$I_1 R_x = I_2 R_1, I_1 R_0 = I_2 R_2 \tag{6-2-1}$$

因此，待测电阻 R_x 可表示为

$$R_x = \frac{R_1}{R_2} R_0 \tag{6-2-2}$$

式(6-2-2)称为电桥的平衡条件。其中，R_x 称为待测臂，R_0 称为比较臂，R_1 和 R_2 组成比率臂，$K = R_1/R_2$ 称为比率臂的倍率。

本实验中使用的电桥是滑线式惠斯通电桥，其构造如图 6-2-2 所示。A、B、C 是装有接线柱的厚铜片（电阻可忽略），它们分别对应图 6-2-1 中的 A、B、C 三点。A、C 两铜片之间有一根长度为 $L = 100.00$ cm 的电阻丝，装有接线柱的滑键 D 对应图 6-2-1 中的 D 点。滑键 D 可沿电阻丝左右滑动，它上面的弹性铜片对应图 6-2-1 中的开关 S_G。按下滑键 D 按钮，铜片就与电阻丝接触，接触点将电阻丝分为两段,即AD段和DC段。AD段(设长度为 L_1)的电阻对应图6-2-1中的 R_1,DC段(设长度为 L_2)的电阻对应图6-2-1中的 R_2。A、B之间连接有待测电阻 R_x;B、C之间连接电阻箱 R_0;B、D之间连接检流计G;电源 E 和开关 S_E 由导线串联,一端连接铜片A上的接线柱,另一端连接铜片C上的接线柱。电源 E 为可调直流稳压电源。

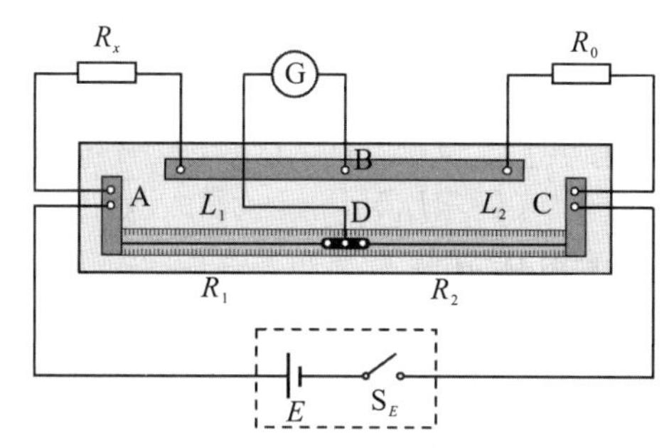

图6-2-2　滑线式惠斯通电桥示意图

设电阻丝的电阻率为 ρ,横截面积为 S,则有

$$R_1=\rho\frac{L_1}{S},R_2=\rho\frac{L_2}{S}$$

于是,比率臂的倍率 K 可以表示为

$$K=\frac{R_1}{R_2}=\frac{L_1}{L_2} \tag{6-2-3}$$

当电桥处于平衡状态时,由式(6-2-2)、式(6-2-3)可得待测电阻 R_x 的阻值为

$$R_{x1}=\frac{L_1}{L_2}R_0 \tag{6-2-4}$$

其中,L_1 的长度可从电阻丝下面所附的刻度尺上读出,$L_2=L-L_1$,R_0 的阻值可从电阻箱的表盘上读出,根据式(6-2-4)即可求出待测电阻 R_x 的阻值。

电桥平衡的调节方法有两种:一种是保持 R_0 的阻值不变,调节倍率 K 的取值;另一种是保持倍率 K 的取值不变,调节 R_0 的阻值。本实验采用后一种方法。

为了消除由于电阻丝不均匀所产生的系统误差,可以采用交换测量的方法,即在上述测量之后,将 R_x 和 R_0 的位置对调,重新调节

R_0 的阻值使电桥平衡，此时待测电阻 R_x 的阻值为

$$R_{x2} = \frac{L_2}{L_1} R'_0 \tag{6-2-5}$$

联立式(6-2-4)和式(6-2-5)，可得待测电阻 R_x 的阻值为

$$R_x = \sqrt{R_{x1} \cdot R_{x2}} = \sqrt{R_0 \cdot R'_0} \tag{6-2-6}$$

2. 倍率 K 对测量结果的影响

根据 $R_x = \frac{L_1}{L_2} R_0 = \frac{L_1}{L - L_1} R_0$，可得

$$\Delta R_x = \frac{(L - L_1)\Delta L_1 + L_1 \Delta L_1}{(L - L_1)^2} R_0 = \frac{L \Delta L_1}{(L - L_1)^2} R_0$$

所以，R_x 的相对误差可表示为

$$E_r = \frac{|\Delta R_x|}{R_x} = \frac{L|\Delta L_1|}{L_1(L - L_1)} \tag{6-2-7}$$

由 $\frac{dE_r}{dL_1} = 0$ 可得，当 $L_1 = L_2 = L/2$，即倍率 $K = L_1/L_2 = 1$ 时，R_x 的相对误差 E_r 有极小值。因此，在使用滑线式惠斯通电桥测电阻时，滑键按钮与电阻丝的接触点应尽量靠近电阻丝的中央位置。

3. 电桥的灵敏度

电桥的平衡是通过检流计的指针是否指零来判断的。检流计有一定的灵敏度，而人的眼睛的分辨能力有限，这就影响了我们对电桥是否达到平衡的判断。为了估计惠斯通电桥测电阻时因电桥未能真正平衡所引起误差的大小，需要引入电桥灵敏度的概念。一般来说，电桥的灵敏度越高，测量结果的精确度就越高。

(1)检流计的灵敏度。检流计的灵敏度反映检流计对微弱电流的响应能力。当通过检流计的电流变化量为 ΔI_g 时，引起检流计的指针偏转的格数为 Δn，则检流计的灵敏度 S_i 定义为

$$S_i = \frac{\Delta n}{\Delta I_g} \tag{6-2-8}$$

(2)电桥的灵敏度及相对灵敏度。当电桥处于平衡状态时，若使测量臂电阻 R_x 改变一个微小量 ΔR_x，从而引起检流计指针偏转 Δn 格，定义电桥灵敏度 S' 为

$$S' = \frac{\Delta n}{\Delta R_x}$$

当电桥平衡时，若使待测臂 R_x 改变一微小量 ΔR_x，引起检流计的指针偏转 Δn 格，则电桥的相对灵敏度 S 定义为

$$S=\frac{\Delta n}{\Delta R_x/R_x} \tag{6-2-9}$$

电桥的相对灵敏度反映了电桥对电阻发生相对变化的分辨能力。在实际测量中，待测电阻 R_x 的阻值是不能改变的，通常采用改变比较臂电阻 R_0 的阻值来测量电桥的相对灵敏度，即

$$S=\frac{\Delta n}{\Delta R_0/R_0} \tag{6-2-10}$$

本实验只分析电桥的相对灵敏度 S。

(3)影响电桥相对灵敏度的因素。对于图 6-2-1 所示的惠斯通电桥，利用基尔霍夫定律可计算出桥上的电流 I_g 为

$$I_g=\frac{(R_0R_1-R_xR_2)E}{R_xR_0R_1+R_xR_0R_2+R_xR_1R_2+R_0R_1R_2+R_g(R_x+R_0)(R_1+R_2)} \tag{6-2-11}$$

在电桥平衡时，若使待测臂电阻 R_x 改变一微小量 ΔR_x，则通过检流计的电流变化量 ΔI_g 可表示为

$$\Delta I_g=\frac{-\Delta R_xR_2E}{R_xR_0R_1+R_xR_0R_2+R_xR_1R_2+R_0R_1R_2+R_g(R_x+R_0)(R_1+R_2)+\Delta R_x(R_0R_1+R_0R_2+R_1R_2+R_1R_g+R_2R_g)} \tag{6-2-12}$$

联立式(6-2-8)、式(6-2-9)和式(6-2-12)，可将电桥的相对灵敏度 S 表示为

$$S=\frac{-S_iE}{R_x+R_0+R_1+R_2+R_g\left(2+\dfrac{R_x}{R_0}+\dfrac{R_2}{R_1}\right)} \tag{6-2-13}$$

由式(6-2-13)可知，影响电桥相对灵敏度的因素主要有以下几个方面：

①电桥的相对灵敏度与检流计的灵敏度成正比。选择灵敏度高的检流计，可以提高电桥的相对灵敏度。需要注意的是，当检流计的灵敏度过高时，电阻箱电阻的不可连续性可能会造成无法将检流计指针调至指零。因此，要合理地选择检流计的灵敏度。

②电桥的相对灵敏度与电源的电动势成正比。提高电源的电动势，可以提高电桥的相对灵敏度，但要考虑桥臂电阻的额定功率。

③电桥的相对灵敏度与桥臂电阻的阻值之和以及桥臂电阻的阻值之比有关。桥臂电阻的阻值过大，将大大降低电桥的相对灵敏度；桥臂电阻的阻值相差太大，也会降低电桥的相对灵敏度。因此，测量不同电阻或用不同的比率臂测量同一电阻时，电桥的相对灵敏度都不一样。桥臂电阻的阻值之和较小，四臂电阻的阻值相等时，电桥的相对灵敏度较高。

④电桥的相对灵敏度与检流计的内阻有关。检流计的内阻越小，电桥的相对灵敏度越高。

4. 测量结果的误差来源及其不确定度分析

由于采用交换测量法已经消除了因电阻丝不均匀所产生的系统误差，所以测量结果的不确定度主要来自比较臂电阻 R_0 的仪器误差和由电桥相对灵敏度 S 引入的不确定度。

(1)比较臂电阻 R_0 的误差引入的不确定度分量。电阻箱示值为 R_0 时的误差极限为

$$\Delta_1(R_0)=\sum_i \alpha_i\% \cdot R_{0i} \tag{6-2-14}$$

式中，R_{0i} 为电阻箱第 i 个十进制挡位的示值，α_i 为电阻箱第 i 个十进制挡位的准确度等级。实验中使用的是 ZX21 型电阻箱，其各个挡位对应的准确度等级 α_i 分别取 0.1(×10000 Ω挡)、0.1(×1000 Ω挡)、0.5(×100 Ω挡)、1(×10 Ω挡)、2(×1 Ω挡)和 5(×0.1 Ω挡)。

因此，由比较臂电阻 R_0 的误差所引入的标准不确定度分量为

$$u_{B1}(R_0)=\frac{\Delta_1(R_0)}{\sqrt{3}} \tag{6-2-15}$$

(2)电桥相对灵敏度 S 引入的不确定度分量。如果检流计的灵敏阈为 Δn_0（一般取 0.2～0.5 格），则根据式(6-2-10)可知，由电桥相对灵敏度 S 引入的误差极限为

$$\Delta_2(R_0)=R_0\frac{\Delta n_0}{S} \tag{6-2-16}$$

因此，由电桥相对灵敏度 S 所引入的标准不确定度分量为

$$u_{B2}(R_0)=\frac{\Delta_2(R_0)}{\sqrt{3}} \tag{6-2-17}$$

(3)比较臂电阻 R_0 的合成标准不确定度。上述关于 R_0 的标准不确定度的两个分量相互独立,故 R_0 的合成标准不确定度为

$$u_B(R_0)=\sqrt{u_{B1}^2(R_0)+u_{B2}^2(R_0)} \tag{6-2-18}$$

(4)待测电阻 R_x 的标准不确定度。采用交换测量后,R_x 的计算公式为

$$R_x=\sqrt{R_0\cdot R'_0}$$

根据不确定度传递公式,R_x 的标准不确定度为

$$u(R_x)=\frac{1}{2}\left[\frac{u_B(R_0)}{R_0}+\frac{u_B(R'_0)}{R'_0}\right]R_x \tag{6-2-19}$$

式中,$u_B(R_0)$和 $u_B(R'_0)$分别是交换前后两次测量的 R_0 的合成标准不确定度。

【实验内容】

1. 自组惠斯通电桥测电阻

(1)参照图 6-2-2 摆放仪器,并连接好电路,然后仔细检查一遍,确保线路连接无误。

(2)打开稳压电源和检流计的开关。电源设置为稳压 3 V,恒流 0.3 A。检流计经预热几分钟后,量程开关打至“调零”挡进行准确调零,然后选择合适的量程(包括非线性挡)即可使用。

(3)设置电桥的倍率 $K=L_1/L_2=1$(即滑键按钮与电阻丝的接触点在电阻丝中央位置),并根据待测电阻 R_x 的标称值,预设电阻箱 R_0 的阻值。

(4)闭合开关 S_E,并按下滑键按钮,眼睛密切注视检流计,仔细调节电阻箱 R_0 的阻值直至电桥平衡,并记录 R_0。

注意:如果检流计的示值较大,应迅速松开滑键按钮。这是由 R_0 的预设值不合适,电桥很不平衡造成的。此时应检查 R_0 的阻值,如有错置,应立即改正。如果检流计的示值变化缓慢,可微调 R_0 的阻值,使检流计的示值尽可能小,直至最接近 0 为止。

(5)在电桥平衡时,将 R_0 的阻值增大(或减小)ΔR_0,此时检流计

的指针偏转 Δn 格，记录下 ΔR_0 和 Δn。

(6)断开开关 S_E，并松开滑键按钮。

(7)交换 R_x 和 R_0 的位置，重复步骤(4)至步骤(6)。

(8)重复步骤(3)至步骤(7)，测量其他待测电阻的阻值。

2. 探究影响自组惠斯通电桥相对灵敏度的因素

(1)倍率 K 对电桥相对灵敏度 S 的影响。逐次改变倍率 K 的取值，重复上文“自组惠斯通电桥测电阻”中的步骤(4)至步骤(6)，自拟表格记录数据。计算不同 K 值下的电桥相对灵敏度 S，探索倍率 K 对电桥相对灵敏度 S 的影响。

(2)电源电动势 E 对电桥相对灵敏度 S 的影响。逐次改变电源电动势 E 的取值，重复上文“自组惠斯通电桥测电阻”中的步骤(3)至步骤(6)，自拟表格记录数据。计算不同 E 值下的电桥相对灵敏度 S，探索电源电动势 E 对电桥相对灵敏度 S 的影响。

【注意事项】

(1)测量过程中，不要长时间接通电路，以免线路中某些元件因发热而导致阻值变化。

(2)电桥上使用的电阻丝应保持伸直状态，不要随意拨动电阻丝。

(3)滑键按钮按下后不要左右移动，以免刮伤电阻丝，影响电阻丝的粗细均匀程度。

(4)实验完成后，检流计的量程开关应打到“关机”位置。

【实验数据记录与处理】

1. 自组惠斯通电桥测电阻

标称值	交换前				交换后			
R_x(Ω)	R_0(Ω)	ΔR_0(Ω)	Δn(格)	S(格)	R'_0(Ω)	$\Delta R'_0$(Ω)	$\Delta n'$(格)	S'(格)

数据处理如下：

(1)分别计算交换前后两次测量的 R_0 的误差极限。

交换前：$\Delta_1(R_0)=\sum_i \alpha_i\% \cdot R_{0i}=$　　$\Delta_2(R_0)=R_0\dfrac{\Delta n_0}{S}=$

交换后：$\Delta_1(R'_0)=\sum_i \alpha_i\% \cdot R'_{0i}=$　　$\Delta_2(R'_0)=R'_0\dfrac{\Delta n_0}{S'}=$

(2)分别计算交换前后两次测量的 R_0 的标准不确定度。

交换前：$u_{B1}(R_0)=\dfrac{\Delta_1(R_0)}{\sqrt{3}}=$　　$u_{B2}(R_0)=\dfrac{\Delta_2(R_0)}{\sqrt{3}}=$

$u_B(R_0)=\sqrt{u_{B1}^2(R_0)+u_{B2}^2(R_0)}=$

交换后：$u_{B1}(R'_0)=\dfrac{\Delta_1(R'_0)}{\sqrt{3}}=$　　$u_{B2}(R'_0)=\dfrac{\Delta_2(R'_0)}{\sqrt{3}}=$

$u_B(R'_0)=\sqrt{u_{B1}^2(R'_0)+u_{B2}^2(R'_0)}=$

(3)计算待测电阻 R_x 的最佳估计值 $\overline{R}_x$ 及其标准不确定度 $u(R_x)$。

$\overline{R}_x=\sqrt{R_0\cdot R'_0}=$　　$u(R_x)=\dfrac{1}{2}\left[\dfrac{u_B(R_0)}{R_0}+\dfrac{u_B(R'_0)}{R'_0}\right]\overline{R}_x=$

待测电阻的阻值表示为

$R_x=\overline{R}_x\pm u(R_x)=$

(4)用表格列出所有待测电阻 R_x 的最佳估计值 $\overline{R}_x$ 及其标准不确定度 $u(R_x)$。

标称值 $R_x(\Omega)$	$u_B(R_0)(\Omega)$	$u_B(R'_0)(\Omega)$	$\overline{R}_x(\Omega)$	$u(R_x)(\Omega)$

2. 探究影响自组惠斯通电桥相对灵敏度的因素

(1)倍率 K 对电桥相对灵敏度 S 的影响。自拟表格记录数据，并计算不同倍率 K 对应的电桥相对灵敏度 S。以倍率 K 为横坐标，以电桥相对灵敏度 S 为纵坐标作 $K-S$ 图。

(2)电源电动势 E 对电桥相对灵敏度 S 的影响。自拟表格记录数据，并计算不同电源电动势 E 对应的电桥相对灵敏度 S。以电源

电动势 E 为横坐标,以电桥相对灵敏度 S 为纵坐标作 $E-S$ 图。

【思考题】

(1)什么是电桥平衡?如何判断电桥平衡?

(2)用惠斯通电桥测电阻时,交换测量的目的是什么?

(3)为什么要测量电桥的相对灵敏度?电桥的相对灵敏度与哪些因素有关?

(4)电桥的相对灵敏度是否越高越好?为什么?

6.3 伏安法测电阻

根据欧姆定律,通过测量电阻两端电压和流过电阻的电流来计算电阻阻值的方法称为伏安法,它是测量电阻的基本方法之一。伏安法具有方法简单、使用方便、适用范围广等优点,既可测量线性元件,也可测量非线性元件。伏安法是目前研究和测量各种元件和材料导电特性最常用的方法。

电表内阻的存在给伏安法测量电阻带来了系统误差,要提高测量结果的准确度,除了要选择精度较高的仪表,还必须采用合适的电路连接方式,尽可能减小系统误差的影响。

【实验目的】

(1)掌握用电流表、电压表测量电阻伏安特性的方法。

(2)学习简单的电路设计方法,明确如何选择仪器和确定最佳测量条件。

(3)学会分析实验中的系统误差,掌握其修正方法。

【实验仪器】

待测电阻、电流表、直流稳压电源、电压表、电阻箱、滑线变阻器等。

【实验原理】

根据欧姆定律,若测得通过电阻 R 的电流 I 及电阻 R 两端的电压 U,则有

$$R = \frac{U}{I}$$

伏安法测电阻的系统误差主要来自两方面:一方面是电表的准确度等级会影响电流和电压的测量精确度;另一方面是由于电表存在内阻,在测量电流或电压时存在方法误差(如电表的接入误差)。采用适合的接线方法可以在一定程度上减小电表内阻引起的误差,图 6-3-1 所示为伏安法测电阻的原理图。

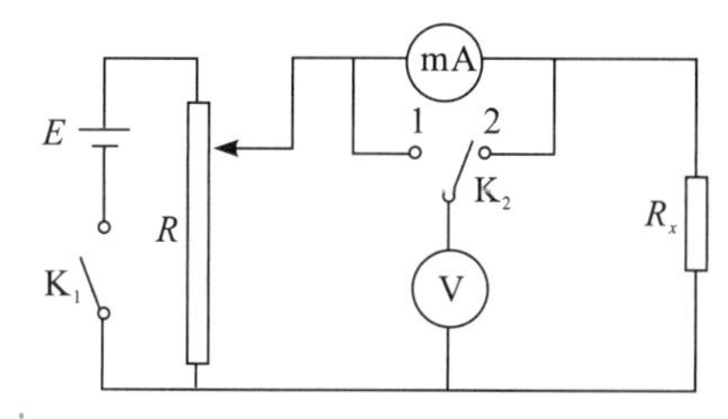

图 6-3-1　伏安法测电阻原理图

1. 测量仪表的选择

(1)参照待测电阻 R_x 的额定功率确定电表的量程。设电阻 R_x 的额定功率为 P,则最大电流 I_m 为

$$I_m = \sqrt{\frac{P}{R_x}}$$

为了充分利用电表的准确度,选择电流表的最大量程 $I_M \approx I_m$,电压表的最大量程 $U_M \approx I_m \cdot R$。例如,设 $R_x \approx 100\ \Omega$,$P = 0.25$ W,则 $I_m \approx 50$ mA,所以电流表取量程为 0～50 mA 较适宜,电压表取量程为 0～5 V较适宜。

(2)参照对电阻测量准确度的要求确定电表的准确度等级。在一定近似下,电阻值测量不确定度可表示为

$$\frac{u(R)}{R} = \sqrt{\left(\frac{u(U)}{U}\right)^2 + \left(\frac{u(I)}{I}\right)^2} \tag{6-3-1}$$

式中,U 和 I 分别为电压表和电流表的示值。$u(U)$ 和 $u(I)$ 分别为电压表和电流表的测量不确定度,其与电表的量程和准确度等级密

切相关，有

$$u(U)=\frac{a_{V}\%\cdot U_{M}}{\sqrt{3}},u(I)=\frac{a_{I}\%\cdot I_{M}}{\sqrt{3}}\tag{6-3-2}$$

式中，a_V、a_I 分别是电压表和电流表的准确度等级，U_M 与 I_M 分别是电压表和电流表的最大量程。

假设要求测量电阻 R 的相对不确定度不大于 E_R，即 $\frac{u(R)}{R}\leqslant E_R$，由式(6-3-1)，根据不确定度均分原则，则有

$$\frac{u(U)}{U}\leqslant\frac{E_R}{\sqrt{2}},\frac{u(I)}{I}\leqslant\frac{E_R}{\sqrt{2}}$$

即

$$a_V\%\leqslant\frac{E_R}{\sqrt{2}}\cdot\frac{\sqrt{3}U}{U_M},a_I\%\leqslant\frac{E_R}{\sqrt{2}}\cdot\frac{\sqrt{3}I}{I_M}\tag{6-3-3}$$

对前面例子中 $R_x\approx 100\ \Omega$，$P=0.25$ W，选择电流表和电压表的最大量程分别是 $I_M=50$ mA，$U_M=5$ V。假设实际测量中，流过电阻 R 的电流 $I\approx 35$ mA，R 两端电压 $U\approx 3.5$ V，若要求相对不确定度 $E_R\leqslant 1\%$，则

$$a_V\%\leqslant\frac{1\%}{\sqrt{2}}\cdot\frac{\sqrt{3}\times 3.5}{5}=0.86\%,a_I\%\leqslant\frac{1\%}{\sqrt{2}}\cdot\frac{\sqrt{3}\times 35}{50}=0.86\%$$

因此，取 0.5 级的电流表和电压表即可。

2. 两种接线方法引入的误差

伏安法测量电阻实验中，根据电流表和电压表位置的不同，可分为两种接线方法：一种是电流表接在电压表的内侧，如图 6-3-2(a) 所示，称为内接法；另一种是电流表接在电压表的外侧，如图 6-3-2(b)所示，称为外接法。

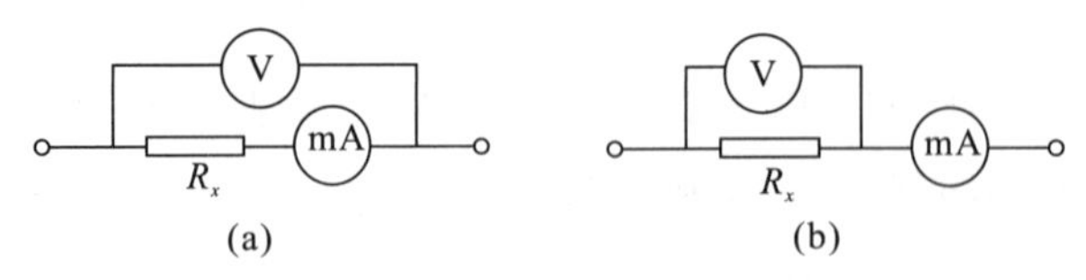

图 6-3-2　内接法和外接法原理图

根据欧姆定律，若待测电阻的实际值为 R_x，其中流过的电流为 I_x，其两端的电压为 U_x，则有

$$R_x=\frac{U_x}{I_x}$$

但在实际测量中，无论采用内接法还是外接法，两电表均不能同时给出 U_x 和 I_x，在这种情况下，将电压表的示值 U 和电流表的示值 I 按欧姆定律计算，得

$$R=\frac{U}{I} \tag{6-3-4}$$

根据式(6-3-4)计算得到的 R 并不是待测电阻 R_x 的阻值，这会带来测量误差。

(1)内接法引入的误差。当采用内接法时，电流表的示值就是待测电阻 R_x 中流过的电流 I_x，即 $I=I_x$，但电压表的示值 U 却是电阻 R_x 上的电压 U_x 与电流表上的电压 U_A 之和，即

$$U=U_x+U_A=U_x+I_xR_A \tag{6-3-5}$$

式中，R_A 是电流表的内阻。于是得内接法的测量值

$$R_{内}=R_x+R_A$$

可见，内接法的测量值大于实际值，内接法的绝对误差为

$$\Delta R_{内}=R_{内}-R_x=R_A$$

内接法的相对误差为

$$E_{内}=\frac{\Delta R_{内}}{R_x}=\frac{R_A}{R_x}$$

这表明，只有当 $R_x \gg R_A$ 时，才能保证测量有足够的准确度，所以测量较大的电阻时适合采用内接法。

(2)外接法引入的误差。当采用外接法时，电压表的示值 U 就是待测电阻 R_x 两端的电压 U_x，但电流表的示值 I 却是电阻 R_x 中流过的电流 I_x 与电压表中流过的电流 I_V 之和，即

$$I=I_x+I_V=\frac{R_x+R_V}{R_x \cdot R_V}U \tag{6-3-6}$$

式中，R_V 为电压表的内阻，外接法的测量值为

$$R_{外}=\frac{U}{I}=\frac{R_x \cdot R_V}{R_x+R_V}$$

可见，外接法的测量值小于待测电阻 R_x 的值，外接法的绝对误差为

$$\Delta R_{外}=R_{外}-R_x=-\frac{R_x^2}{R_x+R_V}$$

外接法的相对误差可写成

$$E_{外} = \frac{\Delta R_{外}}{R_x} = -\frac{1}{1+\dfrac{R_V}{R_x}}$$

这表明，只有当 $R_V \gg R_x$ 时，才能保证测量有足够的准确度，所以测量较小的电阻时适合采用外接法。

(3)两种接线方法的选择。为了减小测量的系统误差，在两种接线方法的选择上大致可以根据 $\lg(R_x/R_A)$ 和 $\lg(R_V/R_x)$ 的大小关系来判断(R_x 可取粗测值或已知的约值)。当满足式(6-3-7)时，可选内接法。

$$\lg(R_x/R_A) > \lg(R_V/R_x) \tag{6-3-7}$$

而当满足式(6-3-8)时，可选外接法。

$$\lg(R_x/R_A) < \lg(R_V/R_x) \tag{6-3-8}$$

若存在式(6-3-9)的关系，则两种接法引起的误差差不多，可自由选择。

$$R_x \approx \sqrt{R_A \cdot R_V} \tag{6-3-9}$$

3. 系统误差的修正

如果要得到较准确的电阻值，就需要对测量结果进行修正，消除系统误差。

(1)采用内接法测得的电阻 $R_{内}$ 实际是待测电阻 R_x 与电流表内阻 R_A 串联的等效电阻，所以，内接法的修正公式为

$$R_x = R_{内} - R_A$$

(2)采用外接法测得的电阻 $R_{外}$ 实际是待测电阻 R_x 与电压表内阻 R_V 并联的等效电阻，所以，外接法的修正公式为

$$\frac{1}{R_{外}} = \frac{1}{R_x} + \frac{1}{R_V}$$

$$R_x = \frac{R_{外} R_V}{R_V - R_{外}}$$

【实验内容】

(1)按图 6-3-1 所示连接好电路，通过单刀双掷开关 K_2 选择内接法和外接法。仔细检查电路，确保电路正确无误，并将滑线变阻

器的滑动端移至使其输出电压为零的位置，接通电源开关 K_1。

(2)取一个阻值为 1～2 kΩ 的电阻作为待测电阻 R_{x1}，要求测量相对不确定度 $E_R \leqslant 5\%$，选取适当的电源电压、电压表量程和电流表量程。用内接法和外接法两种方式，各取 5 种以上不同的电压(在 2/3 量程到满量程之间均匀取值)测量出相应的电流。

(3)再取一个阻值为 10～100 Ω 的电阻作为待测电阻 R_{x2}，重复步骤(2)的内容。

【注意事项】

(1)选择电压、电流的测量范围不能超过待测电阻的额定功率，否则可能烧坏电阻。

(2)电表正负极不能接错，否则容易损坏电表。

(3)在测量时，选取电表量程要使测量范围在 2/3 量程到满量程之间。

【实验数据记录与处理】

1. 测量 R_{x1} 电阻

电表	准确度等级	最大量程(mA、V)	内阻(Ω)
电流表	$a_I=$	$I_M=$	$R_A=$
电压表	$a_V=$	$U_M=$	$R_V=$

(1)内接法。

测量点	1	2	3	4	5	6
U_i(V)						
I_i(mA)						

数据处理如下：

①根据欧姆定律计算不同电压下测得 R_x 的阻值 R_i，并计算出对应的修正值 R_{xi}。

$$R_i=\frac{U_i}{I_i}= \qquad\qquad R_{xi}=R_i-R_A=$$

②根据式(6-3-1)和式(6-3-2)计算各 R_i 的测量不确定度 $u(R_i)$

及对应的权值 p_i。

$$u(U_i)=\frac{a_V\% \cdot U_M}{\sqrt{3}}= \qquad u(I_i)=\frac{a_I\% \cdot I_M}{\sqrt{3}}=$$

$$u(R_i)=R_i\sqrt{\left(\frac{u(U_i)}{U_i}\right)^2+\left(\frac{u(I_i)}{I_i}\right)^2}=$$

$$p_i=1/u^2(R_i)=$$

③计算待测电阻 R_x 的最佳估计值 $\overline{R}_x$ 及不确定度 $u(R_x)$。

$$\overline{R}_x=\frac{\sum p_i R_{xi}}{\sum p_i}= \qquad u(R_x)=\sqrt{\frac{1}{\sum p_i}}=$$

测量结果表示为 $R_x=\overline{R}_x \pm u(R_x)$。

(2)外接法。

测量点	1	2	3	4	5	6
U_i(V)						
I_i(mA)						

数据处理:同内接法。

2. 测量 R_{x2} 电阻

电表	准确度等级	最大量程(mA、V)	内阻(Ω)
电流表	$a_I=$	$I_M=$	$R_A=$
电压表	$a_V=$	$U_M=$	$R_V=$

(1)内接法。

测量点	1	2	3	4	5	6
U_i(V)						
I_i(mA)						

数据处理:同内接法测量 R_{x1} 的电阻。

(2)外接法。

测量点	1	2	3	4	5	6
U_i(V)						
I_i(mA)						

数据处理:同内接法测量 R_{x1} 的电阻。

【思考题】

(1)用伏安法测电阻时,内接法和外接法分别适用于什么条件?

(2)伏安法测电阻实验是等精度测量还是非等精度测量?如何判断?

(3)接通电源前,各仪器预置值的选择原则是什么?

(4)本实验采用分压电路进行调节,如果改成限流电路,是否可行?为什么?

(5)如何测量电压表的内阻 R_V 和电流表的内阻 R_A?

6.4 电表的改装与校准

在电学实验中,经常要用电表(电流表、电压表、万用表等)测量电流、电压等物理量,因此需要了解电表的结构,掌握正确的使用方法。常用电表的核心部分是一块磁电式电流计(俗称"表头"),表头的线圈导线很细,允许通过的电流很小。直接使用表头只能测量很小的电流。如果用它来测量较大的电流或电压,就必须进行改装,以扩大其量程。

任何一种电表(尤其是自行改装的电表)在使用前都应该进行校准,校准就是将其与一个准确度等级较高的电表进行比较。校准是物理实验中非常重要的一项技术。本实验就是将一块磁电式电流计改装成电流电压两用表并对其进行校准。

【实验目的】

(1)掌握测定表头量程和内阻的方法。

(2)熟悉电表的结构和工作原理,掌握改装电表的基本方法。

(3)掌握校准电表的基本方法,学会确定电表的准确度等级。

【实验仪器】

表头、0.5 级多量程毫安表、直流稳压电源、0.5 级多量程电压表、电阻箱、滑线变阻器、微安表等。

【实验原理】

1. 表头内阻的测定

测量表头内阻 R_g 的常用方法有替代法、半偏法、电桥法等。

(1)替代法。替代法测量表头内阻的原理如图 6-4-1 所示。首先将开关 S 置于 1，将待测表头 G 接入电路。选择适当的电压 V 和电阻 R_W，使表头满偏，此时微安表的读数就是表头的最大量程 I_g；再将开关 S 置于 2，保持电压 V 和电阻 R_W 的值不变，然后仔细调节电阻箱 R 的阻值，使微安表的读数重新回到 I_g，此时电阻箱的阻值就为待测表头的内阻 R_g。

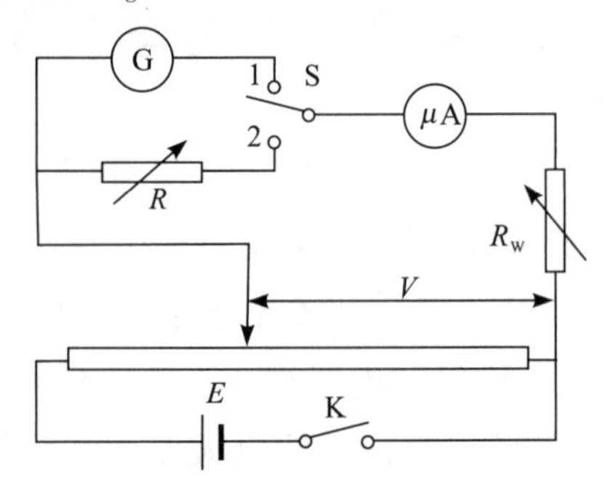

图 6-4-1　替代法测量表头内阻

(2)半偏法。半偏法测量表头内阻的原理如图 6-4-2 所示。当开关 K_1 闭合、K_2 断开时，调节电阻 R_1，使表头 G 达到满偏，此时流

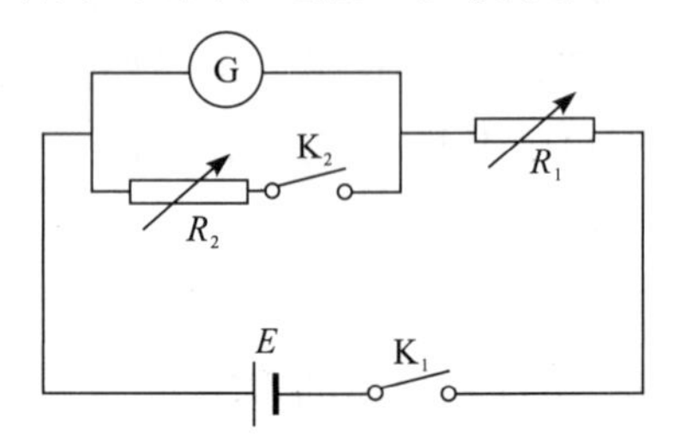

图 6-4-2　半偏法测量表头内阻

过表头的电流为 I_g，根据全电路欧姆定律有

$$E = I_g(R_g + R_1 + r) \tag{6-4-1}$$

式中，r 为电源内阻。闭合开关 K_2，保持电阻 R_1 不变，调节 R_2，使表头达到半偏，此时流过表头的电流为 $I_g/2$，根据欧姆定律有

$$\frac{1}{2}I_gR_g = I_2R_2 \tag{6-4-2}$$

式中，I_2 是流过 R_2 的电流。此时流过 R_1 的电流为 $I_2+I_g/2$，根据全电路欧姆定律有

$$E = \left(\frac{1}{2}I_g + I_2\right)(R_1 + r) + \frac{1}{2}I_gR_g \tag{6-4-3}$$

联立式(6-4-1)、式(6-4-2)和式(6-4-3)，解得

$$R_g = \frac{(R_1 + r)R_2}{R_1 + r - R_2} \tag{6-4-4}$$

一般稳压源的内阻都很小，可以忽略不计，故

$$R_g \approx \frac{R_1R_2}{R_1 - R_2} \tag{6-4-5}$$

(3)电桥法。电桥法测量表头内阻的原理见第 6.2 节“用惠斯通电桥测电阻”。

2. 将表头改装成电流表

通过在表头上并联一个分流电阻 R_S，就可以把表头改装成电流表，如图 6-4-3 所示。设改装后的电流表的最大量程为 I，根据欧姆定律有

$$(I - I_g)R_S = I_gR_g$$

并联分流电阻的阻值为

$$R_S = \frac{I_g}{I - I_g}R_g \tag{6-4-6}$$

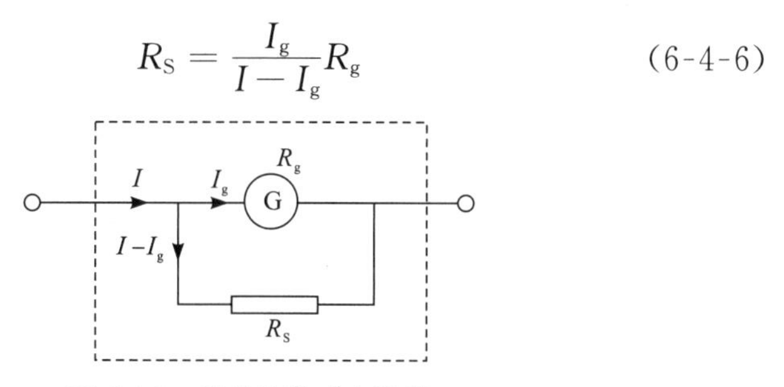

图 6-4-3　表头改装成电流表

3. 将表头改装成电压表

通过在表头上串联一个分压电阻 R_H，可以把表头改装成电压表，如图 6-4-4 所示。设改装后的电压表的最大量程为 V，根据欧姆定律有

$$I_g(R_g + R_H) = V$$

串联分压电阻的阻值为

$$R_{\mathrm{H}}=\frac{V}{I_{\mathrm{g}}}-R_{\mathrm{g}} \tag{6-4-7}$$

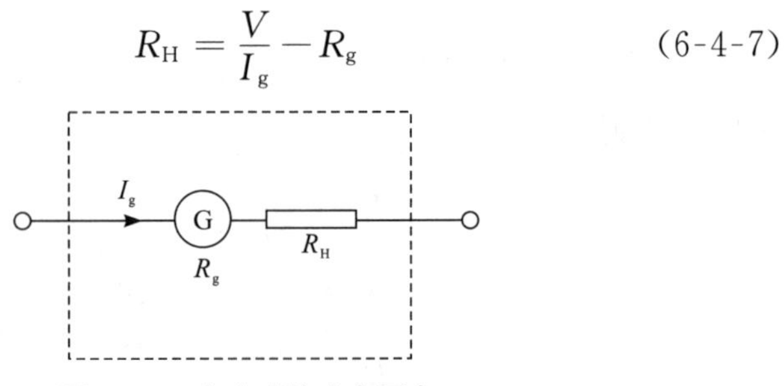

图 6-4-4　表头改装成电压表

4. 将表头改装成电流电压两用表

在表头上同时并联、串联多个电阻，可得到一只多量程电流表和多量程电压表，如图 6-4-5 所示为一个双量程的电流电压两用表。

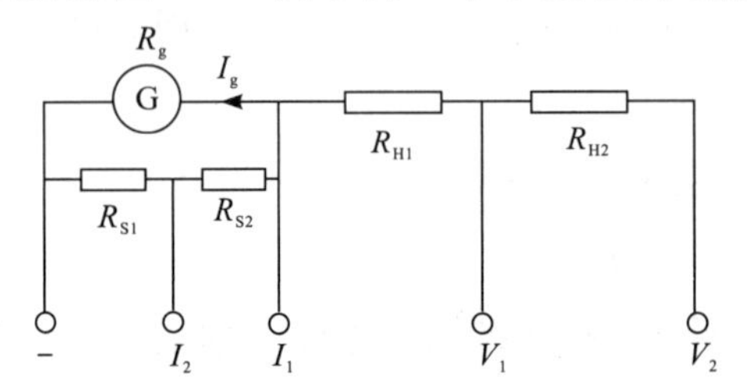

图 6-4-5　表头改装成电流电压两用表

其中分流电阻为

$$R_{\mathrm{S1}}=\frac{I_1 I_{\mathrm{g}}}{I_2(I_1-I_{\mathrm{g}})}R_{\mathrm{g}} \tag{6-4-8}$$

$$R_{\mathrm{S2}}=\frac{(I_2-I_1)I_{\mathrm{g}}}{I_2(I_1-I_{\mathrm{g}})}R_{\mathrm{g}} \tag{6-4-9}$$

分压电阻为

$$R_{\mathrm{H1}}=\frac{V_1}{I_1}-\frac{R_{\mathrm{g}}(R_{\mathrm{S1}}+R_{\mathrm{S2}})}{R_{\mathrm{g}}+R_{\mathrm{S1}}+R_{\mathrm{S2}}} \tag{6-4-10}$$

$$R_{\mathrm{H2}}=\frac{V_2-V_1}{I_1} \tag{6-4-11}$$

5. 电表的校准

电表改装后必须进行校准，以确定准确度等级。校准操作是将改装表与一个准确度等级较高的表（称为“标准表”，一般要求标准表的准确度等级比改装表的目标准确度等级高两级）进行对比测量，分别校准改装表的量程和刻度值。校准的方法如下：

(1)调整零点。在通电之前,首先调节改装表和标准表的机械零点,使它们的指针都指在零点。

(2)校准量程。将改装表和标准表接入相应的校准电路,使改装表与标准表测量同一个物理量(电压或电流)。然后调节有关仪器,使标准表的示值等于改装表设计量程的数值。一般情况下,此时改装表的指针不会正好指在满刻度,需要调节分流电阻 R_S(校准电流表)或分压电阻 R_H(校准电压表),使改装表的指针指向满刻度处。

(3)校准刻度值。用标准表从大到小测量出改装表指针顺序指在每个带数字刻度线上所对应的读数,然后从小到大再测量出改装表指针顺序指在每个带数字刻度线上所对应的读数,将前后两次标准表读数取平均值,减去改装表相应的刻度值,得到该刻度的校准值(绝对误差)。以改装表的示值为横坐标,以校准值为纵坐标,标出所有校准点,将相邻的两个校准点用直线段连接起来,即可得到改装表的校准曲线。

(4)确定准确度等级。选取校准值中绝对值最大者,以其绝对值除以改装表的最大量程,就得到改装表的标称误差,即

$$\text{标称误差}=\frac{\text{最大绝对误差}}{\text{最大量程}}\times 100\%$$

国家标准把电表的准确度分为 7 个等级,分别是 0.1、0.2、0.5、1.0、1.5、2.5 和 5.0,等级数值越小,准确度越高。改装表校准后,若求出的标称误差不是上述 7 个值中的任意一个,根据误差选取原则,就低定级。例如,求出的标称误差是 1.6%,该表的准确度等级就是 2.5。

【实验内容】

1. 表头内阻的测定

采用半偏法或数字电桥测量表头内阻。

2. 将表头改装成电流电压两用表

按图 6-4-5 所示接好线路。根据表头参数和改装要求,即 $I_1=1\ \text{mA}$,$I_2=5\ \text{mA}$,$V_1=5\ \text{V}$,$V_2=15\ \text{V}$,计算出改装表的各分流电阻和各分压电阻的阻值,然后将电阻箱分别调到相应的阻值。

3. 改装电流表的校准

(1)0～1 mA 量程电流表的校准。

①把改装表和标准毫安表的指针都调整指在零点。

②将图 6-4-5 中的"—"和"I_1"端接入图 6-4-6 所示的电流表校准电路中，并将滑线变阻器的滑动头 P 调到图示最右端，电阻箱 R 调至最大。然后闭合电源开关 K，缓慢调节滑线变阻器和 R，同时观察改装表和标准表。当改装表达满刻度值，而标准毫安表的示值不等于 1.00 mA(小于或大于 1.00 mA)时，调节分流电阻 R_{S1} 和 R_{S2} 的阻值，同时缓慢调节滑线变阻器和 R，使标准毫安表的示值等于 1.00 mA，同时改装表的指针也达到满刻度值，记下此时分流电阻 R_{S1} 和 R_{S2} 的阻值之和。分流电阻 R_{S1} 和 R_{S2} 的阻值之和在后面调节过程中要一直保持不变。

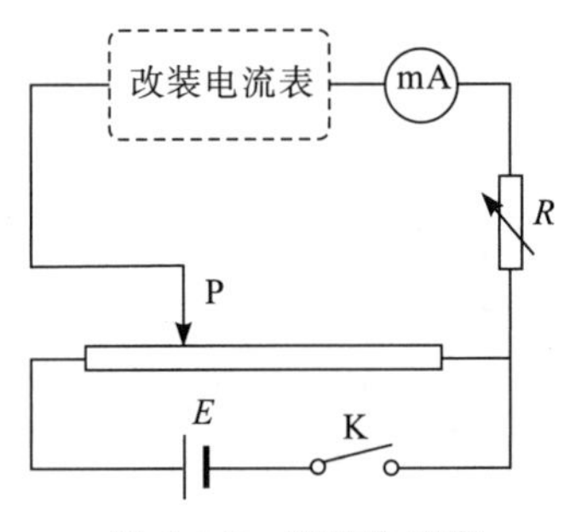

图 6-4-6　校准电流表

③缓慢调节滑线变阻器和 R，使改装表的读数依次减小为 0.80 mA、0.60 mA、0.40 mA、0.20 mA 和 0.00 mA，读出标准毫安表对应的值，记入对应表格中。

④缓慢调节滑线变阻器和 R，使改装表的读数从 0.00 mA 依次增大到 0.20 mA、0.40 mA、0.60 mA、0.80 mA 和 1.00 mA，读出标准毫安表相应的值，记入相应表格中。

⑤求出电流的校准值 ΔI_x。以改装表的读数 I_x 为横坐标，以 ΔI_x 为纵坐标，作 $\Delta I_x - I_x$ 校准曲线，并定出改装 0～1 mA 电流表的准确度等级。

(2)0～5 mA 量程电流表的校准。

①将图 6-4-5 中的"—"和"I_2"端接入图 6-4-6 所示的电流表校准电路中，将滑线变阻器的滑动头调到图示最右端，电阻箱 R 调至

最大。然后闭合电源开关 K，缓慢调节滑线变阻器和 R，同时观察改装表和标准表。当改装表达满刻度值，而标准毫安表的示值不等于 5.00 mA(小于或大于 5.00 mA)时，调节分流电阻 R_{S1} 和 R_{S2} 的阻值(注意:保持 R_{S1} 与 R_{S2} 的和不变)，同时，缓慢调节滑线变阻器和 R，使标准毫安表的示值等于 5.00 mA，同时改装表的指针也达到满刻度值，读出此时分流电阻 R_{S1} 和 R_{S2} 的阻值，记入相应表格中。在后面调节中，分流电阻 R_{S1} 和 R_{S2} 的阻值要保持不变。

②缓慢调节滑线变阻器和 R，使改装表的读数依次减小为 4.00 mA、3.00 mA、2.00 mA、1.00 mA 和 0.00 mA，读出标准毫安表对应的值，记入相应表格中。

③缓慢调节滑线变阻器和 R，使改装表的读数从 0.00 mA 依次增大到 1.00 mA、2.00 mA、3.00 mA、4.00 mA、5.00 mA，读出标准毫安表对应的值，记入相应表格中。

④求出电流的校准值 ΔI_x。以改装表的读数 I_x 为横坐标，以 ΔI_x 为纵坐标，作 $\Delta I_x - I_x$ 校准曲线，并定出改装 0～5 mA 电流表的准确度等级。

4. 改装电压表的校准

(1)0～5 V 量程电压表的校准。

①将图 6-4-5 中的"—"和"V_1"端接入图 6-4-7 所示的电压表校准电路中，将滑线变阻器的滑动头调到图示最右端，然后闭合电源开关 K，缓慢调节滑线变阻器，同时观察改装表和标准表。当改装电压表满偏时，如果标准电压表的示值不等于 5.00 V，调节分压电阻 R_{H1} 的阻值和滑线变阻器，使改装表指针满偏，同时标准表的指针指

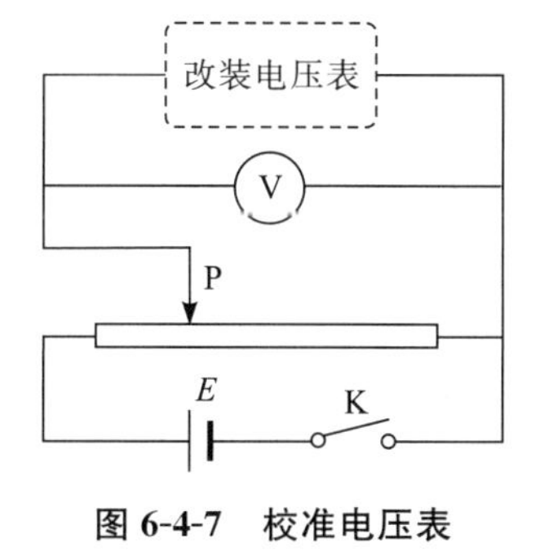

图 6-4-7　校准电压表

向 5.00 V,记下此时分压电阻 R_{H1} 的阻值(后面 R_{H1} 一直保持不变,同时保持 R_{S1} 与 R_{S2} 的阻值不变)。

②缓慢调节滑线变阻器,使改装表的读数依次减小为 4.00 V、3.00 V、2.00 V、1.00 V 和 0.00 V,读出标准电压表对应的值,记入相应表格中。

③缓慢调节滑线变阻器,使改装表的读数从 0.00 V 依次增大到 1.00 V、2.00 V、3.00 V、4.00 V 和 5.00 V,读出标准电压表对应的值,记入相应表格中。

④求出电压的校准值 ΔV_x。以改装表的读数 V_x 为横坐标,以 ΔV_x 为纵坐标,作 $\Delta V_x - V_x$ 校准曲线,并定出改装 0～5 V 电压表的准确度等级。

(2)0～15 V 量程电压表的校准。

①将图 6-4-5 中的"—"和"V_2"端接入图 6-4-7 所示的电压表校准电路中,将滑线变阻器的滑动头调到图示最右端,然后闭合电源开关 K,缓慢调节滑线变阻器,同时观察改装表和标准表。当改装电压表满偏时,如果标准电压表的示值不等于 15.00 V,调节分压电阻 R_{H2} 的阻值和滑线变阻器,使改装表指针满偏,同时标准表的指针指向 15.00 V,记下此时分压电阻 R_{H2} 的阻值(后面一直保持不变)。

②缓慢调节滑线变阻器,使改装表的读数依次减小为12.00 V、9.00 V、6.00 V、3.00 V 和 0.00 V,读出标准电压表相应的值,记入相应表格中。

③缓慢调节滑线变阻器,使改装表的读数从 0.00 V 依次增大到 3.00 V、6.00 V、9.00 V、12.00 V 和 15.00 V,读出标准电压表相应的值,记入相应表格中。

④求出电压的校准值 ΔV_x。以改装表的读数 V_x 为横坐标,以 ΔV_x 为纵坐标,作 $\Delta V_x - V_x$ 校准曲线,并定出改装 0～15 V 电压表的准确度等级。

【注意事项】

(1)表头允许通过的电流很小,只有在确定通过表头的电流不会超过最大量程后,才能接通电源。

(2)电源输出要从零开始缓慢增加,直到满足实验要求。

(3)实验结束,应先关闭电源,再拆除线路。

【实验数据记录与处理】

1. 表头参数

表头准确度等级	表头最大量程 $I_g(\mu A)$	表头内阻 $R_g(\Omega)$

2. 扩程电阻

电阻	$R_{S1}(\Omega)$	$R_{S2}(\Omega)$	$R_{H1}(\Omega)$	$R_{H2}(\Omega)$
理论值				
实际值				

3. 0~1 mA 量程电流表的校准

标准电流表量程__________ mA,准确度等级__________。

改装表读数 I_x(mA)	0.00	0.20	0.40	0.60	0.80	1.00
电流减小时标准表读数 I_{S1}(mA)						
电流上升时标准表读数 I_{S2}(mA)						
标准表读数 $I_S=(I_{S1}+I_{S2})/2$(mA)						
绝对误差 $\Delta I=I_x-I_S$(mA)						

数据处理如下:

(1)绘制校准曲线。

(2)计算 0~1 mA 量程电流表的标称误差。

(3)确定 0~1 mA 量程电流表的准确度等级。

4. 0~5 mA 量程电流表的校准

标准电流表量程__________ mA,准确度等级__________。

改装表读数 I_x(mA)	0.00	1.00	2.00	3.00	4.00	5.00
电流减小时标准表读数 I_{S1}(mA)						
电流上升时标准表读数 I_{S2}(mA)						
标准表读数 $I_S=(I_{S1}+I_{S2})/2$(mA)						
绝对误差 $\Delta I=I_x-I_S$(mA)						

数据处理如下：

(1)绘制校准曲线。

(2)计算 0～5 mA 量程电流表的标称误差。

(3)确定 0～5 mA 量程电流表的准确度等级。

5. 0～5 V 量程电压表的校准

标准电压表量程__________ V,准确度等级__________。

改装表读数 U_x(V)	0.00	1.00	2.00	3.00	4.00	5.00
电压下降时标准表读数 U_{S1}(V)						
电压上升时标准表读数 U_{S2}(V)						
标准表读数 $U_S=(U_{S1}+U_{S2})/2$(V)						
绝对误差 $\Delta U=U_x-U_S$(V)						

数据处理如下：

(1)绘制校准曲线。

(2)计算 0～5 V 量程电压表的标称误差。

(3)确定 0～5 V 量程电压表的准确度等级。

6. 0～15 V 量程电压表的校准

标准电压表量程__________ V,准确度等级__________。

改装表读数 U_x(V)	0.00	3.00	6.00	9.00	12.00	15.00
电压下降时标准表读数 U_{S1}(V)						
电压上升时标准表读数 U_{S2}(V)						
标准表读数 $U_S=(U_{S1}+U_{S2})/2$(V)						
绝对误差 $\Delta U=U_x-U_S$(V)						

数据处理如下：

(1)绘制校准曲线。

(2)计算 0～15 V 量程电压表的标称误差。

(3)确定 0～15 V 量程电压表的准确度等级。

【思考题】

(1)什么是表头的量程？表头的量程与表头的灵敏度有什么关系？

(2)如果要将量限 50 μA、内阻 3500 Ω 的微安表改装成0～1.5～3～7.5 V的多量限电压表,那么串联的各分压电阻的阻值是多少?

(3)校准电流表时,如果改装表满刻度时相对应标准表的读数比改装表的最大量程大,此时应该把改装表的分流电阻阻值调大还是调小?为什么?

(4)校准电压表时,如果改装表满刻度时相对应标准表的读数比改装表的最大量程大,此时应该把改装表的分压电阻阻值调大还是调小?为什么?

(5)为什么校准曲线不能画成光滑曲线?作校准曲线的意义是什么?

6.5 霍尔效应

当通有电流的金属导体平板放置在与电流和导体平板都垂直的磁场中时,在垂直于电流和磁场方向的导体平板两侧会产生一横向的电势差,这种现象是 1879 年霍尔在研究磁场对载流导体的作用力是作用在电流上还是作用在流过电流的导体上时,通过金箔实验发现的,因此称为霍尔效应。

当时,人们尚未发现电子,无法对霍尔效应作出正确解释。后来,随着科学技术的进步,人们了解到霍尔效应是运动的带电粒子受磁场作用的结果。20 世纪 40 年代,人们发现半导体也有霍尔效应,且半导体的霍尔效应比金属的霍尔效应要强得多。20 世纪 50 年代以来,随着半导体工艺的发展,先后制成了多种能产生霍尔效应的材料,霍尔效应的应用迅速地发展起来。1980 年,克利青等人在研究极低温度和强磁场中的半导体时发现了量子霍尔效应,克利青也因此获得了 1985 年的诺贝尔物理学奖。1982 年,崔琦等人在更强磁场下研究量子霍尔效应时发现了分数量子霍尔效应,这个发现使人们对量子现象的认识更进一步,他们也因此获得了 1998 年的诺贝尔物理学奖。2007 年,张首晟预言“量子自旋霍尔效应”,之后该预言被实验证实,这一成果被美国《科学》杂志评为 2007 年十大科学进展之一。2013 年，由清华大学薛其坤院士领衔，清华大学、中国科学院物理研究所和斯坦福大学研究人员联合组成的团队在量子反常霍尔效应研究中取得重大突破，他们从实验中首次观测到量子反常霍尔效应——不需要外加磁场的霍尔效应。这是由中国科学家主导的实验研究中观测到的一个重要物理现象，也是物理学领域基础研究的一项重要科学发现。

目前，霍尔效应已在测量、自动控制、计算机和信息技术等方面得到广泛应用。掌握这一富有实用性的实验，对同学们今后的工作大有裨益。

【实验目的】

(1)掌握霍尔效应的原理。

(2)测量样品的 $V_H - I_S$ 和 $V_H - I_M$ 曲线。

(3)确定样品的导电类型，测量样品的载流子浓度和迁移率。

(4)学习用对称交换测量法消除由于负效应产生的系统误差。

【实验仪器】

TH-H 型霍尔效应实验仪、TH-H 型霍尔效应测试仪。

【实验原理】

1. 霍尔效应

若将一块长为 l，宽为 b，厚度为 d 的金属薄片或半导体薄片置于 xOy 平面，电流 I_S 沿 x 轴方向，磁场 $\boldsymbol{B}$ 沿 z 轴方向，如图 6-5-1(a)所示，则在金属薄片或半导体薄片垂直于 $\boldsymbol{B}$ 和 I_S 方向的两侧 A、A′会产生一个电势差 $V_{AA'}$。这一现象称为霍尔效应，$V_{AA'}$ 称为霍尔电势差，记为 V_H。电势差 V_H 与工作电流 I_S 成正比，与磁感应强度 B 成正比，与薄片的厚度 d 成反比，即

$$V_H = R_H \frac{I_S B}{d} \tag{6-5-1}$$

式中，R_H 为霍尔系数，是反映材料霍尔效应强弱的重要参数，其值与材料的性质及温度有关。

霍尔效应是运动带电粒子在磁场中受洛伦兹力的作用而引起偏转的结果。当带电粒子被约束在固体材料中时，就会在垂直电流和磁场的方向的两侧产生正、负电荷的聚积，从而形成横向电场 E_H。在半导体中，若载流子带正电荷，载流子的漂移运动方向和电流 I_S 方向相同，磁场 $\boldsymbol{B}$ 的方向沿 z 轴正方向，它受到的洛伦兹力 $\boldsymbol{F}_B=q(\boldsymbol{v}\times\boldsymbol{B})$ 的方向向下（沿 $-y$ 轴），导致 A′一侧有正电荷积累，A 一侧有多余的负电荷，两侧出现电势差，且 A′点电势比 A 点高，如图 6-5-1(b)所示。若载流子带负电荷，载流子的漂移运动方向与电流 I_S 方向相反，它所受的洛伦兹力的方向仍然向下（沿 $-y$ 轴），导致 A′点一侧有负电荷积累，A 点一侧有多余的正电荷，两侧也出现电势差，此时 A′点电势比 A 点低，如图 6-5-1(c)所示。

当电流方向一定时，薄片中载流子的类型决定 A、A′两侧横向电势差 $V_{AA'}$ 的符号。因此，通过测量 A、A′两侧横向电势差 $V_{AA'}$，就可以判断薄片中载流子的类型。

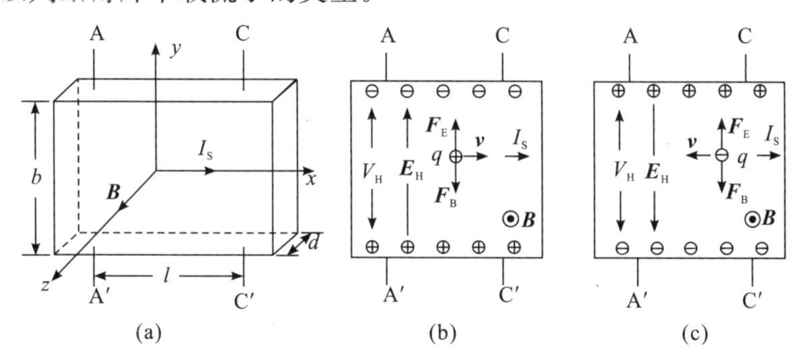

图 6-5-1　霍尔效应

设薄片中载流子的平均定向运动速率为 $\bar{v}$，电量为 q。垂直磁场 $\boldsymbol{B}$ 对运动电荷的作用力（洛伦兹力）的大小为

$$F_B=q\bar{v}B$$

A、A′之间电势差 $V_{AA'}$ 形成一个横向电场 $\boldsymbol{E}_H$，载流子受到的电场力 $\boldsymbol{F}_E$ 与洛伦兹力反向，其大小为

$$F_E=qE=q\frac{V_{AA'}}{b}$$

随着载流子在边界的积累，A、A′之间的电势差越来越大，电场越来越强，电场对载流子的作用力逐渐增大，当载流子受到的电场力与

洛伦兹力大小相等，即 $F_B=F_E$ 时，载流子不再产生横向的偏转。此时有

$$q\bar{v}B = qE_H = q\frac{V_H}{b} \tag{6-5-2}$$

设载流子的浓度为 n，则电流密度为

$$j = nq\bar{v}$$

通过横截面的电流

$$I_S = jbd = nq\bar{v}bd$$

则载流子的平均运动速率为

$$\bar{v} = \frac{I_S}{nqbd} \tag{6-5-3}$$

将式(6-5-3)代入式(6-5-2)中，得

$$V_H = \frac{1}{nq}\frac{I_S B}{d} \tag{6-5-4}$$

将式(6-5-4)与式(6-5-1)相比较，得霍尔系数

$$R_H = \frac{1}{nq} \tag{6-5-5}$$

2. 半导体样品的参数

(1)霍尔系数。由式(6-5-1)可得

$$R_H = \frac{V_H d}{I_S B} \tag{6-5-6}$$

已知样品的厚度 d，实验测量出霍尔电势差 V_H、工作电流 I_S 和磁感应强度 B，可求出样品的霍尔系数 R_H。

(2)判断样品的导电类型。判断的方法是按图 6-5-1 所示的工作电流 I_S 和磁感应强度 B 的方向，如果测得的霍尔电势差 $V_H=V_{AA'}>0$，则样品的霍尔系数 $R_H>0$，样品属于 P 型；反之，则样品的霍尔系数 $R_H<0$，样品属于 N 型。

(3)样品的载流子浓度。由式(6-5-5)、式(6-5-6)可得，样品的载流子浓度为

$$n = \frac{1}{R_H q} \tag{6-5-7}$$

上式是在所有载流子定向漂移速度都相同这一假设条件下得到的。

考虑载流子定向漂移速度不相同的影响,需要引入修正因子$3\pi/8$,即

$$n=\frac{3\pi}{8}\frac{1}{R_{\mathrm{H}}q} \tag{6-5-8}$$

(4)样品中载流子的迁移率。A、C引线之间薄片的长度为l,电势差为V_σ,根据欧姆定律,A、C之间的电阻为

$$R=\frac{V_\sigma}{I_{\mathrm{S}}}$$

又有

$$R=\rho\frac{l}{S}=\frac{1}{\sigma}\frac{l}{bd}$$

于是样品的电导率为

$$\sigma=\frac{l}{bdR}=\frac{I_{\mathrm{S}}l}{bdV_\sigma} \tag{6-5-9}$$

迁移率定义为

$$\mu=\frac{|\bar{v}|}{E} \tag{6-5-10}$$

其单位是$\mathrm{m^2/(V\cdot s)}$或$\mathrm{cm^2/(V\cdot s)}$。写成欧姆定律的微分形式

$$\boldsymbol{j}=\sigma\boldsymbol{E}$$

即

$$nq\bar{v}=\sigma E$$

于是

$$\mu=\frac{|\bar{v}|}{E}=\frac{\sigma}{|nq|}=|R_{\mathrm{H}}|\sigma \tag{6-5-11}$$

综上所述:

①对于N型半导体,载流子为电子,霍尔系数为负,则霍尔电势差$V_{\mathrm{H}}<0$;对于P型半导体,载流子为空穴,霍尔系数为正,则霍尔电势差$V_{\mathrm{H}}>0$。

②霍尔系数R_{H}与载流子浓度n成反比,因此,霍尔电势差V_{H}与载流子浓度n成反比,薄片材料的载流子浓度n越大,霍尔电势差V_{H}就越小。一般金属材料的载流子是自由电子,其浓度n很大,因此,金属材料的霍尔系数R_{H}很小,霍尔效应不显著。半导体材料的载流子浓度远小于金属材料的载流子浓度,故而霍尔系数较大,能

够产生较大的霍尔电势差，使得霍尔效应有了实用价值。

3. 霍尔电势差测量中的附加电势差及减小系统误差的方法

在实际测量中，A、A′之间的电势差并不等于真实的霍尔电势差 V_H，而是包含了一些附加的电势差，这种系统误差必须尽量减小。

（1）霍尔元件的副效应。霍尔的发现引起了当时科学界的重视，吸引了一批科学家进入这一领域，很快就发现了埃廷斯豪森效应、能斯特效应和里吉-勒迪克效应。

①埃廷斯豪森效应（温差电效应）引起的附加电势差 V_E。1887 年，埃廷斯豪森发现，由于形成电流的载流子速度不同，它们在磁场中受到的洛伦兹力的大小也不同。若漂移速度为 v 的载流子所受到的洛伦兹力与霍尔电场的作用力恰好相等，则速度大于 v 的载流子受到的洛伦兹力大于霍尔电场的作用力，载流子逆着电场方向运动；速度小于 v 的载流子受到的洛伦兹力小于霍尔电场的作用力，载流子顺着电场方向运动。这些载流子在霍尔元件的两侧，其动能转化为热能，导致霍尔元件产生横向热流，形成横向温度梯度。由此产生温差电效应，形成附加电势差，记为 V_E。$V_E \propto I_S B$，其方向由 I_S 和 B 的方向决定，与 V_H 始终同向。

②能斯特效应（热磁效应直接引起的附加电势差 V_N）。由于霍尔元件两端电流引线的接触电阻不相等，工作电流在两电极处将产生不同的焦耳热，使霍尔元件两端产生温度差，导致在 x 方向产生温度梯度，从而引起载流子沿梯度方向扩散而形成热电流。热电流在磁场的作用下，在 y 方向产生一个附加电场 E_N，因而有一个相应的附加电势差 V_N，其方向与 I_S 流向无关，只随磁场方向改变而改变。

③里吉-勒迪克效应（热磁效应产生的温差引起的附加电势差 V_{RL}）。由于热电流的载流子的迁移率不同，类似于埃廷斯豪森效应，会形成一个横向的温度梯度，因此产生附加电势差，记为 V_{RL}，其方向也与 I_S 的流向无关，只随磁场方向改变而改变。

（2）不等势电势差。在制作霍尔元件时，电极 A、A′不可能焊在同一个等势面上，因此，当工作电流流过霍尔元件时，即使不存在磁场，在电极 A 和 A′之间也会产生一个附加电势差 $V_0 = I_S R_x$，R_x 是沿 x 轴方向 A、A′间的电阻，这个电势差称为不等势电势差，显然，它与磁场无关,只随电流改变。

(3)减小系统误差的方法。实验测得的电极A和A′之间的电势差并不等于真实的霍尔电势差V_H,它包含上述四种附加电势差,形成测量中的系统误差,必须设法消除或减小这些附加电势差。根据附加电势差产生的原理,可以采用电流和磁场换向的对称测量方法,即保持工作电流I_S和磁场$\boldsymbol{B}$的大小不变,分别改变I_S和$\boldsymbol{B}$的方向,测量四种不同组合的A和A′之间的电势差V_1、V_2、V_3和V_4,即

当($+B$、$+I_S$)时,测得电势差

$$V_1 = V_H + V_E + V_N + V_{RL} + V_0$$

当($+B$、$-I_S$)时,测得电势差

$$V_2 = -V_H - V_E + V_N + V_{RL} - V_0$$

当($-B$、$-I_S$)时,测得电势差

$$V_3 = V_H + V_E - V_N - V_{RL} - V_0$$

当($-B$、$+I_S$)时,测得电势差

$$V_4 = -V_H - V_F - V_N - V_{RL} + V_0$$

消去V_N、V_{RL}和V_0,得

$$V_H = \frac{1}{4}(V_1 - V_2 + V_3 - V_4) + V_E$$

因$V_E \ll V_H$,一般可忽略不计,所以

$$V_H = \frac{1}{4}(V_1 - V_2 + V_3 - V_4) \tag{6-5-12}$$

通过对称测量法求出的V_H,虽然不能完全消除系统误差,但其引入的系统误差很小,可以忽略不计。本实验采用对称测量法。

【实验内容】

1. 了解仪器性能,正确连线

(1)正确无误地完成测试仪和实验仪之间相对应的I_S、I_M和V_H各组的连线。

(2)将测试仪的“I_S调节”和“I_M调节”旋钮均置零位(即逆时针旋到底)。

(3)接通电源,预热数分钟后,电流表显示“.000”(按下“测量选

择”键）或“0.00”（放开“测量选择”键），电压表显示“0.00”。

（4）根据电路首先判断出 I_S 换向开关掷向上方还是下方时 I_S 为正值（即 I_S 是否沿 x 轴方向）；再判断出 I_M 换向开关掷向上方还是下方时 B 为正值（即 B 是否沿 z 轴方向）。

2. 测绘 V_H-I_S 曲线

（1）将测试仪的“功能切换”置于 V_H，将“V_H，V_σ 输出”切换开关拨向 V_H 一侧。

（2）按下“测量选择”键，顺时针转动“I_M 调节”旋钮，使励磁电流 $I_M=0.600$ A，并保持不变。

（3）放开“测量选择”键，顺时针转动“I_S 调节”旋钮，使工作电流 I_S 依次为 0.50 mA、1.00 mA、1.50 mA、2.00 mA、2.50 mA 和 3.00 mA。按对称测量法，对上述每个 I_S 值测出对应的 V_1、V_2、V_3 和 V_4 值，填入对应的表中。

（4）记录励磁线圈上的常数 G_K，由 $B=I_MG_K$ 计算磁场的磁感应强度大小，再由式（6-5-12）计算出 V_H。以 I_S 为横坐标，V_H 为纵坐标作图，求出直线的斜率，由斜率进而求出霍尔系数 R_H，判断导电类型，计算载流子浓度 n。

3. 测绘 V_H-I_M 曲线

（1）保持测试仪的“功能切换”置于 V_H，“V_H，V_σ 输出”切换开关拨向 V_H 一侧。

（2）放开“测量选择”键，顺时针转动“I_S 调节”旋钮，使工作电流 $I_S=2.00$ mA，并保持不变。

（3）按下“测量选择”键，顺时针转动“I_M 调节”旋钮，使工作电流 I_M 依次为 0.100 A、0.200 A、0.300 A、0.400 A、0.500 A 和 0.600 A。按对称测量法，对上述每个 I_M 值测出相应的 V_1、V_2、V_3 和 V_4 值，填入对应的表中。

（4）由式（6-5-12）计算出 V_H，以 I_M 为横坐标，V_H 为纵坐标作图，求出直线的斜率。

4. 测量 V_σ

首先断开 I_M 换向开关，使磁场为零，然后放开“测量选择”键，将“I_S 调节”旋钮逆时针旋到底，再将测试仪的“功能切换”置于 V_σ，将“V_H，V_σ 输出”切换开关拨向 V_σ 一侧。顺时针转动“I_S 调节”旋钮，使工作电流 $I_S=2.00$ mA，测出对应的 V_σ，计算出迁移率 μ。

【注意事项】

(1)半导体霍尔元件又薄又脆，电极很细，易断，切勿撞击或用手触摸。在需要调节霍尔元件的位置时，必须谨慎、轻柔、缓慢，以免碰坏霍尔元件。

(2)样品各电极的引线与对应的双刀开关之间的连线已由制造厂家连接好，请勿再动。

(3)霍尔元件容许通过的电流很小，严禁将测试仪的励磁电源“I_M 输出”误接到实验仪的“I_S 输入”或“V_H，V_σ 输出”处。

(4)开机前，应将测试仪的“I_S 调节”和“I_M 调节”旋钮均逆时针旋到底，使其输出电流为最小状态，然后再接通电源。关机前，也要将测试仪的“I_S 调节”和“I_M 调节”旋钮均逆时针旋到底，然后再切断电源。

【实验数据记录与处理】

$d=0.50$ mm，$b=4.00$ mm，$l=3.00$ mm，$G_K=$________。

1. 测绘 V_H-I_S 曲线

$I_M=0.600$ A，$B=I_MG_K=$________。

I_S (mA)	V_1(mV)	V_2(mV)	V_3(mV)	V_4(mV)	$V_H=\frac{V_1-V_2+V_3-V_4}{4}$(mV)
	$+B$、$+I_S$	$+B$、$-I_S$	$-B$、$-I_S$	$-B$、$+I_S$	
0.50					
1.00					
1.50					
2.00					
2.50					
3.00					

数据处理如下：

(1)绘制 V_H-I_S 曲线。

(2)用最小二乘法求拟合曲线的斜率 k。

(3)根据式(6-5-1)和斜率 k 计算霍尔系数。

$$R_H = k\frac{d}{B} =$$

(4)根据 R_H 判断导电类型。

(5)计算载流子浓度。

$$n = \frac{3\pi}{8}\frac{1}{|R_H|e} =$$

2. 测绘 $V_H - I_M$ 曲线

$I_S = 2.00$ mA。

I_M (mA)	V_1(mV) $+B$、$+I_S$	V_2(mV) $+B$、$-I_S$	V_3(mV) $-B$、$-I_S$	V_4(mV) $-B$、$+I_S$	$V_H = \frac{V_1 - V_2 + V_3 - V_4}{4}$(mV)
0.100					
0.200					
0.300					
0.400					
0.500					
0.600					

数据处理如下：

(1)绘制 $V_H - I_M$ 曲线。

(2)用最小二乘法求拟合曲线的斜率 k。

(3)根据式(6-5-1)和斜率 k 计算霍尔系数。

$$R_H = k\frac{d}{I_S G_K} =$$

3. 测量 V_σ

$I_S = 2.00$ mA。

I_S	$\lvert V_\sigma \rvert$(mV)
+	
−	
平均	

数据处理如下：

(1)计算 V_σ 的平均值和电导率。

$\sigma=\dfrac{I_S l}{V_\sigma bd}=$

(2)计算载流子的迁移率。

$\mu=|R_H|\sigma=$

【思考题】

(1)什么是霍尔效应？产生霍尔效应应具备哪些条件？为什么半导体的霍尔效应比导体的霍尔效应显著？

(2)怎么确定霍尔元件载流子的类型？

(3)在测量霍尔电势差时，有哪些副效应？

(4)霍尔效应实验仪为什么要装换向开关？

(5)若磁场方向不垂直于霍尔元件平面，对测量结果有什么影响？

6.6 螺线管内部磁场的测量

磁场是磁学中最基本的概念之一，日常生活、工业农业生产及国防、科学研究的许多领域都要涉及磁场测量问题。测量磁场的方法很多，大体上可分成三大类：一是使用线圈的基于磁感应的方法；二是基于测量磁场引起的某种作用力的方法；三是基于测量因磁场的存在而使材料的各种特性发生变化的方法。常用的测量磁场的方法有电磁感应法、磁通门法、磁共振法、霍尔效应法、光泵法、磁光效应法、磁膜测磁法以及超导量子干涉器法等。其中，霍尔效应法是实验室测量磁场最常用的方法之一。1879 年，霍尔发现了霍尔效应。1910 年，有人用铋制成霍尔元件来测量磁场，由于金属材料的载流子浓度大，霍尔效应不明显，因此当时并未引起人们的重视。1948 年以后，随着半导体工艺和材料的发展，出现了霍尔效应显著的半导体材料。1959 年，第一个商品化的霍尔元件问世，1960 年就发展出近百种霍尔元件，它们成为通用型的测量仪器，测量范围从 10^{-7} T的弱磁场到 10 T 的强磁场，测量精度的相对误差为 10^{-3}～

10^{-2}，尤其适合于小间隙空间测量。

本实验就是利用霍尔效应法测量螺旋管中心轴线上的磁场。

【实验目的】

(1)了解利用霍尔效应测量磁场的原理。

(2)测量长直螺线管中心轴线上磁感应强度的分布，绘制分布曲线。

【实验仪器】

HLZ-2 型螺线管磁场仪、TH- H/S 型霍尔效应螺线管磁场测试仪。

【实验原理】

1. 利用霍尔效应测量磁场

半导体霍尔元件两侧的霍尔电势差 V_H 与工作电流 I_S 成正比，与磁感应强度 B 成正比，与薄片的厚度 d 成反比，即

$$V_H = R_H \frac{I_S B}{d} \tag{6-6-1}$$

式中，R_H 为霍尔系数。

霍尔元件是利用霍尔效应制成的电磁转换元件，成品霍尔元件的霍尔系数 R_H 和厚度 d 是一定的，定义

$$K_H = \frac{R_H}{d} \tag{6-6-2}$$

式中，K_H 称为霍尔元件的灵敏度(其值由厂家提供)，它表示霍尔元件在单位磁感应强度的磁场中，通过单位工作电流时，霍尔电势差的大小，单位为 mV/(mA · G)。于是，霍尔电势差可以写成

$$V_H = K_H I_S B$$

如果测量出工作电流和霍尔电势差，就可以计算出磁感应强度的大小，即

$$B = \frac{V_H}{K_H I_S} \tag{6-6-3}$$

这就是利用霍尔效应测量磁场的原理。

2. 螺线管轴线上的磁场分布

图6-6-1所示为螺线管剖面图，设螺线管长度为L，匝数为N，单位长度上线圈匝数为$n=N/L$，平均直径为D。取螺线管轴线为x轴，以中点为坐标原点O，根据毕奥-萨伐尔公式，可求出轴上点x处的磁感应强度的大小为

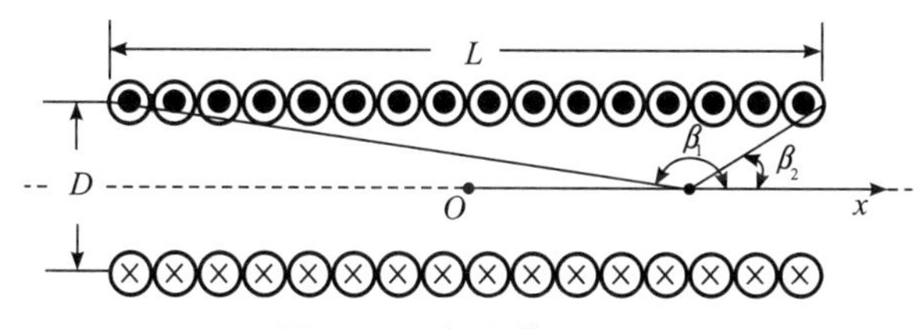

图 6-6-1　螺线管剖面图

$$B=\frac{\mu_0}{2}\frac{N}{L}I_M(\cos\beta_2-\cos\beta_1) \tag{6-6-4}$$

式中，$\mu_0=4\pi\times10^{-7}\ \mathrm{N/A^2}$，为真空磁导率，$I_M$为励磁电流。由图6-6-1中的几何关系可得

$$\cos\beta_1=-\frac{x+\frac{L}{2}}{\sqrt{\left(\frac{D}{2}\right)^2+\left(x+\frac{L}{2}\right)^2}}$$

$$\cos\beta_2=\frac{\frac{L}{2}-x}{\sqrt{\left(\frac{D}{2}\right)^2+\left(\frac{L}{2}-x\right)^2}}=-\frac{x-\frac{L}{2}}{\sqrt{\left(\frac{D}{2}\right)^2+\left(x-\frac{L}{2}\right)^2}}$$

于是式(6-6-4)可改写为

$$B=\frac{\mu_0}{2}\frac{N}{L}I_M\left[\frac{x+\frac{L}{2}}{\sqrt{\left(\frac{D}{2}\right)^2+\left(x+\frac{L}{2}\right)^2}}-\frac{x-\frac{L}{2}}{\sqrt{\left(\frac{D}{2}\right)^2+\left(x-\frac{L}{2}\right)^2}}\right] \tag{6-6-5}$$

式(6-6-5)表示螺线管轴线上磁感应强度的分布。显然，当$x=0$时，B达到最大值，记作B_0，即

$$B_0=\frac{\mu_0}{2}\frac{N}{L}I_M\frac{2L}{\sqrt{D^2+L^2}}=\frac{\mu_0 N}{\sqrt{D^2+L^2}}I_M \tag{6-6-6}$$

螺线管轴线上各点的磁感应强度与中点 O 的磁感应强度比值为

$$\frac{B}{B_0}=\frac{\sqrt{D^2+L^2}}{2L}\left[\frac{x+\frac{L}{2}}{\sqrt{\left(\frac{D}{2}\right)^2+\left(x+\frac{L}{2}\right)^2}}-\frac{x-\frac{L}{2}}{\sqrt{\left(\frac{D}{2}\right)^2+\left(x-\frac{L}{2}\right)^2}}\right] \tag{6-6-7}$$

当螺线管的长度 L 与直径 D 满足 $L>10D$ 时，则螺线管中心磁感应强度 $B_0\approx\mu_0 nI_M$。中间有相当长的一段距离，B 接近于 B_0，只是到端口附近，B 才明显减小，端口处的 $B\approx B_0/2$。

【实验内容】

（1）正确无误地完成测试仪和螺线管磁场仪之间相对应的 I_S、I_M 和 V_H 连线。

（2）按下“测量选择”键，闭合 I_M 换向开关，顺时针转动“I_M 调节”旋钮，使励磁电流 $I_M=1.000$ A，然后暂时断开 I_M 换向开关。

（3）放开“测量选择”键，闭合 I_S 换向开关，顺时针转动“I_S 调节”旋钮，使工作电流 $I_S=10.00$ mA。

（4）将测试仪的“功能切换”置于 V_H，将“V_H，V_σ 输出”切换开关倒向 V_H 一侧。

（5）将霍尔元件调到螺线管中心 $x=0.00$ cm（读数为 14.00 cm）的位置，按对称测量法测出相应的 V_1、V_2、V_3 和 V_4，填入对应的表中。

（6）将霍尔元件调到螺线管的 $x=1.00$ cm（读数为 13.00 cm）的位置，重复步骤（5）。

（7）分别将霍尔元件调到螺线管的 $x=2.00$ cm，3.00 cm，4.00 cm，5.00 cm，6.00 cm，7.00 cm，8.00 cm，9.00 cm，10.00 cm，10.50 cm，11.00 cm，11.50 cm，12.00 cm，12.50 cm，13.00 cm，13.50 cm，14.00 cm，14.45 cm，14.90 cm 的位置，重复步骤（5）。

（8）计算出 V_H，再根据式（6-6-3）求出磁感应强度 B，R_H 在本书第 6.5 节中已测得。

【注意事项】

（1）霍尔元件容易损坏，必须注意避免霍尔元件进出螺线管时发生碰撞。

(2)样品各电极引线与对应的双刀开关之间的连线已由制造厂家连接好,请勿再动。

(3)霍尔元件容许通过的电流很小,严禁将测试仪的励磁电源"I_M 输出"误接到实验仪的"I_S 输入"或"V_H,V_σ 输出"处。

(4)为了不使螺线管过热,在记录数据时,应断开励磁电流的换向开关。

【实验数据记录与处理】

$I_M=1.000$ A,$I_S=10.00$ mA,$K_H=$__________。

x(cm)	V_1(mV)	V_2(mV)	V_3(mV)	V_4(mV)	$V_H=\frac{V_1-V_2+V_3-V_4}{4}$ (mV)	B(T)
	$+B$、$+I_S$	$+B$、$-I_S$	$-B$、$-I_S$	$-B$、$+I_S$		
0.00						
1.00						
2.00						
3.00						
4.00						
5.00						
6.00						
7.00						
8.00						
9.00						
10.00						
10.50						
11.00						
11.50						
12.00						
12.50						
13.00						
13.50						
14.00						
14.45						
14.90						

数据处理:以 x 为横坐标,以 B 或 B/B_0 为纵坐标,在毫米方格

纸上画出螺线管轴线上的磁感应强度分布曲线。

【思考题】

(1)怎样测定霍尔元件的灵敏度?

(2)怎样利用霍尔效应来测量磁场?

(3)怎样利用霍尔效应测量交变磁场?

(4)利用霍尔效应测量磁场的误差来自哪里?

(5)利用霍尔效应测量磁场时,如何确定磁感应强度的方向?

6.7 用板式电位差计测量电池的电动势和内阻

直流电位差计是一种用来测量直流电动势和电压的仪器,由于它采用电势比较测量的方法,依据补偿原理进行测量,且与之配合使用的标准电池的电动势非常稳定,用于检测电流的灵敏电流计的灵敏度也很高,所以测量的准确度较高。电位差计不仅可以测量电动势或电压,与标准电阻配合时还可以测量电流、电阻和校准各种精密电表。在非电学参量(如温度、压力、位移和速度等)的电测法中,电位差计也占有重要地位。在科学研究和工程技术中广泛使用电位差计进行自动控制和自动检测。

电位差计有多种类型,在大学物理实验中通常采用板式十一线电位差计作为教学仪器来介绍电位差计的工作原理和使用方法。它具有结构简单、直观性强等特点,便于学习和掌握。本实验就是利用板式十一线电位差计来测量干电池的电动势和内阻。

【实验目的】

(1)学习和掌握补偿法原理及电位差计的工作原理、结构和特点。

(2)学习估算和确定实验工作参数的方法。

(3)了解标准电池及其使用方法。

(4)掌握用板式电位差计测量电源电动势及其内阻的方法。

(5)掌握补偿点的调节方法——互补及逐次逼近法。

【实验仪器】

板式十一线电位差计、标准电池、直流稳压电源、电阻箱、检流计、滑线变阻器、待测干电池、开关和导线等。

【实验原理】

电源的电动势是描述电源性质的特征量和重要标志，它与外电路是否存在、外电路的性质以及是否形成回路无关。用磁电式电压表来测量电源时，电压表并联在电源的两端，如图 6-7-1 所示，电源内部会有电流 I，这个电流必然在电源内阻 r 上产生一个电压降 Ir，此时电压表的读数为

$$U = E - Ir \tag{6-7-1}$$

电压表的读数并不等于电源电动势的实际量值 E。要想得到电源电动势的实际量值 E，就必须满足 $r=0$ 或 $I=0$。电源的内阻不可能为零，而 $I=0$ 时，电压表的指针不会转动，自然无法给出电压值。因此，电压表不能直接准确地测量出电源的电动势。

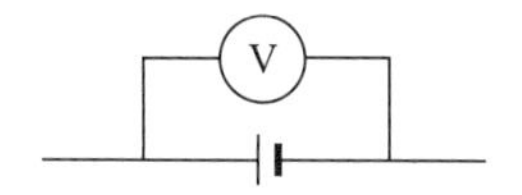

图 6-7-1　电压表测量电源电动势

电压表既然不能直接准确地测量电动势，那是否可以直接准确地测量出电压呢？用电压表测量电压时，由于电压表有一定的内阻 R_V，并联在电路上时，会改变被测量系统的状态，使测量产生系统误差。如果要测量图 6-7-2(a)中电阻 R_2 两端的电压，在未接入电压表时，R_2 两端的电压为

$$U_2 = \frac{R_2}{R_1 + R_2 + r} \cdot E \tag{6-7-2}$$

当在 R_2 两端接上电压表进行测量时，如图 6-7-2(b)所示，由于电压表有一定的内阻 R_V，此时外电路的电阻变成 $R_1 + \frac{R_2 R_V}{R_2 + R_V}$，电压表测量到 R_2 两端的电压为

$$U'_2=\frac{\dfrac{R_2R_V}{R_2+R_V}}{R_1+\dfrac{R_2R_V}{R_2+R_V}+r}\cdot E \tag{6-7-3}$$

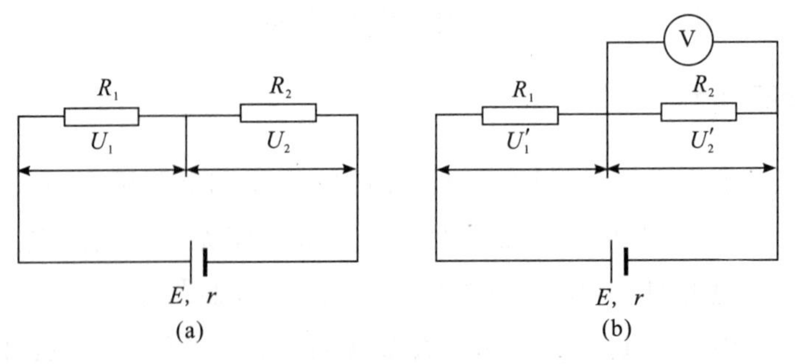

图 6-7-2　电压表测量电阻两端电压

显然 $U_2\neq U'_2$，这表明在 R_2 上并联电压表测得的电压值已不是原来电路上 R_2 两端的电压值了。从上面的讨论可知，电压表不仅不能直接准确地测量出电源的电动势，也不能直接准确地测量出电阻两端的电压。

1. 补偿法

补偿法是物理实验中的一种常用方法。当系统受某种作用产生 A 效应时，系统也会受另一种同类作用产生 B 效应，如果由于 B 效应的存在而使 A 效应显示不出来，就叫作 B 效应对 A 效应进行了补偿。关于补偿法的具体内容见本书第 3 章。

要想直接准确地测量一个电源的电动势，就必须在没有任何电流通过该电源的情况下测量它的路端电压。如图 6-7-3 所示的电路，其中 E_x 是待测电源的电动势，E_S 为一连续可调的标准电源电动势，G 为灵敏检流计。一般情况下 $E_x\neq E_S$，当回路中有电流存在时，检流计指针偏转。调节 E_S 使灵敏检流计指针指零，若回路中没有电流，则

$$E_x=E_S \tag{6-7-4}$$

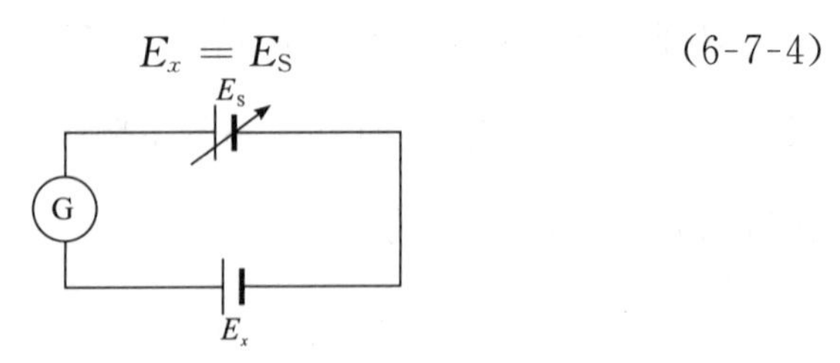

图 6-7-3　补偿法测电源电动势

此时称电路达到补偿。在补偿状态下,可以根据已知电动势 E_S 定出待测电源的电动势 E_x,这种测量方法称为补偿法。如果要测量一电路中某两点之间的电压,只需将这两点接入图 6-7-3 所示的补偿电路中替换 E_x,调节 E_S 使灵敏检流计指针指零,此时标准电源的电动势 E_S 的值就是要测量的两点电压值。

2. 电位差计工作原理

实际中,没有精度高且电动势连续可调的标准电源。为了实现上述补偿法测量,通常需要人为设计一个辅助回路,采用分压的方法来模拟电动势连续可调的电压。电位差计就是根据补偿原理制成的高精度分压装置。让一阻值连续可调的标准电阻上流过一恒定的工作电流,则该电阻两端的电压便可当作连续可调的标准电动势。

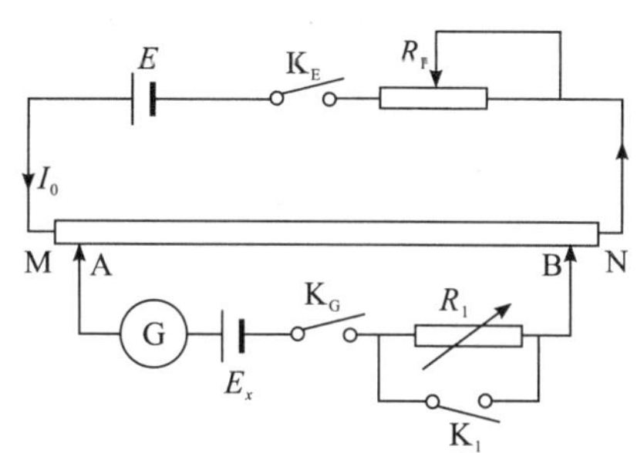

图 6-7-4 板式电位差计工作原理

图 6-7-4 所示为板式电位差计的原理图,图中 MN 是一根粗细均匀的电阻丝,电阻 R_{MN} 与电阻丝的长度 L 成正比,$R_0=R_{MN}/L$ 为单位长度电阻丝的电阻。R_{MN} 与可变电阻 R_P、辅助电源 E 串联构成的闭合回路称为辅助回路。电阻丝 MN 上 AB 段与检流计 G、待测电源 E_x、保护电阻 R_1 组成的闭合回路称为补偿回路。辅助回路的作用是为补偿回路提供补偿电压。调节 R_P,使 $U_{MN}>E_x$,当接通 K_G 时,通过调节插头 A 的位置和滑动按键 B 的位置,一定能使检流计 G 的指针不发生偏转(示零),此时补偿回路得到了补偿,AB 两端的电压就等于待测电源的电动势 E_x,即

$$E_x = U_{AB} = IR_{AB} = IR_0L_{AB} \tag{6-7-5}$$

由上式可见,只需测量出 AB 两端的电压 U_{AB},或者测量出辅助回路的电流 I、R_0 和 AB 间的长度 L_{AB},就能得到待测电源的电动势 E_x。

至于U_{AB}、I和R_0的测量,如果采用电压表测量电压U_{AB},或者用电流表测量工作电流I,用欧姆表测量单位长度电阻丝的电阻R_0,那么测量结果的准确度不高,采用补偿法的意义也不大。为了提高测量的准确度,可以采用比较法,如图6-7-5所示。

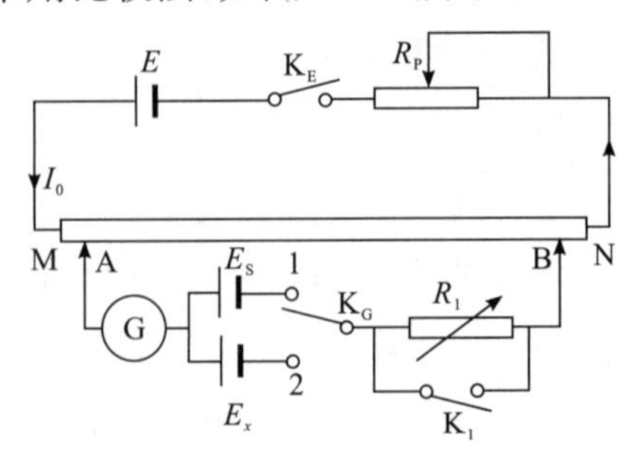

图6-7-5　比较法原理

首先利用标准电源E_S对辅助回路的电流进行标准化,接通电键K_E,断开K_G,调节可变电阻R_P,使$U_{MN}>E_x$,$U_{MN}>E_S$。然后将电键K_G合向"1",调节插头A的位置和滑动按键B的位置,使检流计G的指针不发生偏转,E_S与U_{AB}达到了补偿,即

$$E_S = U_{AB} = I_0 R_0 L_S \tag{6-7-6}$$

式中,I_0为辅助回路的标准化电流,L_S为此时AB之间电阻丝的长度,R_0为MN上单位长度电阻丝的电阻。这样电阻丝MN上任意两点间的电压可通过测量这两点间的距离来获得,而不需要使用电压表去测量。保持工作电流I_0不变,将电键K_G合向"2",调节插头A的位置和滑动按键B的位置,使检流计G的指针不发生偏转,E_x与此时AB间的电压U'_{AB}达到了补偿,即

$$E_x = U'_{AB} = I_0 R_0 L_x$$

式中,L_x为此时AB之间电阻丝的长度。比较E_S和E_x,有

$$\frac{E_x}{E_S} = \frac{U'_{AB}}{U_{AB}} = \frac{I_0 R_0 L_x}{I_0 R_0 L_S} = \frac{L_x}{L_S}$$

于是,得

$$E_x = \frac{L_x}{L_S} E_S \tag{6-7-7}$$

由式(6-7-7)可见,只要测量出L_x和L_S,就可以得到E_x。用电位差计测量电阻两端电压也是同样的道理。

3. 电位差计测电池电动势和内阻

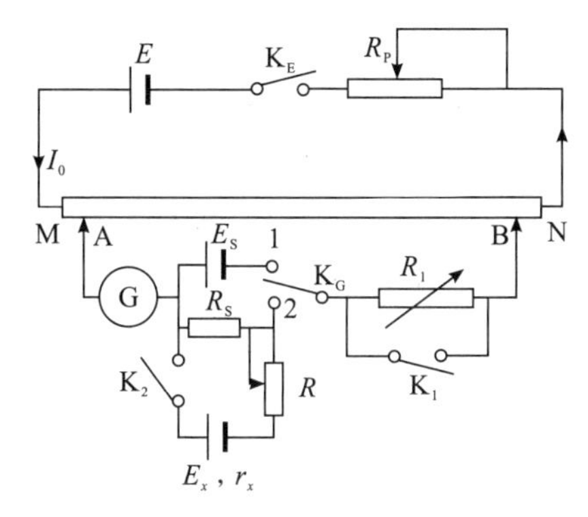

图 6-7-6　电位差计测电池电动势和内阻

根据全电路欧姆定律 $U=E_x-Ir_x$，要测量电池内阻 r_x，需要有电流通过电池，即要让电池构成回路。将图 6-7-5 中电池构建一个回路，得到图 6-7-6 所示电路。闭合 K_E，将 K_G 接“1”，对辅助回路的电流标准化(将辅助回路的电流调整为 I_0)。将 K_G 接“2”，闭合 K_2，调节插头 A 的位置和滑动按键 B 的位置，使检流计 G 的指针不发生偏转，则标准电阻 R_S 两端电压 U_S 与 AB 两点间电压 U_{AB} 达到了补偿，即

$$U_S=U_{AB}=IR_S \tag{6-7-8}$$

在电池 E_x、K_2、R_S 和 R 组成的回路中，电池的路端电压

$$U=E_x-Ir_x=I(R_S+R) \tag{6-7-9}$$

将式(6-7-8)与式(6-7-9)联立，整理得

$$\frac{1}{U_{AB}}=\frac{R_S+r_x}{E_xR_S}+\frac{1}{E_xR_S}R \tag{6-7-10}$$

电池电动势 E_x 和内阻 r_x 短时间内可以看作不变量，R_S 为标准电阻，取定值。从式(6-7-10)可以看出，$1/U_{AB}$ 与 R 呈线性关系，斜率 $k=1/(E_xR_S)$，截距 $b=(R_S+r_x)/(E_xR_S)$。由此可得电池的电动势和内阻为

$$E_x=\frac{1}{kR_S} \tag{6-7-11}$$

$$r_x=\frac{b}{k}-R_S \tag{6-7-12}$$

【实验内容】

(1)按图 6-7-6 所示连接电路，其中 R_P 为滑线变阻器，R_1 和 R 为电阻箱，R_S 为标准电阻。接线时需断开所有的开关，并特别注意不可将辅助电源 E、标准电池 E_S 和待测电池 E_x 的正负极接错。调节电源 E，使输出电压为 3～5 V。

(2)测量出实验室温度 t，查出温度 20 ℃标准电池的电动势 E_{20}，然后根据公式 $E_S = E_{20} - [39.94(t-20) + 0.929(t-20)^2 - 0.0090(t-20)^3 + 0.00006(t-20)^4] \times 10^{-6}$ V 计算出室温 t 下标准电池的电动势 E_S。

(3)接通电键 K_E，断开 K_G，调节可变电阻 R_P，使 MN 两端的电压 $U_{MN} > E_x$，$U_{MN} > E_S$。

(4)先将限流电阻 R_1 调到 10000 Ω 以上，然后将电键 K_G 合向“1”。按照估算选好插头 A 的位置，接着调节滑动按键 B 的位置，使检流计 G 的指针不发生偏转。然后一边调小 R_1，一边调节滑动按键 B 的位置，使检流计 G 的指针指零，一直到 $R_1 = 10$ Ω 时，闭合开关 K_1，再调节滑动按键 B 的位置，使检流计 G 的指针指零，实现对辅助回路电路的标准化（电阻丝 MN 中电流为 I_0）。记下此时 A、B 之间电阻丝的长度 L_S，重复测量 5 次以上。

(5)将限流电阻 R_1 重新调到 10000 Ω 以上，然后将电键 K_G 合向“2”，闭合 K_2，电阻 R 阻值设为 100.0 Ω，选择阻值 300 Ω 的标准电阻 R_S。按照估算选好插头 A 的位置，接着调节滑动按键 B 的位置，使检流计 G 的指针不发生偏转。然后一边调小 R_1，一边调节滑动按键 B 的位置，使检流计 G 的指针指零，一直到 $R_1 = 10$ Ω 时，闭合开关 K_1，再调节滑动按键 B 的位置，使检流计 G 的指针指零。记下此时 A、B 之间电阻丝的长度。

(6)依次改变电阻 R 的阻值为 200.0 Ω、300.0 Ω、400.0 Ω、500.0 Ω和 600.0 Ω，重复步骤(5)操作，使标准电阻 R_S 两端电压得到补偿（检流计 G 的指针指零），并记录对应 A、B 之间电阻丝的长度 L_i。

(7)根据式(6-7-7)，由记录的 L_i 值计算出每个 R 值下标准电阻

R_S 两端的电压 U_{ABi}。以 $1/U_{AB}$ 为纵坐标，R 为横坐标描点作图，并用最小二乘法计算斜率 k 和截距 b。

(8)实验完毕，关掉电源开关，拆除连线，整理好仪器和导线。

【注意事项】

(1)板式十一线电位差计上的电阻丝不要随意去拨动，以免影响电阻丝的长度和粗细均匀。

(2)标准电池是一种标准量具，决不允许短路或作为普通电源使用。严禁使用一般电表直接测量标准电池，使用时正负极不能接错。标准电池是内装化学溶液的玻璃容器，一定要小心、平稳取放。避免倾斜和振动，更不允许倒置。

(3)电位差计中设置的保护电阻不仅是为了保护检流计，也是为了保护标准电池。因此，在开始测量之前，保护电阻要调到最大值，当完全补偿时，保护电阻要调到零。

(4)使用电位差计测量时，必须先接通辅助回路，然后接通补偿回路。断开时，应先断开补偿电路，再断开辅助回路。

(5)严禁滑动按键按下后左右移动，以免刮伤电阻丝。

【实验数据记录与处理】

室温 t=______±______℃，电阻 R_S=300.0±__________ Ω。

标准电池 E_{20}=______ V，E_S=______±______ V。

数据记录表(一)

项目 \ 次数 i	1	2	3	4	5	6	平均值
L_S(m)							

数据记录表(二)

R_i(Ω)	100.0	200.0	300.0	400.0	500.0	600.0
L_i(m)						
U_{ABi}(V)						

数据处理如下：

(1)计算不同电阻 R 阻值(R_i)对应的标准电阻 R_S 两端的电压

(U_{ABi})。

（2）以 $1/U_{AB}$ 为纵坐标，R 为横坐标描点作图，并用最小二乘法计算斜率 k 和截距 b 及标准偏差 $s(k)$ 和 $s(b)$。

（3）由算得的斜率 k 和截距 b，根据式(6-7-11)和式(6-7-12)计算电池电动势和内阻及各自的不确定度。

$\overline{E}_x=\dfrac{1}{kR_S}=$　　　　　　$u(E_x)=$

$\overline{r}_x=\dfrac{b}{k}-R_S=$　　　　　　$u(r_x)=$

结果表示为

$E_x=\overline{E}_x\pm u(E_x)=$

$r_x=\overline{r}_x\pm u(r_x)=$

【思考题】

（1）为什么用电压表测量电势差时，所得的值比未接电压表时的值小？用什么方法可以测得精确的电势差？

（2）电位差计是利用什么原理来测量电源电动势的？

（3）调节电位差计平衡的必要条件是什么？

（4）决定板式十一线电位差计准确度的因素有哪些？

（5）检流计的灵敏度对电位差计测量的准确度有什么影响？

（6）在电位差计调平衡时，发现电流计指针总是偏向一边而不能补偿，请分析可能的原因有哪些。

（7）电位差计实验中标准电源起什么作用？使用时应注意什么问题？

【仪器介绍】

板式十一线电位差计的结构如图 6-7-7 所示。一根长 11 m 的粗细均匀的电阻丝往复绕在 11 个带插孔的接线柱上，相邻两插孔间的电阻丝长度为 1 m。插头可选插在插孔 0，1，2，…，10 中任一位置，构成阶跃式的“粗调”装置。最后 1 m 电阻丝的下方附有带毫米刻度的米尺，滑动按键可以在它上面滑动，构成连续变化的“细调”

装置，这样电阻丝长度就可以在 0～11 m 之间连续变化。

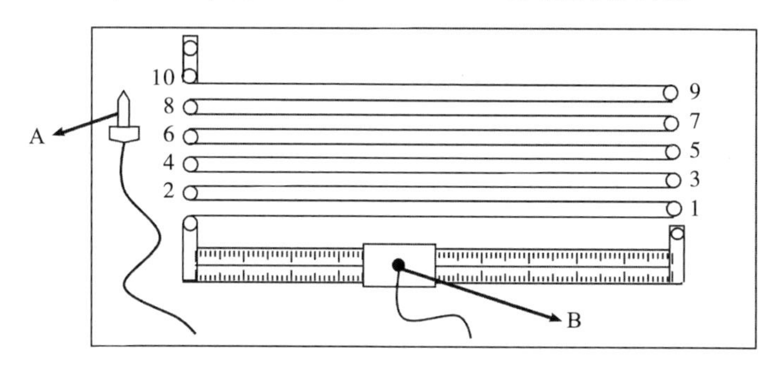

图 6-7-7　板式十一线电位差计结构图

6.8　用箱式电位差计校准电表

在电学测量中经常使用磁电式电表。这类电表经长期使用和保存后，各个元件的参数会发生变化，如电阻老化、磁铁的磁性减弱、金属部件锈蚀等，导致性能退化。另外，在使用过程中由于方法不当导致机械部件受振松动、轴承磨损等，都会影响电表性能，使其示值与实际值有所偏离，准确度降低。因此，必须对电表进行定期检测，对误差大者要及时检修，对误差小者可以校准，作出电表的校准曲线，之后再使用该电表时，可以根据校准曲线对读数加以修正。电位差计具有测量准确度较高、性能稳定等特点，因此，国家计量部门常采用电位差计来校准电表。本实验就是利用 UJ31 型低电势直流箱式电位差计来校准电压表和电流表。

【实验目的】

(1)了解箱式电位差计的结构和原理。

(2)掌握箱式电位差计的正确使用方法。

(3)学会使用箱式电位差计校准电压表和电流表。

【实验仪器】

UJ31 型低电势直流箱式电位差计、标准电池、直流电源、检流计、滑线变阻器、电阻箱、电压表、电流表、标准电阻开关和导线等。

【实验原理】

1. 电位差计的工作原理

箱式电位差计是用来精确测量电池电动势或电压的专门仪器。它将被测量与已知量相比较，在补偿的情况下实现测量，测量时不从被测电路吸收功率，加之实验使用的标准电池的电动势非常稳定，用作电压指示的灵敏电流计灵敏度较高，箱式电位差计可以实现较高精度的电压值比较，所以测量精度很高。图 6-8-1 所示为 UJ31 型低电势直流箱式电位差计面板示意图。

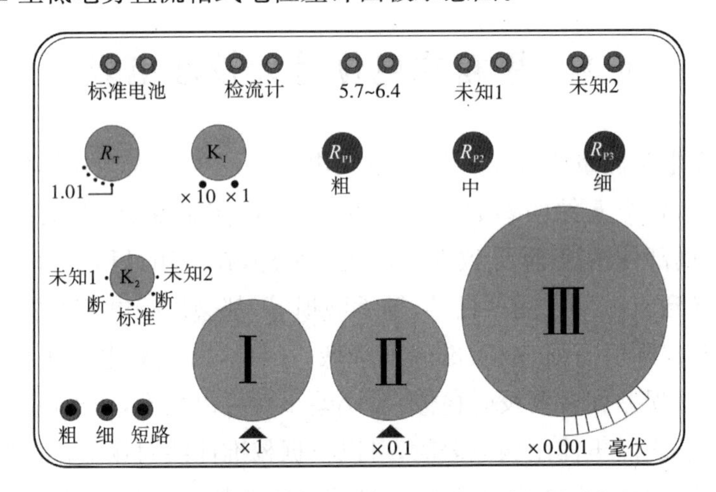

图 6-8-1　UJ31 型低电势直流箱式电位差计面板示意图

图 6-8-2 所示为 UJ31 型低电势直流箱式电位差计的简单工作原理图。它由电源回路、标准回路和测量回路三部分组成。

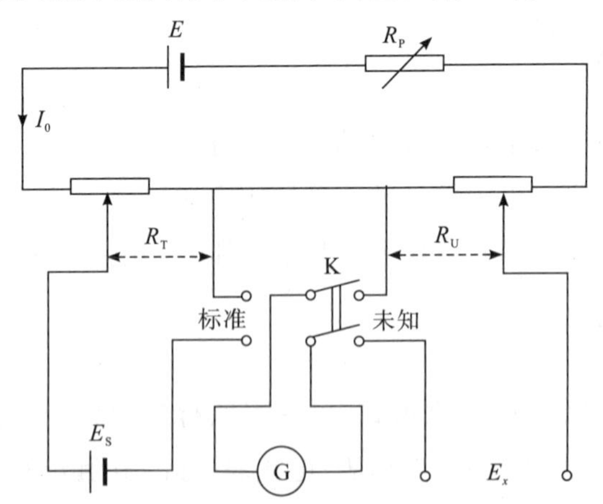

图 6-8-2　UJ31 型低电势直流箱式电位差计简单工作原理图

(1)工作电流标准化。根据 E_S 的值确定 R_T 的值,然后将转换开关 K 放在“标准”位置,再调节限流电阻 R_P,改变电源回路中的电流,使检流计指针指零,标准回路达到补偿,此时 R_T 上的电压降与标准回路的标准电池的电动势相等,有

$$E_S = I_0 R_T$$

或

$$I_0 = \frac{E_S}{R_T} \tag{6-8-1}$$

式中,I_0 为该电位差计的工作电流,也称标准化电流。

(2)测量。将转换开关 K 拨在“未知”位置,接通测量回路,调节 R_U 使回路达到补偿状态,检流计指针指零,有

$$E_x = I_0 R_U \tag{6-8-2}$$

因工作电流 I_0 已标准化,所以知道了测量电阻 R_U,就得到了 E_x。实际上,可将测量电阻 R_U 直接按电压的单位进行刻度,即被测电压 E_x 的值可以直接从 R_U 上(通过读数盘)读出。

2. 用电位差计校准电表

校准电表的基本思想是用待校准电表去测量已经精确知道了的电学量,将待校准电表的示数与已知值进行比较,如果误差不超过该表的标称误差,则表示该表没有失去其标定的准确度,否则,该表就失去了标定的准确度,需要检修。校准电表的一般方法是选取一个比待校准电表高两个准确度等级的电表作为“标准电表”(即认为它的读数是精确值),用“标准电表”和待校准电表去测量同一个电学量,观察两表读数的差值大小是否超出待校准电表的标称误差。电位差计测量的准确度较高,性能稳定,适合充当“标准电表”。

(1)校准电压表。电压表和电位差计都是测量电压的仪器,两者并联去测量同一段电路上的电压即可进行校准。图 6-8-3 所示为箱式电位差计校准电压表原理线路图,其中 E 是直流电源,K 是电源开关,mV 为待校准的毫伏表,R 是滑线变阻器(作分压器使用)。适当调节滑线变阻器,使待校准电压表的示值为整刻度值,再用电位差计测量对应的电压值,将电位差计的测量值作为标准值。如此反复调节滑线变阻器,对待校准电压表的每一整刻度值 V_{xi} 进行校

准，读出电位差计的相应值 V_{Si}，求出它们的差值 $\Delta V_{xi}=V_{Si}-V_{xi}$。以 V_{xi} 为横坐标，ΔV_{xi} 为纵坐标描点作图，相邻两个校正点之间用直线连接，画出电压表的校正曲线 $V_x-\Delta V_x$。ΔV_{xi} 中绝对值最大者 $|\Delta V|_{max}$ 与待校正电压表的量程 V_m 的比值，即为待校正电压表的标称误差，公式为

$$\alpha=\frac{|\Delta V|_{max}}{V_m}\times 100\% \tag{6-8-3}$$

根据式(6-8-3)计算的标称误差定出待校准电压表的准确度等级，判定待校准电压表是否“合格”。

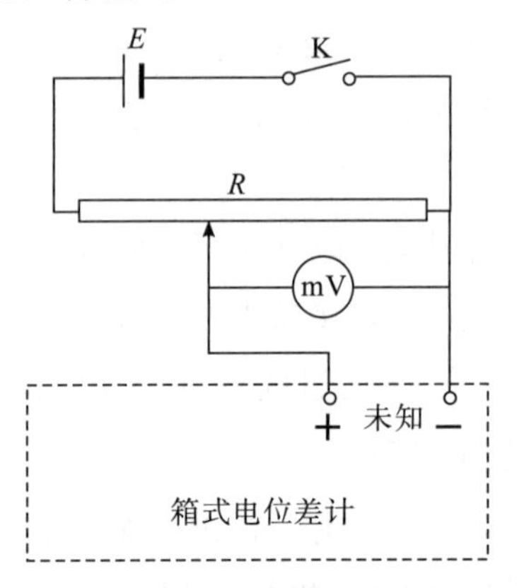

图 6-8-3　箱式电位差计校准电压表原理线路图

(2)校准电流表。用电位差计与标准电阻配合使用可以用来校准电流表。图6-8-4所示为箱式电位差计校准电流表原理线路图，其中 E 是直流电源，K 是电源开关，mA 为待校准的毫安表，R_1、R_2 是滑线变阻器，R_S 为标准电阻。电位差计可测量出标准电阻 R_S 上的

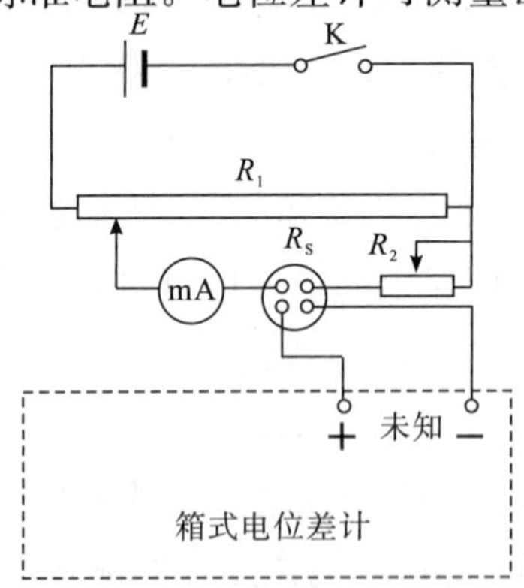

图 6-8-4　箱式电位差计校准电流表原理线路图

电压 V_S，从而得到流过 R_S 的电流值 $I_S=\dfrac{V_S}{R_S}$。适当调节滑线变阻器 R_1 和 R_2，使待校准电流表的示值为整刻度值，再用电位差计测量对应的电压值，计算出相应的电流值，将计算值作为标准值。如此反复调节滑线变阻器，对待校准电流表的每一整刻度值 I_{xi}，读出电位差计的对应值 V_{Si}，计算出相应的电流值 I_{Si}，再求出它们的差值 $\Delta I_{xi}=I_{Si}-I_{xi}$，以 I_{xi} 为横坐标，ΔI_{xi} 为纵坐标描点作图，相邻两个校准点之间用直线连接，画出电流表的校正曲线 $I_x-\Delta I_x$。ΔI_{xi} 中绝对值最大者 $|\Delta I|_{max}$ 与待校准电流表的量程 I_m 的比值，即为待校准电流表的标称误差，公式为

$$\alpha=\frac{|\Delta I|_{max}}{I_m}\times 100\% \tag{6-8-4}$$

根据式(6-8-4)计算的标称误差定出待校准电流表的准确度等级，判定待校准电流表是否“合格”。

【实验内容】

1. 校准工作电流

(1)将测量选择开关 K_2 指示在“断”的位置，按钮全部松开。

(2)用导线将标准电池正负极接在电位差计对应的“标准”接线柱上。将检流计水平放置，把检流计的“锁定开关”拨向右边白点(实验结束后要把“锁定开关”拨向左边红点)，转动“零点调节”旋钮，使指针对准“0”点，然后把检流计接线柱与电位差计上的“检流计”接线柱用导线连接起来。调节直流电源输出电压，使其处在5.7～6.4 V，正负极接在电位差计对应的“电源 5.7～6.4”接线柱上。

(3)测量出实验室温度 t，查出温度＋20 ℃标准电池的电动势 E_{20} 值，然后按照公式 $E_S-E_{20}\quad[39.94(t-20)+0.929(t-20)^2-0.0090(t-20)^3+0.00006(t-20)^4]\times10^{-6}\ \mathrm{V}$ 计算出室温 t 下标准电池的电动势 E_S，扭转温度补偿盘 R_T，使之指在 E_S 值上。

(4)扭转倍率开关 K_1，使 K_1 指示在“×10”的位置上。扭转测量选择开关 K_2，使其指示在“标准”位置。

(5)按下检流计"电计"按钮并旋转一下,将检流计按钮锁定(实验结束后要松开),然后按一下电位差计的"粗"按钮,看检流计指针的摆动情况。调节工作电流调节盘 R_{P1} 后,再按一下"粗"按钮,看检流计指针的摆动情况,再调节 R_{P1}。重复操作,直到检流计指针的摆动在刻度尺范围内后,按下"粗"按钮,调节 R_{P1} 和 R_{P2}(先 R_{P1} 后 R_{P2}),直到检流计指针指零。松开"粗"按钮,按下"细"按钮,调节工作电流调节盘 R_{P2} 和 R_{P3}(先 R_{P2} 后 R_{P3}),直到检流计指针指零。此时,电位差计达到平衡,这样就完成了电位差计的工作电流 I_0 的校准工作。

2. 校准电压表(量程小于 171 mV)

(1)检查并调整好电压表的零点,按图 6-8-3 所示连接电路,并将滑线变阻器的滑动端移至电阻最小的(输出电压为零)位置。

(2)扭转测量选择开关 K_2,使其指示在"未知 1"或"未知 2"位置(以待测支路实际连接的端口为准)。

(3)打开电源,缓慢调节滑线变阻器,使待校准电压表指针指在第一个标有数字的整数刻度值上。

(4)先将测量盘Ⅰ、Ⅱ、Ⅲ调到待校准电压表的读数,然后按下"粗"按钮,调节测量盘Ⅰ和Ⅱ(先Ⅱ后Ⅰ),使检流计指针指零。松开"粗"按钮,再按下"细"按钮,精细调节测量盘(一般只要调节滑线式测量盘Ⅲ)至检流计指针指零,此时电位差计达到平衡。将测量盘Ⅰ、Ⅱ和Ⅲ的示值之和乘以倍率开关 K_1 所对应的倍率,得到的值就是电位差计测量的电压值。记录待校准电压表的读数和电位差计的测量值。

(5)在待校准电压表的全量程中,电压值按从小到大(上升)和从大到小(下降)的顺序对应校准电压表上每一个标有数字的刻度,重复步骤(4),记录待校准电压表的读数和对应的电位差计的测量值。

(6)画出被校准电压表的校准曲线,求出其准确度等级,确定被校准的电压表是否合格。

3. 校准毫安表

该部分选做，参考校准电压表的内容，步骤自拟。

【注意事项】

(1)箱式电位差计在使用前，要将其所有旋钮和标度盘转动几次，使所有接触部分都能保持良好接触。

(2)接线路时要注意各电源及未知电压的正负极(检流计例外)。

(3)为防止箱式电位差计的工作电流波动，每次测量前都应校准工作电流。

(4)使用“粗”按钮和“细”按钮时，应采用跃接法。

(5)调节滑线式测量盘Ⅲ时，在 0～100 之间有一小段没有刻度线，进入这一范围时测量电路已经断开，此时检流计指针指在 0，切不可认为电路已达到平衡状态。

(6)标准电池是一种标准量具，决不允许短路或作为普通电源使用。严禁使用一般电表直接测量标准电池，使用时正负极不能接错。标准电池是内装化学溶液的玻璃容器，要小心平稳取放，避免倾斜和振动，更不允许倒置。

(7)实验结束之后，必须将测量选择开关 K_2 指示在“断”的位置，按钮全部松开。

【实验数据记录与处理】

1. 校准电压表

温度 $t=$__________；标准电源 $E_S=$__________。

仪表参数记录表(一)

名称	标号	级别	量程
毫伏表			
电位差计			

测量结果记录表(一)

毫伏表值 V_x (mV)	电位差计值			$\Delta V=V_x-V_S$ (mV)
	电压上升	电压下降	电压标准值 $V_S=(V_{S1}+V_{S2})/2$ (mV)	
	V_{S1}(mV)	V_{S2}(mV)		

标称误差$=\frac{|\Delta V|_{max}}{量程}\times100\%=$

2. 校准电流表

温度 $t=$__________；标准电源 $E_S=$__________。

标准电阻 $R_S=$__________。

仪表参数记录表(二)

名称	标号	级别	量程
毫安表			
电位差计			

测量结果记录表(二)

毫安表值 I_x (mA)	电位差计值			$\Delta I=I_x-I_S$ (mA)
	电流上升	电流下降	电流标准值 $I_S=(V_{S1}+V_{S2})/2R_S$ (mA)	
	V_{S1}(mV)	V_{S2}(mV)		

$$标称误差=\frac{|\Delta I|_{max}}{量程}\times 100\%=$$

【思考题】

(1)箱式电位差计的工作原理是什么?

(2)为什么要使工作电流标准化?

(3)测量时为什么要估算并预置测量盘的电位差值?

(4)如何使用UJ31型低电势直流箱式电位差计校正大量程电压表(量程大于171 mV)?

(5)校准曲线怎么画?

(6)使用箱式电位差计时,为什么要“先校准,后测量”?

(7)箱式电位差计组件“粗”“中”“细”三个旋钮的作用是什么?如何使用?

(8)箱式电位差计左下角“粗”“细”两个按钮的作用是什么?如何使用?

(9)如果在校准(或测量)时,不管怎样调节工作电流调节盘(或测量盘），检流计指针总是偏向一侧，其原因可能有哪些？

（10）箱式电位差计的工作电源不稳定，对测量是否有影响？工作电源是采用稳压电源好，还是恒流电源好？为什么？

【仪器介绍】

1. UJ31 型低电势直流箱式电位差计

图 6-8-5　UJ31 型低电势直流箱式电位差计

图 6-8-5 所示为 UJ31 型低电势直流箱式电位差计，它是一种测量低电势差的重要仪器，对照图 6-8-1 和图 6-8-5，UJ31 型低电势直流箱式电位差计面板按钮功能介绍如下。

（1）测量选择开关（K_2）：对标准回路进行电流标准化测量时，将测量选择开关旋至“标准”挡位；测量时根据待测支路连接的端口位置，将测量选择开关旋至“未知 1”或“未知 2”；测量结束时，旋至“断”位置。

（2）温度补偿盘（R_T）：在对标准回路进行电流标准化之前，根据室温核算出当时的标准电池电动势，将温度补偿盘旋至对应位置，该盘已直接按电池电动势值标注。

（3）工作电流调节盘（R_{P1}、R_{P2}、R_{P3}）：在对标准回路进行电流标准化时，旋转面板上“粗”“中”“细”（R_{P1}、R_{P2}、R_{P3}）三个工作电流调节盘，使检流计指零，这时标准回路工作电流 $I_0=10.000$ mA。

（4）倍率开关（K_1）：根据待测电压的估值来选择 K_1 的倍率值“×1”或“×10”，对应的箱式电位差计的量程为 0～17.1 mV 或

0～171 mV，选择量程时要确保测量盘Ⅰ能用上。

(5)测量盘(Ⅰ、Ⅱ、Ⅲ)：测量未知电压时，调节测量盘Ⅰ、Ⅱ、Ⅲ，使检流计读数为零。将测量盘Ⅰ、Ⅱ、Ⅲ的读数之和乘 K_1 的倍率值得到的就是未知电压值，未知电压＝测量盘读数×倍率。

(6)“粗”“细”“短路”：“粗”“细”对应检流计对电流的不同灵敏度。按下“粗”按钮，检流计回路被串联 10 kΩ 的保护电阻，可以承受较大电流。按下“细”按钮，检流计对小电流检测更加灵敏，但是由于没有串联大阻值的保护电阻，当被测电流较大时，容易损害检流计。按下“短路”按钮时，检流计指针能很快停住，在指针左右摆动、长久不停时可以用到它。在进行“校准”或“测量”的操作时，应先按“粗”按钮，经调节，待检流计的指针几乎指零后，再按下“细”按钮继续调节，直至指零。

2. UJ31 型低电势直流箱式电位差计技术参数

(1)准确度等级为 0.05 级。

(2)工作电源电压为直流 5.7～6.4 V。

(3)测量范围。

量限	测量范围	最小步进值
“×1”挡	0～17.1 mV	1 μV
“×10”挡	0～171 mV	10 μV

(4)允许基本误差。在保证标准电池实际工作温度为 20±15 ℃，相对湿度≤80%，且没有腐蚀性气体和有害杂质的环境中，其允许基本误差应符合下表所列：

量限	计算式	说明
“×1”挡	$\lvert\Delta\rvert \leqslant 5\times10^{-4}U_x+1\times10^{-6}$ V	$\lvert\Delta\rvert$：容许基本误差(V) U_x：测量盘示值(V)
“×10”挡	$\lvert\Delta\rvert \leqslant 5\times10^{-4}U_x+5\times10^{-6}$ V	

(5)温度补偿范围为 1.0176～1.0198 V，其温度补偿盘的补进值为 100 μV，且各示值相对其参考值 1.0186 V 的相对误差≤±0.005%。

(6)未知测量回路的热(接触)电势＜1 μV。

(7)在使用温度为 20±15 ℃，相对湿度≤80%时，其线路对金属外壳之间的绝缘电阻≥100 MΩ。

(8)应能耐受频率为50 Hz、实际正弦波交流电压为500 V、历时1 min的试验而不被击穿。

3. BC9a型饱和式标准电池

标准电池是直流电路中的电动势量具。标准电池的正极为汞，负极为镉汞齐，正极上覆盖有一层硫酸亚汞糊状物，电解液为硫酸镉水溶液。标准电池按内部结构分为H型封闭管式标准电池和单管式标准电池两种，按电解液浓度又可分为饱和式标准电池和不饱和式标准电池两类。饱和式标准电池的电动势较稳定，但随温度变化比较显著，需要作温度修正；不饱和式标准电池的电动势随温度变化很小，一般不必作温度修正。

本实验所用的标准电池为BC9a型饱和式标准电池，它是一种单管式可逆原电池。其使用时的温度范围为10～30 ℃，+20 ℃时电动势实际值为1.01855～1.01868 V，温度为t ℃时电池的电动势为

$$E_S = E_{20} - [39.94(t-20) + 0.929(t-20)^2 - 0.0090(t-20)^3 + 0.00006(t-20)^4] \times 10^{-6}\,\mathrm{V}$$

使用标准电池应注意以下几点：

(1)正负极不能接反，严禁短路，通电时间不宜太长。

(2)标准电池绝不能作为电源使用。

(3)标准电池不允许倾斜，更不允许摇晃和倒置，要轻拿轻放，保持平稳。

(4)不允许用手同时触摸两个端钮，绝不允许用电压表或万用表去测量标准电池的电动势值。

(5)标准电池使用和存放的温度、湿度必须符合规定，严禁置于强光或高温下。

4. AC5/4型指针式直流检流计

AC5/4型指针式直流检流计为便携型磁电式仪表，在本实验中用作示零器，其外形如图6-8-6所示。使用方法如下：①将检流计的接线柱接入电路中，若要考虑指针的偏转方向，就要按接线柱标注的“+”“-”接线。②将“锁定开关”拨向白色圆点位置，此时，指针

可自由摆动，转动“零点调节”旋钮，将指针调到零点。③按下“电计”按钮，将检流计接入电路，若检流计指针偏转较大、偏转速度较快，应立即松开“电计”按钮，以防烧坏检流计。当指针偏转不超过标尺范围时，可把“电计”按钮按下，旋转锁定，然后调节电路，使检流计指针指零。④若使用过程中指针左右不停地摆动，只需按一下“短路”按钮，便可快速止动。⑤实验完成后，必须将“锁定”开关拨向红色圆点位置，此时“电计”和“短路”按钮应松开。

图 6-8-6 AC5/4 型指针式直流检流计

AC5/4 型指针式直流检流计主要技术参数包括：内阻 $<1200\ \Omega$，外临界电阻 $<14000\ \Omega$，分度值 $<4\times10^{-7}$ A/div，阻尼时间 2.5 s。

6.9 亥姆霍兹线圈磁场的测量

亥姆霍兹线圈由两个完全相同的圆形导体线圈组成，这两个线圈彼此平行且共轴。当两线圈之间的距离等于线圈的半径，且两线圈内通以相同电流时，会在两线圈的中轴线附近形成一个近似均匀的磁场。亥姆霍兹线圈具有诸多优点，已在很多领域实现了实际应用。例如，亥姆霍兹线圈具有开敞特性，很容易将其他仪器置入或移出两线圈间的均匀磁场，也可以直接进行视觉观察，因此它是物理实验中常用的装置。亥姆霍兹线圈还可以用来抵消地磁场，制造出接近零磁场的区域，为科研、航空和医疗等领域提供精确的磁场信息。在粒子加速领域，亥姆霍兹线圈能够为粒子提供稳定的加速环境。在医学影像领域，亥姆霍兹线圈可以用于生成标准磁场模拟实际环境中的电磁干扰，从而验证和预测电子设备的性能。亥姆霍兹线圈也是磁场测量中的常用工具。例如，在荧光屏亮度的测量中，可以通过测量其磁场强度获取荧光屏亮度的准确值。在塞曼效应等原子物理实验中，亥姆霍兹线圈也发挥着关键作用。

亥姆霍兹线圈磁场测量实验是大学物理实验（电磁学部分）中一项重要的实验，旨在通过实际测量来理解和验证亥姆霍兹线圈产生的磁场特性。本实验不仅有助于学生深入理解电磁学的基本原理，也为后续电磁学相关知识的学习和应用奠定基础。

【实验目的】

（1）利用毕奥-萨伐尔定律测量载流圆线圈、亥姆霍兹线圈轴线上的磁场分布。

（2）掌握亥姆霍兹线圈的原理及应用。

（3）应用霍尔效应原理和集成霍尔传感器测量磁场分布。

（4）验证磁场叠加原理。

【实验仪器】

DH4501A 型亥姆霍兹线圈磁场实验仪（1 套，线圈匝数 $N=500$，线圈半径 $R=0.11$ m）。

【实验原理】

1. 利用毕奥-萨伐尔定律测量通有稳恒电流的圆形线圈轴线上的磁场分布

毕奥-萨伐尔定律是静电磁学中的一个基本定律，它详细阐述了通有稳恒电流的导线在其周围空间形成磁场的分布形式、特征及原理。由于在闭合电路中电流具有连续性和循环性，故要研究某段载流导线附近的磁场分布情况，需要借助数学上的极限思想。如图 6-9-1 所示，现有一半径为 R 的圆线圈，通有稳恒电流 I，其圆心为 O 点，过 O 点且垂直于线圈方向作 x 轴，过 O 点且垂直 x 轴方向作 y 轴。在载流圆线圈上任取一个电流元 $I\mathrm{d}\boldsymbol{l}$，由其向线圈轴线上的任意一点 Q 点作位置矢量($\boldsymbol{r}$)，$\boldsymbol{r}$ 与 $I\mathrm{d}\boldsymbol{l}$ 相垂直。Q 点到线圈圆心的距离为 x，则选定的电流元在 Q 点处产生的磁感应强度大小为

$$dB = \frac{\mu_0}{4\pi}\frac{Idl\sin\alpha}{r^2} = \frac{\mu_0}{4\pi}\frac{Idl\sin\frac{\pi}{2}}{r^2} = \frac{\mu_0}{4\pi}\frac{Idl}{r^2} \tag{6-9-1}$$

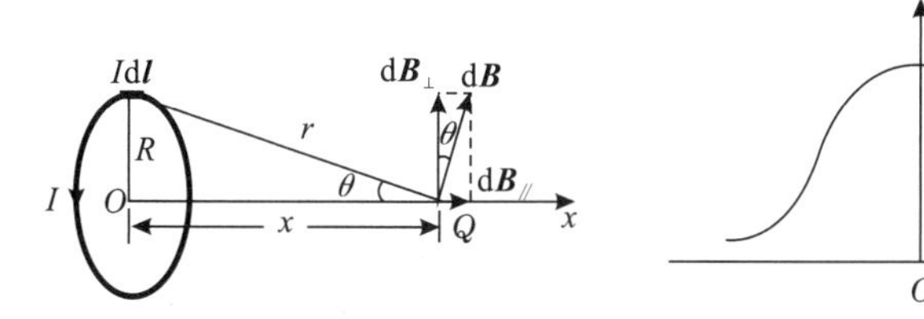

图 6-9-1　载流圆线圈在空间 Q 点处产生的磁感应强度

磁感应强度的方向可以通过右手螺旋定则确定，即 d$\boldsymbol{B}$ 的方向垂直于电流元 $I\mathrm{d}\boldsymbol{l}$ 与矢径 $\boldsymbol{r}$ 所决定的平面向里。d$\boldsymbol{B}$ 可以分解为平行于 x 轴的分量（d$\boldsymbol{B}_{/\!/}$）和垂直于 x 轴的分量（d$\boldsymbol{B}_{\perp}$），其大小分别为

$$dB_{/\!/} = dB\sin\theta \tag{6-9-2}$$

$$dB_{\perp} = dB\cos\theta \tag{6-9-3}$$

由对称性可知，载流圆线圈上各电流元在 Q 点处形成的磁感应强度的垂直分量两两抵消，即垂直于 x 轴方向上总的磁感应强度为

$$B_{\perp} = \int dB_{\perp} = 0 \tag{6-9-4}$$

载流圆线圈在 Q 点处形成的磁感应强度为各电流元在 Q 点处的磁感应强度的平行分量的矢量和，即

$$B = \int dB_{/\!/} = \int dB\sin\theta = \int \frac{\mu_0}{4\pi}\frac{Idl}{r^2}\frac{R}{r} = \frac{\mu_0}{4\pi}\frac{IR}{r^3}\int_0^{2\pi R} dl$$

$$= \frac{\mu_0}{2}\frac{R^2 I}{(R^2 + x^2)^{3/2}} \tag{6-9-5}$$

由式(6-9-5)可知，圆心处($x=0$)的电磁感应强度大小为

$$B = \frac{\mu_0 I}{2R}$$

当 $x \gg$ R 时，该位置处的电磁感应强度大小为

$$B = \frac{\mu_0}{2}\frac{R^2 I}{x^3}$$

即电磁感应强度的大小与圆心至 O 点距离的三次方成反比，方向沿 x 轴的正方向，磁感应强度大小随 x 的变化关系如图 6-9-1 所示。如果缠绕 N 匝线圈，则载流圆线圈在 Q 点处形成的磁感应强度为

$$B = \frac{\mu_0}{2}\frac{NR^2 I}{r^3} = \frac{\mu_0 NR^2 I}{2\,(R^2 + x^2)^{3/2}}$$

2. 亥姆霍兹线圈中轴线上的磁场分布

亥姆霍兹线圈是一种用于制造小范围区域均匀磁场的器件，以德国物理学家赫尔曼·冯·亥姆霍兹的姓氏命名。亥姆霍兹线圈由一对完全相同的圆形导体线圈组成，每一线圈缠绕 N 匝导线，两线圈内通有大小相等、方向相同的电流，两线圈之间的距离 d 恰好等于圆形线圈的半径 R。

如图 6-9-2 所示，左侧励磁线圈的圆心为 O_1，右侧励磁线圈的圆心为 O_2，取 O_1、O_2 连线的中点为坐标原点 O，两线圈共轴轴线上任意一点到 O 点的距离为 x，则两励磁线圈在该点处产生的磁感应强度为

$$B = \frac{\mu_0 NR^2}{2\left[R^2 + \left(\frac{R}{2} + x\right)^2\right]^{3/2}} I + \frac{\mu_0 NR^2}{2\left[R^2 + \left(\frac{R}{2} - x\right)^2\right]^{3/2}} I \tag{6-9-6}$$

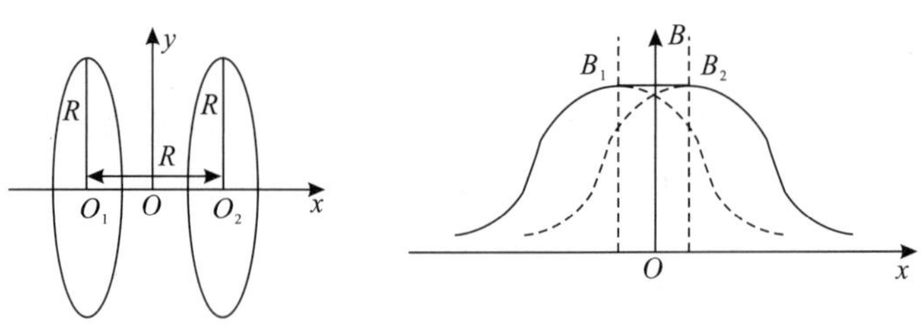

图 6-9-2　亥姆霍兹线圈磁场分布

当两励磁线圈间距等于线圈半径 R 时，其中轴线上存在一个较大范围的均匀磁场，如图 6-9-2 所示。

当线圈匝数 $N=500$，两线圈之间的距离 $d=R=0.11$ m，通入电流 I 的大小为 500 mA 时，两励磁线圈中轴线中心 O 点处磁感应强度为

$$B_O = \frac{8\mu_0 NI}{5^{3/2}R} = \frac{8 \times 4\pi \times 10^{-7} \times 500 \times 0.5}{5^{3/2} \times 0.11} = 2.04(\text{mT}) \tag{6-9-7}$$

3. 霍尔效应法测量磁感应强度

为了验证理论计算的正确性，本实验利用霍尔效应法对亥姆霍

兹线圈中轴线上的磁场分布进行测量。霍尔效应由美国物理学家埃德温·赫伯特·霍尔(Edwin Herbert Hall)于1879年发现,其表述为:当固体导体(或半导体)放置在一个磁场内,且有电流通过时,导体内的载流子(如自由电子)受到洛仑兹力作用而偏向一边,从而在垂直于电流和磁场的方向上产生电压(霍尔电压U_H)的现象。

(1)运动载流子在磁场中的偏转。载流子是指可以在导体或半导体中自由移动的电荷粒子,如电子、空穴等。当载流子在磁场中移动时,它们会受到洛仑兹力的作用而发生偏转。洛仑兹力是磁场对运动电荷的作用力,其公式为

$$\boldsymbol{f} = q\boldsymbol{v} \times \boldsymbol{B}$$

其中,$\boldsymbol{f}$是洛仑兹力,q是载流子的电荷量,$\boldsymbol{v}$是载流子的运动速度,$\boldsymbol{B}$是磁感应强度。洛仑兹力垂直于$\boldsymbol{v}$和$\boldsymbol{B}$组成的平面,遵守右手螺旋定则。

(2)载流子的偏转对垂直于磁场的导体两端电势差的影响。随着运动的载流子在磁场中发生偏转,导体一侧将出现负电荷的累积,另一侧出现相同数量的正电荷的累积,导致导体两侧出现电势差。随着发生偏转的载流子数量的增加,导体两侧的电势差将逐渐增加。导体和N型半导体材料的载流子为电子,其运动方向与电流I的方向相反。如图6-9-3所示,当磁场方向垂直于纸面向外时,霍尔元件内载流子所受洛仑兹力方向竖直向上,并在A侧发生负电荷的累积,同时在B侧形成等量正电荷的累积。

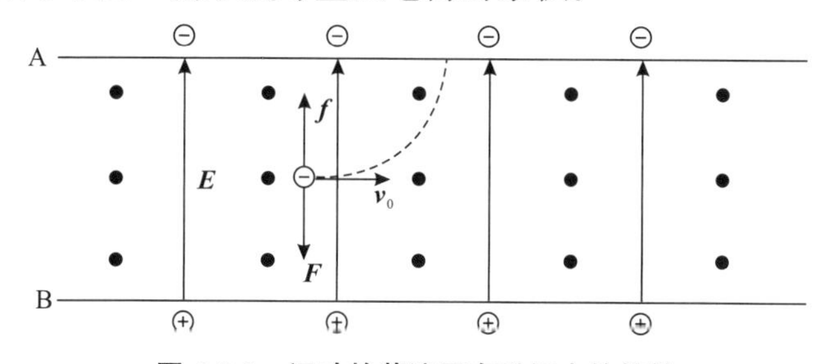

图6-9-3 运动的载流子在磁场中的偏转

随着A、B两板上不断累积电荷,其间将会形成一个附加电场。因此,运动的载流子不仅在磁场中受到洛仑兹力的作用,还会受到附加电场施加在其上的电场力的作用。洛仑兹力的大小仅与载流

子的运动速度、载流子的电荷量和磁感应强度有关。因此，在偏转过程中，载流子所受洛仑兹力的大小保持不变。相反，随着运动的载流子的不断偏转，A、B 两板上累积的电荷逐渐增加，两板间形成的附加电场的电场强度（$\boldsymbol{E}$）逐渐增强，其施加在载流子上的电场力逐渐增大，具体为

$$F = qE = q\frac{U_{\mathrm{B}} - U_{\mathrm{A}}}{l} \tag{6-9-8}$$

式中，l 为 A、B 两极板的间距。电场力的方向从 A 板指向 B 板，与载流子所受洛仑兹力的方向相反。随着偏转载流子数量的增加，电场力逐渐增加。当电场力增加至与洛仑兹力大小相等时，在外加磁场和附加电场中运动的载流子受力达到平衡，将不再发生偏转。此时，A、B 两板上累积的等量异号电荷达到最大值，两板间电势差也达到最大值，该电势差即为霍尔电压（U_{H}），两板间电场强度达到最大值（E_{H}），该电场称为霍尔电场。

达到平衡时，单个载流子所受电场力大小为

$$F = qE_{\mathrm{H}} = q\frac{U_{\mathrm{H}}}{l}$$

单个载流子所受洛仑兹力大小为

$$f = qvB$$

此时，电场力与洛仑兹力大小相等，方向相反，即

$$q\frac{U_{\mathrm{H}}}{l} = qvB$$

$$U_{\mathrm{H}} = vBl \tag{6-9-9}$$

设霍尔元件宽度为 l，厚度为 d，载流子浓度为 n，则霍尔元件的工作电流为

$$I = nqvld \tag{6-9-10}$$

由式（6-9-9）、式（6-9-10）可得

$$U_{\mathrm{H}} = \frac{1}{nq}\frac{IB}{d} = R_{\mathrm{H}}\frac{IB}{d} \tag{6-9-11}$$

式（6-9-11）表明，霍尔电压与电流和磁感应强度的乘积成正比，与霍尔元件的厚度成反比。$R_{\mathrm{H}} = \dfrac{1}{nq}$称为霍尔系数，反映材料霍尔效应的

强弱。当 $R_H>0$ 时，霍尔元件为P型半导体；当 $R_H<0$ 时，霍尔元件为N型半导体。

当霍尔元件的材料和厚度确定时，设

$$K_H = \frac{R_H}{d} = \frac{1}{nqd} \tag{6-9-12}$$

将式(6-9-12)代入式(6-9-11)中，得

$$U_H = K_H IB \tag{6-9-13}$$

式中，K_H 为霍尔元件的灵敏度，反映霍尔元件在单位磁感应强度和单位控制电流下的霍尔电势大小，其单位是mV/(mA·T)。

通常要求霍尔元件的灵敏度越大越好。通过式(6-9-12)可知，霍尔元件的灵敏度与载流子浓度和霍尔元件的厚度成反比，即载流子浓度越大，霍尔元件越厚，K_H 越小。所以，可以通过降低霍尔元件的厚度来实现灵敏度的增加。但随着霍尔元件厚度的减小，材料电阻将会相应增加，所以霍尔元件厚度不能无限减小。另外，金属具有大量的自由电子，其灵敏度很小，因此不适宜用作霍尔元件，通常选用半导体制作霍尔元件。

当电流为稳恒电流时，令 $K_0=K_H I$，则

$$U_H = K_H IB = K_0 B \tag{6-9-14}$$

即通过测量霍尔电压 U_H，就可以计算出未知磁场的磁感应强度大小。

【实验内容】

实验准备工作包括以下内容：

(1)熟悉相关安全规定和操作规程，做好防护工作。

(2)熟悉DH4501A型亥姆霍兹线圈磁场实验仪，掌握测试架和磁场测量仪上按键、数显表和接线端子的作用，掌握各个接线端子的正确连线方法以及仪器的正确操作方法。

(3)记录实验时的环境条件，如温度、湿度等，以便后续分析实验结果时参考。

(4)检查所有设备是否处于正常工作状态，如电源是否稳定、电流表是否准确、磁场测量仪是否灵敏等。

(5)开启仪器电源，预热 10 min。预热是亥姆霍兹线圈磁场实验仪在使用前必要的准备过程。这是因为电流在导体中流动时，会遇到导体内部原子的阻碍作用，导致电子与原子之间发生碰撞。这些碰撞会导致电子的动能转化为热能，从而使导体发热，这种现象称为焦耳热效应。在亥姆霍兹线圈磁场实验仪中，由于线圈是由导体绕制而成的，当电流流经线圈时，导体内部就会产生焦耳热，使得线圈温度升高。这种温度的变化会导致线圈的电阻发生变化，进而影响电流的稳定性，造成磁场的不稳定。所以，为了保持实验结果的准确性，需要对实验仪进行预热，使线圈达到一个稳定的温度状态，从而减小焦耳热对实验结果的影响。

1. 利用毕奥-萨伐尔定律测量通有稳恒电流的圆形线圈轴线上的磁场分布

(1)线路连接。选定亥姆霍兹线圈磁场实验仪左侧励磁线圈为实验对象。如图 6-9-4 所示，用红色导线①连接测试架左侧励磁线圈红色接线柱和测量仪面板上的励磁电流红色接线柱；用黑色导线②连接测试架左侧励磁线圈黑色接线柱和测量仪面板上的励磁电流黑色接线柱；用黑色信号线③连接测试架的偏置电压和测量仪面板上的偏置电压；用黑色信号线④连接测试架的霍尔电压和测量仪面板上的霍尔电压。

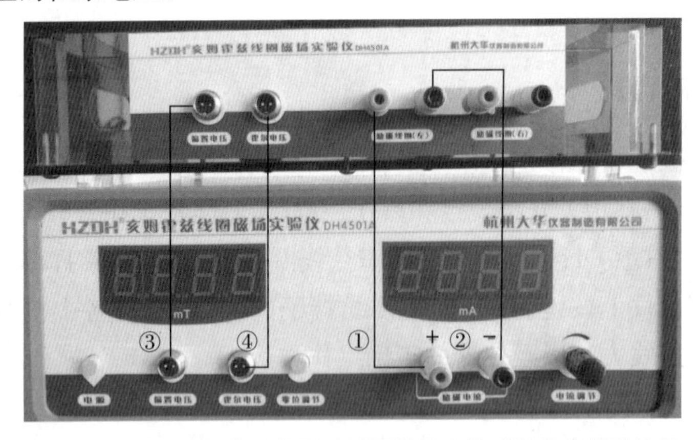

图 6-9-4　通有稳恒电流的圆形线圈轴线上的磁场分布线路连接

(2)霍尔元件位置调整。旋动旋钮，调整霍尔元件水平位置和垂直位置，使其上刻度线分别和各自标尺零刻度处对齐，此时霍尔元件恰好位于亥姆霍兹线圈中轴线的中点，如图 6-9-5 所示。

图 6-9-5　霍尔元件位置调整

(3)磁感应强度调零。为了消除地磁场的影响，测量前需将励磁电流调节为零，以清零磁感应强度。

(4)磁感应强度测量。调节磁场测量仪的励磁电流调节电位器，使表头显示值为 500 mA，此时毫特计表头显示的即为相应位置磁感应强度的大小 B_1。以圆电流线圈中心为坐标原点，每隔 10.0 mm测一次磁感应强度的大小。调整亥姆霍兹线圈磁场实验仪中霍尔元件的位置，使其依次位于左侧励磁线圈圆心，距圆心 x（x 取 10、20、30、40 和 50）mm 位置，读取各位置处毫特表的值(即该位置处磁感应强度的大小)，测量过程中注意保持励磁电流值不变。将实验测量的数据记录到表格中。

拓展实验 1:将左侧励磁线圈换成右侧励磁线圈，重复步骤(1)至步骤(4)，并绘制 B'_1-x 图。

拓展实验 2:将励磁电流反接，重复步骤(1)至步骤(4)，并绘制 B''_1-x 图。

2. 测量亥姆霍兹线圈中轴线上的磁场分布

(1)线路连接。如图 6-9-6 所示，用红色导线①连接测试架左侧励磁线圈红色接线柱和测量仪面板上的励磁电流红色接线柱；用黑色导线②连接测试架右侧励磁线圈黑色接线柱和测量仪面板上的励磁电流黑色接线柱；用黑色信号线③连接测试架的偏置电压和测量仪面板上的偏置电压；用黑色信号线④连接测试架的霍尔电压和测量仪面板上的霍尔电压；旋紧测试架上左侧励磁线圈黑色接线柱和右侧励磁线圈红色接线柱，使其导通。

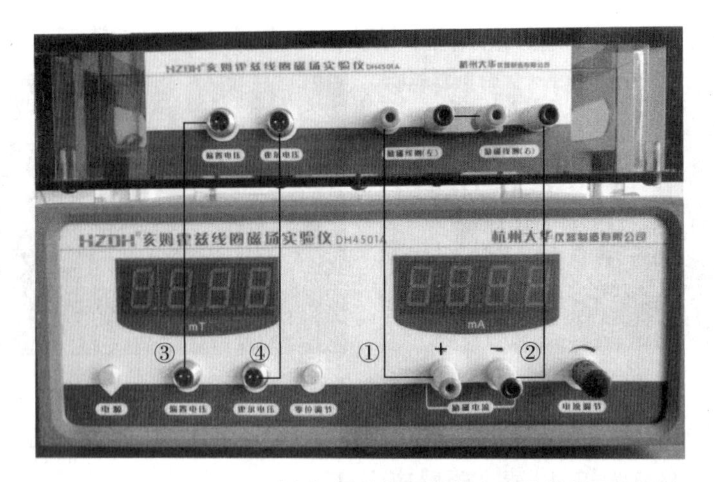

图 6-9-6 DH4501A 型亥姆霍兹线圈磁场实验仪接线示意图

(2)霍尔元件位置调整。旋动旋钮,调整霍尔元件水平位置和垂直位置,使其上刻度线分别和各自标尺零刻度处对齐,此时霍尔元件恰好位于亥姆霍兹线圈中轴线中点位置。

(3)磁感应强度调零。为了消除地磁场的影响,测量前需将励磁电流调节为零,以清零磁感应强度。

(4)磁感应强度测量。调节磁场测量仪的励磁电流调节电位器,使表头显示值为 500 mA,此时毫特计表头应显示为该位置对应的磁感应强度的大小 B_2。以亥姆霍兹线圈中心为坐标原点,每隔 10.0 mm 测一次磁感应强度的大小,测量过程中注意保持励磁电流值不变。调整亥姆霍兹线圈磁场实验仪中霍尔元件的位置,使其依次位于左、右两励磁线圈中轴线的中点 O 处,距 O 点 x (x 取 10、20、30、40 和 50)mm 位置,读取各位置处毫特表的值(即该位置处磁感应强度值),记录于表格中。观察亥姆霍兹线圈中间磁场的均匀性,验证磁场叠加原理。

3. 测量励磁电流大小对磁场强度的影响

(1)线路连接。与实验 2 的线路相同。

(2)霍尔元件位置调整。旋动旋钮,调整水平导轨和垂直导轨,使其上刻度线分别和各自标尺零刻度处对齐,此时霍尔元件恰好位于亥姆霍兹线圈中轴线中点位置。

(3)磁感应强度调零。为了消除地磁场的影响,测量前需将励磁电流调节为零，以清零磁感应强度。

（4）磁感应强度测量。调节磁场测量仪的励磁电流调节电位器，使表头显示值为 100 mA，记录此时磁感应强度的大小 B_3。调整亥姆霍兹线圈磁场实验仪中霍尔元件的位置，使其位于左、右两励磁线圈中轴线的中点 O 处，以 100 mA 为间隔逐渐增加励磁电流至 500 mA，分别记录每个励磁电流下的磁感应强度 B 的大小。将实验测量的数据记录到表格中。

拓展实验 3：选择单线圈，重复步骤（1）至步骤（4）。

【注意事项】

（1）确保亥姆霍兹线圈磁场实验仪接线正确。

（2）不要将磁铁、磁性物质等近距离放置在线圈附近，以免影响线圈的电磁性能。

（3）调节电流时，从较小的电流开始，逐渐增加电流，并记录每个电流对应的磁感应强度的测量值。

（4）线圈电流不宜过大，以防止线圈产生过大的热量和磁场泄漏。

（5）保持实验室环境的干燥和清洁，避免湿度或污垢对线圈性能产生影响。

【实验数据记录与处理】

1. 利用毕奥-萨伐尔定律测量通有稳恒电流的圆形线圈轴线上的磁场分布

轴向距离 x(mm)	0	10	20	30	40	50
B_1(mT)						

数据处理如下：

（1）根据表中数据绘制 B_1-x 图，即通有稳恒电流的圆形线圈轴线上的磁场分布图。

（2）用最小二乘法作线性拟合，求出斜率和相关系数。

2. 测量亥姆霍兹线圈中轴线上的磁场分布

轴向距离 x(mm)	0	10	20	30	40	50
B_2(mT)						
轴向距离 x(mm)		−10	−20	−30	−40	−50
B_2(mT)						

数据处理如下：

根据表中数据绘制 B_2-x 图，即亥姆霍兹线圈中轴线上的磁场强度分布图。

3. 测量励磁电流大小对磁场强度的影响

励磁电流 I(mA)	100	200	300	400	500
B_3(mT)					

数据处理如下：

（1）根据表中数据绘制 B_3-x 图，即不同电流下亥姆霍兹线圈中轴线中点处磁感应强度分布图。

（2）用最小二乘法作线性拟合，求出斜率和相关系数。

【思考题】

（1）亥姆霍兹线圈的磁场分布有什么特点？

（2）一个线圈通入正向电流，另一个线圈通入反向电流，会产生什么结果？

（3）实验中有哪些因素可能影响测量结果的准确性？（从地磁场、线圈间距、电流大小或方向、测量仪器精度等角度进行阐述）

（4）能否用稳恒磁场的安培环路定理计算亥姆霍兹线圈中轴线上的磁感应强度？

（5）提出实验原理或实验仪器的不足之处，并提出改进建议。

【仪器介绍】

1. DH4501A 型亥姆霍兹线圈磁场实验仪

亥姆霍兹线圈磁场实验仪包括测试架和磁场测量仪两个主要部分，如图 6-9-7 所示。工作温度为 10～35 ℃，相对湿度为 25%～

80%,搭配电源为220 V±10%,功耗为50 VA,总重为15 kg。

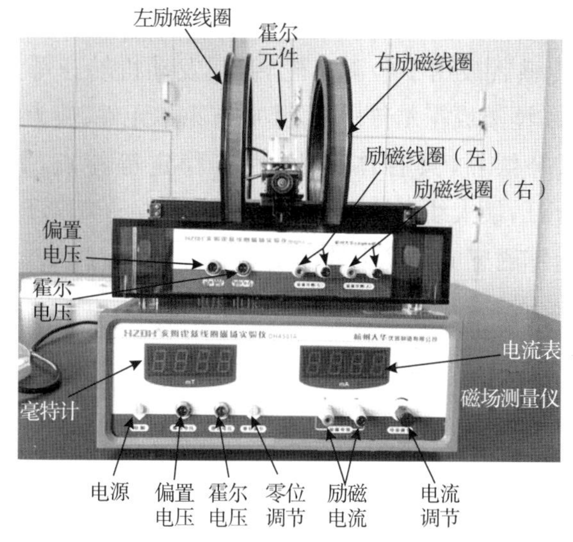

图 6-9-7　亥姆霍兹线圈磁场实验仪

测试架尺寸为340 mm×270 mm×250 mm,包含两个完全相同的励磁线圈,线圈的有效半径为0.11 m,每个励磁线圈上缠绕500匝导线,两个励磁线圈共轴且圆心间距为0.11 m。测试架上安装有水平导轨和径向导轨,轴向可移动距离为0.23 m,径向可移动距离为0.075 m。测试架上还安装有SS495A型集成霍尔传感器。

测量仪尺寸为320 mm×300 mm×120 mm,由可调恒流源和测量磁场的高斯计组成。内置恒流源输出电流为0~0.5 A,最大电压为24 V,采用三位半数显表,最小分辨率为1 mA。内置磁场测量部分(高斯计),当与亥姆霍兹线圈架内的霍尔传感器相配套工作时,测量磁场范围为0~2.2 mT,最小分辨率为0.001 mT。

2. 集成霍尔传感器

集成霍尔传感器是一种基于霍尔效应的传感器,它将磁场信号转换为电信号输出。由于一般霍尔元件的灵敏度较低,测量弱磁场时霍尔电压值较低。为此,将霍尔元件和放大电路集成化,从而提高霍尔电压的输出值,这样就扩大了霍尔法测磁场的应用范围。集成霍尔传感器的性能参数包括灵敏度、线性范围、输出电压、响应时间等。这些参数决定了传感器的测量精度和动态响应特性。例如,灵敏度表示传感器对磁场变化的敏感程度,线性范围则指传感器能够准确测量的磁场强度范围。集成霍尔传感器广泛应用于各种需要测量磁场的场合，如电机控制、位置检测、电流测量等。在汽车工业中，霍尔传感器被用于检测车轮转速、发动机转速等。本实验使用的 SS495A 型集成霍尔传感器，集成有霍尔元件、放大器和薄膜电阻剩余电压补偿器，具有体积小、性能稳定等特点，其灵敏度为 31.25 mV/mT，最大线形测量磁场范围为$-67\sim67$ mT。采用直流 5 V 供电时，零磁感应强度下的输出电压为 2.5 V。

第 7 章

光学实验

7.1 薄透镜焦距的测定

【实验目的】

(1)了解透镜的成像规则,学会分析光路,并选取合适的仪器进行实验。

(2)学习光学系统的同轴等高调节方法。

(3)掌握测量薄透镜焦距的几种方法。

【实验仪器】

光具座、光源、物屏、白屏(像屏)、平面镜、待测透镜等。

【实验原理】

对于薄透镜,有近轴光线的基本成像公式

$$\frac{1}{s}+\frac{1}{s'}=\frac{1}{f'} \tag{7-1-1}$$

式中,s 为物距,s'为像距,f'为薄透镜焦距。式(7-1-1)中,各物理量需考虑正负,物距、像距的正负号规定如下:若为实物与实像,数值取正号;若为虚物与虚像,数值取负号;凸透镜 f'取正号,凹透镜 f'取负号。

1. 凸透镜焦距的测量原理

(1)自准直法(平面镜法)测焦距。如图 7-1-1 所示,在凸透镜右侧靠近透镜处放置一块与主光轴垂直的平面镜。光源AB位于凸透镜左侧焦平面上。光源上任一点发出的光线经过凸透镜折射后形成平行光,再经平面镜反射,反射光经凸透镜再次会聚在左侧焦平面上,成倒立的实像A′B′。此时,光源AB或像A′B′到薄透镜的距离等于凸透镜的焦距 f_1'。

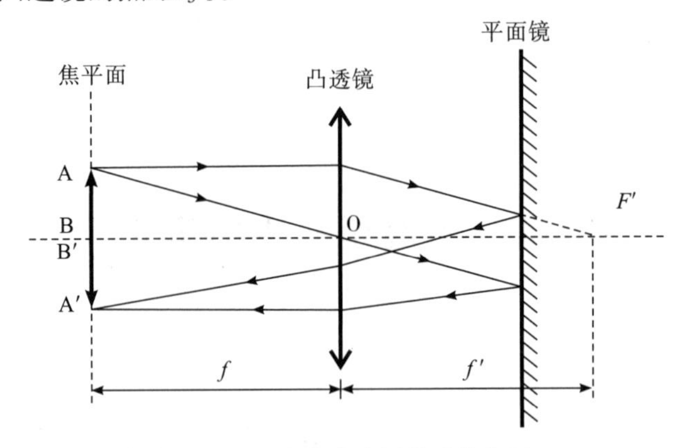

图 7-1-1 自准直法测凸透镜焦距

(2)实物成实像法测焦距。如图7-1-2所示,实物光源AB发出的光经凸透镜折射后形成倒立实像A′B′,根据式(7-1-1)即可算出凸透镜的焦距 f_1'。

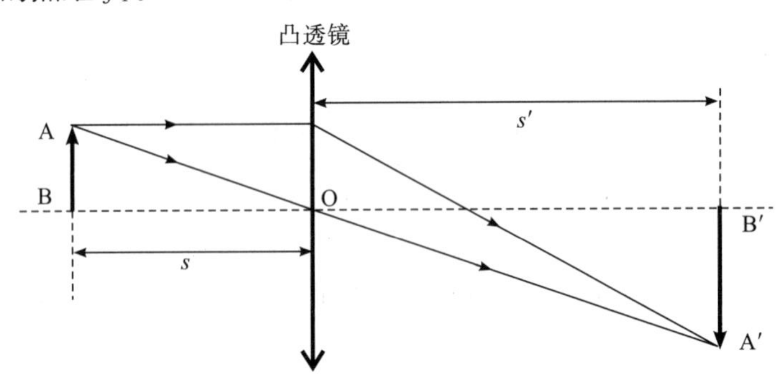

图 7-1-2 实物成实像法测凸透镜焦距

(3)共轭法(二次成像法)测焦距。如图7-1-3所示,光源与白屏之间的间距为 l,若 $l > 4f_1'$,保持 l 不变,在光源与白屏间移动凸透镜,在白屏上能观察到两次清晰的像。当凸透镜位于 O_1 处时,屏上得到一个倒立放大的实像 $A'_1B'_1$;当凸透镜位于 O_2 处时,屏上得到一个倒立缩小的实像 $A'_2B'_2$。根据透镜成像公式(7-1-1)得

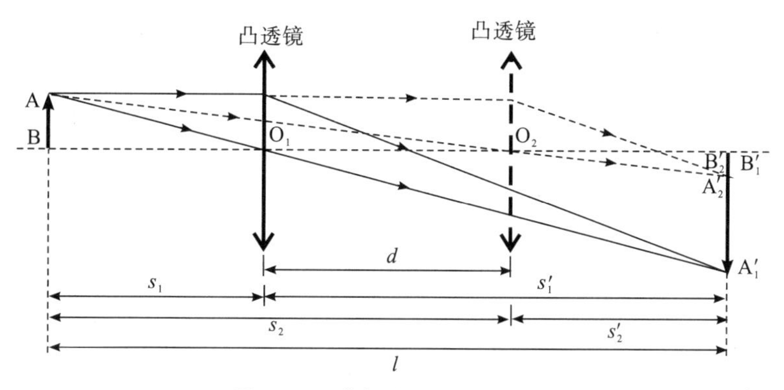

图 7-1-3 共轭法测凸透镜焦距

$$\begin{cases}\dfrac{1}{s_1}+\dfrac{1}{s'_1}=\dfrac{1}{f'_1}\\[2ex]\dfrac{1}{s_2}+\dfrac{1}{s'_2}=\dfrac{1}{f'_1}\end{cases}\tag{7-1-2}$$

又 $s'_1=l-s_1, s_2=s_1+d, s'_2=l-s_1-d$,带入式(7-1-2)中,整理后得

$$f'_1=\frac{l^2-d^2}{4l}\tag{7-1-3}$$

将测得的 l 和 d 代入式(7-1-3)中,即可求得凸透镜焦距 f'_1。

2. 凹透镜焦距的测量原理

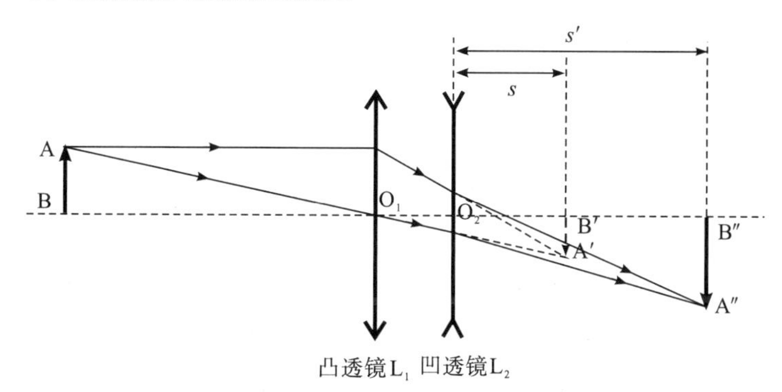

图 7-1-4 虚物成实像法测量凹透镜焦距

由于凹透镜成像为虚像,因此,无法用实物成实像法来直接测量凹透镜的焦距。实验室中通常借助凸透镜所成的实像作为凹透镜的物(虚物),从而在白屏上成实像的方法来测量凹透镜的焦距 f'_2,即虚物成实像法。如图 7-1-4 所示,先利用凸透镜 L_1 使实物 AB 成实像 A′B′,然后将凹透镜 L_2 置于 L_1 与像 A′B′之间,对于 L_2 而

言，$A'B'$为物（虚物），通过 L_1 的光束经 L_2 折射后，在右侧的白屏上成一倒立实像 $A''B''$。根据式（7-1-1）可得

$$\frac{1}{s}+\frac{1}{s'}=\frac{1}{f'_2} \tag{7-1-4}$$

式中，s 为虚物 $A'B'$到凹透镜的距离，s'为所成实像 $A''B''$到凹透镜的距离，f'_2为凹透镜的焦距，此时 s 和 f'_2都取负数。实验中，若$|s|<|f'_2|$，则可得到放大的实像。

【实验内容】

1. 光学系统的同轴等高调节

薄透镜成像公式要求所有透镜和光学器件的主光轴重合。实验中，物距、像距和透镜移动的距离都是根据光具座上的刻度来读数的，这就要求光学系统的主光轴要与光具座平行。因此，实验前需对光学系统进行同轴等高调节，使所有光学元件的光轴共线，并与物屏、白屏的中心等高，并保证光学系统的光轴与光具座平行。具体方法如下：

（1）粗调。首先调节光具座，使其水平。然后将物屏、透镜和白屏依次靠拢，调节高度，使物屏上的“箭头”开孔与透镜中心、白屏中心在同一高度，并使物屏、透镜平面和白屏相互平行，与光具座垂直。最后，目测物屏上“箭头”开孔的中心是否与透镜中心、白屏中心的连线以及光具座平行。

（2）细调。利用图 7-1-3 所示的共轭法进一步细调，使光学系统同轴等高。调整物屏与白屏间的距离，使其大于凸透镜焦距的 4 倍。左右移动凸透镜时，观察白屏上两次成像的位置，如果物的中心与透镜的光轴共轴，则观测到的两次成像的中心应重合；如果两次成像的中心不重合，则根据偏离情况调节物屏（保持透镜高度不变），直到两次成像的中心重合。

对于由多个透镜组成的复杂光学系统，则应逐个加入透镜，使系统由简单到复杂逐步完成所有光学元件的同轴等高调节。

2. 凸透镜焦距的测量

（1）自准直法测焦距。按图 7-1-1 所示，使物屏与平面镜之间的

距离大于凸透镜的焦距。打开光源，从左侧照射物屏，物屏上有朝上的“箭头”形小孔，从物屏右侧可以看到竖直朝上的“箭头”形光源，此即为实验中的物。改变凸透镜的位置，直到在物屏的右面上观察到清晰、倒立的“箭头”形实像，物屏和凸透镜的间距就是凸透镜的焦距 f_1'。改变物屏的位置，重复上述操作 5 次以上，计算出 f_1' 的平均值和对应的平均绝对误差。

实验中，像的清晰度需要通过肉眼判断，存在较大误差，可采用“左右逼近法”读数，减小误差。分别将透镜由左向右平移和由右向左平移，记录刚获取清晰像时凸透镜对应的位置坐标，分别标记为“x_{2L}”和“x_{2R}”，取平均值作为凸透镜的位置坐标。

(2)实物成实像法测焦距。按图 7-1-2 所示，依次将物屏、凸透镜、白屏放置在光具座上，物屏与白屏的间距大于凸透镜焦距的 4 倍。固定物屏和凸透镜的位置不动，调节白屏位置找到清晰的像。利用“左右逼近法”读出白屏的位置坐标，同时记录物屏和透镜的位置坐标。重复上述操作 5 次以上，由式(7-1-1)算出每次测得的凸透镜的焦距 f_1'，并计算出 f_1' 的平均值和对应的平均绝对误差。

(3)共轭法测焦距。按图 7-1-3 所示，在光具座上依次摆放物屏、凸透镜和白屏，且物屏与白屏的距离 $l > 4f_1'$。固定物屏与白屏的位置不变，仅改变凸透镜的位置，同样采用“左右逼近法”寻找放大像和缩小像时凸透镜的位置坐标，记录物屏和像屏的位置。重复测量 5 次以上，根据式(7-1-3)计算出凸透镜焦距的最佳估计值和不确定度，并完整表示测量结果。

3. 凹透镜焦距的测量(虚物成实像法)

先将物屏、凸透镜和白屏依次放在光具座上，在白屏上调出缩小的倒立实像 $A'B'$，记下此时白屏在光具座上的位置坐标 x_1(虚物的位置坐标)。按图 7-1-4 所示，在凸透镜 L_1 和像 $A'B'$之间放上凹透镜 L_2，记录 L_2 的位置坐标 x_2。同样采用“左右逼近法”左右移动白屏，直到在白屏上看到清晰、倒立的实像 $A''B''$，并记录白屏的位置坐标 x_{3L} 和 x_{3R}。计算出物距 s 和像距 s'，利用式(7-1-4)计算出凹透镜 L_2 的焦距 f_2'。改变物屏与凸透镜的间距，重复上述操作 5 次以上，算出凹透镜焦距 f_2'的平均值。

【注意事项】

（1）在操作玻璃光学器具时注意轻拿、轻放，勿使设备振动或损坏。

（2）严禁用手触碰光学元件的光表面，以防在光表面留下痕迹，影响成像效果。

（3）当光学元件表面有污迹时，应使用专用擦镜纸轻轻擦拭。

【实验数据记录与处理】

1. 凸透镜焦距的测量

（1）自准直法。

测量次数	物屏位置 x_1（cm）	凸透镜位置 x_2（cm）			凸透镜焦距 $f_1'=\|x_2-x_1\|$（cm）
		x_{2L}	x_{2R}	平均值	
1					
2					
3					
4					
5					
6					

数据处理如下：

①计算每次操作获得的凸透镜焦距 f_1'，求出平均值$\overline{f_1'}$。

②计算出凸透镜焦距的平均绝对误差$\overline{\Delta f_1'}$。

（2）实物成实像法。

测量次数	物屏位置 x_1（cm）	凸透镜位置 x_2（cm）			白屏位置 x_3（cm）	凸透镜焦距 $f_1'=\frac{s\cdot s'}{s+s'}$（cm）
		x_{2L}	x_{2R}	平均值		
1						
2						
3						
4						
5						
6						

数据处理如下：

①计算每次成像的物距 s 和像距 s'，并计算出凸透镜焦距 f'_1。

②求出平均值$\overline{f'_1}$，并计算凸透镜焦距的平均绝对误差$\overline{\Delta f'_1}$。

(3)共轭法。

测量次数	放大像凸透镜位置 x_1(cm)		缩小像凸透镜位置 x_2(cm)		放大像、缩小像凸透镜位置差 d(cm) $d=\|x_2-x_1\|$	物屏位置 x_O(cm)	白屏位置 x_I(cm)	物、像间距 l(cm) $l=\|x_I-x_O\|$	凸透镜焦距 f'_1(cm) $f'_1=\frac{\bar{l}^2-\bar{d}^2}{4\bar{l}}$
	x_{1L}	x_{1R}	x_{2L}	x_{2R}					
1									
2									
3									
4									
5									
6									

数据处理如下：

①计算直接测量量的A类不确定度、B类不确定度以及合成不确定度。

②计算 d 和 l 的平均值$\bar{d}$、$\bar{l}$，算出凸透镜焦距的平均值$\overline{f'_1}$。

③计算出凸透镜焦距的不确定度 $u(f'_1)$。

④凸透镜焦距：$f'_1=\overline{f'_1}\pm u(f'_1)=$

2. 凹透镜焦距的测量

测量次数	A′B′位置 x_1(cm)		L_2 位置 x_2(cm)	A″B″位置 x_3(cm)		物距 s $s=\|x_2-x_1\|$ (cm)	像距 s' $s'=\|x_3-x_2\|$ (cm)	焦距 $f'_2=\frac{s\cdot s'}{s'-s}$ (cm)
	x_{1L}	x_{1R}		x_{3L}	x_{3R}			
1								
2								
3								
4								
5								
6								

数据处理如下：

(1)计算每次成像的物距 s 和像距 s'，并计算出凸透镜的焦

距 f_2'。

（2）求出平均值$\overline{f_2'}$，并计算凹透镜焦距的平均绝对误差$\overline{\Delta f_2'}$。

【思考题】

（1）凸透镜焦距测量的几种方法中，哪种方法的准确度最高？为什么？

（2）光学系统共轴等高调节对测量结果有何影响？为什么光学系统的主光轴要与光具座平行？

（3）凹透镜的虚物成实像法是否一定成放大的像？

7.2 用双棱镜测光波波长

光的干涉现象是光具有波动性的重要佐证。法国物理学家菲涅耳通过双棱镜实验证实了光的干涉现象的存在。双棱镜干涉是一种典型的分波面干涉。双棱镜干涉实验在推动波动光学发展方面起到了极为重要的作用，同时也为测定单色光波长提供了一种简便方法。

【实验目的】

（1）学会用双棱镜产生双光束干涉，理解产生双光束干涉的条件。

（2）掌握用双棱镜测量钠光波长的方法。

【实验仪器】

双棱镜、狭缝（刻有狭缝的物屏）、钠灯、凸透镜、观察屏、光具座、测微目镜等。

【实验原理】

当两列光波在空间某处相遇时，如果满足相干条件，则在相遇空间的某些地方叠加后光强始终加强，而在另一些地方叠加后光强则始终削弱（甚至可能为零），通常把光叠加后这种稳定的强弱分布现象叫作光的干涉。相干光的获取有两种典型的方法：分波面法和分振幅法。

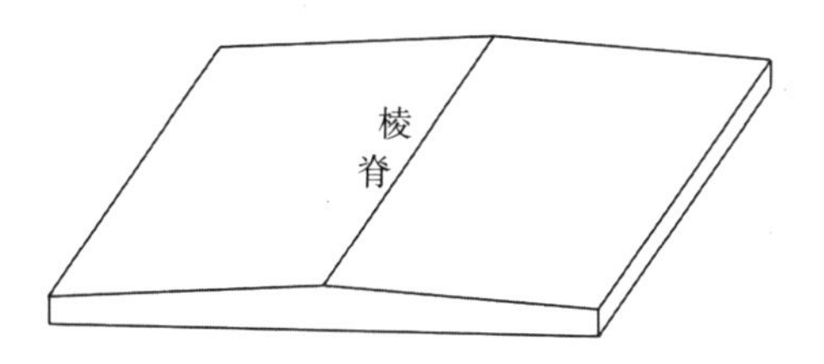

图 7-2-1　双棱镜

菲涅耳利用如图 7-2-1 所示的双棱镜通过分波面法获得相干光来进行光的干涉实验，从而再次验证了光的波动性。双棱镜是具有一个钝角的棱镜，也可以看作由两个底对底放置的锐角棱镜组合而成。图 7-2-2 所示为利用双棱镜产生干涉现象的光路图。光波由狭缝 S 发出，照射到双棱镜 AB 上，双棱镜将光波波前分割为两部分，相当于形成了满足相干条件的两列光波，这两列光波可以看作是由虚光源 S_1 和 S_2 发出的（与双缝干涉实验类似），并在观察屏上相遇叠加而形成干涉条纹。

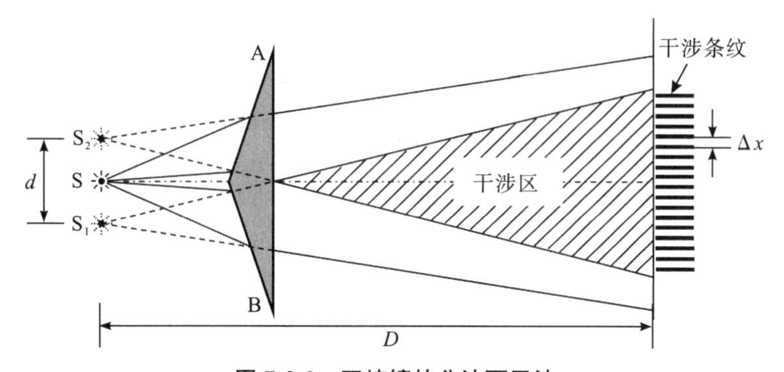

图 7-2-2　双棱镜的分波面干涉

设 d 为虚光源 S_1 和 S_2 的间距，D 为光源平面（狭缝 S、S_1、S_2 几乎共面）与观察屏间的距离，且二者满足 $d \ll D$，此时，在观察屏上可观察到明暗相间、等间距的干涉平行直条纹。用 Δx 表示观察屏上任意两条相邻的明（暗）条纹间的距离，根据干涉明（暗）纹条件可得钠光波长 λ 为

$$\lambda = \frac{d}{D}\Delta x \tag{7-2-1}$$

由式(7-2-1)可知，如果能测量 d、D 和 Δx，就可以计算出光波波长 λ。

虚光源 S_1 和 S_2 的间距 d 可以通过共轭成像法来测量。在双棱镜后方放置一焦距为 f' 的凸透镜 L，调节狭缝 S 与观察屏之间的距离，使其大于 $4f'$，并固定不变。来回移动凸透镜 L，在白屏上先后观察到狭缝的两次实像，一次成放大的像 S'_1 和 S'_2，一次成缩小的像 S''_1 和 S''_2。分别测量两次成像的像中心距离 d_1 和 d_2，如图 7-2-3 所示，则虚光源 S_1 和 S_2 的间距 d 为

$$d = \sqrt{d_1 \cdot d_2} \tag{7-2-2}$$

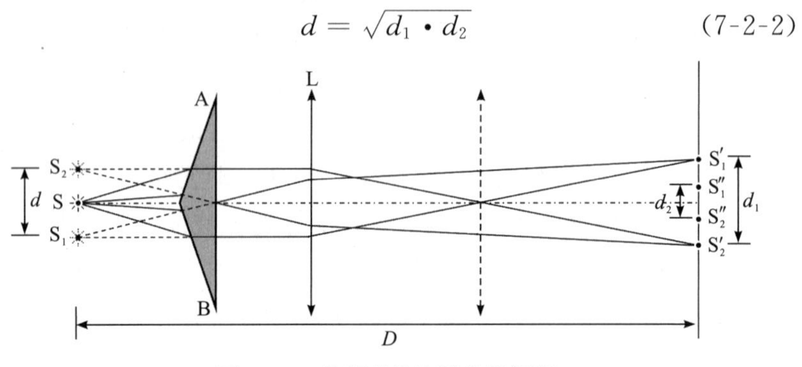

图 7-2-3　共轭成像法测虚像间距

【实验内容】

1. 光学系统等高共轴调节

(1)在光具座上依次摆放钠灯、狭缝（刻有狭缝的物屏）、双棱镜、凸透镜、观察屏与测微目镜等光学元件，通过目测大致调节，使这些元件等高共轴。

(2)保持钠灯位置不动，使刻有狭缝的物屏垂直于光具座并紧靠钠灯。调整狭缝与钠灯的中心高度一致，并使整条狭缝被钠光均匀照亮。

(3)先将凸透镜和测微目镜从光具座上移走，通过目测法大致调节双棱镜、观察屏中心与狭缝，使三者基本等高，再调整双棱镜的方位，让其棱脊与狭缝等高、平行，并垂直于光具座。设置观察屏与狭缝之间的距离（要保证两者的距离大于 4 倍凸透镜焦距）并保持不变，调节狭缝的宽度，同时前后微调双棱镜的位置，直到在观察屏上看到明暗相间的平行干涉直条纹。

2. 调出清晰的干涉条纹

将测微目镜放到光具座上观察屏的后面，并从侧面目测调节测微目镜的光轴，使其与观察屏上干涉条纹中心等高，再移走观察屏。经过前面的粗调后，从测微目镜中大致能看到明暗相间的干涉条纹。为使干涉条纹更加清晰，可微调双棱镜和测微目镜的位置，以得到宽度适中的干涉条纹。细微调节测微目镜高度，左右位移消除视差。干涉条纹的亮度可通过改变狭缝的宽度来实现，在不影响条纹清晰度的前提下，可适当增大狭缝的宽度，以增加条纹的亮度，这样更加便于观察测量。

3. 测量

(1)测干涉平行直条纹间距 Δx。将狭缝、双棱镜和测微目镜位置锁定，利用测微目镜测出 $n+1$ 条干涉平行直条纹间距 x，利用 $\Delta x=x/n$ 即可求出 Δx，测量 5 次以上，取平均值。测量中注意测微目镜鼓轮只能单向转动，以防止产生回程误差，实验中 n 取 10。

(2)测虚光源 S_1 和 S_2 所在的竖直平面到测微目镜的距离 D。虚光源 S_1 和 S_2 与狭缝 S 近似共面，在光具座上分别读出物屏位置 x_1 和测微目镜的位置 x_2，利用公式 $D=|x_2-x_1|$ 算出 D，测量 5 次以上，取平均值。(注:测微目镜有一定的修正值，该值由实验室给出)

(3)采用共轭成像法测虚光源 S_1 和 S_2 之间的距离 d。狭缝和双棱镜两者位置保持不变，在双棱镜与测微目镜之间放置一凸透镜 L(焦距 f' 已知)，将凸透镜紧靠双棱镜，目测调节凸透镜中心，使其与双棱镜等高共轴。再在光具座上来回移动凸透镜，通过测微目镜能先后观察到虚光源 S_1 和 S_2 的两次实像，一次成放大的像，一次成缩小的像。细微调节凸透镜高度并水平位移凸透镜，直到两次成像清晰为止。分别测量两次成像的像中心距离 d_1 和 d_2，利用式(7-2-2)计算出两虚光源间的距离 d。重复测量 5 次以上，取平均值。

(4)根据前面算得的 Δx、D 和 d，利用式(7-2-1)即可求出钠光源的波长 λ。

【注意事项】

(1)为延长钠灯的使用寿命，应尽量避免反复开启钠灯。

（2）实验中光学器件较多，为防止污染，切勿用手接触光学器件表面。如光学器件表面有污染，可用擦镜纸擦拭。

（3）使用测微目镜时，需细致、缓慢地旋转鼓轮，避免中途回转而产生回程误差。

（4）为避免有较大的系统误差，在测量狭缝至测微目镜的距离 D 时，必须引入相应的修正。

【实验数据记录与处理】

测量次数	x(mm)	x_1(mm)	x_2(mm)	d_1(mm)	d_2(mm)
1					
2					
3					
4					
5					
6					

数据处理如下：

$\overline{\Delta x}=$　　$\overline{D}=$　　$\overline{d}=$

$u(\overline{\Delta x})=$　　$u(\overline{D})=$　　$u(\overline{d})=$

钠光波长 $\overline{\lambda}=\frac{\overline{d}}{\overline{D}}\overline{\Delta x}=$　　$u(\overline{\lambda})=$

波长表达式 $\lambda=\overline{\lambda}\pm u(\overline{\lambda})=$

【思考题】

（1）如何利用双棱镜产生双光束干涉？

（2）光具座上的光学元件都调成等高共轴后，在测微目镜中仍然观察不到干涉条纹，请分析其中的原因可能有哪些。

7.3 用牛顿环测平凸透镜的曲率半径

【实验目的】

（1）理解等厚干涉原理及牛顿环的形成机制。

(2)掌握牛顿环测量平凸透镜曲率半径的方法。

(3)熟练掌握移测显微镜的使用方法。

【实验仪器】

牛顿环实验装置、移测显微镜、钠灯等。

【实验原理】

牛顿环实验装置由一块平凸透镜和一块平板玻璃上下叠放组成,如图 7-3-1 所示。牛顿环中平凸透镜的凸面与平板玻璃上表面之间所夹的空气薄膜中央薄、边缘厚,中心接触点的空气薄膜厚度为零。空气薄膜上所有厚度相同的点组成一系列以中心接触点为圆心的同心圆。

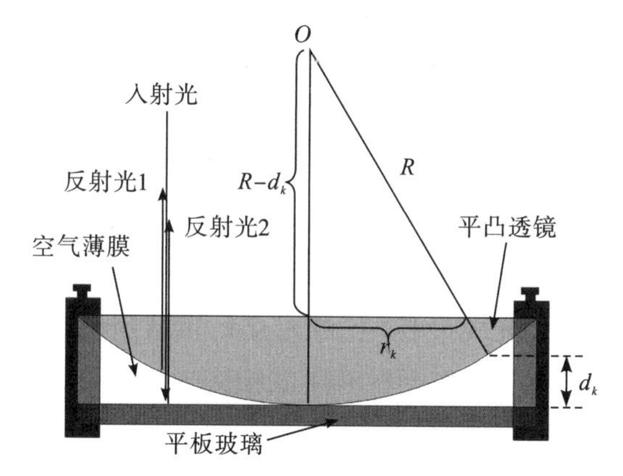

图 7-3-1　牛顿环装置结构示意图

两束满足相干条件的光相遇时,会发生干涉现象。用单色光垂直照射牛顿环实验装置,入射光分别在空气薄膜上表面和下表面发生反射,反射光 1 和反射光 2 在空气薄膜表面附近叠加形成干涉条纹。牛顿环干涉现象是典型的分振幅干涉。两束光的光程差 δ 由空气薄膜的厚度决定,在所有空气薄膜厚度相同的地方两束反射光具有相同的光程差,干涉后对应同一条干涉条纹。因此,牛顿环的干涉条纹是以接触点为中心的一组明暗相间的同心圆环,称为牛顿环。

牛顿环干涉分为反射光干涉牛顿环和透射光干涉牛顿环,所形成的干涉图样的明纹和暗纹的位置正好互换,如图 7-3-2 所示。从反射方向观察，观测到一组中心为暗斑的明暗相间的同心干涉圆环；在透射方向观察，观测到中心为亮斑的明暗相间的同心干涉圆环。干涉图样中的明纹、暗纹分布符合薄膜等厚干涉规律。

反射光干涉牛顿环

透射光干涉牛顿环

图 7-3-2　牛顿环干涉图样

在图 7-3-1 中，R 为透镜凸面的曲率半径，r_k 为第 k 级干涉条纹（圆环）的半径，d_k 为第 k 级干涉圆环所对应的空气薄膜厚度。以反射光干涉为例，第 k 级干涉圆环对应的两束光的光程差为

$$\delta_k = 2d_k + \frac{\lambda}{2} \tag{7-3-1}$$

式中，λ 为入射光的波长，空气折射率取 $n=1$，$\lambda/2$ 是由半波损失引入的附加光程差。光线从空气薄膜入射到平面玻璃的上表面，属于从光疏介质入射到光密介质，反射光存在半波损失。光线从平凸透镜入射到空气薄膜时反射光没有半波损失。

由图 7-3-1 几何关系可得

$$(R - d_k)^2 + r_k^2 = R^2$$

即

$$R^2 - 2Rd_k + d_k^2 + r_k^2 = R^2$$

由于 $d_k \ll R$，d_k^2 可略去，则有

$$d_k = \frac{r_k^2}{2R} \tag{7-3-2}$$

等厚干涉明纹、暗纹对应的光程差条件为

$$\delta_k = 2d_k + \lambda/2 = \begin{cases} k\lambda & (k = 1,2,3,\cdots)\ \text{明纹} \\ (2k+1)\lambda/2 & (k = 0,1,2,\cdots)\ \text{暗纹} \end{cases} \tag{7-3-3}$$

将式（7-3-2）与式（7-3-3）联立，整理可得不同干涉级别明纹、暗纹的半径。

$$r_k = \begin{cases} \sqrt{(k-1/2)R\lambda} & (k=1,2,3,\cdots) \quad 明环 \\ \sqrt{kR\lambda} & (k=0,1,2,\cdots) \quad 暗环 \end{cases} \tag{7-3-4}$$

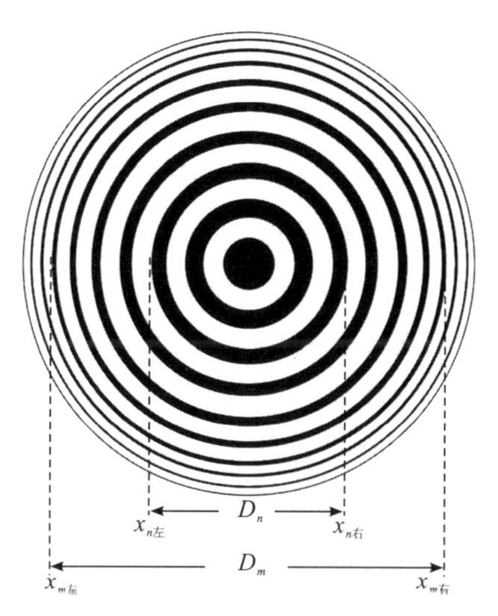

图 7-3-3　牛顿环干涉条纹半径测量示意图

要测量平凸透镜凸面的曲率半径 R,只需测出 k 级干涉条纹的明纹半径或暗纹半径和入射光波长,带入式(7-3-4)中即可算出平凸透镜的曲率半径 R。两玻璃之间的接触点由于压力产生形变,因此,理论上的中央接触点实际上扩展为接触面;此外,实际观察到的中心暗斑并不对应于0级暗纹,所以无法确定每条干涉条纹的干涉级别。测量平凸透镜曲率半径应回避确定干涉条纹的级别。若测量出从中心开始向外数第 n、m 条暗纹的半径 r_n、r_m,也可计算出平凸透镜凸面曲率半径 R,如图 7-3-3 所示。设第 n、m 条暗纹对应的干涉级别分别是 k_n、k_m,则 $k_m - k_n = m - n$,根据式(7-3-4)得

$$\begin{cases} r_n = \sqrt{k_n R\lambda} \\ r_m = \sqrt{k_m R\lambda} \end{cases}$$

整埋可得

$$R = \frac{r_m^2 - r_n^2}{(m-n)\lambda} \tag{7-3-5}$$

实验中,由于干涉条纹的圆心位置无法准确确定,故 r_n、r_m 的测量误差较大,可换测直径 D_n 和 D_m,式(7-3-5)可变化为

$$R=\frac{D_m^2-D_n^2}{4(m-n)\lambda} \tag{7-3-6}$$

【实验内容】

(1)调节牛顿环实验装置。用眼睛直接观察牛顿环中心暗斑的位置。轻轻地转动牛顿环实验装置外圈的三个调节螺丝,让牛顿环干涉条纹的中心暗斑固定在仪器的中心位置。注意螺丝不能拧得太紧,以防接触面产生过大形变而影响干涉条纹,甚至引起玻璃破碎;螺丝也不能拧得太松,避免牛顿环在观测时晃动。

(2)先打开钠灯,预热约 10 min,把牛顿环实验装置置于移测显微镜物镜正下方的载物台上,并调整物镜下方平面反射镜的角度(约 45°),使视场充满均匀、明亮的黄光。

(3)调节显微镜目镜,使目镜中的十字叉丝清晰可见。转动调焦手轮进行调焦。先使镜筒缓慢下降,逐渐接近牛顿环实验装置,直到平面反射镜靠近平凸透镜的上表面;再反向旋转提升镜筒,使镜筒缓慢上升,直至视场中出现清晰的牛顿环干涉图样,晃动眼睛时,十字叉丝和牛顿环之间无相对移动。

(4)轻微移动牛顿环实验装置,使中心暗斑位于视场中心,并保证在旋转鼓轮时,观察到的牛顿环条纹移动方向与十字叉丝的横线平行。

(5)测量牛顿环的直径。为了减小误差,实验中需要测量多个干涉条纹的半径,其中 r_n 测 10 个圆环,即从中心向外从第 3 条暗纹开始,一直到第 12 条暗纹结束;r_m 测 10 个圆环,即从中心向外从第 13 条暗纹开始,一直到第 22 条暗纹结束。为避免回程误差,在测量过程中要保证鼓轮始终保持向一个方向旋转。转动鼓轮使十字叉丝从干涉条纹的中心暗斑开始向左移动,并数出经过的暗纹条数。当数到第 22 条暗纹时,继续向左多移动 3 条暗纹以上,然后再回头向右移动十字叉丝。当十字叉丝竖线与中心暗斑左侧第 22 条暗纹中央相切时,记下读数,继续向右移动叉丝,依次记下十字叉丝竖线与每条暗纹中央相切时的读数。经过牛顿环中心暗斑后继续向右移动十字叉丝,当十字叉丝竖线与中心暗斑右侧第 3 条暗纹中央相切时，记下读数，继续右移，依次读出十字叉丝竖线与每条暗纹中央相切时的读数，直到第22条暗纹为止。整个测量过程中两名同学要密切配合，干涉条纹的条数切勿数错。

【注意事项】

(1)实验中禁止直接用手触摸牛顿环镜片及移测显微镜的目镜和物镜。

(2)在测量过程中，移测显微镜鼓轮只能朝同一方向转动，禁止中途回转。

(3)调节牛顿环实验装置时，三根调节螺丝不能拧得太紧，也不能拧得太松。调节时，三根螺丝中的一根固定不动，同时调节另外两个螺丝，使中心暗斑位于牛顿环装置的中心附近。如果中心暗斑过大，说明牛顿环实验装置的螺丝拧得太紧。

【实验数据记录与处理】

环数 m	读数 x(mm)		直径 D_m (mm)	环数 n	读数 x(mm)		直径 D_n (mm)	$\Delta D=D_m^2-D_n^2$
	x_L	x_R			x_L	x_R		
22				12				
21				11				
20				10				
19				9				
18				8				
17				7				
16				6				
15				5				
14				4				
13				3				

数据处理如下：

用逐差法处理数据。在20个直径数据中，按 $m-n=10$ 配成10对，分别求出这10对直径的平方差($D_m^2-D_n^2$)，以其平均值代入式

(7-3-6)中，算出平凸透镜的曲率半径的最佳估计值 $\overline{R}$，再算出曲率半径的合成不确定度 $u(R)$。

$$\overline{R}=\frac{\overline{D_m^2-D_n^2}}{4(m-n)\lambda}=$$

$u(R)=$

曲率半径表达式 $R=\overline{R}\pm u(R)=$

【思考题】

(1)牛顿环干涉条纹是否等间距？为什么？

(2)如果被测透镜是平凹透镜，能否应用本实验方法测定其凹面的曲率半径？试推导相应的计算公式。

(3)实验中观察到的牛顿环为什么是同心圆环而不是平行条纹？

(4)实验中为何测的是牛顿环的直径而不是半径？如果观察到的牛顿环局部不圆，说明什么？

(5)实验中如何保证测量的是牛顿环的直径？如果测得的不是直径而是弦长，对实验结果有何影响？

(6)该实验有哪些系统误差？怎样减小系统误差？

7.4 分光计的调节及棱镜角的测量

分光计是一种精密的角度测量仪器，又称光学测角仪。分光计是几何光学实验中重要的实验仪器，主要用于光束的偏向角、棱镜角等角度相关量的精确测量，其在光谱测量实验中也有重要作用，借助相关分光元件可以测量折射率、偏振角和光波波长。许多现代光谱分析仪器也是在分光计的工作原理基础之上开发出来的，因此，熟练掌握分光计的使用方法对后续光学实验的顺利开展具有重要意义。

【实验目的】

(1)了解分光计的结构，并掌握正确调节和使用分光计的方法。

(2)掌握利用分光计测定棱镜角的方法。

【实验仪器】

分光计、双面镜、汞灯、三棱镜等。

【实验原理】

1. 分光计的结构与工作原理

分光计主要由底座、载物台、刻度圆盘、准直管和望远镜五部分组成。各部分都有专门的调节螺丝，不同部分之间可以通过专门的螺丝来实现联动和分离。

(1)分光计的底座较重，为整个观察测量系统提供了平稳而坚实的基础。底座中心固定有竖直的中心轴，载物台、刻度圆盘、望远镜等部件都是围绕中心轴转动的。

(2)刻度圆盘分为内盘和外盘，由同心共面的两个圆盘组成。内盘又称游标盘，为一大圆盘，其上对称刻有两组游标(位于同一直径的两端)；外盘为一圆环，边缘一周刻有角度分度格，最小分度值为 $30'$。刻度盘的读数方法与游标卡尺类似，最小分度值为 $1'$。

(3)载物台位于刻度圆盘的上方，随刻度盘的内盘同步转动，高度可调，载物台下方有三个呈“品”字形分布的调平螺丝。

(4)准直管又称平行光管，主要用来产生平行光，其固定在分光计底座上，不可转动。准直管靠近光源的一侧有狭缝，狭缝的宽度和角度可调。

(5)分光计的望远镜大多采用阿贝式自准直望远镜，望远镜用来观察准直管出射的平行光经载物台上光学元件反射、折射或衍射后的出射光。望远镜可绕中心轴转动，通过离合装置可与刻度盘的外盘同步转动。

2. 分光计的调节

(1)分光计调节目标。①准直管产生平行光，望远镜聚焦无限远，准直管和望远镜的主光轴共轴且与分光计的中心轴垂直。②望远镜的转动平面(观察平面)、待测光路平面和读值平面要达到三面平行，同时，垂直于分光计中心轴。读值平面由刻度盘的内盘、外盘转动时形成，每一台分光计的读值平面都与中心转轴垂直且固定不可调。

如果读值平面不与中心转轴垂直，则需返厂进行专门维修。观察平面和待测平面需要手动调节，通过调节望远镜俯仰角和载物台平面来实现三面平行，三面平行调节是分光计调节的重点和难点。

（2）分光计调节方法。

①粗调。目测调节使准直管、望远镜的光轴共线等高，并且与分光计的中心轴垂直。目测调节载物台平面与分光计中心轴垂直。用望远镜观察远处物体，前后移动目镜镜筒并旋转目镜手轮，直到目镜中的叉丝分划板和远处物体同时清晰可见。认真进行粗调是后续细调顺利进行的关键。

②细调。

a. 望远镜自准调焦。开启目镜中"小十字叉丝"的照明灯。微调目镜手轮，直到视场下方的绿色小十字叉丝和叉丝分划板同时清晰可见为止，如图 7-4-1(a)所示。将平面镜按图 7-4-2(a)所示放置到载物台上，转动载物台，使平面镜的反射面与望远镜光轴垂直。这时从望远镜中可以看到绿色十字叉丝经平面镜反射后的像(如认真完成粗调，均容易找到)，如图 7-4-1(a)所示。如找不到反射像，可以

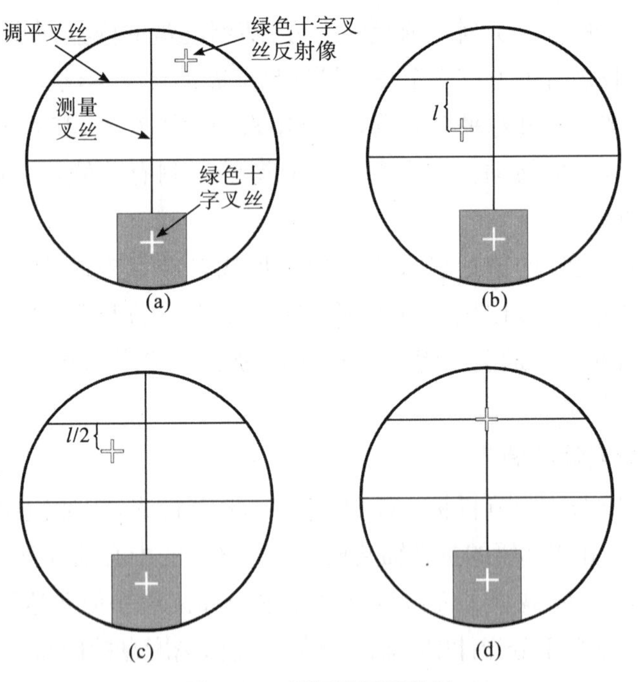

图 7-4-1　望远镜目镜视场

调节载物台下方的螺丝 G_1 或 G_3(载物台调平过程中 G_2 始终固定不动)。如果观察到的绿色十字叉丝反射像模糊,可前后微调目镜镜筒和目镜手轮,直到反射像清晰明亮和视场无视差为止。

b. 逐次逼近法调节载物台和望远镜。由于望远镜的光轴和载物台平面与分光计的中心轴可能并不垂直,导致平面镜反射的绿色十字叉丝像与调平叉丝不重合,如图 7-4-1(a)所示。转动载物台,观察平面镜 A 面反射的绿色十字叉丝像与调平叉丝的相对位置,微调载物台下方的螺丝 G_1 和 G_3(G_2 固定不动),使反射像逐步向调平叉丝靠拢。在调节 G_1 或 G_3 时,不要将反射像一次调到调平叉丝位置,而是将偏离距离减小一半,如图 7-4-1(b)和(c)所示。然后再转动载物台,观察平面镜 B 面反射的绿色十字叉丝像的位置。再通过调节 G_1 或 G_3 使反射像的偏离距离减小一半。再转动载物台,观察平面镜 A 面反射的绿色十字叉丝像与调平叉丝的相对位置。重复进行以上调整,直到平面镜的 A、B 两个反射面反射的绿色十字叉丝像都与调平叉丝重合,如图 7-4-1(d)所示。此时,望远镜光轴、载物台平面都与分光计中心轴垂直,达到“三面平行”的要求。实验中也可以用三棱镜代替平面镜来进行载物台和望远镜的调节,如图 7-4-2(b)所示,调节方法与平面镜相同。

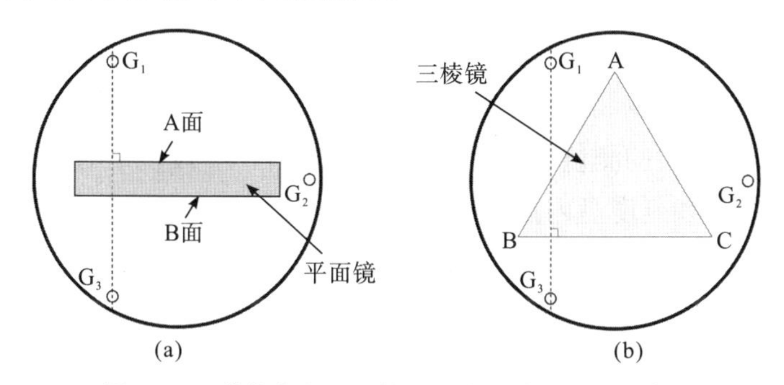

图 7-4-2 载物台上平面镜和三棱镜放置位置示意图

c. 准直管调节。将准直管狭缝对准光源(汞灯),从望远镜中观察狭缝的像。调节狭缝宽度并前后移动狭缝,直到看到狭缝呈清晰、尖锐的像。

3. 棱脊分束法测三棱镜顶角

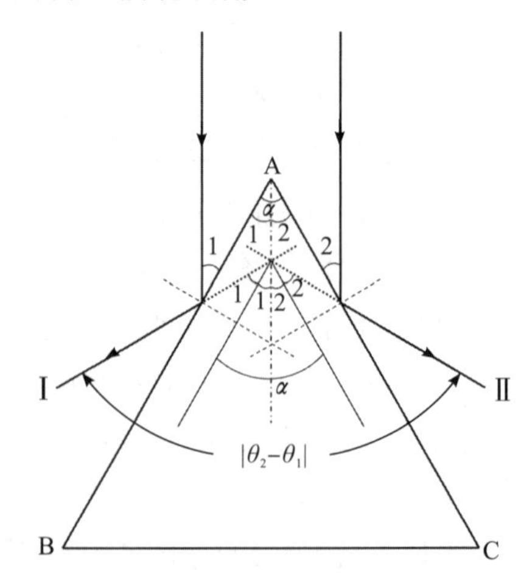

图 7-4-3　棱脊分束法测三棱镜顶角

如图 7-4-3 所示，三棱镜中 AB 和 AC 为折射面，准直管出射平行光在两个折射面反射后，形成Ⅰ和Ⅱ两束反射光。根据图 7-4-3 可知，出射光Ⅰ和Ⅱ之间的夹角与棱镜顶角 α 存在如下关系

$$\alpha=\frac{1}{2}\mid\theta_2-\theta_1\mid \tag{7-4-1}$$

【实验内容】

(1)分光计的调节。按照实验原理部分介绍的方法调节准直管、望远镜和载物台，达到三面同时垂直于分光计中心轴的要求。

(2)棱镜角的测量。把棱镜放置于载物台上，棱镜角对准准直管。固定载物台和刻度盘内盘，并将望远镜与刻度盘外盘之间的锁定螺丝锁紧，使两者同步转动。转动望远镜到Ⅰ位置，观测出射光，将望远镜中观察到的竖直狭缝像与分划板中的竖直测量叉丝重合，记下此时刻度盘上左右两个游标对应的角度 θ_{1L} 和 θ_{1R}。再将望远镜转到Ⅱ位置，记下狭缝像与分划板中竖直测量叉丝重合时的角度 θ_{2L} 和 θ_{2R}。棱镜顶角 $\alpha=(|\theta_{2L}-\theta_{1L}|+|\theta_{2R}-\theta_{1R}|)/4$，重复测量 5 次以上，取平均值。

【注意事项】

(1)严禁用手触碰各种镜头以及三棱镜、平面镜的镜面等，发现有尘埃时，应使用实验室专用镜头纸轻轻揩擦。轻拿轻放，爱护仪器，小心跌落，以免损坏。

(2)操作分光计时，应事先检查各部件间的锁止螺丝，该锁紧的要锁紧，该松开的要松开。

(3)分光计调整完成后，各调节用的螺丝不可触动，避免破坏已调整的状态，否则需要重新调整。

【实验数据记录与处理】

将棱镜角的测量结果记录在下表中。

测量次数	θ_{1L}	θ_{1R}	θ_{2L}	θ_{2R}	$\alpha=(\|\theta_{2L}-\theta_{1L}\|+\|\theta_{2R}-\theta_{1R}\|)/4$
1					
2					
3					
4					
5					
6					

数据处理如下：

(1)计算每次测得的棱镜角 α，并算出平均值。

(2)计算各直接测量量的 A 类不确定度、B 类不确定度以及合成不确定度。

(3)计算棱镜角的不确定度 $u(\alpha)$，写出棱镜角表达式：$\alpha=\bar{\alpha}\pm u(\alpha)$。

【思考题】

(1)分光计调节的目标是什么?

(2)分光计由哪几部分组成? 各部分的用途是什么?

(3)如果用三棱镜替换平面镜，如何调节才能使观察平面、待测光路平面与中心轴垂直?

7.5 用透射光栅测定光波波长

【实验目的】

(1)理解光栅衍射的基本原理与特点。

(2)进一步熟悉分光计调节与测量方法。

(3)认识光栅光谱的分布规律,正确判别衍射光谱的级次。

(4)学习利用衍射光谱测定光栅常量、光波波长的方法。

【实验仪器】

分光计、透射光栅、汞灯等。

【实验原理】

光栅是根据光的衍射和干涉原理制作的一种光学分光元件。根据夫琅禾费衍射理论,光通过光栅的狭缝会发生衍射现象,同时来自不同狭缝的同一衍射角的衍射光会发生干涉现象,所以光栅衍射条纹是多缝干涉与单峰衍射共同作用的结果。波长为 λ 的单色平行光垂直入射平面光栅,干涉条纹满足光栅方程

$$d\sin\varphi_k = \pm k\lambda (k = 0,1,2,3,\cdots) \tag{7-5-1}$$

式中,λ 为入射光波长,k 为衍射明纹的级次,φ_k 为 k 级亮纹的衍射角,d 为光栅常数。

入射光是复色光时(如汞光源),根据式(7-5-1),不同波长光的 $k=0$ 级衍射明纹对应的衍射角相同,$\varphi_0 = 0$,所以复色光的零级明纹仍为复色光,称为中央明纹。对于 $k \neq 0$ 的衍射明纹,不同波长光的衍射角不同,且同一级衍射条纹中波长大的光衍射角大,故而在中央明纹两侧按波长从小到大的顺序分布着各级衍射条纹,称为光栅光谱,如图 7-5-1 所示。

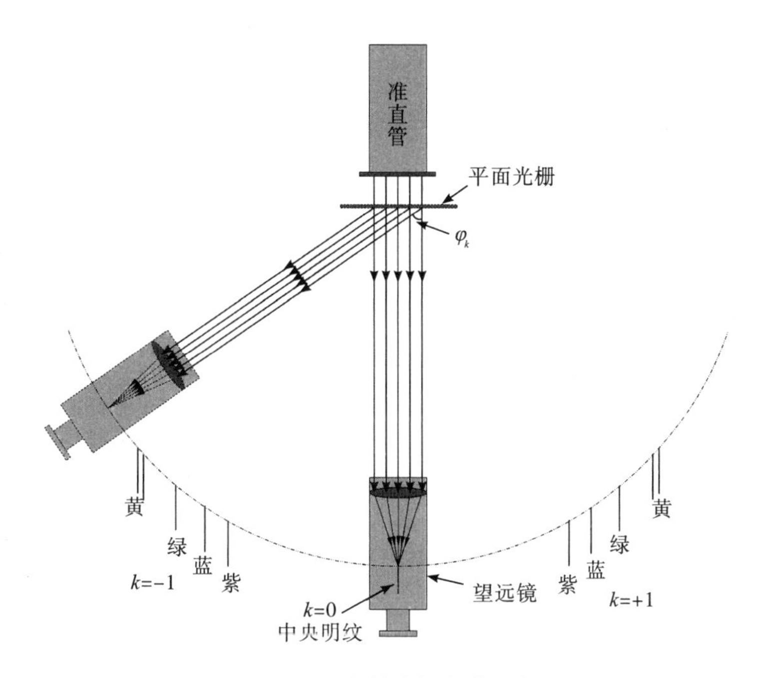

图 7-5-1　汞灯的光栅光谱示意图

1. 测量光栅常数 *d*

本实验中使用的是平面透射光栅,它由大量等宽、等间距、平行排列的狭缝构成,相邻狭缝的间距为 d,称为光栅常数。根据光栅方程,若已知入射光波长,测出对应 k 级衍射明纹的衍射角 φ_k,则光栅常数 d 为

$$d = \frac{k\lambda}{\sin\varphi_k} \tag{7-5-2}$$

实验中,以汞灯光谱中波长为 546.1 nm 的绿线为观测对象,运用式(7-5-2)计算光栅常数 d。

2. 测量波长

实验中可观测到汞光谱的一级衍射条纹中多条不同颜色的谱线,利用分光计测出一级衍射条纹中不同颜色谱线对应的衍射角,结合已算得的光栅常数 d,利用光栅方程可计算出各种颜色谱线对应的波长

$$\lambda = d\sin\varphi \tag{7-5-3}$$

3. 光栅的角色散

角色散是色散元件的重要参数,它表示单位波长间隔内两单色

谱线之间的角距离。角色散的定义为

$$D=\frac{\Delta\varphi}{\Delta\lambda} \tag{7-5-4}$$

根据光栅方程可得光栅的角色散

$$D=\frac{d\varphi}{d\lambda}=\frac{k}{d\cos\varphi} \tag{7-5-5}$$

由上式可知，光栅的角色散与光栅常数 d 成反比，与衍射级次 k 成正比，即光栅上的条纹刻得越密集，其色散本领越高；衍射级次越高，谱线分开的程度越高。

【实验内容】

（1）分光计、光栅的调整。按第 7.4 节“分光计的调节及棱镜角的测量”中介绍的方法调整分光计，使其正常工作。将平面光栅放置于分光计载物台，并使其表面与准直管光轴垂直。

（2）观测光栅衍射谱线。将汞灯窗口与准直管狭缝对齐，转动望远镜至准直管光轴上，左右微调望远镜，从望远镜中观察零级衍射条纹（中央明纹），调节准直管狭缝和望远镜目镜，使条纹清晰明亮。然后分别向左、向右转动望远镜，依次观察 $k=\pm1$ 的条纹。谱线的衍射角是通过取正一级与负一级明纹间夹角的一半来获得的，即将望远镜的竖直测量叉丝与谱线的负一级明纹重合，读出此时刻度盘上左、右游标对应的数值 θ_{-1L} 和 θ_{-1R}。再转动望远镜，使竖直测量叉丝与正一级条纹重合，读出刻盘读数 θ_{+1L} 和 θ_{+1R}，则一级衍射条纹的衍射角 $\varphi_1=(|\theta_{+1L}-\theta_{-1L}|+|\theta_{+1R}-\theta_{-1R}|)/4$。

（3）测定光栅常数。本实验用汞光谱中波长为 546.1 nm 的绿色谱线来计算光栅常数 d。分别测出 $k=\pm1$ 的绿光衍射角，取其平均值，带入式(7-5-2)中，即可算出光栅常数 d。重复测量 5 次以上，计算 d 的平均值。

（4）测定不同颜色谱线的波长。由步骤（2）中测得的 $k=\pm1$ 的不同颜色谱线的衍射角，根据式(7-5-3)算出各谱线的波长。

（5）测定角色散。根据算出的双黄线波长 $\lambda_{黄内}$、$\lambda_{黄外}$ 以及衍射角之差 $\Delta\varphi$，通过式(7-5-4)计算出光栅的角色散。

【注意事项】

(1)禁止用手直接触摸光栅表面,平面光栅为玻璃材质,注意轻拿轻放。

(2)实验中谱线的亮度可能较低,为观察方便,可关闭日光灯,拉上窗帘。

(3)观察谱线和读数时,不可用手抓握望远镜。

【实验数据记录与处理】

1. 测量光栅常量

<table>
<tr><td rowspan="3">测量次数</td><td colspan="4">汞绿线角坐标</td><td rowspan="3">衍射角
$\varphi_1=\frac{|\theta_{+1L}-\theta_{-1L}|+|\theta_{+1R}-\theta_{-1R}|}{4}$</td><td rowspan="3">衍射角平均值
$\overline{\varphi}_1$</td></tr>
<tr><td colspan="2">$k=-1$</td><td colspan="2">$k=+1$</td></tr>
<tr><td>θ_{-1L}</td><td>θ_{-1R}</td><td>θ_{+1L}</td><td>θ_{+1R}</td></tr>
<tr><td>1</td><td></td><td></td><td></td><td></td><td></td><td rowspan="6"></td></tr>
<tr><td>2</td><td></td><td></td><td></td><td></td><td></td></tr>
<tr><td>3</td><td></td><td></td><td></td><td></td><td></td></tr>
<tr><td>4</td><td></td><td></td><td></td><td></td><td></td></tr>
<tr><td>5</td><td></td><td></td><td></td><td></td><td></td></tr>
<tr><td>6</td><td></td><td></td><td></td><td></td><td></td></tr>
</table>

数据处理如下:

$\overline{d}=\frac{\lambda_{绿}}{\sin\overline{\varphi}_1}=$ $\qquad u(\overline{d})=$ $\qquad d=\overline{d}\pm u(\overline{d})=$

2. 测量光波波长

<table>
<tr><td rowspan="3">谱线颜色</td><td rowspan="3">测量次数</td><td colspan="4">不同颜色谱线角坐标</td><td rowspan="3">衍射角
$\varphi_1=\frac{|\theta_{+1L}-\theta_{-1L}|+|\theta_{+1R}-\theta_{-1R}|}{4}$</td><td rowspan="3">波长
λ(nm)</td></tr>
<tr><td colspan="2">$k=-1$</td><td colspan="2">$k=+1$</td></tr>
<tr><td>θ_{-1L}</td><td>θ_{-1R}</td><td>θ_{+1L}</td><td>θ_{+1R}</td></tr>
<tr><td rowspan="6">紫</td><td>1</td><td></td><td></td><td></td><td></td><td></td><td></td></tr>
<tr><td>2</td><td></td><td></td><td></td><td></td><td></td><td></td></tr>
<tr><td>3</td><td></td><td></td><td></td><td></td><td></td><td></td></tr>
<tr><td>4</td><td></td><td></td><td></td><td></td><td></td><td></td></tr>
<tr><td>5</td><td></td><td></td><td></td><td></td><td></td><td></td></tr>
<tr><td>6</td><td></td><td></td><td></td><td></td><td></td><td></td></tr>
</table>

续表

谱线颜色	测量次数	不同颜色谱线角坐标				衍射角 $\varphi_1=\frac{\lvert\theta_{+1L}-\theta_{-1L}\rvert+\lvert\theta_{+1R}-\theta_{-1R}\rvert}{4}$	波长 λ(nm)
		$k=-1$		$k=+1$			
		θ_{-1L}	θ_{-1R}	θ_{+1L}	θ_{+1R}		
蓝	1						
	2						
	3						
	4						
	5						
	6						
黄内	1						
	2						
	3						
	4						
	5						
	6						
黄外	1						
	2						
	3						
	4						
	5						
	6						

数据处理如下：

紫光：$\bar{\varphi}_{1紫}=$ $\bar{\lambda}_{紫}=d\sin\bar{\varphi}_{1紫}=$

$u(\bar{\lambda}_{紫})=$ $\lambda_{紫}=\bar{\lambda}_{紫}\pm u(\bar{\lambda}_{紫})=$

蓝光：$\bar{\varphi}_{1蓝}=$ $\bar{\lambda}_{蓝}=d\sin\bar{\varphi}_{1蓝}=$

$u(\bar{\lambda}_{蓝})=$ $\lambda_{蓝}=\bar{\lambda}_{蓝}\pm u(\bar{\lambda}_{蓝})=$

黄光（内）：$\bar{\varphi}_{1黄内}=$ $\bar{\lambda}_{黄内}=d\sin\bar{\varphi}_{1黄内}=$

$u(\bar{\lambda}_{黄内})=$ $\lambda_{黄内}=\bar{\lambda}_{黄内}\pm u(\bar{\lambda}_{黄内})=$

黄光（外）：$\bar{\varphi}_{1黄外}=$ $\bar{\lambda}_{黄外}=d\sin\bar{\varphi}_{1黄外}=$

$u(\bar{\lambda}_{黄外})=$ $\lambda_{黄外}=\bar{\lambda}_{黄外}\pm u(\bar{\lambda}_{黄外})=$

3. 测定光栅的角色散

数据处理如下：

$\Delta\varphi = |\overline{\varphi}_{1黄外} - \overline{\varphi}_{1黄内}| =$

$\Delta\lambda = \overline{\lambda}_{黄外} - \overline{\lambda}_{黄内} =$ $D = \dfrac{\Delta\varphi}{\Delta\lambda} =$

【思考题】

(1)实验中如何判断光栅平面与分光计的中心轴是否平行？

(2)光栅分光与棱镜分光之间有何区别？

7.6 光的偏振实验

偏振现象是指横波的振动矢量(垂直于波的传播方向)偏于某些方向的现象。偏振是横波特有的现象。这一现象也证实了光的波动性。历史上关于光的偏振现象的研究可以追溯到 17 世纪。1669 年，丹麦科学家拉斯穆·巴多林首次通过石英晶体发现了光的双折射现象，即光线通过某些晶体时，会分裂成两束或更多束光线，这种现象为后来光的偏振研究奠定了基础。1690 年，荷兰物理学家惠更斯也发现了类似的现象，并提出了光的波动理论。这一阶段是光的偏振现象研究的萌芽阶段，科学家们开始研究光的偏振现象，但对于光的本质还存在争议。1808 年，艾蒂安-路易·马吕斯在波动光学的基础上，完美地解释了双折射现象，并将这种性质称为“偏振”，从而证实了偏振是光的一种固有特性。马吕斯的工作被认为是偏振研究的里程碑，他提出的马吕斯定律为理解光的偏振提供了重要的理论基础。1811 年，德国物理学家约瑟夫·冯·夫琅和费发现了光的偏振现象与光的颜色有关，并提出了颜色偏振理论。为了更准确地描述偏振光，19 世纪中叶，乔治·斯托克斯提出了著名的 Stokes 向量，用四个参量来描述光波的偏振态，使得偏振光的描述变得简洁明了。这一发展极大地促进了偏振光学的研究和应用。这一阶段是光的偏振现象研究的发展阶段，科学家们开始深入研究光的偏振现象，并将其应用于实际生活中。20 世纪初，随着量子力学的发展，科学家们对于光的本质有了更深入的认识。1927 年，英国物理学家戴维·波尔提出了量子力学的偏振理论，为光的偏振现象提供了更深入的解释。这一阶段是光的偏振现象研究的成熟阶段，科学家们对光的偏振现象的研究更加深入，应用也更加广泛。

对光的偏振现象的研究不但加深了人们对光本质的理解，而且在光学通信、显示技术、材料科学等领域找到了广泛的应用。例如，利用偏振现象可以制作偏振片，用于控制光的传播方向，实现特定方向的光线通过，这在 3D 电影、液晶显示技术等领域有着重要的应用价值。

【实验目的】

(1)测量棱镜材料的折射率。

(2)验证光学马吕斯定律。

(3)了解波片的性质。

(4)测定布儒斯特角。

【实验仪器】

光功率计、半导体激光器、起偏器、检偏器、光功率探头、1/4 波片、1/2 波片、精密旋转台、三棱镜、导轨、白屏、光具座等。

【实验原理】

1. 最小偏向角法测量棱镜材料的折射率

当一束光从空气斜入射于棱镜表面时，其光路如图 7-6-1 所示。根据光的折射定律，光在棱镜表面发生折射，有

$$\frac{n}{n_0}=\frac{\sin i}{\sin\gamma} \tag{7-6-1}$$

式中，i 为光从空气入射于三棱镜的入射角，γ 为其折射角，n 为三棱镜材料的折射率，n_0 为空气的折射率(可近似认为 $n_0=1$)。光进入三棱镜材料后继续向前传播，并在三棱镜的另一侧表面再次发生折射后重新进入空气中。光在三棱镜表面发生的第二次折射同样遵循光的折射定律，有

$$\frac{n_0}{n}=\frac{\sin i'}{\sin\gamma'} \tag{7-6-2}$$

式中，i'为光从三棱镜进入空气的入射角，γ'为其折射角。

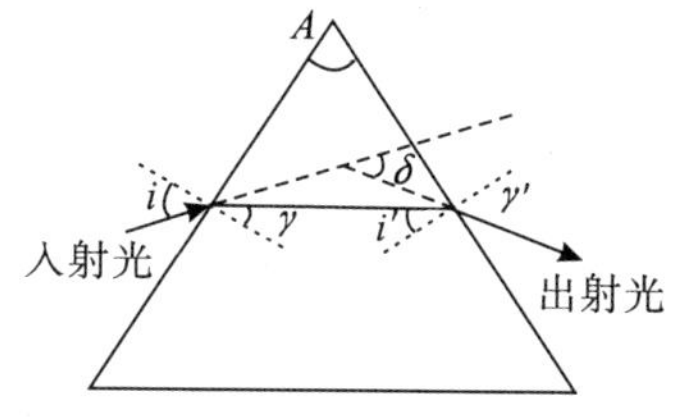

图 7-6-1　棱镜折射率测量

根据几何关系可以证明入射光与出射光之间的夹角(偏向角)δ满足

$$\delta=i+\gamma'-A \tag{7-6-3}$$

式中，A为三棱镜的顶角。δ随着入射角i的变化而变化，有一个极小值$\delta_{\min}$，可以证明，当光束偏向角为$\delta_{\min}$时，有

$$\gamma=i' \tag{7-6-4}$$

$$i=\gamma' \tag{7-6-5}$$

将式(7-6-5)带入式(7-6-3)，得

$$\delta=2i-A \tag{7-6-6}$$

即

$$i=\frac{\delta+A}{2} \tag{7-6-7}$$

而由几何关系可知

$$A=\gamma+i'=2\gamma \tag{7-6-8}$$

即

$$\gamma=\frac{A}{2} \tag{7-6-9}$$

将式(7-6-9)带入式(7-6-1)，并取$n_0=1$，可得

$$n=\frac{\sin\left(\frac{A+\delta_{\min}}{2}\right)}{\sin\left(\frac{A}{2}\right)} \tag{7-6-10}$$

因此，只要测量出$\delta_{\min}$，就可得到材料相对于该测量光的折射率n。

2. 用偏振片验证马吕斯定律

(1)偏振光和偏振片。光波是一种电磁波，其电矢量 E 和磁矢量 H 相互垂直，并且都垂直于光的传播方向。通常我们用电矢量 E 表示光的振动方向，称为光矢量。将电矢量 E 和光的传播方向所构成的平面称为光的振动平面。

太阳、电灯等普通光源发出的光，其光矢量可以在与传播方向相垂直的各个方向上振动，而且沿各个方向振动的强度都相同，这种光称为自然光，不显示偏振特性，如图 7-6-2(a)所示。如果光在某些方向的振动强度和其他方向不同，则这种光称为部分偏振光，如图 7-6-2(b)所示。在传播过程中，若光波的振动方向始终固定在某一确定方向上，这种光称为线偏振光或平面偏振光，如图 7-6-2(c)所示。如果光波在传播过程中，电矢量的振动方向不是固定的，而是随时间在垂直于传播方向均匀旋转，电矢量的末端轨迹呈圆形或椭圆形，这种光称为圆偏振光或椭圆偏振光。

图 7-6-2　自然光、部分偏振光和线偏振光

在自然界中，有些物质对不同振动方向的电矢量具有不同的吸收特性，这种现象称为二向色性。例如，天然的电气石晶体和硫酸碘奎宁晶体能够吸收某一方向的光振动，而仅允许与该方向垂直的光振动通过。将硫酸碘奎宁晶粒涂在透明薄片(如赛璐珞基片)上，可制成偏振片。偏振片允许通过的光振动方向称为偏振片的透光轴，也称作偏振化方向。利用偏振片的这种特性，可以制作各种偏振器，如起偏器和检偏器。起偏器可将自然光变成线偏振光，而检偏器则可用于检测光的偏振状态，可通过转动偏振片的透光轴方向来选择性地通过或阻止特定偏振方向的偏振光。这些偏振器在光学实验和应用中扮演着重要的角色。

自然光通过起偏器后，只剩下沿偏振化方向振动的光，透射光成为线偏振光，这一过程称为起偏。图 7-6-3 为自然光通过偏振片的起偏过程示意图。

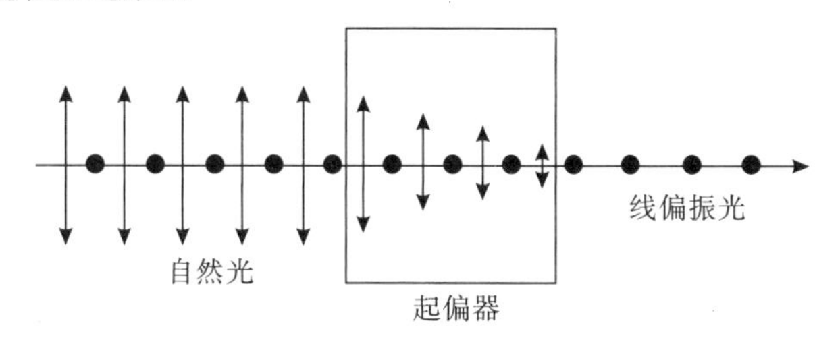

图 7-6-3　自然光通过偏振片的起偏过程示意图

(2)马吕斯定律。图 7-6-4 为偏振光检测示意图。一束激光照射到起偏器上，出射光变成线偏振光，出射的线偏振光再入射到检偏器。如果检偏器的透光轴方向与入射的线偏振光的振动方向(即起偏器的透光轴方向)垂直，则光线无法透过检偏器，呈现消光状态。反之，如果检偏器的透光轴方向与入射的线偏振光的振动方向的夹角不等于 90°，则将有光透过检偏器。

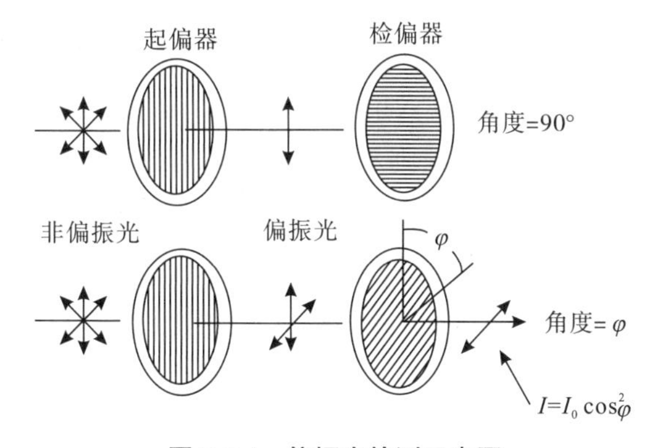

图 7-6-4　偏振光检测示意图

假设透过起偏器和检偏器的光的电场强度分别为 E_0 和 E，两者的关系如下

$$E = E_0 \cos\varphi \tag{7-6-11}$$

式中，φ 是起偏器与检偏器透光轴方向的夹角(即入射的线偏振光的振动方向与检偏器的透光轴方向的夹角)。

光的强度和电矢量的平方成正比，因此，透过起偏器的光强 I_0 和透过检偏器的光强 I 之间的关系可以表示为

$$I = I_0 \cos^2\varphi \tag{7-6-12}$$

当 $\varphi=0°$时，即检偏器与起偏器的透光轴平行，则 $\cos^2\varphi$ 等于 1，透过检偏器的光强 I 理论上等于透过起偏器的光强 I_0，达到最大。当 $\varphi=90°$时，即两偏振器的透光轴互相垂直，则 $\cos^2\varphi$ 等于 0，透过检偏器的光强 I 为 0，呈现消光现象。当 $0°<\varphi<90°$时，透射光强介于 $0\sim I_0$ 之间。

3. 波片

(1)波片的概念和分类。波晶片，简称波片，是从单轴晶体中切割下来的平行平面板，其表面与晶体的光轴平行。当一束单色自然光入射到波片上时，会发生双折射现象，即入射单色光会分解成两个偏振方向不同的光线，这两个光线在波片中的传播速度不同，从而导致相位差，最终导致出射光偏振态的变化。其中一束光的传播遵循折射定律，其折射率为寻常光折射率，称为寻常光(o 光)，而另一束光的传播发生异常，其折射率与方向有关，称为非常光(e 光)。o 光的电矢量振动方向垂直于光轴，e 光的电矢量振动方向平行于光轴。当单色光垂直入射到波片表面时，波片内 o 光与 e 光的传播方向相同，而当单色光非垂直入射到波片表面时，由于折射率不同，波片内 o 光与 e 光的传播方向则不同，如图 7-6-5 所示。这两束光在离开晶体时，其传播方向依然平行于入射光。波片的光轴不是几何光学中的光轴，指的是晶体中的一个特定方向，沿着这个方向传播的光不会产生双折射现象，即沿此方向传播的光线在晶体中不会分裂成两种偏振状态。

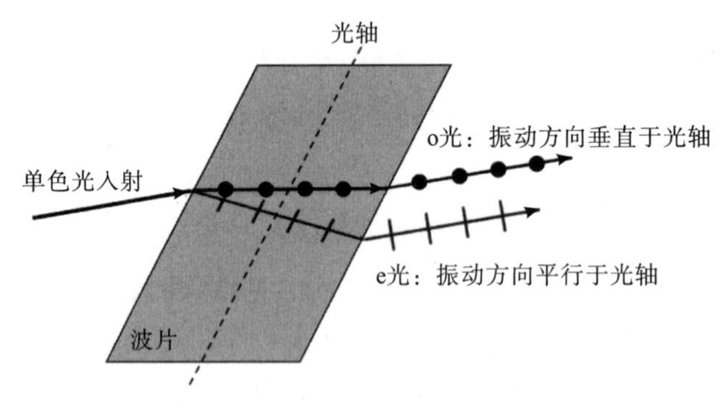

图 7-6-5　波片分解 o 光和 e 光示意图

o 光和 e 光的折射率不同，即它们在晶体内的传播速度不同，因

此，这两束光在通过晶体后会产生相位差 $\Delta\varphi$，即

$$\Delta\varphi=\frac{2\pi}{\lambda}(n_o-n_e)l \tag{7-6-13}$$

式中，λ 为光波在真空中的波长，l 为波片的厚度，n_o 和 n_e 分别为 o 光和 e 光的折射率。

根据 o 光和 e 光的不同相位差，波片可以分为不同类型：

①当相位差为 $2k\pi$ 时，通过波片后，两束光的光程差为波长（真空中的波长）的整数倍，这种波片称为全波片。

②当相位差为 $(2k+1)\pi$ 时，两束光的光程差为半个波长的奇数倍，这种波片称为半波片（1/2 波片）。

③当相位差为 $(2k+1)\pi/2$ 时，两束光的光程差为 1/4 波长的奇数倍，这种波片称为四分之一波片（1/4 波片）。

其中，k 是任意整数。由于 o 光和 e 光相位差 $\Delta\varphi$ 的存在，通过波片后的合成光波的偏振状态通常与入射光不同。

(2)波片对线偏振光偏振状态的影响。事实上，即使是同一个波片，其作用效果还取决于入射光的频率、传播方向和偏振状态。为了进一步了解上述三种波片的性质，现在来分析这样一种情况：某一单色线偏振光分别垂直入射到这三种波片，透过波片后的出射光将具有怎样的偏振状态。

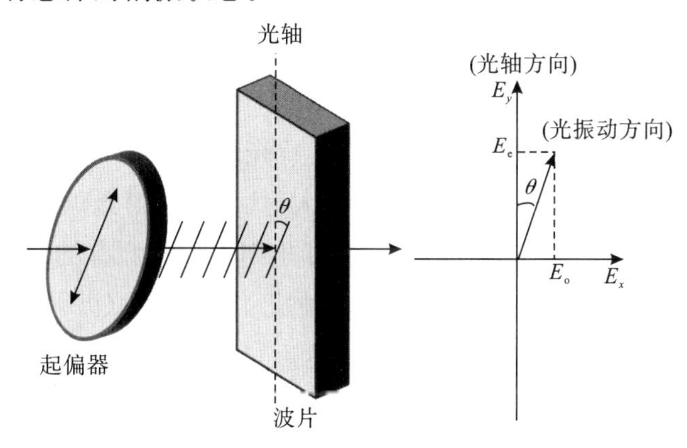

图 7-6-6　偏振光经波片的分解

如图 7-6-6 所示，当一束线偏振光垂直入射到波片表面时，光振动方向与波片的光轴方向的夹角为 θ，该线偏振光进入波片后分解为 o 光（振动方向垂直于光轴）和 e 光（振动方向平行于光轴）。以 o

光的振动方向作为横轴，e 光的振动方向作为纵轴建立坐标系。如果用 E 表示这束入射线偏振光的电矢量振幅，那么在坐标系下，o 分量和 e 分量的振幅 E_o 和 E_e 可以分别表示为

$$E_o = E\sin\theta \tag{7-6-14}$$

$$E_e = E\cos\theta \tag{7-6-15}$$

对应地，在 x 轴和 y 轴上的光振动分量可以分别表示为

$$E_x = E_o\cos(\omega t) \tag{7-6-16}$$

$$E_y = E_e\cos(\omega t) \tag{7-6-17}$$

式(7-6-16)、式(7-6-17)中，ω 为光的角频率，E_x 和 E_y 分别表示入射光电矢量振幅的 o 分量和 e 分量。波片中 o 光和 e 光的传播速度不同，导致 o 光和 e 光的出射光存在相位差 $\Delta\varphi$，有

$$E'_x = E_o\cos(\omega t) \tag{7-6-18}$$

$$E'_y = E_e\cos(\omega t + \Delta\varphi) \tag{7-6-19}$$

式(7-6-18)、式(7-6-19)中，E'_x和 E'_y分别表示出射光电矢量振幅的 o 分量和 e 分量。

下面讨论三种波片在单色光垂直入射情况下出射光的偏振状态。

①全波片($\Delta\varphi = 2k\pi$)。线偏振光穿过全波片后，其 o 分量和 e 分量产生 $\Delta\varphi = 2k\pi$ 的相位差，故出射光仍保持线偏振光状态，且振动方向与入射光一致，即全波片不改变入射线偏振光的偏振状态。

②1/2 波片[$\Delta\varphi = (2k+1)\pi$]。

a. 如果线偏振光的振动方向和波片光轴平行($\theta = 0°$)或垂直($\theta = 90°$)，即只有 e 分量或只有 o 分量入射，那么出射光仍然是只含有 e 分量或只含有 o 分量的线偏振光，即出射光保持原有的偏振状态。

b. 当线偏振光的振动方向和光轴成 45°夹角时($\theta = 45°$)，则 o 分量幅值等于 e 分量幅值。穿过波片后，出射光的两分量幅值依然相等。但由于两分量会产生$(2k+1)\pi$ 的相位差，这会导致出射的线偏振光振动方向相比原方向旋转 90°。

c. 在其他情况下，即线偏振光的振动方向和光轴夹角为 θ($\theta \neq 0°$、$\pm 90°$、$\pm 45°$)时，o 分量和 e 分量不相等，且都存在。此时出射光仍是线偏振光，但振动方向相对于原方向会发生偏转，偏转角度

为 2θ，即出射光振动方向与入射光振动方向关于光轴左右对称。

③1/4 波片$[\Delta\varphi=(2k+1)\pi/2]$。

a. 如果入射线偏振光的振动方向和波片光轴平行($\theta=0°$)或垂直($\theta=90°$)，即只有单分量入射，那么出射光仍然是只含有该单分量的线偏振光，偏振状态不变。

b. 当入射线偏振光的振动方向和光轴成 45°夹角时($\theta=45°$)，两分量幅值相等。经过波片后，两分量之间会产生 $\delta=(2k+1)\pi/2$ 的相位差，结合式(7-6-14)至式(7-6-19)，新的合成光波的振幅保持不变，但振动方向随着时间以角频率 ω 不断变化，因此出射光成为圆偏振光。

c. 在其他情况下，即入射线偏振光的振动方向和光轴夹角为 θ($\theta\neq 0°$、$\pm 90°$、$\pm 45°$)时，o 分量和 e 分量幅值不相等，且都存在，透过波片的出射光变为椭圆偏振光。

4. 反射光的偏振特性——布儒斯特定律

当自然光从空气入射到另外一种介质中时，光会在界面发生反射和折射，光路如图 7-6-7 所示。根据麦克斯韦的电磁理论和边值条件，我们可以推导出如下关系：

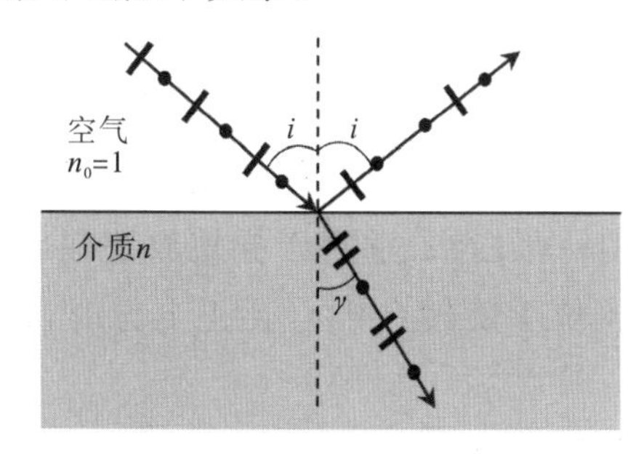

图 7-6-7　光的反射与折射

$$E'_{\mathrm{P}}=\frac{\tan(i-\gamma)}{\tan(i+\gamma)}E_{\mathrm{P}} \tag{7-6-20}$$

$$E'_{\mathrm{S}}=\frac{\sin(i-\gamma)}{\sin(i+\gamma)}E_{\mathrm{S}} \tag{7-6-21}$$

式中，i 是入射角和反射角，γ 是折射角。E_{P} 和 E_{S} 分别为振动方向平行和垂直于入射平面的入射光分量。E'_{P}和 E'_{S}分别为振动方向平行和垂直于入射平面的反射光分量。可以证明反射光中，垂直分量 E_S' 大于平行分量 E_P'。

分析式(7-6-20)和式(7-6-21)，不难得出，当 $i+\gamma=90°$ 时，E_P' 为0，即反射光仅有垂直分量，变成了线偏振光。此时应用光的折射定律：

$$n=\frac{\sin i}{\sin\gamma}=\frac{\sin i}{\sin(90°-i)}=\tan i \tag{7-6-22}$$

公式(7-6-22)即是布儒斯特定律，此时的角度 i 称为布儒斯特角，n 为介质的折射率。根据该定律，在实验中调整入射角 i，使得反射光变为线偏振光，即可确定布儒斯特角，并反向计算出材料的折射率 n。

【实验内容】

1. 测量棱镜材料的折射率

(1)准备工作。在导轨上按照图 7-6-8(a)所示顺序摆放实验装置并调节光路。开启激光器，并调节激光器上的旋钮，使光束沿导轨水平出射，并垂直入射到光功率计探头。调节光路时，旋转台圆盘上不用放置三棱镜。

①光路调节。在导轨上放置偏振器，作为光屏。通过移动光屏靠近和远离光源，观察光斑位置。如果光斑位置保持不变，则光线无上下倾斜。使用一张白纸，垂直于导轨放置在旋转台上，作为光屏。当纸上的光斑位于旋转台中心孔正上方时，说明光线无左右倾斜。

②光功率计探头调节。对旋转台进行调节，使其高度合适，并确保旋转台上的刻度圆盘固定不动。然后，调节转臂上的光功率计探头，使光束垂直入射到通光旋转盘 $\Phi 5$ 的位置。在调节过程中，观测光功率计的读数，当读数达到最大时，说明光束和探头达到了垂直状态。

(2)确定入射光线位置 θ_1。在完成步骤(1)的调节后，观察转臂中心刻度线对应旋转台圆盘上的刻度，并记下读数 θ_1，这就是入射光的方向。将测量结果记录在数据表中。

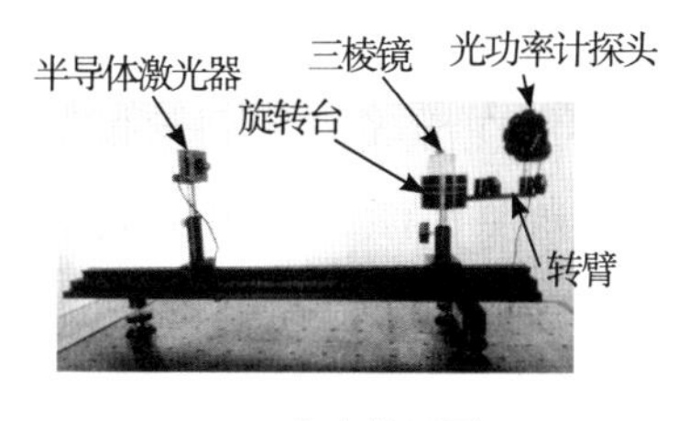

(a) 实验装置图

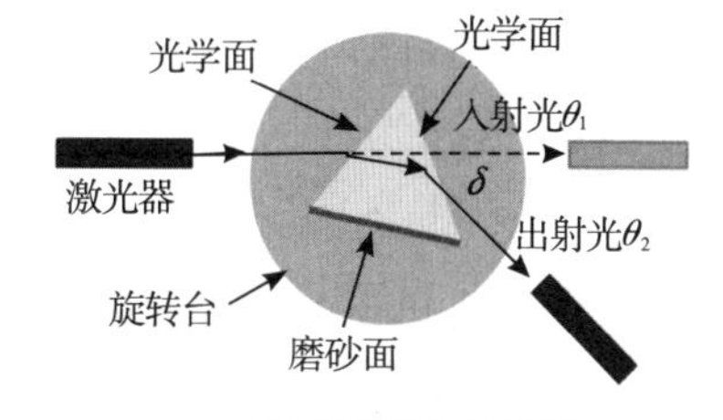

(b)测量原理示意图

图 7-6-8 棱镜材料折射率的测量

(3)确定出射光线位置 θ_2。将三棱镜小心放置在旋转台的中央位置上。放置三棱镜时,将三棱镜的磨砂面朝向操作者,以确保光线能从三棱镜的一个光学面(光滑透明表面)入射并从另一个光学面出射,如图 7-6-8(b)所示。

在出射光一侧放置一张白纸作为光屏,缓慢顺时针转动旋转台,观察经过棱镜两次折射后出射光斑的位置变化。在光屏上找到最小偏向角时光斑的位置并停止转动旋转台。

接着旋转探头转臂,使经过三棱镜两次折射后的出射光对准通光旋转盘 $\Phi5$ 光孔。此时光功率计的读数应该出现最大值。读取转臂中心刻度线对应旋转台圆盘上的刻度,即此时出射光位置 θ_2。将测量结果记录在数据表中。

(4)重复实验。重复步骤(2)和步骤(3)共 6 次。

由公式 $\delta_{\min}=|\theta_2-\theta_1|$计算每次测得的最小偏向角。将 $\delta_{\min}$ 和 $A=60°$带入式(7-6-10),可以计算每次实验所得到的三棱镜材料的折射率 n。

2. 验证马吕斯定律

(1)光路调节。在导轨上按照图 7-6-9 所示顺序摆放实验装置,并按照实验内容 1“测量棱镜材料的折射率”中的步骤(1)调节光路。

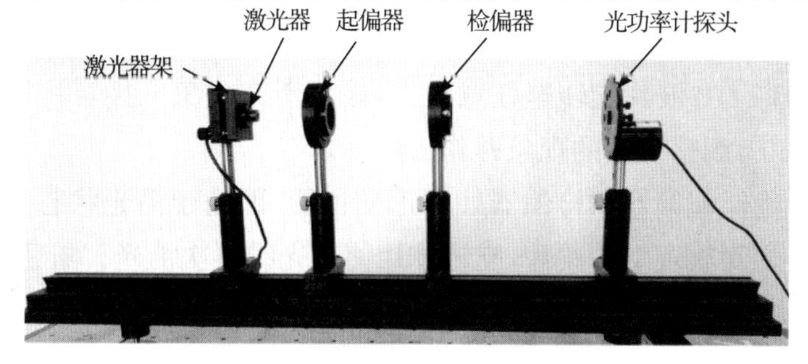

图 7-6-9 马吕斯定律验证实验装置图

(2)固定起偏器。将起偏器的镜片旋转至 0°刻度。在固定起偏器时，要确保激光垂直入射到镜片的中心。在激光入射到起偏器镜片时，会有一部分光被反射回去，当反射光照在激光器上的光斑与激光器出光孔重合时，即可确认激光垂直入射到起偏器的镜片上。

(3)固定检偏器。将检偏器的镜片旋转至 0°刻度。固定检偏器的方法与步骤(2)相同。

(4)确定两个偏振器透光轴的相对位置。调节光功率计的量程，选择第三挡(2 mW)，以获得较大精度。缓慢旋转检偏器的镜片一周，观察功率计探头上的光斑强度变化以及功率计的读数变化。当光斑变暗，直至消光时，此时功率计的示数应接近于零，为一个最小值。这表明起偏器和检偏器的透光轴相互垂直。在该状态的基础上，旋转检偏器镜片 90°，使得两个偏振器的透光轴夹角为 0°，此时光功率计的读数达到最大。

(5)正式实验。完成步骤(4)后，两个偏振器的透光轴夹角 θ 为 0°，将此时光功率计的读数记入数据表中。随后，顺时针方向逐次旋转检偏器镜片 15°，并在每次旋转后记录光功率计的数据，直至总旋转角度达到 90°，再次出现消光。将所测数据填入表格中。

3. 了解波片的性质

(1)1/2 波片。实验装置摆放如图 7-6-10 所示。在不摆放 1/2 波片的情况下，按照第 2 个实验“验证马吕斯定律”中的步骤(1)至步骤(3)调节光路。然后缓慢旋转检偏器的镜片，当光斑变得最暗，直至消光时，此时功率计的示数应接近于零，为一个最小值。这表明起偏器和检偏器的光轴处于正交状态。随后，开展如下实验：

①将 1/2 波片放置在两偏振器中间。调节 1/2 波片的高度和垂直于导轨方向的水平位置，使得光线尽可能从波片的中心位置垂直穿过。然后旋转波片 360°，观察消光的次数并解释发生的现象。

②将 1/2 波片旋转至任意角度，破坏消光现象。接着将检偏器旋转 360°，观察发生的现象并作出解释。

③确保起偏器和检偏器处于正交位置，即处于消光状态。在两偏振器之间放置 1/2 波片，旋转波片使得光线再次消光。随后，旋转 1/2 波片 15°，破坏消光状态。再同方向旋转检偏器至重新消光，并

记录检偏器旋转过的角度。接着继续将1/2波片旋转15°(即总转动角度为30°),再次记录检偏器同方向旋转到消光位置所转过的总角度。继续旋转1/2波片15°……,使1/2波片的总旋转角度分别达到15°、30°、45°、60°、75°、90°,并依次记录检偏器消光时所转动的总角度,将所有测量数据填入表格中。

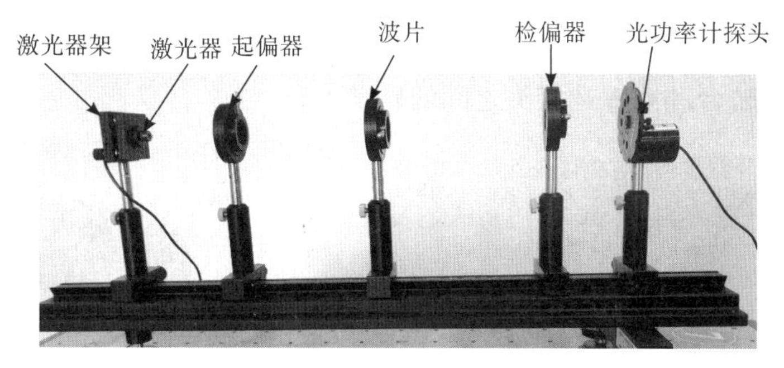

图 7-6-10　探索波片性质的实验装置图

(2)1/4波片。1/4波片对入射光的o分量和e分量引入$(2k+1)\pi/2$的相位差,接下来依次完成如下步骤,对1/4波片的性质进行探索。

①首先,确保起偏器和检偏器处于正交状态,即处于消光状态。然后,用1/4波片代替1/2波片,缓慢旋转1/4波片,直至再次出现消光状态。

②将1/4波片旋转15°,然后将检偏器缓慢转动一周,观察现象,并分析1/4波片出射光的偏振状态。依次将1/4波片总旋转角度设置为30°、45°、60°、75°和90°,每次将检偏器转动一周,记录观察到的现象,并将测量数据填入表格中。

③在上述步骤①的基础上,将1/4波片旋转15°,然后顺时针方向每次旋转检偏器15°,在每次旋转后记录检偏器的旋转角度θ以及光功率计的读数I。将测得的数据填入表格中,绘制椭圆偏振光的$I-\theta$曲线。

④在上述步骤①的基础上,将1/4波片转动45°,然后顺时针方向每次旋转检偏器15°,在每次旋转后记录检偏器的旋转角度θ以及光功率计的读数I。将测得的数据填入表格中,绘制椭圆偏振光的$I-\theta$曲线。

4. 测定布儒斯特角

(1)准备工作。按图 7-6-11 所示摆放实验装置(先不要在旋转台上放置三棱镜),依次调节激光器、旋转台、光功率计探头、起偏器和检偏器,并确保起偏器和检偏器的透光轴相互垂直,即处于消光状态。调节方法可参考第 2 个实验“验证马吕斯定律”中的步骤(1)至步骤(4)。需要特别注意的是,检偏器不再放置在导轨上,而应固定在旋转台和功率计探头之间的转臂上。

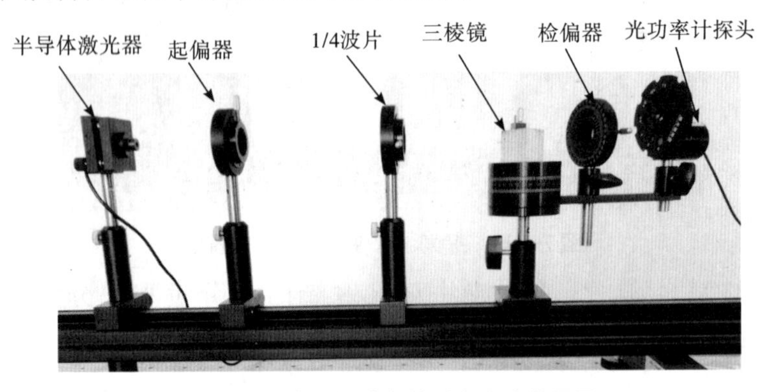

图 7-6-11　布儒斯特角的测定实验装置图

(2)1/4 波片产生圆偏振光。

①将 1/4 波片放置在起偏器和旋转台之间的导轨上,固定时要确保光线尽可能从波片的中心位置垂直穿过。

②旋转 1/4 波片直至系统重新达到消光状态,由于此时起偏器与检偏器的透光轴方向平行,故而此时 1/4 波片的光轴和起偏器出射光的振动方向垂直。

③旋转 1/4 波片,使其从当前位置转动 45°,即 1/4 波片的光轴与起偏器透光轴的夹角为 45°,此时透过 1/4 波片的出射光为圆偏振光。

本实验用 1/4 波片产生的圆偏振光代替自然光来开展布儒斯特角测定实验。

(3)寻找布儒斯特角。

①将三棱镜放置到旋转台上并固定好,摆放位置如图 7-6-12 所示。转动旋转台,使激光垂直入射到三棱镜 AB 光学面(光滑透明表面),即反射光原路返回至激光器光孔。此时,入射光线和 AB 光学

面的法线重合，入射角为 0°。将此位置标记为初始位置，读出此时旋转台圆盘上标记线对应的角度，记为 θ_1，并记录在数据表格中。

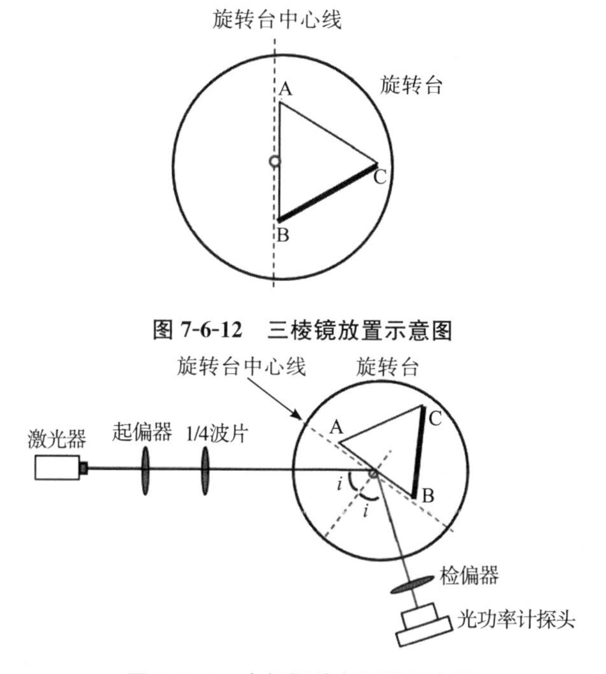

图 7-6-12　三棱镜放置示意图

图 7-6-13　布儒斯特角测量示意图

②观察反射光偏振性随入射角变化的规律。由于反射光中垂直分量 E'_S大于平行分量 E'_P，并且随着入射角接近布儒斯特角，反射光中垂直分量 E'_S逐渐增强，而平行分量 E'_P逐渐减弱。360°转动检偏器，找到光功率计显示能量最小的位置，此时检偏器的透光轴方向与反射光平行分量 E'_P相同，固定检偏器透光轴方向。然后逆时针方向缓慢转动旋转台，用旋转臂追踪反射光斑（如图 7-6-13 所示）。随着入射角逐渐增大，观察光功率计数值的变化规律。光功率计数值最小时对应的入射角即是布儒斯特角。为提高精度，实验中光功率计的量程建议选择第二挡（200 μW）。

③测量布儒斯特角。从步骤②中大致了解布儒斯特角对应旋转台圆盘的角度，从初始角度 θ_1 开始，每转动一定角度数记录下光功率计的读数 I（μW）和对应的旋转台圆盘角度数 θ_2，$\theta=|\theta_2-\theta_1|$，即为对应的入射角度。将数据记录到表格中。根据光功率计读数变化规律逐渐减小每次转动角度的间隔，确保找到光功率计最小读

数位置(根据经验,布儒斯特角大致在 55°～57°)。找到光功率计读数最小位置后,继续转动旋转台圆盘并记录若干组光功率计读数 I (μW)和对应旋转台圆盘角度数 θ_2。

【注意事项】

(1)注意激光器的安全使用,避免直接照射眼睛。

(2)开展正式实验前,激光器需要提前打开,预热 1 min。

(3)调节旋转台高度时,注意把三棱镜拿下来放在一边,否则容易打坏三棱镜。

(4)在调整光路时,应小心操作,避免碰撞和损坏实验装置。

(5)确保实验装置的稳定性和准确性,如激光器和光功率计探头的正确安装和校准,以及光学元件的正确放置和调节。

(6)确保实验室环境安静、干净,并尽量避免外部光源对实验结果造成影响。

【实验数据记录与处理】

1. 最小偏向角法测量三棱镜的折射率

测量次数	1	2	3	4	5	6
入射光线位置 θ_1(°)						
出射光线位置 θ_2(°)						
δ_{min}(°)						
顶角 A(°)	60	60	60	60	60	60
折射率 n						

数据处理如下:

根据表中数据计算折射率 n 的平均值,并计算 n 的不确定度。

(1)计算 θ_1 和 θ_2 这两个直接测量量的不确定度。

① θ_1 的不确定度。

A 类不确定度:$u_{1A}(\theta)=\sqrt{\dfrac{\sum(\theta_i-\bar{\theta})^2}{n(n-1)}}$

B类不确定度：$u_{1B}(\theta)=\frac{\Delta_{仪}}{\sqrt{3}}$

合成不确定度：$u_1(\theta)=\sqrt{u_{1A}^2(\theta)+u_{1B}^2(\theta)}$

②θ_2 的不确定度。

A类不确定度：$u_{2A}(\theta)=\sqrt{\frac{\sum(\theta_i-\bar{\theta})^2}{n(n-1)}}$

B类不确定度：$u_{2B}(\theta)=\frac{\Delta_{仪}}{\sqrt{3}}$

合成不确定度：$u_2(\theta)=\sqrt{u_{2A}^2(\theta)+u_{2B}^2(\theta)}$

(2)计算间接测量量 $\delta_{\min}$ 及其不确定度。

$\delta_{\min}=|\theta_2-\theta_1|$

$$u(\delta)=\sqrt{\left(\frac{\partial\delta}{\partial\theta_1}\right)^2u(\theta_1)^2+\left(\frac{\partial\delta}{\partial\theta_2}\right)^2u(\theta_2)^2}=\sqrt{u(\theta_1)^2+u(\theta_2)^2}$$

(3)计算三棱镜材料的折射率 n 及其不确定度。

$$n=\frac{\sin[(A+\delta_{\min})/2]}{\sin(A/2)}$$

$$u(n)=\sqrt{\left(\frac{\partial n}{\partial\delta}\right)^2u(\delta)^2}=\left(\frac{\cos[(A+\delta)/2]}{2\sin(A/2)}\right)u(\delta)$$

三棱镜的折射率表达式为：$n=\bar{n}\pm u(n)$。

2. 验证马吕斯定律

θ	0°	15°	30°	45°	60°	75°	90°
$\cos^2\theta$							
功率计读数 I (mW)							

数据处理如下：

根据表中数据拟合光功率 I 与 $\cos^2\theta$ 的关系方程式，并绘制两者的线性关系图，从而验证马吕斯定律。

3. 了解波片的性质

线偏振光通过 1/2 波片时数据记录表

1/2 波片旋转角度	检偏器旋转角度
15°	
30°	
45°	
60°	
75°	
90°	

用 1/4 波片产生圆偏振光和椭圆偏振光

1/4 波片转动的角度	检偏器转动 360°观察到的现象	光的偏振性质
15°		
30°		
45°		
60°		
75°		
90°		

1/4 波片转动 15°时旋转检偏器得到的 $I-\theta$ 数据

θ(°)	0	15	30	45	60	75	90	105	120	135	150	165	180
I (mW)													

数据处理如下：

(1)绘制椭圆偏振光的 $I-\theta$ 曲线。

(2)根据 $I-\theta$ 曲线判断出射光的偏振特性。

1/4 波片转动 45°时旋转检偏器得到的 $I-\theta$ 数据

θ(°)	0	15	30	45	60	75	90	105	120	135	150	165	180
I(mW)													

数据处理如下：

(1)绘制椭圆偏振光的 $I-\theta$ 曲线。

(2)根据 $I-\theta$ 曲线判断出射光的偏振特性。

4. 测定布儒斯特角

初始角度 θ_1 =________。

θ_2							
光强 I (μW)							
入射角 $\theta = \|\theta_2 - \theta_1\|$							
θ_2							
光强 I (μW)							
入射角 $\theta = \|\theta_2 - \theta_1\|$							
布儒斯特角 i							

数据处理如下：

(1)根据表中数据绘制 $I-\theta$ 曲线。

(2)计算三棱镜的折射率 $n = \tan i$。

【思考题】

(1)在测量棱镜材料的折射率过程中，哪些因素可能会影响折射率的准确测量？如何尽量减少这些误差？

(2)偏振光的强度与偏振片夹角之间的关系是什么？请推导马吕斯定律的数学表达式。

(3)在验证马吕斯定律的实际测量中，为什么功率计在起偏器和检偏器的透光轴互相垂直时读数不为零？请分析可能的原因。

(4)波片如何实现对光波相位的调制？请解释 1/4 波片和 1/2 波片的不同作用。

(5)什么是布儒斯特角？布儒斯特角有什么物理意义？

(6)当入射角等于布儒斯特角时，反射光的偏振状态是怎样的？请解释其振动方向是平行还是垂直于入射面。

【仪器介绍】

光的偏振实验装置如图 7-6-14 所示，它由光功率计、半导体激光器、起偏器、检偏器、光功率计探头、1/4 波片、1/2 波片、精密旋转台、三棱镜以及导轨和光具座等组成。

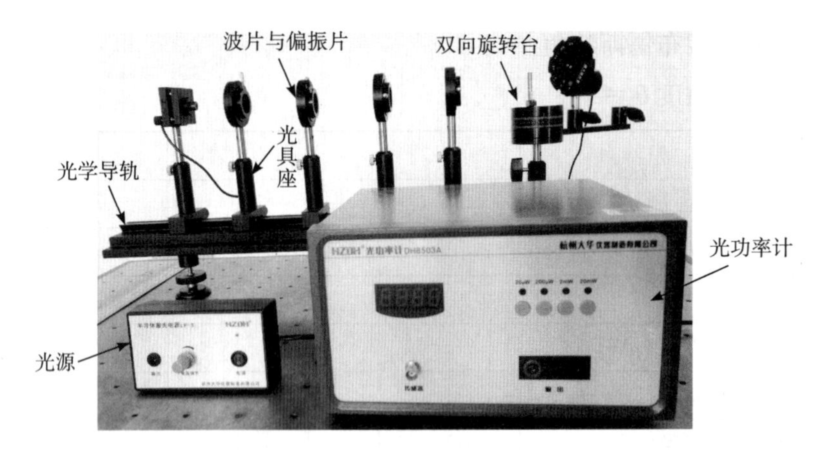

图 7-6-14　光的偏振实验装置

说明:1. 光源:半导体激光器,波长 650 nm,功率 1.5～2 mW,工作电压 5 V,激光光束三维可调。2. 光功率计:20 μW、200 μW、2 mW 和 20 mW 四挡,三位半数码管显示,通过数字按键切换最大量程。3. 光学导轨:长 75 cm,带标尺,分度值 1 mm。4. 波片:1/2 波片和 1/4 波片各一,Φ25.4。5. 偏振片:2 块,Φ25.4,角度可调,分辨率0.07°。6. 白屏 1 个,便于观察现象。7. 通用光具座 6 个。8. 三棱镜1 只。9. 精密双向旋转台,角度可调,分辨率 1°。

第 8 章 近代物理实验

8.1 密立根油滴实验

1910 年,美国芝加哥大学物理学家罗伯特·安德鲁·密立根发表了物理学史上堪称物理实验典范的密立根油滴实验。从 1909 年至 1917 年,密立根及其学生哈维·福莱柴尔等人致力于测量微小油滴上所带电荷的实验。密立根油滴实验的重要意义是:一方面证实了电荷的不连续性,物体所带的电荷都是某一基本电荷 e 的整数倍;另一方面,通过实验明确给出了较为准确的电子电量值 $e=1.60\times10^{-19}$ C。正是由于这一实验成就,密立根荣获了 1923 年诺贝尔物理学奖。

密立根油滴实验在近代物理实验中的重要地位不仅仅体现在他的实验结果,还有他巧妙地将微观量测量转化为宏观量测量的实验设计思想给后来的实验设计提供了设计灵感。例如,近年来采用磁漂浮的方法测量分数电荷的实验,就是借鉴了密立根油滴实验的设计思想。

密立根的实验装置随着技术的进步而得到了不断的改进,本实验将 CCD 光学成像系统运用到实验中,替代观察目镜来观测油滴在电场中的运动,使实验操作更加方便可靠。

【实验目的】

(1)通过学习密立根油滴实验的巧妙设计,体会一种微观量的宏观测量方法。

（2）验证电荷的不连续性以及测量基本电荷电量。

（3）学习计算电子电荷量的数据处理方法。

（4）通过对实验仪器的调整、油滴的选择、耐心地跟踪和测量以及数据的处理等，培养严肃认真和一丝不苟的科学实验态度。

（5）了解 CCD 光学成像系统的工作原理。

【实验仪器】

密立根油滴实验仪、CCD 监视系统、喷雾器、钟油等。

【实验原理】

用油滴法测量电子的电荷，根据油滴的运动状态分为动态测量法（油滴做匀速直线运动）和静态（平衡）测量法（油滴静止）。

1. 动态测量法

以平行板电容器内部空间中一个足够小的油滴为研究对象。假设此油滴半径为 r，质量为 m，空气可看作黏滞流体，油滴在空气及重力场中运动，除重力和浮力外，还受黏滞阻力的作用，如图 8-1-1 所示。

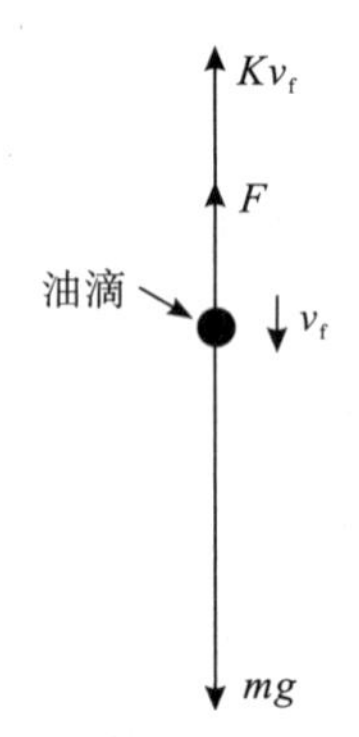

图 8-1-1　油滴在空气及重力场中的受力分析

由斯托克斯定律可知，黏滞阻力与物体运动速度成正比。油滴在重力场中重力大于浮力，做加速下落运动，由于黏滞阻力存在，加速度逐渐减小，设油滴最终以速度 v_f 匀速下落，油滴受到的空气浮力为 F，黏滞阻力为 Kv_f，则

$$mg - F = Kv_f \tag{8-1-1}$$

式中，K 为比例常数，g 为重力加速度。

平行板电容器两极板间距为 d，两极板间加电压 U，则板间电场近似匀强电场，电场强度 $E=U/d$。假设油滴带电荷量为 q，那么在平行板电容器的匀强电场中，油滴还将受到电场力的作用，大小为 qE。调节电场方向，使电场力方向与重力方向相反，使油滴加速向上运动，如图 8-1-2 所示。同样，由于黏滞阻力的存在，油滴的加速度大小逐渐减小，设最终以速度 v_r 匀速上升，则

$$mg-F+Kv_r=qE \tag{8-1-2}$$

由式(8-1-1)和式(8-1-2)消去 K，可解出 q 为

$$q=\frac{(mg-F)d(v_f+v_r)}{Uv_f} \tag{8-1-3}$$

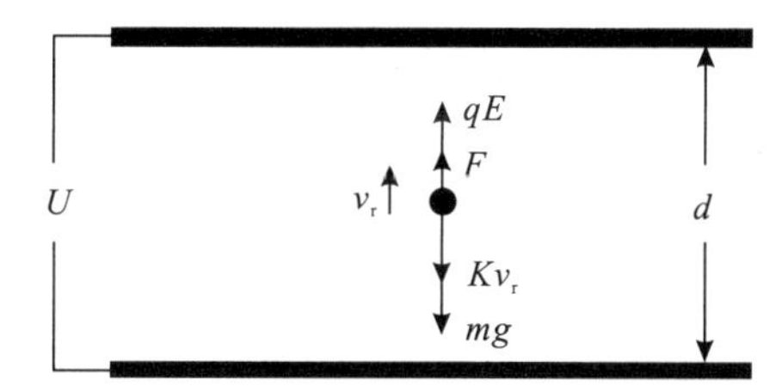

图 8-1-2　油滴在平行板电容器两极板间受力分析

一般从喷雾器的喷口喷出的油滴十分微小，直径在微米量级，要测量 m 十分困难，同样要测量油滴受到的浮力 F 也十分困难，但是油滴的半径 r 则可以通过斯托克斯定律来求得。所以，可用油滴的密度 ρ_1、空气的密度 ρ_2 以及油滴的半径 r 来表示 m 和 F，而 ρ_1 和 ρ_2 很容易获得。油滴所受重力与浮力之差可表示为

$$mg-F=\frac{4}{3}\pi r^3(\rho_1-\rho_2)g \tag{8-1-4}$$

根据斯托克斯定律，黏滞流体对球形运动物体的阻力与物体速度成正比，其比例系数 K 为 $6\pi\eta r$，其中 η 为将空气看成连续分布的流体时的黏滞系数，r 为物体半径，由式(8-1-4)和式(8-1-1)，解得

$$r=\left[\frac{9\eta v_f}{2g(\rho_1-\rho_2)}\right]^{\frac{1}{2}} \tag{8-1-5}$$

将式(8-1-3)、式(8-1-4)和式(8-1-5)联立，可得

$$q=9\sqrt{2}\pi\left[\frac{\eta^3}{(\rho_1-\rho_2)g}\right]^{\frac{1}{2}}\cdot\frac{d}{U}\left(1+\frac{v_r}{v_f}\right)v_f^{\frac{3}{2}} \tag{8-1-6}$$

由式(8-1-6)可知，只要测出 $v_r, v_f, \eta, \rho_1, \rho_2, U$ 和 d 等宏观量，即可得到油滴所带电量 q 值。但是对式(8-1-6)还要进行修正。因为油滴的直径十分微小，这时气体不能再看作连续分布的介质，故而空气的黏滞系数需作修正。修正后的黏滞系数 η' 与空气可以看作连续介质时的黏滞系数 η 的关系为

$$\eta' = \frac{\eta}{1+\frac{b}{pr}} \tag{8-1-7}$$

式中，p 为空气压强，单位为 N/m^2，b 为修正常数，$b = 0.00823\ Pa \cdot m$，因此，式(8-1-6)可近似表达为

$$q = 9\sqrt{2}\pi\left[\frac{\eta^3}{(\rho_1-\rho_2)g}\right]^{\frac{1}{2}} \cdot \frac{d}{U}\left(1+\frac{v_r}{v_f}\right)v_f^{\frac{3}{2}}\left[\frac{1}{1+\frac{b}{pr}}\right]^{\frac{3}{2}} \tag{8-1-8}$$

在本实验中，油滴被限定在一个固定区域内运动，故而其运动的距离也是固定的，设为 S。则其运动的速度 v_r 和 v_f 可以通过测量时间 t_r 和 t_f 来计算。因此，式(8-1-8)可以写成

$$q = 9\sqrt{2}\pi d\left[\frac{\eta^3 S^3}{(\rho_1-\rho_2)g}\right]^{\frac{1}{2}} \cdot \frac{1}{U}\left(\frac{1}{t_r}+\frac{1}{t_f}\right)\left(\frac{1}{t_f}\right)^{\frac{1}{2}}\left[\frac{1}{1+\frac{b}{pr}}\right]^{\frac{3}{2}} \tag{8-1-9}$$

如果忽略空气浮力，油滴所带电荷量可表示为

$$q = \frac{18\pi}{\sqrt{2\rho g}}\left[\frac{\eta S}{\left(1+\frac{b}{pr}\right)}\right]^{\frac{3}{2}} \cdot \frac{d}{U}\left(\frac{1}{t_r}+\frac{1}{t_f}\right)\left(\frac{1}{t_f}\right)^{\frac{1}{2}} \tag{8-1-10}$$

式中，ρ 为油滴密度，r 由式(8-1-5)改写为

$$r = \left[\frac{9\eta S}{2g t_f \rho}\right]^{\frac{1}{2}} \tag{8-1-11}$$

2. 静态测量法

静态测量法是指使油滴在均匀电场中受力平衡，静止在某一位置，当油滴在电场中平衡时，油滴在两极板间的匀强电场中受到的电场力 qE、重力 mg 和浮力 F 三者达到平衡，即

$$mg - F = qE = q\frac{U}{d} \tag{8-1-12}$$

将式(8-1-4)、式(8-1-5)和式(8-1-12)联立,可解出 q 为

$$q = 9\sqrt{2}\pi\left[\frac{\eta^3 v_f^3}{(\rho_1 - \rho_2)g}\right]^{\frac{1}{2}}\frac{d}{U}$$

用式(8-1-7)修正空气黏滞系数,再用 t_f 和 S 来表示 v_f,可得

$$q = \frac{18\pi}{\sqrt{2g(\rho_1 - \rho_2)}}\left[\frac{\eta S}{t_f\left(1 + \frac{b}{pr}\right)}\right]^{\frac{3}{2}}\frac{d}{U}$$

如果忽略空气浮力影响,则油滴所带电荷量可简化表示为

$$q = \frac{18\pi}{\sqrt{2\rho g}}\left[\frac{\eta S}{t_f\left(1 + \frac{b}{pr}\right)}\right]^{\frac{3}{2}}\frac{d}{U} \tag{8-1-13}$$

3. 两种实验方法的比较

(1)用平衡法测量时,原理简单、直观,且油滴有平衡不动的时候,实验操作的节奏可以得到较好的控制,但需仔细调整平衡电压;用非平衡法测量时,在原理和数据处理方面较平衡法要烦琐一些,且油滴没有平衡不动的时候,实验操作略一疏忽,油滴容易丢失,但它不需要调整平衡电压。

(2)比较式(8-1-10)和式(8-1-13),调节电压 U 使油滴受力达到平衡,当油滴匀速上升的时间 $t_f \to \infty$ 时,两式相一致。可见平衡测量法是非平衡测量法的一个特殊情况。

4. 电子电量的测量方法

为了准确测量电子所带电量,需要采集大量油滴来测量每个油滴的电量 q_i。通过对所有测得电量进行分析,可以找到电荷的最小单位 e 值。已知电荷量子化特性,每个油滴的带电量都是电子电量的整数倍,即

$$q_i = n_i e\ (n_i \text{ 为一整数}) \tag{8-1-14}$$

由此可见,求电子的电量,实际上就是求这些油滴所带电量值的最大公约数,也可以求各油滴所带电量之差的最大公约数。

$$\Delta q_{ij} = |q_i - q_j| = n_{ij} e\ (n_{ij} \text{ 为一整数})$$

5. 相关参数含义及参考值

ρ 为油的密度：$\rho = 981\ \mathrm{kg/m^3}$，可根据表 8-1-1 或钟油瓶上给出的参数进行修正。

g 为重力加速度：$g = 9.795\ \mathrm{m/s^2}$。

η 为空气黏滞系数：$\eta = 1.83\times10^{-5}\ \mathrm{kg/(m\cdot s)}$。

S 为油滴匀速下降的距离：$S = 2.00\times10^{-3}\ \mathrm{m}$。

b 为修正常数：$b = 0.00823\ \mathrm{Pa\cdot m}$。

p 为大气压强：p 从室内气压计上读取。

d 为平行极板间距离：$d = 5.00\times10^{-3}\ \mathrm{m}$。

由于油的密度 ρ、空气的黏滞系数 η 都是温度的函数，重力加速度 g 和大气压强 p 又随实验地点和条件的变化而变化，因此，上述参数是近似的。另外，由于油的密度远大于空气的密度，所以空气的密度可以忽略不计。在一般条件下，这样的参数代入计算引起的误差约为 2%，但它带来的好处是使运算方便得多，对于学生的实验，这是可取的。

钟油的密度与温度存在负相关性，即随着温度的升高而降低。表 8-1-1 给出不同温度下钟油的密度参考值。

表 8-1-1　不同温度下钟油的密度参考值

T(℃)	0	10	20	30	40
$\rho(\mathrm{kg/m^3})$	991	986	981	976	971

【实验内容】

1. 准备工作

(1)调平仪器。将油滴实验仪放置平稳，调节仪器底部两只调平螺丝，使油滴盒内水准泡中的水泡处于中心圆圈内。这时平行板电容器的上下两个极板处于水平位置(注：实验中不用去调整油雾室下部的平行板电容器的上下极板)。

(2)喷雾器调整。将少量钟油吸入喷雾器内，油不要太多，以免喷雾时堵塞油孔。喷雾时，应将喷雾器竖直(气囊向下)，油嘴朝上，防止油直接滴入喷雾室堵塞油孔。

(3)预热仪器,调节分划板。仪器需通电预热5~10 min。在预热的同时,从测量显微镜中观察分划板图像是否清晰、端正。分划板位于测量显微镜的目镜内。如果分划板图像模糊,可以旋松固定目镜位置的螺丝,前后移动目镜,直到分划板图像清晰且无视差。如果分划板图像倾斜,可左右转动目镜,将分划板放正(横线水平,垂线竖直)。

(4)连接监视器。为了便于观察,实验中油滴实验仪可以与CCD光电显示系统结合使用。将监视探头套入测量显微镜的目镜上,并将探头的电源线和视频输入线连接到油滴实验仪面板上对应的接口,再将视频输出线连接到监视器的视频输入端口。这时监视器的显示屏上就会显示出视场中分划板清晰的像。如果显示屏上分划板的像倾斜,可以转动探头来调正。

(5)观察油滴。将喷雾器喷口对准油雾室旁侧的喷雾口喷入油雾(喷1~2次即可)。移动油雾室中间的金属挡片,使挡片中间的圆孔与油滴盒(平行板电容器)上极板中间的进油孔对齐,油雾室中的油滴便可通过小孔进入电容器电场中。这时从监视器上就可以看到大量的大小不一的亮点,犹如夜空中的繁星。前后移动测量显微镜,寻找大小适中、亮度高的油滴,并使其清晰地呈现在显示屏上。

2. 练习测量

在静态测量法下练习测量。

(1)油滴选择练习。当移开油雾室金属挡片时,将有大量油滴进入电场中,会让观察者眼花缭乱,所以要对进入电场中的油滴进行筛选。油滴在喷入油雾室过程中与空气摩擦而带电,带电量各不相同。带电量大的油滴对电场力反应灵敏,施加电场时运动速度快,不易控制。体积大的油滴重力较大,一般带电量也大,在施加电场时的上升速度和撤去电场时的下落速度都很大,也不易控制。带电量小的油滴需要施加较大的电场,也不合适。一般平衡电压在200 V左右,下落时经过分划板上4个格子用时在10 s左右的油滴较为合适。筛选油滴的方法是首先施加250 V的工作电压,并通过“提升”“平衡”和“下落”三个工作状态挡位来驱走大部分不合适的油滴。然后施加 200 V 的平衡电压，观察运动较为缓慢的油滴，从中选择亮度适中的油滴。调节测量显微镜，使选中的油滴成像最清晰。

(2)油滴控制练习。眼睛紧盯着选中的油滴，细微调节平衡电压，使其静止。通过油滴实验仪面板上的“提升”挡来让油滴上升；通过“平衡”挡来让其静止；通过“下落”挡来让其下落。反复练习，通过“提升”“平衡”和“下落”三个挡位的来回切换控制油滴在分划板内各位置来回移动，而不能跑到视场外。

(3)运动时间测量练习。挑选几个不同速度的油滴来练习。首先将油滴提升到分划板的上端刻度线附近，并使其静止。然后选择“下落”挡让油滴下落，测量油滴下落一段距离所用的时间，并在油滴到达分划板下端刻度线之前让油滴停下，再将油滴提升到分划板上端刻度线附近，重复操作。每个油滴重复的次数不少于5 次。

3. 正式测量

本实验采用静态测量法。将选定的油滴移至分划板上的某一横线上，微调“平衡电压”，观察油滴在竖直方向上有没有发生移动，以此来判断油滴是否受力平衡。记录油滴平衡时对应的平衡电压 U。

分划板竖直方向上共有六个格子。取中间四个格子(2 mm)为油滴下落的固定距离。将工作状态拨向“提升”挡，将油滴移到分划板的最上端横线附近，然后切换到“平衡”挡，让油滴静止。最后拨到“下落”挡，让油滴下落。当油滴落到分划板第二个横线时，按下油滴实验仪面板上的计时键，开始计时。当油滴下落四个格子时，再按计时按键，计时停止。这时油滴实验仪上显示油滴下落四个格子(2 mm)所用的时间 t_{f}。

在油滴下落到分划板的最下面横线之前，将工作状态拨回“平衡”挡，使油滴停下。再将工作状态拨到“提升”挡，使油滴再回到分划板的最上端横线附近。如此反复，同一个油滴至少重复 5 次。然后再换新的油滴进行测量，至少要测 10 个油滴。操控视场中油滴的运动在分划板中的位置如图 8-1-3 所示。

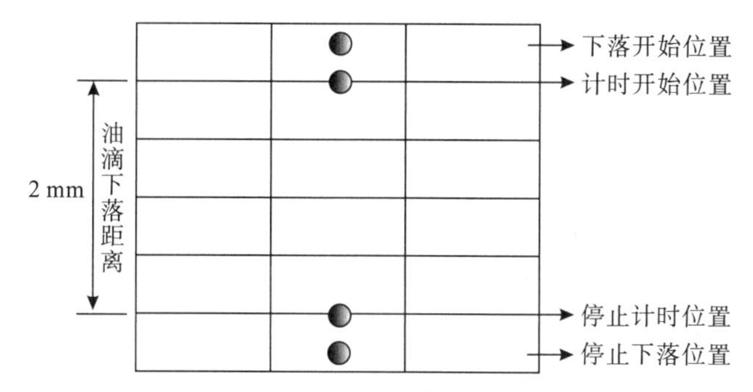

图 8-1-3　静态法操控油滴示意图

4. 计算电子电量 e

根据实验中测得的10个油滴所带电量，来计算最小电荷量，即电子电量。通常有两种计算方法。

方法一：由已知的电子的电荷量 1.602189×10^{-19} C 来估算油滴带电量 q_i 是电子电量的 n 倍，再由估算的 n(取整数)去除油滴电量 q_i，得到最小电荷量值。

方法二：用MATLAB编程计算出10个油滴电量值的最大公约数，即是最小电荷量值。

【注意事项】

(1)实验前注意调节仪器水平。

(2)喷雾器每次喷油不能太多，否则多余的油量会堵住平行板电容器上极板的小孔，使油滴无法进入电场中。

(3)喷雾时喷雾器要竖拿，喷口对准喷雾室喷雾口，按一下橡皮球，切勿伸入油雾室内。

(4)使用监视器时，尽量增大监视器的对比度，同时油滴盒周围的环境亮度要尽可能降低。

(5)仪器内有高压，避免用手接触电极。

(6)选择的油滴体积要适中。大的油滴虽然比较亮，但通常带的电荷较多，上升和下降的速度较快，不容易控制；油滴太小时，一方面在观察时容易引起视觉疲劳，另一方面，布朗运动对油滴运动的影响较大，测量结果涨落很大，从而影响测量结果的准确性。因此，应该选择体积适中而带电不多的油滴。

【实验数据记录与处理】

静态测量法测 10 个油滴的数据记录如下。

电荷编号	所加电压 U(V)	每次运动时间 t_f(s)					平均运动时间 $\overline{t_f}$(s)	带电量 q_i(C)	$n_i=q_i/e$（n_i 取整数）	$e_i=q_i/n_i$ (C)
		t_{f1}	t_{f2}	t_{f3}	t_{f4}	t_{f5}				
1										
2										
3										
4										
5										
6										
7										
8										
9										
10										

数据处理如下：

(1)利用式(8-1-3)算得每个油滴的电量 q_i。式中 r 值由式(8-1-11)算得。

(2)根据 e 的公认值算出每个油滴电量 q_i 对于 e 的倍数 $n_i=\dfrac{q_i}{e}$。

(3)将算得的 n_i 取整数，再算出 $e_i=\dfrac{q_i}{n_i}$。

(4)根据每个油滴算得的 e_i，求出电子电量平均值和标准偏差。

$$\overline{e}=\frac{1}{10}\sum_{i=1}^{10}e_i=$$

$$S_e=\sqrt{\frac{\sum_{i=1}^{10}(e_i-\overline{e})^2}{10\times(10-1)}}=$$

$$e=\overline{e}\pm S_e=$$

【思考题】

(1)实验中为什么不要在油滴刚开始下落时就计时?

(2)油滴盒内电容器两极板不平行或者电容器两极板不水平,对实验结果有何影响?

(3)实验中油滴的运动方向不竖直是何原因造成的?

(4)为什么向电容器内喷油雾时,要将电容器极板短路?

【仪器介绍】

油滴实验仪主要由电路箱、测量显微镜、油雾室、CCD光电转换系统、监视器、喷雾器等部件组成,如图8-1-4所示。油滴盒位于油雾室下方,由两块圆形金属平板中间夹着圆环形绝缘胶木构成,故而油滴盒也可看作平行板电容器。油滴盒上极板中心有个进油孔,与油雾室相通。油雾室一侧开有喷雾口,喷雾器的喷头可以伸到油雾室内进行喷雾。油雾室内的油滴通过进油孔进入油滴盒内。在油滴盒上极板与油雾室之间还有一个金属挡片,当进入油滴盒的油滴过多,妨碍观察时,可以移动挡片遮住油滴盒的进油孔,阻挡油雾室内的油滴进入油滴盒中,如图8-1-5所示。油滴盒的环形绝缘胶木一侧开有小孔,LED发光二极管正对着小孔。油滴盒内的油滴反射发光二极管的光线,变成一个个小亮点,看起来像夜空中的小星星。油滴盒的环形绝缘胶木另一侧开口与移测显微镜相连。移测

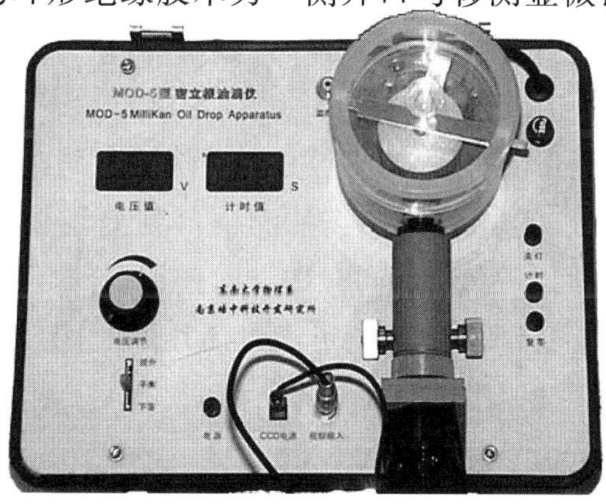

图 8-1-4　密立根油滴实验仪

显微镜的观察目镜中刻有分划板，如图 8-1-6 所示。目镜与 CCD 相连，就可以在监视器中观察油滴在分划板标定的区域内运动了。

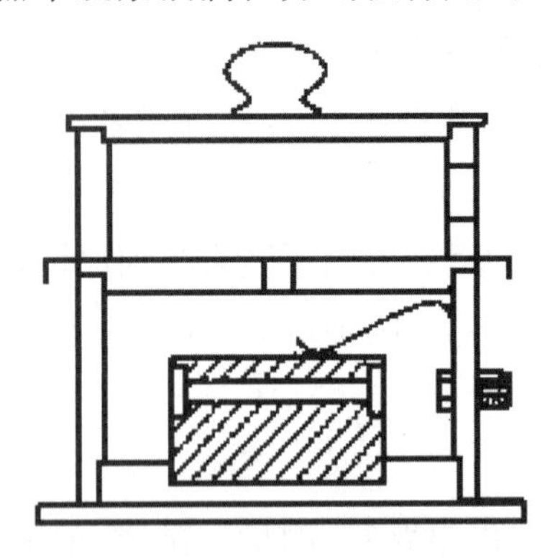

图 8-1-5　油滴实验仪油雾室

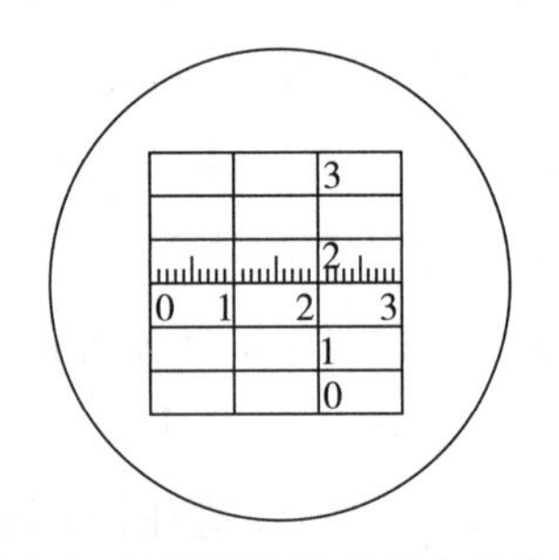

图 8-1-6　油滴实验仪视场中的分划板

油滴在视场中的运动可以通过油滴实验仪面板上的控制杆来操控。控制杆有“提升”“平衡”和“下降”三个挡位。在选定油滴后，将控制杆置于“平衡”挡，通过电压调节旋钮选择合适电压使油滴静止。将控制杆置于“提升”挡，可以将油滴提升到分划板上方。油滴实验仪面板左上方有两个数值显示器，左边显示平衡电压值，右边显示计时值。测量时，将控制杆置于“下降”挡，同时按下面板右下方的“计时”按钮，开始计时。当油滴下落到分划板下方预定位置时，将控制杆拨回“平衡”挡，同时按计时按钮，计时停止。此时时间显示器显示的就是油滴下落指定高度所用的时间。油滴实验仪面板右下方“复零”按钮用于时间复零。

8.2 光电效应实验

1887年，德国物理学家赫兹研究电磁场的波动性时偶然发现了光电效应。随后，多位科学家投身光电效应的早期研究。1905年，爱因斯坦发表论文《关于光的产生和转化的一个试探性观点》，论文中提出光量子假说，用于解释光电效应。直到1916年，美国物理学家密立根历经10年的不懈努力，发现用6种不同波长的单色光照射逸出功较小的碱性金属阴极，各波长光照射下的遏止电压随光频率变化呈现线性关系，并根据直线的斜率求出了普朗克常量 h 的值，与1900年普朗克从黑体辐射求得的 h 值极其符合。密立根的实验结果完全肯定了爱因斯坦的光电效应方程，光量子理论也开始得到人们的承认。1921年和1923年，爱因斯坦和密立根两人分别获得了诺贝尔物理学奖。

【实验目的】

(1)了解光电效应的规律，加深对光的量子性的认识。

(2)测量普朗克常量 h。

(3)测量光电管的伏安特性曲线。

(4)探究饱和光电流与入射光频率、强度的关系。

【实验仪器】

光电管、电流表、电压表、滤色片、汞灯等。

【实验原理】

光电效应实验装置如图8-2-1所示。当单色光照射到光电管S的阴极K上时，K逸出光电子，产生的光电子飞向阳极A形成光电流，电流的大小由检流计G读出。U_{AK} 是加在阴极K和阳极A之间的电压，由电压表读出。S_2 为单刀双掷开关，可以改变加在阴极K和阳极A之间的电压方向。

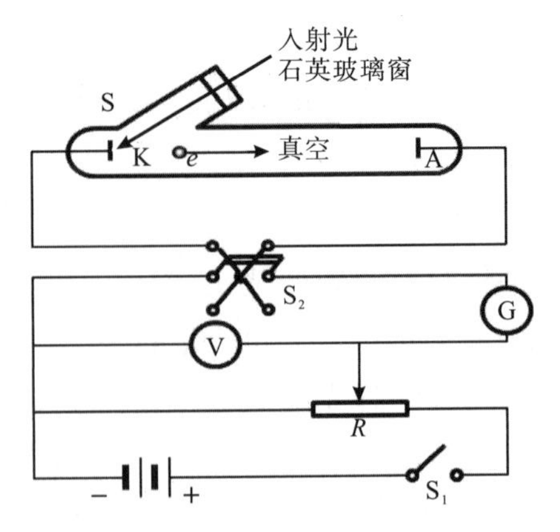

图 8-2-1　光电效应实验装置图

光电效应的实验结论如下：

(1)对于某种金属材料，只有当入射光的频率大于某一固定频率ν_0 时，电子才能从金属表面逸出，形成光电流，这一频率称为红限频率(也称截止频率)。如果入射光的频率小于截止频率，则无论入射光的强度有多大，都不能产生光电效应。

红限频率取决于阴极材料。在光电管中，电子需要从阴极金属表面跃出，才能被光电效应捕获，并显示为光电流。因此，逸出功小的金属阴极能够有效地增强电子发射性能，提高光电管的灵敏度。常用作阴极的金属有钠、钾、铯、锂等，它们的逸出功 A 较小，参见表 8-2-1。逸出功 A 是电子脱离金属表面时为克服表面阻力所做的功，有

$$A = h\nu_0 \tag{8-2-1}$$

式中，h 是普朗克常量，ν_0 为阴极金属的红限频率。

表 8-2-1　几种金属的红限频率

金属	铯	钾	钠	锌	钨
红限频率 ν_0($\times10^{14}$ Hz)	4.69	5.44	5.53	8.06	10.95

(2)当入射光的频率(或者波长)不变时，光电流 I 和加在 A、K 之间的电压U_{AK}的关系可用如图 8-2-2 所示的伏安特性曲线表示，随着U_{AK}增大，光电流 I 增大，但是当U_{AK}增大到一定程度后，光电流值不再增大，达到饱和值 I_M。实验证明，饱和光电流和入射光的强度成正比，即入射光强度越大，单位时间内从阴极逸出的光电子数

目越多。

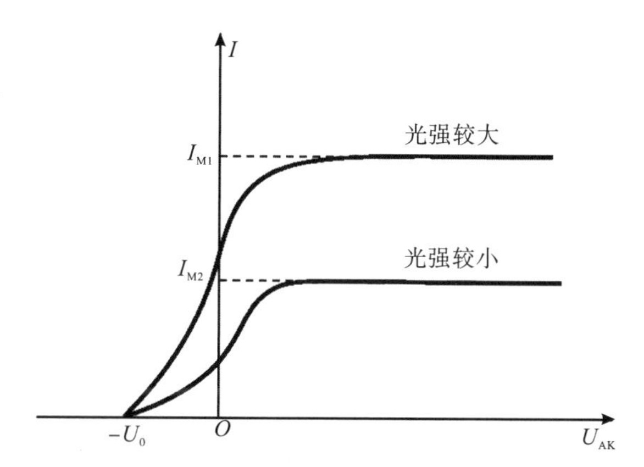

图 8-2-2　同一频率不同光强光电管伏安特性曲线

(3)从图 8-2-2 的伏安特性曲线还可以看到，当加在 A、K 之间的电压 U_{AK} 减小到零时，光电流的大小并不等于零，因为只要光电效应发生，光电流就产生。而随着 U_{AK} 的反向（由单刀双掷开关 S_2 换向）并逐渐增大，光电流 I 迅速减小到零，这说明阴极 K 上释放的具有最大初动能的光电子，也不能飞到阳极 A，此时对应的 U_0 称为遏止电压。不难发现，遏止电压 U_0 与 K 上释放的光电子最大初动能有如下关系：

$$eU_0 = \frac{1}{2}mv_m^2 \tag{8-2-2}$$

式中，e 是电子的电量，m 是电子静止时的质量，v_m 是阴极 K 上释放的光电子的最大速率。实验表明，遏制电压 U_0 与入射光的光强度无关，与入射光的频率呈线性关系，其函数关系表示为

$$U_0 = K(\nu - \nu_0) \qquad (\nu \geqslant \nu_0) \tag{8-2-3}$$

式中，K 为 $U_0-\nu$ 关系的斜率，ν_0 为阴极金属的红限频率。实验表明，斜率 K 与阴极金属的材质无关，遏止电压 U_0 与入射光频率的关系如图 8-2-3 所示。

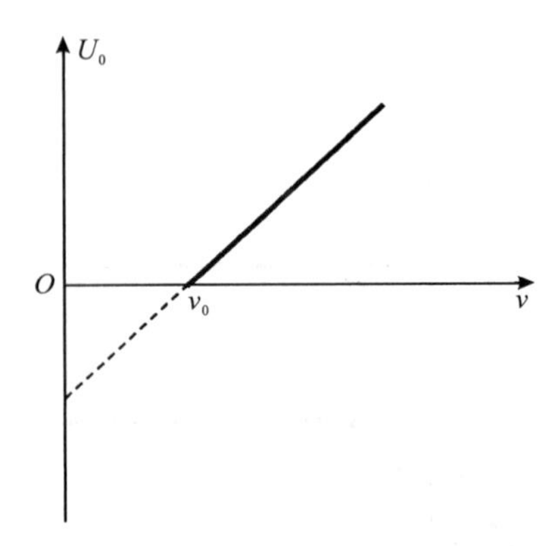

图 8-2-3　遏止电压与入射光频率的关系

(4)光电效应的瞬时性。即使入射光的强度非常微弱，只要频率大于 ν_0，在开始照射后就会立即有光电子产生，所经过的时间不超过 10^{-9} s。

1905 年，爱因斯坦提出光子假说，圆满地解释了光电效应。根据假说，当光子照射到金属表面上时，一次被金属中的电子全部吸收，而不需要积累能量的时间，电子吸收的能量为

$$\varepsilon = h\nu \tag{8-2-4}$$

电子把吸收能量的一部分用来克服金属表面对它的吸引力，余下的就变为电子离开金属表面后的动能，按照能量守恒原理得

$$h\nu = \frac{1}{2}mv_{\mathrm{m}}^2 + A \tag{8-2-5}$$

此式为爱因斯坦的光电效应方程。

将式(8-2-1)和式(8-2-2)代入式(8-2-5)，可得

$$h\nu = eU_0 + h\nu_0 \tag{8-2-6}$$

由式(8-2-6)可得

$$U_0 = \frac{h}{e}(\nu - \nu_0) \tag{8-2-7}$$

将式(8-2-7)与式(8-2-3)比较可得 $U_0 - \nu$ 关系图中的斜率，有

$$K = \frac{h}{e} \tag{8-2-8}$$

可根据式(8-2-7)中 U_0 和 ν 的线性关系，通过实验测量斜率 K 值，算出普朗克常量和逸出功 A，在实验上验证光子假说和光电效应方程的正确性。

【实验内容】

1. 测试前准备

(1)连接光电管暗箱和 XLAB 光电效应数控电源。用专用连接线将光电管暗箱电压输入端与 XLAB 光电效应数控电源的电源输出端连接起来。

(2)连接光电管暗箱和 XLAB 电压表电流表。用 BNC 连接线将光电管暗箱的 BNC 座(K)与 XLAB 电压表电流表的 BNC 座(pAnAuA)连接起来。

(3)盖上汞灯遮光盖,将光电管暗盒通光孔转到遮光位置,将实验仪及汞灯电源接通后预热 20 min。

2. 测量普朗克常量 *h*

(1)将 XLAB 光电效应数控电源设置为 PLK 模式,PLK 模式电压输出范围为−3.00~0.00 V。

(2)将 XLAB 电压表电流表的电流表(pAnAuA)挡位设置为 20 nA或 200 nA。

(3)调整光电管与汞灯距离为 20 cm 并保持不变。

(4)打开汞灯遮光盖,将光阑旋转到直径 4 mm 的位置,将滤色片旋转到 365 nm 的位置。此时电流表显示$U_{AK}=0$时的电流值 I。

(5)从 0.00 V 开始,减少电压(向−3.00 V),观察电流值的变化,寻找电流为零时对应的U_{AK},以其绝对值作为该波长对应的U_0值,并将数据记录于表格中。

(6)依次旋转选择 577 nm、546 nm、436 nm、405nm、365 nm 的滤色片,重复步骤(5)进行测量。

3. 测量光电管的伏安特性曲线

(1)测量方式。

①手动测量。先将 XLAB 光电效应数控电源设置为 VA 模式,此模式下测量的最大范围为−2.00~50 V。将 XLAB 电压表电流表的电流表(pAnAuA)挡位设置为 20 nA 或 200 nA。再将光阑旋转到预设直径的位置,可调整光电管与汞灯之间的距离,将滤色片

旋转到预设的位置，测量时每隔 0.5 V 或 1 V 调节 U_{AK} 的大小，并将电压值 U_{AK} 和电流值 I 数据记录于表格中。

②自动测量。先用 USB 连接线分别将 XLAB 光电效应数控电源和 XLAB 电压表电流表与计算机相连接。将 XLAB 光电效应数控电源设置为 VA 模式，将 XLAB 电压表电流表的电流表(pAnAuA)挡位设置为 20 nA 或 200 nA。再将光阑旋转到预设直径的位置，可调整光电管与汞灯之间的距离，将滤色片旋转到预设的位置。

打开电脑桌面光电效应实验软件，选择无主机模式，点击连接设备。连接成功后，红色圆斑变为绿色。点击“远程控制”按钮，XLAB 光电效应数控电源的显示屏显示“上位机控制中”。点击“实验初始化”，再点击“开始实验”，软件窗口右侧显示测量的电压和电流数据，并实时显示 I/U 曲线。

测量完成后，点击“数据导出”进行保存，并将电压值 U_{AK} 和电流值 I 数据记录于表格中。

(2)测量内容。测量同一频率下不同光强的伏安特性曲线。将光电管与汞灯之间的距离固定，滤色片旋转到预设位置后不变动，仅改变光阑直径，选用手动测量或者自动测量，将电压值 U_{AK} 和电流值 I 数据记录于表格中。

【注意事项】

(1)汞灯一旦开启，不要随意关闭。汞灯开启后，出光孔温度较高，使用时要注意，避免烫伤。

(2)测量过程中，避免实验室内光线出现较大明暗变化，减少光的散射对实验的影响。

(3)滤色片表面保持光洁，请勿用手触碰。

【实验数据记录与处理】

1. 普朗克常量测定

光阑孔径 Φ=____ mm，h 的参考值 $h_0=6.626\times10^{-34}$ J · s。

波长 λ_i(nm)	365.0	404.7	435.8	546.1	577.0
频率 ν_i($\times10^{14}$ Hz)	8.214	7.408	6.879	5.490	5.196
截止电压 U_{0i}(V)					

数据处理如下：

(1)根据表中数据用 Excel 软件绘制 $U_0-\nu$ 线性关系图。

(2)根据 $U_0-\nu$ 线性关系图，利用最小二乘法拟合出关系式。

$U_0=K(\nu-\nu_0)=$

提取斜率 K 值。

$K=$

(3)由式(8-2-8)和电子电量计算出普朗克常量 h 的值。

$e=1.602\times10^{-19}$ C

$h=eK=$

(4)计算测量结果与参考值的相对误差。

$$E=\frac{|h-h_0|}{h_0}\times100\%=$$

2. 测量光电管的伏安特性曲线

波长 λ=____ nm，L =____ cm。

U_{AK}(V)	I(nA)	
	光阑孔径 Φ=2 mm	光阑孔径 Φ=4 mm
−2.00		
−1.50		
−1.00		
−0.50		
0.00		
0.50		

续表

U_{AK}(V)	I(nA)	
	光阑孔径 $\Phi=2$ mm	光阑孔径 $\Phi=4$ mm
1.00		
1.50		
2.00		
2.50		
…		

数据处理如下：

根据表中数据用 Excel 软件绘制不同光阑孔径下 $I-U_{AK}$ 关系图。

【思考题】

(1)U_{AK}端电压为零时，光电流为零吗？为什么？

(2)光电管通常用逸出功小的作阴极还是阳极？为什么？

(3)实验中能否将滤色片贴到汞灯的出光口？为什么？

【仪器介绍】

光电效应实验装置为 GCPLK-B 光电效应(普朗克常量)实验仪，如图 8-2-4 所示。

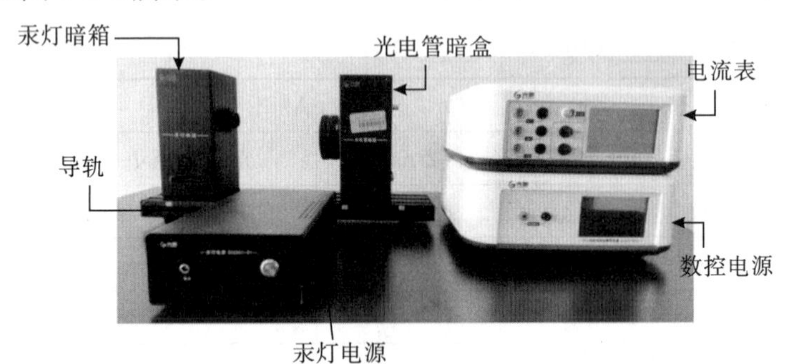

图 8-2-4　光电效应实验仪

光源为高压汞灯，主要辐射的是 404.7 nm、435.8 nm、546.1 nm 和 577.0～579.0 nm 的可见光谱线，此外还辐射较强的 365.0 nm 长波紫外线。需要注意的是，汞灯对各波长光波辐射的相对强度不同。

滤色片只允许某一特定波长的光波通过，不同波长滤色片的透光率各不相同。

XLAB光电效应数控电源主机的输出电压加载在阴极K和阳极A之间，且可以调节。在屏幕触控上有PLK和VA两种模式。VA模式下测量的最大范围为－2.00～50 V；PLK模式下测量的最大范围为－3.00～0.00 V。

XLAB电压表电流表主要显示不同电压值U_{AK}下的光电流值。在屏幕触控上根据测量需求选择适当的量程。

8.3 介电常数的测定

在研究物质与电场相互作用时，科学家们发现不同物质对电场的响应能力不同。为了量化这种差异，人们引入了介电常数这一物理量。介电常数描述了物质在外加电场下电极化程度的大小，即物质内部电荷分布随电场变化的能力。作为电磁理论中的一个重要参数，介电常数与电磁场的其他物理量相互关联，共同决定了电磁场的分布和传播。

介电常数是评估材料电学性能的重要指标之一。高介电常数的材料通常具有较高的电容性能，适用于电容器和电介质储能器件等领域。低介电常数的材料则具有较低的电场响应和介电损耗，适用于高频电子器件和微波通信系统等领域。深入了解材料的介电常数对于电子器件设计、介电材料选取和电场调控等具有重要意义。自20世纪90年代以来，我国在介电材料领域积极加大研发投入，现已成功开发出了多种高性能介电材料，如高介电常数材料、低损耗介电材料、宽温稳定介电材料等。这些新材料在电子器件、通信设备、能源存储等领域展现出了优异的性能。在电子器件领域，伴随着日渐小型化、高频化的发展趋势，要求介电材料在较宽的频率范围内具有较低的介电常数和介电损耗，从而提高信号传输效率，并减少热量的产生。例如，近年来备受瞩目的5G通信技术采用了极高频的毫米波(波频段为30～300 GHz，波长范围为1～10 mm)

进行数据传输，显著提升了通信速度。然而，毫米波传输的一大挑战在于其波长较短，传播过程中能量易出现损耗。为了解决这一问题，5G 通信技术使用的介电材料必须具备较低的介电常数，以减少信号在传输过程中的损失，确保数据的高速、稳定传输。

介电常数的测量方法主要包括电容法、微波谐振腔法、时间域反射法和接触电极法等。其中，电容法是最常见的测试介电常数的方法，被广泛应用于各种物理和化学实验。其原理为：将介电材料放置于电容器中，并在特定频率的交流电作用下测得电路中的电容等参数，从而计算出介电常数。

【实验目的】

（1）掌握测量真空介电常数 ε_0 和相对介电常数 ε_r 的原理和方法。

（2）学习利用 RLC 谐振法测量小电容。

（3）学习利用最小二乘法处理实验数据。

【实验仪器】

DH-DC-A 型介电常数测量仪、NDS104E 型通用函数信号发生器、UTG932E 型双通道数字示波器、测量盒、九孔板、BNC-香蕉插头连接线、香蕉插头连接线、千分尺、游标卡尺、介质片（含助推竹签）等。

【实验原理】

1. 真空介电常数 ε_0 的测量

在实际应用中，平行板电容器的电容不仅由其几何尺寸决定，还受极板间介质的不均匀性和极板边缘的电场分布等因素影响。因此，实际平行板电容器的电容（C）一般由理想平行板电容器的电容（C_i）和附加电容（C_g）两部分组成。其中，C_g 包含了分布电容和极板边缘效应引起的附加电容。在忽略空气对电容性能影响的条件下，理想平行板电容器的电容可用理想真空平行板电容器的电容公式来表示，所以总电容 C 可表示为

$$C = C_i + C_g = \varepsilon_0 \frac{S}{d_i} + C_g \tag{8-3-1}$$

式中,S为平行板电容器极板面积,d_i为平行板电容器两极板间距,ε_0为真空介电常数。当d_i远小于S的线度且仅作微小改变时,附加电容C_g的变化可以忽略不计。因此,可以通过测量一系列不同d_i下的电容C_i,并绘制$C_i - \frac{1}{d_i}$曲线,再由该曲线的斜率求出真空介电常数ε_0。

2. RLC谐振法测量电容

(1)RLC谐振电路。RLC谐振电路是由电容C、电感L以及电阻元件R组成的交流电路。当电路端口的电压U和电流I出现同相位时,电路呈纯电阻性,达到谐振状态。其实质是电容中的电场能量与电感中的磁场能量相互转换,此增彼减,完全补偿。电场能量和磁场能量的总和时刻保持不变,电源只需供给电路中电阻所消耗的电能。在由电容C、电感L以及电阻元件R组成的交流电路中,电路两端的电压与其中的电流相位一般是不同的。但是,通过调节电路元件(L或C)的参数或电源频率,可以使它们的相位相同,这时整个电路呈现为纯电阻性。RLC谐振电路按电路连接方式的不同,可以分为串联谐振电路和并联谐振电路两种,如图8-3-1、图8-3-2所示。

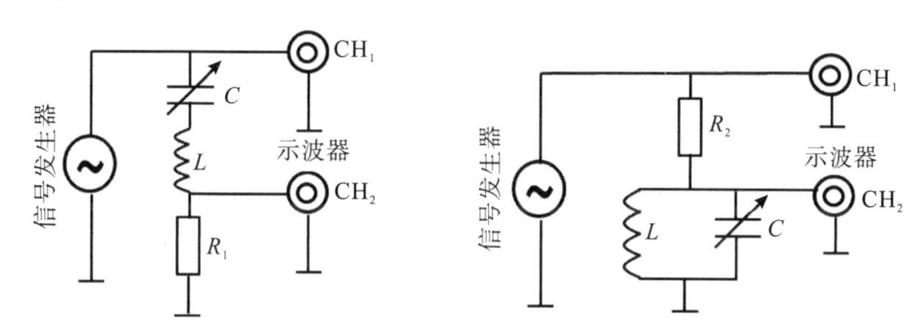

图8-3-1　RLC串联谐振电路　　**图8-3-2　RLC并联谐振电路**

(2)谐振频率。在谐振电路中,对电流起阻碍作用的是阻抗,用符号Z表示。阻抗是一个复数,实部为电阻,虚部为电抗。在RLC串联电路中,阻抗(Z)可表示为:$Z=R+\mathrm{j}(X_L-X_C)$。其中,X_L为感抗,X_C为容抗,其公式为

$$X_L = 2\pi f L \tag{8-3-2}$$

$$X_C = \frac{1}{2\pi f C} \tag{8-3-3}$$

式中，f 为信号源频率，L 为电感，C 为电容。

由式(8-3-2)和式(8-3-3)可知，感抗 X_L 和容抗 X_C 的值不仅与电感或电容本身的性质有关，还与其所在回路的工作频率有关。感抗随频率的增加而增加，容抗随频率的增加而减小。因此，在某一特定频率下，感抗和容抗恰好相等。此时，RLC 串联电路达到谐振状态，这个频率称为谐振频率。另外，感抗和容抗的相位关系是相反的。电感元件使电流滞后于电压，而电容元件使电流超前于电压。因此，在谐振频率下，感抗和容抗的相位相互抵消，使得电路的总阻抗最小，电流最大。电路谐振时的角频率 ω 为

$$\omega = 2\pi f = \frac{1}{\sqrt{LC}} \tag{8-3-4}$$

因此，只要知道信号源频率 f 和电感 L，就可以计算得到电容 C。对于 RLC 并联谐振电路而言，当电感的品质因子 Q 值较高，即电感中的电阻远小于感抗时，电感中的电阻对谐振频率的影响可以忽略不计，则谐振频率的计算公式与串联电路相同。

如图 8-3-1、图 8-3-2 所示，不论串联连接还是并联连接，当 RLC 电路发生谐振时，其电抗部分均为零。此时，示波器 CH_1 和 CH_2 通道所测的信号是同相位的。这两个同相位且相互垂直的简谐振动合成之后，在李萨如图上显示为一条直线。相位检测对参数的变化非常敏感，用示波器能很方便地观察到相位的变化。因此，在实验中经常用这一方法判断电路是否处于谐振状态。

3. 相对介电常数 ε_r 的测量

相对介电常数是表征材料介电性质或极化性质的物理量，其值等于分别以待测材料和以真空为介电材料制成的两个同尺寸电容器电容的比值。基于这一原理，在平行板电容器中，如果要保持放入介质前后的电容不变，仅需将放入介质后电容器两极板间的距离适当增加即可。如图 8-3-3 所示，S_1 为电容器极板面积，S_2 为介质片上(下)表面面积($S_1 > S_2$)，d_1 为介质片放置前电容器两极板间

距，t 为介质片样品厚度，d_2 为介质片放置后电容器两极板间距，C_1 为介质片放置前平行板电容器电容，C_2、C_3 分别为放置介质片后形成的两个串联平行板电容器的电容，C_4 是介质片放置后平行板电容器的总电容。

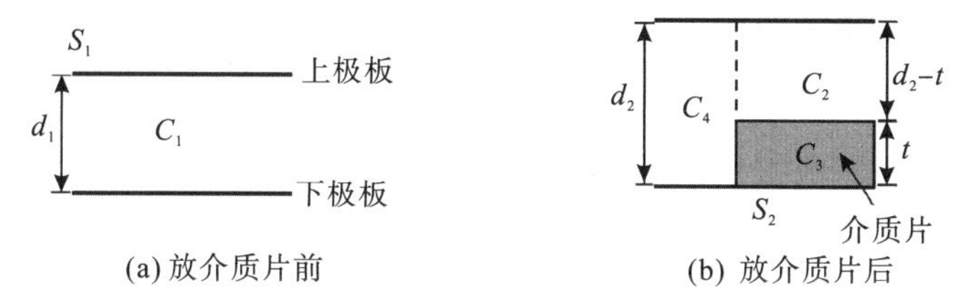

图 8-3-3　介质片放置前后平行板电容器极板间电容分布情况示意图

根据图 8-3-3 中已知条件，如果忽略边缘效应和分布电容变化，放置介质片前的平行板电容器的电容 C_1 为

$$C_1 = \varepsilon_0 \frac{S_1}{d_1} \tag{8-3-5}$$

这里 ε_0 为真空介电常数(近似等于空气介电常数)。如图 8-3-3 所示，将介质片放置于平行板电容器两极板间，在保持原电容不变的基础上，将两平行极板间距由 d_1 增加至 d_2，则平行板电容器两极板间的电容分布情况将发生变化，总电容 C_1 由串联部分电容(C_2 和 C_3)和并联部分电容(C_4)组成，即

$$C_1 = \frac{1}{\frac{1}{C_2} + \frac{1}{C_3}} + C_4 \tag{8-3-6}$$

其中，串联部分电容 C_2 和 C_3 分别为

$$C_2 = \varepsilon_0 \frac{S_2}{d_2 - t} \tag{8-3-7}$$

$$C_3 = \varepsilon_0 \varepsilon_r \frac{S_2}{t} \tag{8-3-8}$$

并联部分电容 C_4 为

$$C_4 = \varepsilon_0 \frac{S_1 \quad S_2}{d_2} \tag{8-3-9}$$

根据式(8-3-5)至式(8-3-9)，可以计算得到相对介电常数满足以下关系式：

$$\frac{1}{\varepsilon_r} = 1 - \frac{1}{t} \frac{(d_2 - d_1)d_2 S_1}{d_1 S_2 + (d_2 - d_1)S_1} \tag{8-3-10}$$

从上式可以看出，这种测量方法不需要测量电容值，测量仪器只起到“检流计”的作用。

【实验内容】

1. 零间距的确定

由于平面加工精度和各零件之间的装配精度存在局限性，当上下两极板刚好电接触时，并不能做到两个平面极板的完全贴合。为了补偿这个微小间隙，在计算上下两极板间距时，应加上一个零位校准值 d_0（$d_0=-0.010$ mm）。具体实验步骤如下：

（1）检查介电常数测量仪上下两极板，确认其表面洁净平滑。

（2）按图 8-3-4 所示电路图，将函数信号发生器、示波器、介电常数测量仪上下极板以及测量盒中的低电阻 R_1 连接起来。

（3）打开电源开关，调节信号频率，使示波器上波形显示幅度较大。

（4）缓慢调节千分尺，在上下两极板快要接触时慢慢旋进，直到信号突然发生变化。

（5）记录此时千分尺示数 Y_0 为电接触点，测量 6 次，取平均值，记为 $\overline{Y}_0$，将数据记录于表格中。

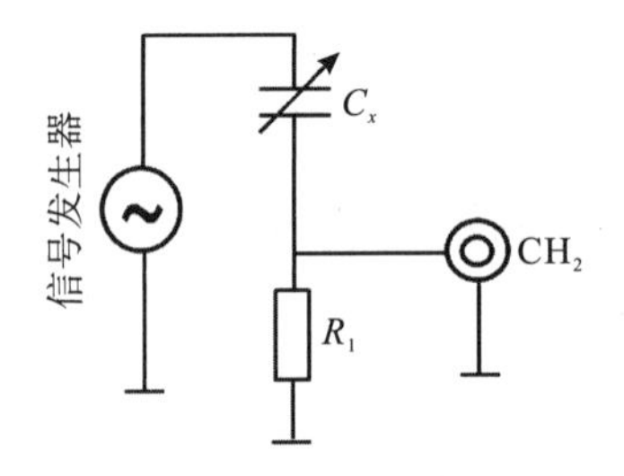

图 8-3-4　介电常数测量仪两极板电接触测量参考图

2. RLC 串联谐振法测量真空介电常数 ε_0

RLC 串联谐振法测量真空介电常数是一种间接测量方法，通过搭建 RLC 串联谐振电路并测量谐振频率等参数，可以推导出与真空介电常数相关的物理量。具体实验步骤如下：

（1）准备工作。

①线路连接。按图 8-3-1 所示电路图连接实验电路（将测量盒

侧面标注的电感值记录于表格中)。

②波形设置。通过函数信号发生器的控制面板选择正弦波作为输出波形,幅度设置为 1～3 V。

③显示设置。通过示波器控制面板上的“显示”功能选项,将示波器屏幕设置为“X－Y”模式,屏幕左下方呈现的即为李萨如图。

(2)谐振频率的测量。

①极板最小间距的确定。为了减小边缘效应和极板间距测量引起的误差,上下两极板最小间距设定范围为 1.00～1.15 mm。取一个小数点后第二位开始都为 0 的值为起点,记为 Y_1[$Y_1=\overline{Y}_0+(1.00\sim1.15)$mm]。

②千分尺设置。缓慢调节千分尺的示数至 Y_1,得到上下两极板间距 d_1。

③调出谐振状态。调节信号源输出频率,使示波器屏幕上的李萨如图变成一条直线,读取此时函数信号发生器显示的频率,记为 f_1。

④重复步骤①至步骤③,操作 6 次。以第一个测试点为起点,每隔 0.2 mm 进行一次测试,共取 6 个测量点,分别记为 $Y_1\sim Y_6$,并计算得到 6 个极板间距 $d_1\sim d_6$。调节函数信号发生器输出频率,记录 RLC 串联谐振电路达到谐振状态时的信号频率 $f_1\sim f_6$,将数据记录于表格中。

(3)计算真空介电常数 ε_0。

①将表中相关数据带入式(8-3-4),计算出平行板电容器电容值 C_i。

②绘制 $C_\mathrm{i}-\dfrac{1}{d_\mathrm{i}}$ 曲线,用最小二乘法作线性拟合,给出相关系数和斜率,计算真空介电常数以及相对误差(真空介电常数标准值为 8.854×10^{-12} F/m)。

3. RLC 串联谐振法测量相对介电常数 ε_r

(1)按图 8-3-1 所示电路图连接实验电路。

(2)设定上下两极板间距 d_1 在 2.10 mm 左右,确保极板间距大于介质片厚度。读取此时千分尺示数,记为 Y_1。

(3)改变正弦波信号频率，使电路处于谐振状态，记录此时的谐振频率 f_0。

(4)确保介质片表面洁净（注意：测量时应避免划伤表面），然后手持介质片侧边轻轻推入两极板之间，用竹签将介质片拨至极板中心，此时电路将处于非谐振状态。

(5)保持信号频率不变，调节极板间距，使电路重新处于谐振状态，读取此时的千分尺示数，记为 Y_2。

(6)用竹签小心将介质片取出，使用游标卡尺和千分尺分别测量介质片的直径 φ 和厚度 t。

(7)重复上述实验步骤 6 次，列表给出初始计算参数和测量数据，并取平均值，将数据记录于表格中。

(8)根据表中数据，计算得到介质片面积 S_2（$S_1 > S_2$）以及放入介质片前后上下两极板间距 d_1 和 d_2，并将相关数据代入式(8-3-10)，计算得到相对介电常数 ε_r，将数据记录于表格中。

4. 拓展实验（选做）

按图 8-3-2 所示电路图连接实验电路，利用 RLC 并联谐振法测量真空介电常数。

【注意事项】

(1)避免人体与测量电路接触，引入额外的电容或电阻，影响测量结果的准确性。

(2)介电常数测量仪属于精密仪器，在操作时应避免外力过大造成仪器损伤。同时应尽量选择一个平稳、无振动且远离潜在干扰源（如电磁场、热源等）的位置，以确保介电常数测量仪能够稳定工作，并减少外界因素对测量结果的影响。

(3)极板的引出线应保持松弛状态，防止极板因外力而受损，以确保测量结果的准确性。

(4)在使用千分尺进行操作时，如果发现端部的旋钮不能使螺杆顺畅旋动，可手持套筒的滚花部分轻轻旋转。当上下两极板即将电接触时，务必缓慢旋进，确保螺杆与极板之间的接触是稳定且均匀的。

(5)在介电常数的测量中,由于测量系统对微小参数变化的高敏感性,应尽可能保持引线位置和人员位置在测量区域内的稳定,以确保测量结果的准确性和可靠性。

(6)实验结束后,为避免介电常数测量仪的铜电极受到潮湿空气的影响,需选择一张干净、干燥的纸巾,将其折叠并放置在介电常数测量仪的下极板上,之后缓慢且平稳地调节上极板的位置,使其轻轻地压紧在纸巾上。注意调节过程中,要确保上极板与纸巾之间均匀接触,避免出现局部压力过大的情况。

【实验数据记录与处理】

1. 零间距的确定

序号	1	2	3	4	5	6	平均值 $\overline{Y}_0$(mm)
电接触点示数 Y_0(mm)							

2. 真空介电常数的测量

$d_0=-0.010$ m,$\overline{Y}_0=$____mm,$L=$____mH。

千分尺示值 Y_i(mm)	极板间距 d_i(m) $d_i=[Y_i-(\overline{Y}_0+d_0)]/1000$	极板间距倒数 $1/d_i$(1/m)	谐振频率 f_i(Hz)	$C_i=\frac{1}{L(2\pi f_i)^2}$

数据处理如下:

(1)根据表中数据绘制 $C_i-\frac{1}{d_i}$ 曲线,用最小二乘法作线性拟合。

(2)通过拟合,得到直线斜率 k 以及相关系数 γ^2。根据式(8-3-1)可以计算得到真空介电常数 ε_0。

$$\varepsilon_0=\frac{k}{S_1}=$$

(3)将计算所得真空介电常数值与标准值相比较,则其相对误

差为

$$E=\frac{|计算值-标准值|}{标准值}\times 100\%$$

3. RLC 串联谐振法测量相对介电常数

样品几何尺寸及千分尺示数

序号	样品厚度 t(mm)	样品直径 φ(mm)	千分尺示数 Y_1(mm)	千分尺示数 Y_2(mm)
1				
2				
3				
4				
5				
6				
平均值				

样品相对介电常数

$\overline{Y}_0=$____ mm，$d_0=-0.010$ mm，$S_1=1.96\times 10^{-3}$ m^2。

样品厚度 $\bar{t}$(mm)	样品直径 $\bar{\varphi}$(mm)	样品面积(mm^2) $S_2=\pi\left(\frac{\bar{\varphi}}{2}\right)^2$	极板间距(mm) $d_1=\overline{Y}_1-(\overline{Y}_0+d_0)$	极板间距(mm) $d_2=\overline{Y}_2-(\overline{Y}_0+d_0)$	$\frac{1}{\varepsilon_r}$	ε_r

参考值：聚四氟乙烯的相对介电常数≤2.2(10 Hz 条件下)。

【思考题】

(1)根据放置介质片前后极板间的电容分布情况，详细推导相对介电常数的计算过程。

(2)定性讨论极板间距减小与边缘效应间的关系，分析并总结降低极板边缘效应的方法。

(3)分析并讨论测试环境中的湿度和温度对材料介电常数的测量结果会产生什么影响。

【仪器介绍】

1. DH-DC-A 型介电常数测量仪

图 8-3-5 所示为实验用介电常数测量仪，该测量仪主要由千分尺和平行板电容器组成。千分尺棘轮用于调节千分尺，微分筒的最小刻度为 0.01 mm，套管的最小刻度为 1 mm。实验过程中通过上下两极板的插孔将介电常数测量仪与外界电路连接起来，同时调节千分尺以改变上下两极板的间距。注意使用千分尺前需确定电接触点并进行零位校准。实验所用的介电常数测量仪上下两极板的直径均为 50.0±0.1 mm，面积约为 $1.96\times10^{-3}\ \mathrm{m}^2$。

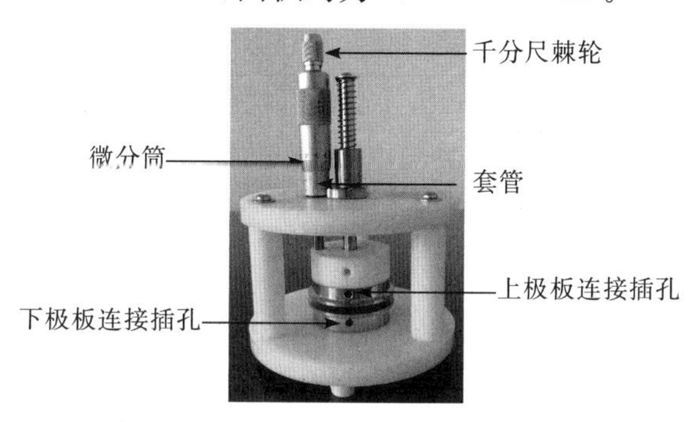

图 8-3-5　介电常数测量仪

2. 测量盒

图 8-3-6 所示为实验用测量盒及其内部连接示意图，测量盒的外壳为金属壳，内部由两个电阻和一个电感串联组成。其中，低电阻 $R_1=1\ \mathrm{k\Omega}$，高电阻 $R_2=30\ \mathrm{k\Omega}$，电感 $L=10.06\ \mathrm{mH}$（以实际为准）。测量盒侧面有一个机壳屏蔽插孔，实验过程中可根据需要连接到电路的公共端。

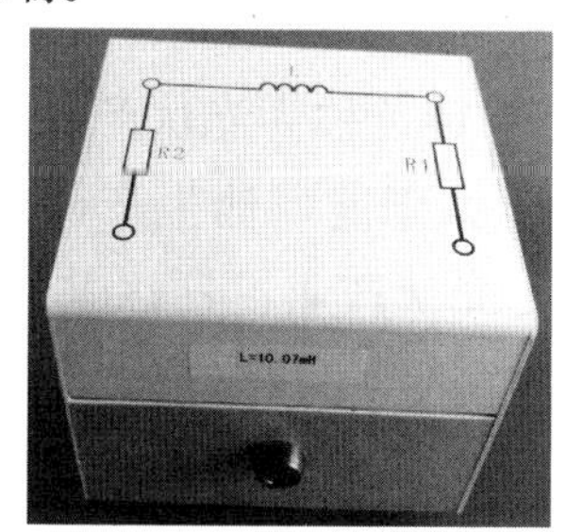

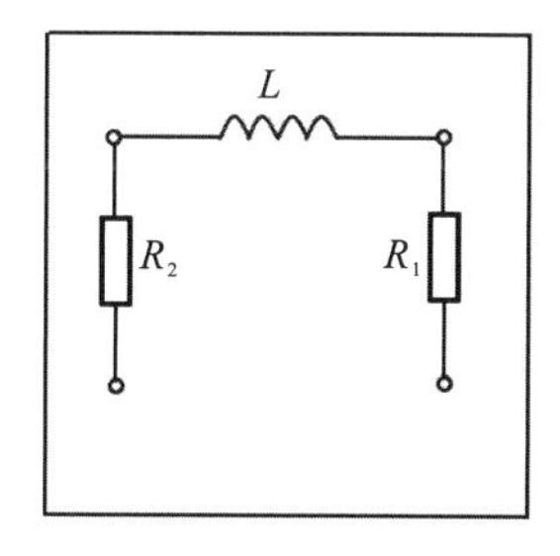

图 8-3-6　测量盒及其内部连接示意图

3. 九孔板

图 8-3-6 所示为九孔板及测量盒放置位置示意图。九孔板表面布有九孔成一组相互连通的插孔，可以用来插接电子元件，如电阻、电容、电感等。将电子元件插入九孔板中时，需要注意九孔板上不同孔之间的连接关系，确保电路连接正确无误。

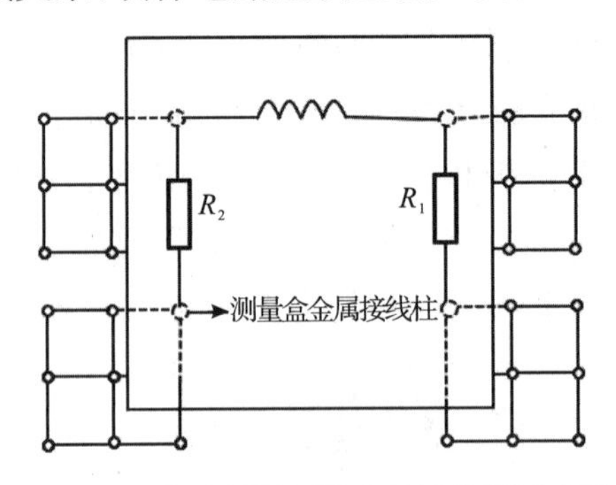

图 8-3-7　九孔板及测量盒放置位置示意图

8.4　太阳能电池基本特性的测定

太阳能是未来最清洁、安全和可靠的能源，当前世界各国都在积极发展太阳能技术。太阳能发电有两种方式：光一热一电转换和光一电转换。光一热一电转换方式通过利用太阳辐射产生的热能发电，一般是由太阳能集热器将所吸收的热能转换成蒸汽，再驱动汽轮机发电，太阳能热发电的缺点是效率较低且成本很高。光一电直接转换方式是利用光生伏特效应将太阳光能直接转化为电能，光一电转换的基本装置就是太阳能电池。利用太阳能的最佳方式是光一电直接转换，使太阳光射到硅材料上产生电流直接发电。以硅材料的应用开发形成的光电转换产业链条称为光伏产业，包括单晶硅、高纯多晶硅、非晶硅原材料生产，太阳能电池生产，太阳能电池组件生产，相关生产设备的制造等。光伏产业正日益成为国际上继信息技术、微电子产业之后又一爆炸式发展的行业。

与传统发电方式相比，太阳能发电目前成本优势还不太明显，所以通常用于远离传统电源的偏远及太阳能资源丰富的地区。随着研究工作的深入与生产规模的扩大，太阳能发电的成本下降得很快，而资源枯竭与环境保护导致传统电源成本不断上升。太阳能发电有望在不久的将来在价格上对传统电源形成明显优势，太阳能应用具有光明的前景。

根据所用材料的不同，太阳能电池可分为硅太阳能电池、化合物太阳能电池、聚合物太阳能电池、有机太阳能电池等。其中硅太阳能电池是目前发展最成熟的，在应用中居主导地位。目前硅太阳能电池除应用于人造卫星和宇宙飞船外，还应用于许多民用领域，如太阳能汽车、太阳能游艇、太阳能乡村电站等。

本实验研究单晶硅太阳能电池、多晶硅薄膜太阳能电池和非晶硅薄膜太阳能电池的特性。

【实验目的】

（1）太阳能电池的暗伏安特性测量。

（2）测量太阳能电池的开路电压和光强之间的关系。

（3）测量太阳能电池的短路电流和光强之间的关系。

（4）太阳能电池的输出特性测量。

【实验仪器】

光源（碘钨灯）、测试仪、可变电阻箱、太阳能电池、试件盒、导轨、滑动支架、遮光罩、导线等。

【实验原理】

1. 太阳能电池工作原理

太阳能电池的基本结构就是一个大面积平面 P-N 结，图 8-4-1 为半导体 P-N 结结构示意图。

P 型半导体中有相当数量的空穴，几乎没有自由电子。N 型半导体中有相当数量的自由电子，几乎没有空穴。当两种半导体结合在一起形成 P-N 结时，N 区的电子（带负电）向 P 区扩散，P 区的空穴（带正电）向 N 区扩散，在 P-N 结附近形成空间电荷区与势垒电场。势垒电场会使载流子向扩散的反方向做漂移运动，最终扩散与漂移达到平衡，使流过 P-N 结的净电流为零。在空间电荷区内，P 区的空穴被来自 N 区的电子复合，N 区的电子被来自 P 区的空穴复合，使该区内几乎没有能导电的载流子，又称为结区或耗尽区。

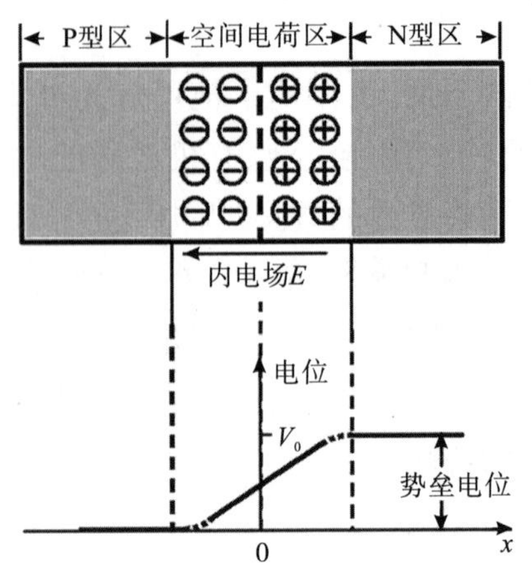

图 8-4-1　半导体 P-N 结结构示意图

太阳能电池在没有受光照射时，其电学性能与二极管相似，在没有光照时，其正向偏压 v_D 与通过电流 i_D 的关系式为

$$i_D = I_s\left(e^{\frac{qv_D}{kT}} - 1\right) = I_s\left(e^{\frac{v_D}{U_T}} - 1\right) \tag{8-4-1}$$

式中，i_D 为通过二极管的电流；q 为电子的电量；k 为玻尔兹曼常数；T 为热力学温度；U_T 是常数，常温下是 0.026 V；I_s 为反向饱和电流，温度一定时 I_s 一定，是个正常数。二极管的伏安特性曲线如图 8-4-2 所示。

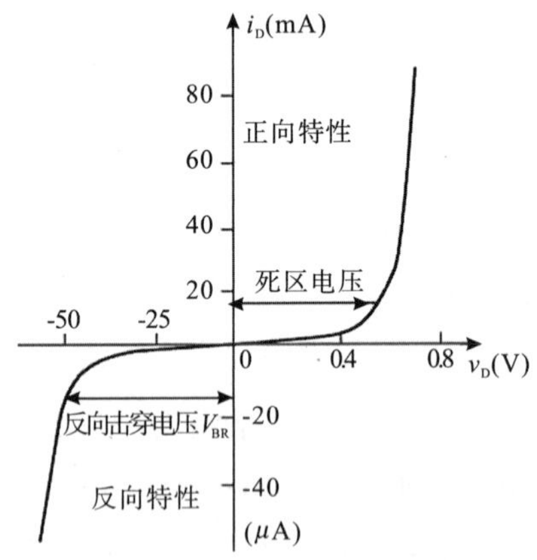

图 8-4-2　二极管的伏安特性曲线

太阳能电池利用光照射半导体材料时的光伏效应来发电。由固体物理知识可知，电子在原子中轨道运动状态不同对应不同的能级，由于原子间的相互作用，半导体材料中公有化电子的能级发生分裂，形成能量非常接近但又大小不同的许多能级，即能带。完全被电子填满的能带称为满带，最高的满带容纳价电子（费米能级下方最接近费米能级的能带），称为价带。在价带上方完全没有电子的能带称为空带。在最高满带上方有的能带并非空带，而是一部分能级上有电子，另一部分能级是空的（位于费米能级上方最接近费米能级的能带）。这种部分被填充的能带，在外电场作用下可以形成电流，这种处于最高满带上方而没有被完全充满的能带称为导带。导带底与价带顶之间的区域没有能级分布，故而此区域不可能有电子轨道分布，称为禁带。导带底与价带顶之间的能量差（E_g）称为禁带宽度或带隙。

半导体材料有一定的禁带宽度，价电子必须获得一定的能量（$E>E_g$）“激发”到导带才具有导电性，激发的能量可以来自热或光的作用。导体（如金属）的能带排列紧密（没有禁带），故而金属具有很强的导电性。有些材料的带隙很大，通常情况下价电子很难被激发到导带，这就是绝缘体。图 8-4-3 为导体、半导体和绝缘体的能带结构示意图。

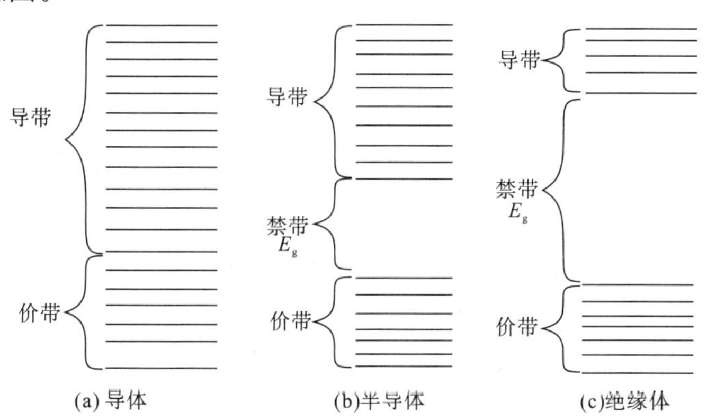

图 8-4-3　导体、半导体和绝缘体的能带结构示意图

太阳能电池通常选用带隙较小的半导体材料，如单晶硅 $E_g \approx 1.1$ eV。当太阳能电池受光照射时，部分电子被激发而产生电子-空穴对，如图 8-4-4 所示。在结区激发的电子和空穴分别被势垒电场推向 N 区和 P 区(电子-空穴对分离)，使 N 区有过量的电子而带负电，P 区有过量的空穴而带正电，P-N 结两端形成电压，这就是光伏效应，若将 P-N 结两端接入外电路，就可以产生光电流，从而向负载输出电能，如图 8-4-5 所示。

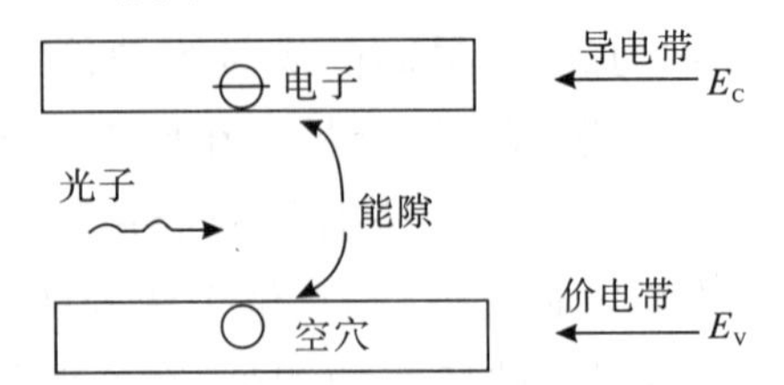

图 8-4-4　光辐射产生电子-空穴对示意图

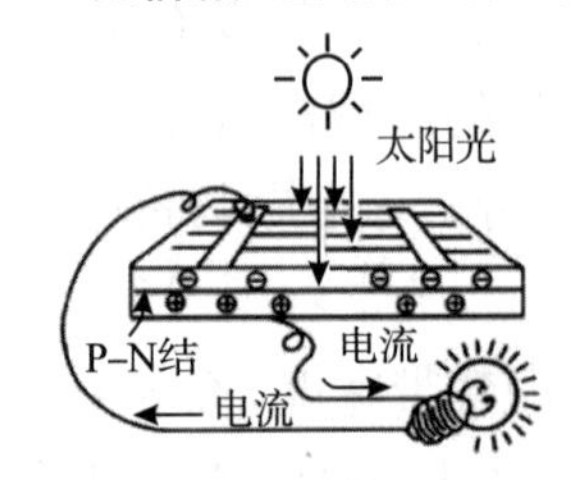

(a)太阳能电池发电原理

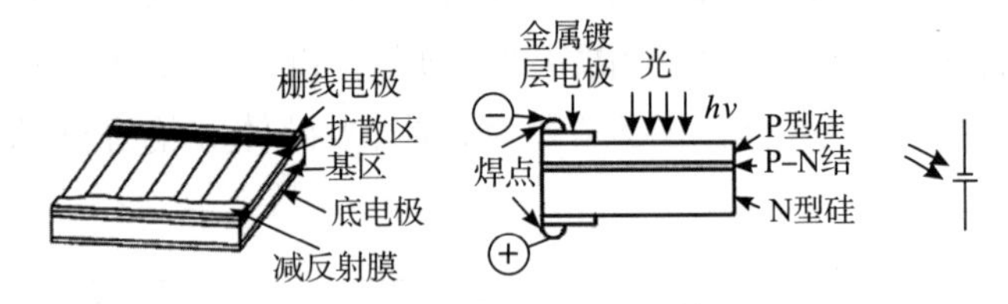

(b) 太阳能电池的结构和符号

图 8-4-5　太阳能电池发电原理与结构和符号

在一定的光照条件下，改变太阳能电池负载电阻的大小，测量其输出电压与输出电流，得到输出伏安特性，如图 8-4-6 中实线所示。

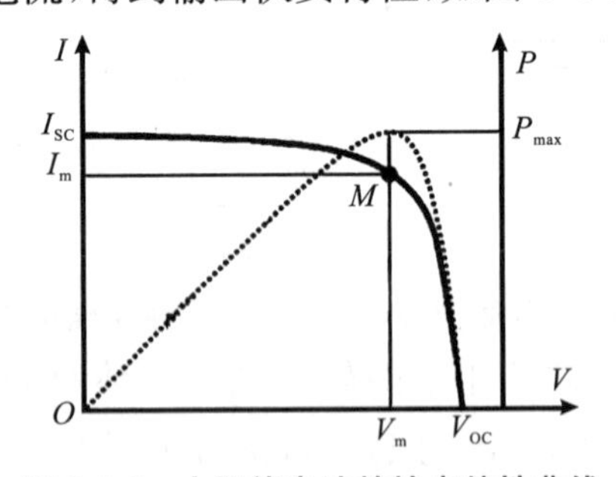

图 8-4-6　太阳能电池的输出特性曲线

负载电阻为零时测得的最大电流 I_{SC} 称为短路电流，负载断开

时测得的最大电压 V_{OC} 称为开路电压。

太阳能电池的输出功率为输出电压与输出电流的乘积。对于同样的电池及光照条件，负载电阻大小不一样时，输出的功率也是不一样的。若以输出电压为横坐标，输出功率为纵坐标，绘出的 $P-V$ 曲线如图 8-4-6 中虚线所示。输出电压与输出电流的最大乘积值称为最大输出功率 P_{max}。

2. 填充因子

太阳能电池最大输出功率 P_{max} 与短路电流和开路电压乘积的比值称为填充因子(fill factor，FF)，即

$$\mathrm{FF} = \frac{P_{max}}{V_{OC} \times I_{SC}} \tag{8-4-2}$$

填充因子是表征太阳能电池性能优劣的重要参数，其值越大，电池的光电转换效率越高，一般的硅太阳能电池的 FF 值在 0.75～0.8 之间。

3. 转换效率 η_s

太阳能电池最大输出功率 P_{max} 与入射到太阳能电池表面的光功率的比值称为转换效率，即

$$\eta_s = \frac{P_{max}}{P_{in}} \times 100\% \tag{8-4-3}$$

式中，P_{in} 为入射到太阳能电池板上的光功率，可通过式(8-4-4)算得。

$$P_{in} = I \times S_1 \tag{8-4-4}$$

式中，I 为入射到太阳能电池板上的光强，S_1 为太阳能电池板的面积(本实验中使用的太阳能电池板面积 $S_1 = 50\ \mathrm{mm} \times 50\ \mathrm{mm}$)。

理论分析及实验表明，在不同的光照条件下，短路电流随入射光功率线性增加，而开路电压在入射光功率增加时只略微增加，如图 8-4-7 所示。

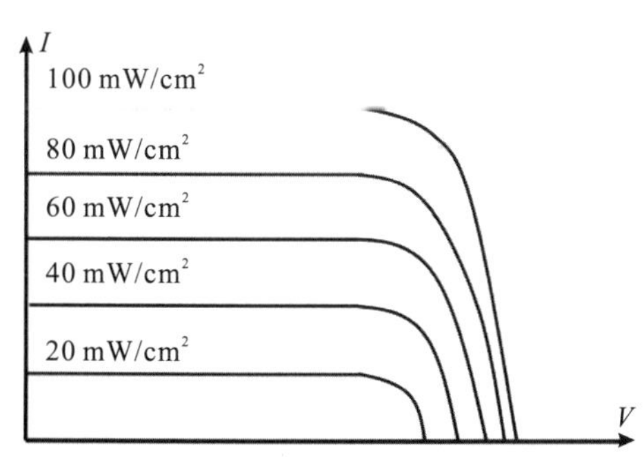

图 8-4-7 太阳能电池不同光照条件下的 I—V 曲线

硅太阳能电池分为单晶硅太阳能电池、多晶硅薄膜太阳能电池和非晶硅薄膜太阳能电池三种。

单晶硅太阳能电池的转换效率最高，技术也最为成熟。这种电池在实验室里的最高转换效率为24.7%，规模生产时的转换效率可达到15%，在大规模应用和工业生产中仍占据主导地位。但由于单晶硅价格高，大幅度降低其成本很困难，为了节省硅材料，发展了多晶硅薄膜和非晶硅薄膜作为单晶硅太阳能电池的替代产品。

多晶硅薄膜太阳能电池与单晶硅太阳能电池相比，成本低廉，而其效率高于非晶硅薄膜太阳能电池，其实验室最高转换效率为18%，工业规模生产的转换效率可达到10%。因此，多晶硅薄膜太阳能电池可能在未来的太阳能电池市场上占据主导地位。

非晶硅薄膜太阳能电池成本低，重量轻，便于大规模生产，有极大的潜力。如果能进一步解决稳定性问题及提高转换效率，这种电池无疑是太阳能电池的主要发展方向之一。

【实验内容】

1. 硅太阳能电池的暗伏安特性测量实验

暗伏安特性是指无光照射时，流经太阳能电池的电流与外加电压之间的关系。

太阳能电池的基本结构是一个大面积平面P-N结，单个太阳能电池单元的P-N结面积已远大于普通的二极管。在实际应用中，为得到所需的输出电流，通常将若干电池单元并联。为得到所需输出电压，通常将若干已并联的电池组串联。因此，它的伏安特性虽然类似于普通二极管，但取决于太阳能电池的材料、结构及组成组件时的串并联关系。

本实验提供的组件是将若干单元并联。要求测试并画出单晶硅、多晶硅、非晶硅太阳能电池组件在无光照时的暗伏安特性曲线。伏安特性测量接线原理图如图8-4-8所示。

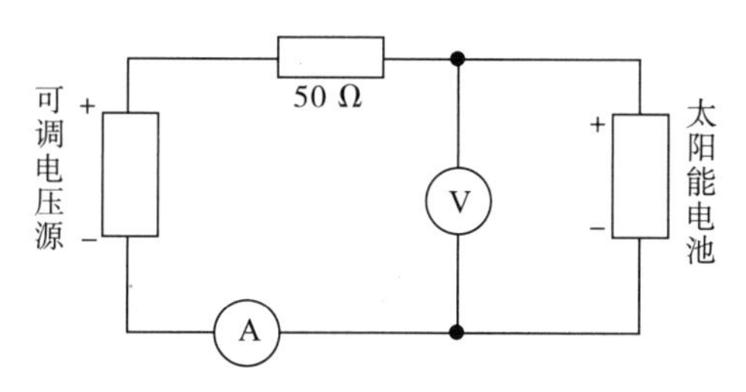

图 8-4-8　伏安特性测量接线原理图

将待测的太阳能电池接到测试仪上的“电压输出”接口，电阻箱调至 50 Ω 后串联进电路起保护作用，用电压表测量太阳能电池两端电压，用电流表测量回路中的电流。具体实验步骤如下：

(1)准备工作。

①开启实验仪电源，预热 10 min。预热期间做好下面准备工作。

②将实验仪面板上的“电压/光强表”切换至电压表功能(通过“测量转换”按钮使“电压测量”指示灯亮)。

③用导线将实验仪面板上“电压输出”的“＋极”与“电流输入”的“＋极”相连，再将“电压输出”的“－极”与“电流输入”的“－极”相连。然后旋转“电压调节”旋钮，使电压值为 0 V。

④将实验仪面板上的“电流量程”选择“200 mA”，“电压量程”选择“20 V”。

(2)连接实验电路。

①安装太阳能电池。先将太阳能电池(根据测量要求选用相应太阳能电池)插入滑动支架(电池正面朝向光源一侧)，再用遮光罩罩住太阳能电池。

②连接电路。先将负载(电阻箱，调至 50 Ω)与太阳能电池的“－极”串联，再将太阳能电池的“＋极”接入实验仪面板上“电流输入”的“＋极”。然后将实验仪面板上“电流输入”的“－极”与实验仪面板上“电压输出”的“－极”相连。最后将负载的另一端与实验仪面板上“电压输出”的“＋极”相连(注意：太阳能电池的正负极不能接反)。

③并联电压表。将实验仪面板上“电压输入”的“＋极”与太阳能电池的“＋极”相连，将实验仪面板上“电压输入”的“－极”与太阳

能电池的“一极”相连。

(3)实验测量。

①测量太阳能电池的正偏压暗伏安特性(前面的连接步骤就是按照正偏压连接的)。旋转实验仪面板上的“电压调节”旋钮，逐渐增大输出电压，每隔 0.3 V 记录一次安培表的电流值(注意：安培表的电流值不能超过 200 mA)。

②测量太阳能电池的反偏压暗伏安特性。第一步，旋转实验仪面板上的“电压调节”旋钮，使电压值为 0 V。第二步，将实验仪面板上“电压输出”的“＋极”与“－极”互换。第三步，旋转实验仪面板上的“电压调节”旋钮，逐渐增大输出电压，从 0 V 开始一直到－7 V，每间隔 1 V 记录一次电流值。电流表的量程根据电流大小选择“20 mA”或“200 mA”。

将实验测量的数据记录到表格中。

更换太阳能电池，重复前面(1)至(3)的实验步骤，完成三种太阳能电池的暗伏安特性测量。注意：每次更换太阳能电池前一定要将“电压输出”调为 0 V。

2. 硅太阳能电池开路电压、短路电流与光强关系测量实验

本实验是测量不外接电源、在光照射情况下太阳能电池的开路电压、短路电流与照射到太阳能电池表面的光强之间的关系。不同材料、不同结构太阳能电池的开路电压、短路电流与光强的关系会有所不同。本实验是测试并联结构单晶硅、多晶硅和非晶硅太阳能电池的开路电压、短路电流与照射到太阳能电池表面的光强之间的关系。测量原理图如图 8-4-9 所示。

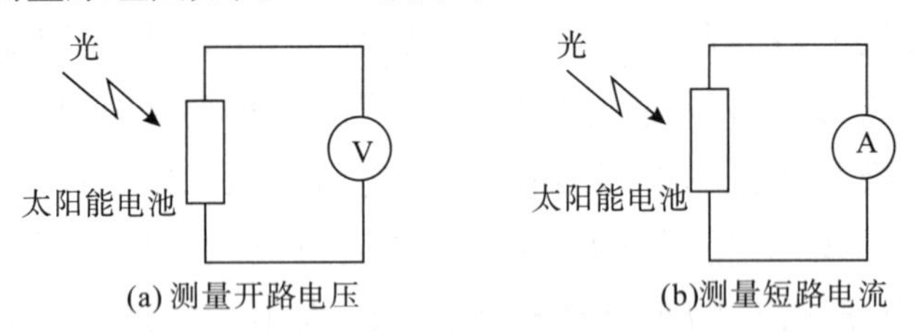

(a) 测量开路电压　　(b)测量短路电流

图 8-4-9　开路电压、短路电流与光强关系测量原理图

实验中打开光源照射太阳能电池，分别将电流表或电压表与太阳能电池串/并联。改变光强并记录电流表、电压表的读数，具体实验步骤如下：

(1)准备工作。

①打开光源开关，预热5 min。预热期间可做好下面的准备工作。

②将实验仪面板上的“电流量程”选择“200 mA”。

③通过实验仪面板上的“测量转换”将“电压/光强表”的功能选择为“光强测量”(“光强测量”指示灯亮)。

(2)线路连接和实验测量。

①将滑动支架放到导轨上指定位置并固定好。

②待光源预热结束，将光强探头放置到滑动支架上，将探头的输出线连接到实验仪面板的“光强输入”接口上(注意：正负极不要接反)。根据“电压/光强表”显示的数值通过“光强量程”按钮切换量程200 W/m^{2}或2000 W/m^2，并记下光强值。

③取下光强探头，装上太阳能电池，盖上遮光罩，并将实验仪面板上的“测量转换”选择成“电压测量”。

④将太阳能电池的“+极”接入实验仪面板“电压输入”的“+极”，将太阳能电池的“−极”接入实验仪面板“电压输入”的“−极”。

⑤取下太阳能电池的遮光罩，观察实验仪上的电压读数，根据读数变化选择合适的“电压量程”(2 V或20 V)，并记录电压表读数(即开路电压V_{OC})。

⑥拔出太阳能电池接入实验仪面板上“电压输入”端的导线，改为接入“电流输入”(注意：正负极不能接反)。

⑦根据电流表读数变化情况选择“电流量程”(20 mA或200 mA)，并记录电流表读数(即短路电流I_{SC})。

改变滑动支架位置，更换太阳能电池，分别测出三种太阳能电池在不同光强照射下的开路电压和短路电流。将实验数据记录到表格中。

3. 硅太阳能电池输出特性实验

太阳能电池的输出特性曲线可以直观反映太阳能电池的性能优劣，还可以通过曲线诊断电池故障。通过输出特性曲线可以提取太阳能电池诸多性能参数，如填充因子FF、转换效率η_s、最佳匹配负载和最大输出功率等。测量原理图如图 8-4-10 所示。

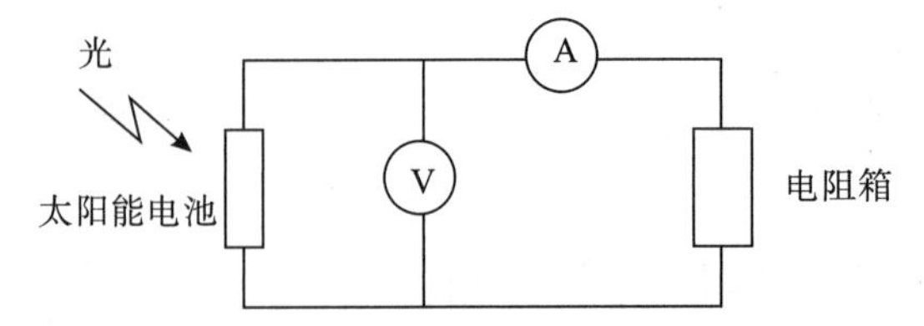

图 8-4-10　太阳能电池输出特性测量原理图

在本实验中，以太阳能电池为电源，以电阻箱为负载，测量在一定光强照射下（将滑动支架固定在导轨上某一个位置）太阳能电池的输出电压 V 和电流 I 随负载变化的情况，计算不同负载下太阳能电池的输出功率 $P_O = I \times V$，找到最大输出功率 P_{max}，对应的电阻值即为最佳匹配负载。根据记录的数据绘制三种太阳能电池的输出特性曲线（$I-V$ 曲线），并与图 8-4-6 进行比较。由式（8-4-2）、式（8-4-3）计算三种太阳能电池的填充因子和转换效率。具体实验步骤如下：

（1）实验准备。

①打开光源开关，预热 5 min。预热期间可做好下面的准备工作。

②将实验仪面板上的“电流量程”选择“200 mA”。

③通过实验仪面板上的“测量转换”将“电压/光强表”的功能选择为“光强测量”（“光强测量”指示灯亮）。

（2）线路连接与测量。

①将滑动支架放到导轨上某一位置并固定好。

②待光源预热结束，将光强探头放置到滑动支架上，将探头的输出线连接到实验仪面板的“光强输入”接口上（注意：正负极不要接反）。根据“电压/光强表”显示的数值通过“光强量程”按钮切换量程 200W/m^2 或 2000W/m^2，并记下光强值。

③取下光强探头，装上太阳能电池，盖上遮光罩，并将实验仪面板上的“测量转换”选择成“电压测量”。

④将太阳能电池的“＋极”接入实验仪面板“电流输入”的“＋极”，再将实验仪面板“电流输入”的“－极”与电阻箱的一端相连，将电阻箱的另一端与太阳能电池的“－极”相连。然后将太阳能电池

的两端与实验仪面板上的“电压输入”相连接(注意:正负极不要接反)。

⑤取下太阳能电池的遮光罩,观察实验仪面板上电流表与电压表的数值变化情况,并选择合适的“电流量程”和“电压量程”。

⑥调节电阻箱,使输出电压从0 V起逐渐增大,在间隔相等的电压差下记录输出电流(如每个0.2 V记录一次电流),直到输出电流趋于0 A。

固定滑动支架的位置,更换不同太阳能电池,重复步骤(1)和步骤(2)的操作,测出三种太阳能电池在不同负载下的输出电流和输出电压,记录于表格中。绘制 $I-V$ 输出特性曲线,计算输出功率,找到每种太阳能电池的最大输出功率 P_{max},并计算太阳能电池的相关性能参数。

【注意事项】

(1)开启光源后,禁止用手触摸灯罩,以免烫伤。

(2)长时间测试时,应保证太阳能电池板距离光源玻璃灯罩面不小于20 cm,防止电池板过热而影响性能或受损;具体距离根据实验环境由用户自行调整。

(3)在预热光源的时候,需用遮光罩罩住太阳能电池,以降低太阳能电池的温度,减小实验误差。

(4)光源工作及关闭后的约1 h期间,灯罩表面的温度都很高,不要触摸。

(5)太阳能电池板的输出特性随温度变化很敏感(特别是开路电压),所以当电池板离光源较近时,必须考虑温度因素的影响,有兴趣者可以研究太阳能电池的输出特性与温度的关系。

(6)可变负载只适用于本实验,否则可能会被烧坏。

(7)220 V电源需要可靠接地。

(8)仅在实验时开启光源,实验结束后应立即关闭光源。

【实验数据记录与处理】

1. 硅太阳能电池的暗伏安特性测量实验

电压(V)	电流(mA)		
	单晶硅	多晶硅	非晶硅
−7			
−6			
−5			
−4			
−3			
−2			
−1			
0			
0.3			
0.6			
0.9			
1.2			
1.5			
1.8			
2.1			
2.4			
2.7			
3.0			
3.3			
3.6			
3.9			

数据处理如下：

根据表中数据用 Excel 软件绘制三种太阳能电池的暗伏安特性曲线（$I-V$ 曲线）。

2. 硅太阳能电池开路电压、短路电流与光强关系测量实验

距离(cm)		15	20	25	30	35	40	45	50
光强 I(W/m^2)									
单晶硅	开路电压 V_{OC}(V)								
	短路电流 I_{SC}(mA)								
多晶硅	开路电压 V_{OC}(V)								
	短路电流 I_{SC}(mA)								
非晶硅	开路电压 V_{OC}(V)								
	短路电流 I_{SC}(mA)								

数据处理如下：

(1)根据表中数据用 Excel 软件绘制三种太阳能电池的开路电压随光强变化的关系曲线($V_{OC}-I$ 曲线)。

(2)根据表中数据用 Excel 软件绘制三种太阳能电池的短路电流随光强变化的关系曲线($I_{SC}-I$ 曲线)。

3. 硅太阳能电池输出特性实验

$S_1=50$ mm×50 mm，光强 $I=$____ W/m^2。

	输出电压 V(V)	0	0.4	0.8	1.2	1.6	2.0	2.2	2.4	2.5	2.6	2.65	2.7	2.75	…
单晶硅	电阻值 R(Ω)														
	输出电流 I(A)														
	输出功率 P_O(W)														
	输出电压 V(V)	0	0.4	0.8	1.2	1.6	2.0	2.2	2.4	2.5	2.6	2.65	2.7	2.75	…
多晶硅	电阻值 R(Ω)														
	输出电流 I(A)														
	输出功率 P_O(W)														
	输出电压 V(V)	0	0.4	0.8	1.2	1.6	2.0	2.2	2.4	2.5	2.6	2.65	2.7	2.75	…
非晶硅	电阻值 R(Ω)														
	输出电流 I(A)														
	输出功率 P_O(W)														

数据处理如下：

(1)根据表中记录的电流、电压值计算相应负载下的输出功率 P_O。

（2）根据表中数据用 Excel 软件绘制三种太阳能电池的输出特性曲线（$I-V$ 曲线），并在 $I-V$ 曲线上叠加绘出功率曲线（$P-V$ 曲线）。

（3）将绘制的输出伏安特性曲线及功率曲线与图 8-4-6 进行比较，找到各个太阳能电池的最大功率点 P_{max} 和最佳匹配负载。

（4）在三种太阳能电池的 $I-V$ 曲线上提取开路电压 V_{OC} 和短路电流 I_{SC}，计算太阳能电池的填充因子 FF 和转换效率 η_s。

单晶硅太阳能电池的填充因子 FF 和转换效率 η_s：

$$\mathrm{FF}=\frac{P_{max}}{V_{OC}\times I_{SC}}=$$

$$\eta_s=\frac{P_{max}}{P_{in}}\times 100\%=$$

多晶硅太阳能电池的填充因子 FF 和转换效率 η_s：

$$\mathrm{FF}=\frac{P_{max}}{V_{OC}\times I_{SC}}=$$

$$\eta_s=\frac{P_{max}}{P_{in}}\times 100\%=$$

非晶硅太阳能电池的填充因子 FF 和转换效率 η_s：

$$\mathrm{FF}=\frac{P_{max}}{V_{OC}\times I_{SC}}=$$

$$\eta_s=\frac{P_{max}}{P_{in}}\times 100\%=$$

【思考题】

（1）太阳能电池材料的禁带宽度（E_g）是不是越小越好？为什么？

（2）在测量太阳能电池暗伏安特性时，如果电压表的正负极接反，绘制的暗伏安特性曲线会有什么变化？

（3）在测量光电流随光强变化的关系时，太阳能电池的光电流一开始随照射光强增大而增大，是否呈线性关系？光电流是否会一直随光强增大下去？

【仪器介绍】

太阳能电池实验装置如图 8-4-11 所示，太阳能电池特性实验仪面板如图 8-4-12 所示。

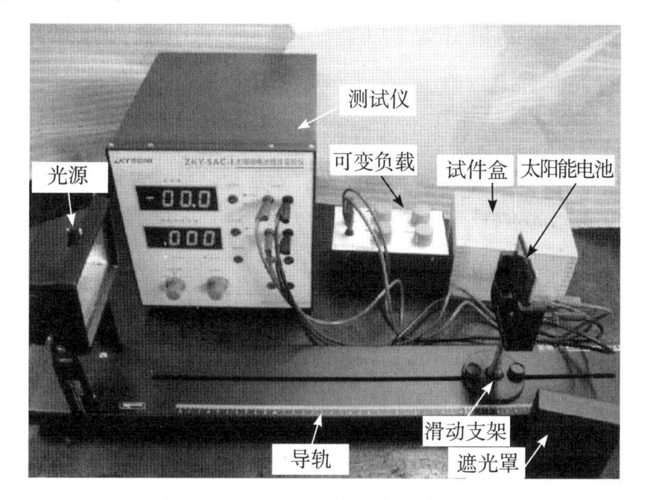

图 8-4-11　太阳能电池实验装置

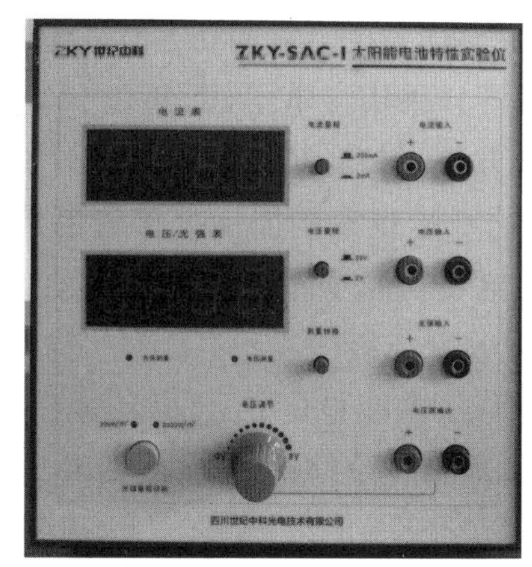

图 8-4-12　太阳能电池特性实验仪面板

光源采用碘钨灯，它的输出光谱接近太阳光谱。调节光源与太阳能电池之间的距离可以改变照射到太阳能电池上的光强，具体数值由光强探头测量。测试仪为实验提供电源，同时可以测量并显示电流、电压和光强的数值。

电压源：可以输出 0～8 V 连续可调的直流电压，为太阳能电池伏安特性测量提供电压。

电压/光强表：通过“测量转换”按键，可以测量输入“电压输入”接口的电压，或接入“光强输入”接口的光强探头测量到的光强数值。通过表头下方的指示灯可以确定当前的显示状态。通过“电压量程”或“光强量程”可以选择适当的显示范围。

电流表：可以测量并显示 0～200 mA 的电流，通过“电流量程”选择适当的显示范围。

8.5 夫兰克-赫兹实验

1913 年，丹麦物理学家玻尔在光谱学研究成果、卢瑟福的原子模型和普朗克-爱因斯坦的光量子理论的基础上，提出了氢原子模型，指出原子存在不连续分布的能级。该模型对氢光谱的预言在实际观察中取得了显著的成果。根据玻尔的原子理论，原子光谱中的每根谱线都是由原子从某一个较高能态向另一个较低能态跃迁时产生的电磁辐射形成的。

1914 年，德国物理学家夫兰克和赫兹改进了勒纳测量电离电位的实验装置。他们同样采用慢电子（几到几十个电子伏特）与单元素气体原子的碰撞方法，与勒纳实验不同的是，他们重点观察碰撞后电子的变化，勒纳则是观察碰撞后离子流的情况。通过实验测量，他们得出结论：电子与原子碰撞过程中会发生一定值的能量交换现象，从而使原子从低能级激发到高能级。这一结果直接证明了原子跃迁时吸收和释放的能量是分立的、不连续的，证明了原子能级的存在，也验证了玻尔理论的正确性，他们因此于 1925 年获得诺贝尔物理学奖。

【实验目的】

（1）通过实验测定汞原子的电离电位。

（2）通过测定汞原子等的第一激发电位，证明原子能级的存在。

【实验仪器】

FH-1A 型夫兰克-赫兹实验仪、慢扫描示波器、LZ3-103 型 X-Y 函数记录仪、MF-47 型万用电表、温度计（最大测量值为 250 ℃）等。

【实验原理】

本实验与夫兰克-赫兹原始实验类似，通过测定汞或氖、氩等元素的第一激发电位（中肯电位）和电离电位，来证明原子能级是量子化的。

1. 第一激发电位

玻尔提出的原子理论指出：①原子只能较长地停留在一些稳定状态（简称定态）。原子在这些状态时，不发射或吸收能量，各定态都有一定的能量，其数值是彼此分隔的。无论原子的能量通过什么方式发生改变，它只能从一个定态跃迁到另一个定态。②原子从一个定态跃迁到另一个定态而发射或吸收辐射时，辐射频率也是一定的。用 E_m 和 E_n 代表两个不同定态的能量，则辐射的频率 υ 存在以下关系

$$h\upsilon = E_m - E_n \tag{8-5-1}$$

式中，普朗克常量 $h=6.63\times10^{-34}\ \mathrm{J\cdot s}$。

本实验以汞原子为研究对象，让电子在加速电场中获得一定能量后，进入稀薄汞蒸气中与汞原子发生碰撞来实现能量交换，促使汞原子从低能级向高能级跃迁。

初速度为零的电子经过电位差为 U 的加速电场获得能量 eU。加速后的电子与稀薄汞蒸气中汞原子发生碰撞时，就会发生能量交换。以 E_1 和 E_2 分别表示汞原子的基态能量和第一激发态能量。如果电子传递给汞原子的能量恰好为

$$eU_0 = E_2 - E_1 \tag{8-5-2}$$

那么，汞原子将会从基态跃迁到第一激发态，而对应的电位差 U_0 称为汞的第一激发电位。测定出汞的第一激发电位 U_0，便可以根据式(8-5-2)算出汞原子的基态和第一激发态之间的能量差了。夫兰克-赫兹实验的原理如图 8-5-1 所示。

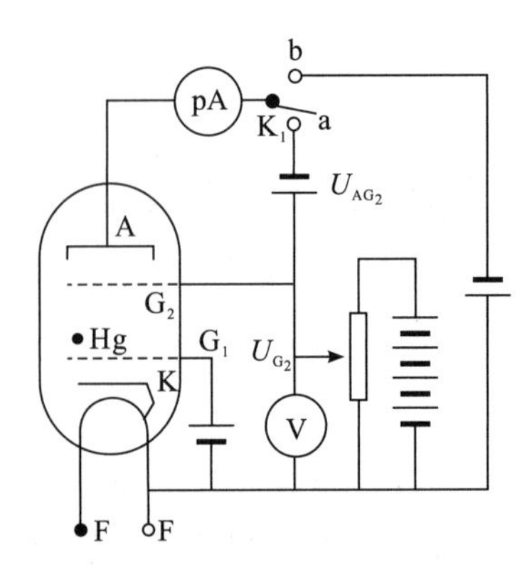

图 8-5-1　夫兰克-赫兹实验原理图

测量汞原子的第一激发电位时，要将图 8-5-1 中的开关 K_1 拨向 a。在充汞的夫兰克-赫兹管中，热阴极 K 释放出电子，在阴极 K 与板极 A 之间有两个栅极 G_1 和 G_2。阴极 K 与 G_1 间的加速电场可以减小电子间的散射，控制进入加速电场的电子数目。G_1 与 G_2 间的加速电场为电子提供足够的能量，且 G_1 与 G_2 间的空间足够大，增加了电子与汞原子的碰撞概率。电子从阴极发射出来之后，在 G_1、G_2 和 K 之间的空间被加速电场加速，获得动能为

$$\frac{1}{2}mv^2 = eU_{G_2K} \tag{8-5-3}$$

在板极 A 和栅极 G_2 之间加有反向拒斥电压 U_{AG_2}，当电子通过 KG 空间进入 G_2A 空间时，受到反向电场力的作用，只有当电子的动能足够大时（$\geqslant eU_{AG_2}$），才能穿过逆反电场到达板极 A，形成板流 I_A。如果电子在 KG 空间中与汞原子发生碰撞，并将自己的一部分能量传递给汞原子以激发后者，那么电子本身的剩余能量很小，不足以克服逆反电场的排斥作用，从而无法到达板极 A，这导致板极电流 I_A 显著减少。

实验过程中，不断增加 U_{G_2K} 的大小并记录板极电流 I_A。如果原子能级分布是分立的、不连续的，基态与第一激发态之间存在确定的能量差，那么会得到图 8-5-2 所示的 I_A—U_{G_2K} 曲线。

图 8-5-2 揭示了电子与汞原子间的能量交换规律。栅极电压 U_{G_2K} 较小时，电子从阴极 K 通过栅极 G_1 进入加速电场，但是由于栅极电压 U_{G_2K} 相对较小，电子获得的动能也较小。电子与汞原子碰撞

时，无法提供足够的能量来使汞原子从基态跃迁到第一激发态，故此时电子与汞原子碰撞类似于弹性碰撞，且电子质量远小于汞原子，故而碰撞前后电子的动能几乎没有损失。由于电子保留了从加速电场获得的能量，故通过 G_2 后有足够的能量克服逆反电场，到达板极 A，且随着 U_{G_2K} 增大，单位时间到达板极 A 的电子数增加，检流计检测到的 I_A 从零开始随 U_{G_2K} 同步增大。当栅极电压 U_{G_2K} 增到一定值(图 8-5-2 中 a 位置)，电子从加速电场获得的最大动能($eU_{G_2K}=E_2-E_1=eU_0$)，达到汞原子的基态与第一激发态间的能量差时，电子与汞原子碰撞时会将全部动能转移给汞原子，激起汞原子跃迁。电子失去全部动能后无法通过逆反电场到达板极 A，这导致板极电流 I_A 迅速降低(图 8-5-2 中的 a—b 段)。随着 U_{G_2K} 继续增大，电子获得的动能大于汞原子跃迁所需的能量，则碰撞后电子仍保留一部分动能，依然可以通过逆反电场到达板极 A，此时板极电流 I_A 随 U_{G_2K} 的增大而增大(图 8-5-2 中 b—c 段)。当栅极电压增大到等于汞原子第一激发电位的 2 倍时($U_{G_2K}=2U_0$)，电子的最大动能可以满足让两个汞原子激发所需的能量。在两次碰撞后，电子又失去全部动能，无法通过逆反电场，故 I_A 又出现迅速降低的情况(图 8-5-2 中 c—d 段)。而随着 U_{G_2K} 进一步增大，电子获得动能大于 $2(E_2-E_1)$，碰撞后电子又可以通过逆反电场到达板极 A，I_A 又增大(图 8-5-2 中 d—e 段)，如此反复。当栅极电压满足 $U_{G_2K}=nU_0(n=1,2,3,\cdots)$时，$I_A$ 都会迅速减小，且随着 U_{G_2K} 的增大又会迅速增大，呈现如图 8-5-2 所示的波浪上升的规律。从图 8-5-2 中可以看出，相邻两个波峰对应的栅极电压之差应该等于汞原子的第一激发电位($U_{n+1}-U_n=U_0$)。

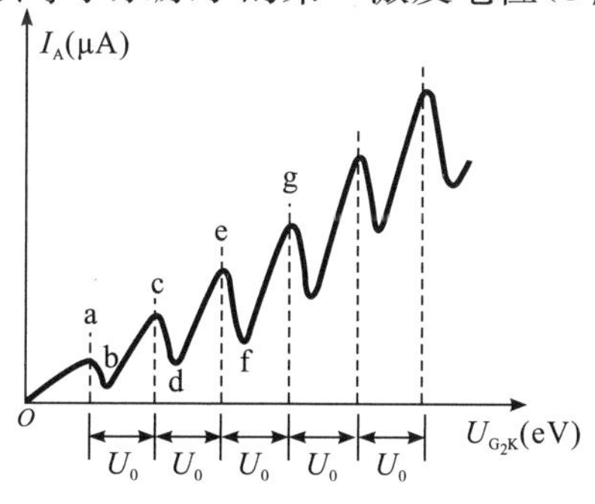

图 8-5-2 $I_A-U_{G_2K}$ 曲线

实验中，夫兰克-赫兹管中除了汞原子，还可以充入钠、钾、镁等金属，也可以充入氩、氖等气体。通过本实验可以测出这些原子的第一激发电位，如钠 2.21 eV、钾 1.63 eV、锂 1.84 eV、镁3.2 eV、氖 16.7 eV 等。

2. 电离电位

1902 年，勒纳开创了用慢电子撞击原子使其电离来测量原子电离电位的方法。图 8-5-1 中，开关 K_1 拨向 b 时便可以用来测量汞原子的电离电位。此时，板极 A 与阴极 K 间加上反向电场，无论如何增大栅极 G_2 的电压，电子都无法通过 G_2K，电子在加速电场中被加速获得能量并与汞原子发生碰撞。如果 U_{G_2K} 足够大，电子的能量被提高到足以满足汞原子中的电子摆脱原子核束缚所需的逸出功 W_z，碰撞就可以从汞原子中分离出一个新的电子，而原来的汞原子变成带正电的离子。要使汞原子电离，电子的能量需满足如下条件

$$\frac{1}{2}mv^2 = eU_{G_2K} \geqslant W_z = eU_z \qquad (8\text{-}5\text{-}4)$$

从式(8-5-4)中不难看出，当栅极电压 U_{G_2K} 达到汞原子的电离电位 U_z 时，便可使汞原子电离。由于电子无法到达板极 A，而电离后的汞离子带正电，在 KA 间电场驱动下到达阴极，所以检流计检测到的电流并不是由电子形成的，而是由带正电的汞离子形成的电离电流。要使回路中检测到电离电流 I，栅极电压 U_{G_2K} 需足够大，且显著大于汞原子的第一电离电位 U_0。因此，当 $U_{G_2K} < U_z$ 时，回路中是检测不到电流的，只有当 $U_{G_2K} \geqslant U_z$ 时，才能检测到由汞离子形成的电离电流，如图 8-5-3 所示。表 8-5-1 给出的是在碱金属蒸气和稀有气体中观察到的第一电离电位 U_z 值。

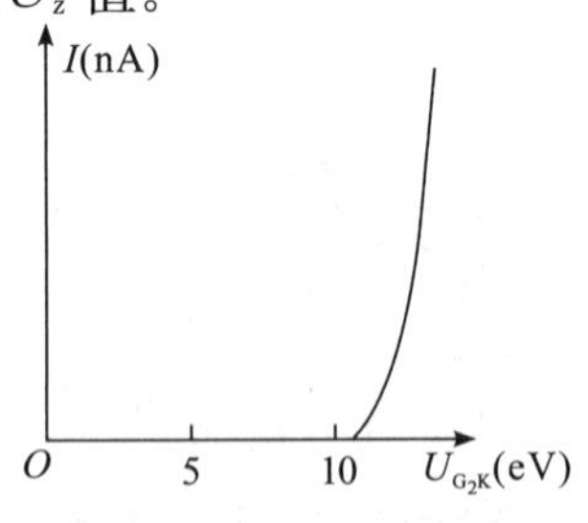

图 8-5-3　汞原子电离电位曲线

表 8-5-1　碱金属蒸气和稀有气体的电离电位

原子	铯 Cs	铷 Rb	钾 K	钠 Na	锂 Li	氙 Xe	氪 Kr	氩 Ar	氖 Ne	氦 He
电离电位 U_z(V)	3.89	4.18	4.34	5.14	5.39	12.1	14.0	15.8	21.6	24.6

由于汞在常温下呈液态，为提高电子与汞原子碰撞的概率，需对夫兰克-赫兹管进行加热，使液态汞汽化。若测量对象为氩、氖、氦等气体，则无须加热。

【实验内容】

1. 准备工作

(1)加热炉升温。将最大测量值大于 200 ℃的温度计插入加热炉中(保证温度计的水银泡与夫兰克-赫兹管中栅极、阴极平齐)。接通加热炉电源，对夫兰克-赫兹管进行加热，约 20 min 后可观察到电热丝忽明忽暗，此时双金属片温控开关处于频繁接通、断开的变化状态。根据实验预定的温度要求(如 90 ℃、140 ℃、180 ℃或200 ℃)，调节加热炉面板右侧的控温旋钮，控制升温速度，从 90 ℃开始以约20 ℃的间隔逐步升温，避免升温过快而导致仪器损坏。

(2)微电流放大器通电预热。在加热炉升温的同时对微电流放大器进行预热，先将“栅压选择”拨到交流“M”，并观察电流表指针是否左右缓慢摆动，然后再拨向直流“DC”(如果交流挡位电流表不来回摆动，要检查电路是否连接正确，有无接触不良)。预热 20 min 后进行“零点”和“满度”(微安表的指针指在 100 μA 位置)校准。先将“工作状态”选择“激发”位置，再将“倍率”旋钮转向所需挡位(“×1”或其他挡位)。由于“零点”和“满度”的调节之间略有牵连，“零点”调节会影响“满度”的调节结果，“满度”调节也会影响“零点”的调节结果，因此，要反复调节，务必使两者同时达到要求。仪器正常稳定工作之后，方可连机进行测试。

(3)线路连接和工作电压调节。先将微电流放大器上“栅压选择”拨到直流“DC”挡，并将“栅压调节”旋钮调到最小。再用仪器自带的专用连接线将加热炉与微电流放大器的对应接线端连接好,切勿接反或短路。灯丝电压 U_H 设定为交流 6.3 eV(可以通过万用表测量 K、H 端的交流电压来确定,如不是 6.3 eV,通过微电流放大器面板上的"灯丝电压"细调螺丝进行调节)。测量时,微电流放大器后盖上的输出端暂不与示波器或记录仪相连接。

2. 电离电位测量

微电流放大器工作稳定,炉温升到所需温度(本实验取 90℃较为适宜),夫兰克-赫兹管灯丝预热完成后,便可进行汞原子电离电位的测量。

(1)粗略观察。先将微电流放大器上的"倍率"调到"$\times10^{-4}$"挡,"工作状态"切换到"电离",然后缓慢旋转"栅压调节"旋钮,缓慢增大栅压 U_{G_2K},完整观察电离电流 I_A 随栅压变化的过程。当微安表指针发生明显偏转,且从加热炉的窗口可以观察到夫兰克-赫兹管内栅极与阴极之间出现淡蓝色辉光时,说明汞原子已经发生电离。这时须停止增加 U_{G_2K} 的电压值,并调小 U_{G_2K},直至为零。至此,粗略观察汞原子电离过程就已完成。

(2)逐点测量。从 0 V 开始缓慢增大栅压 U_{G_2K},细心观察微安表电流变化,并逐点记录,直到微安表指针发生明显偏转,测量结束。为了提高测量结果的准确性,在微安表刚发生变化的阶段多测几个点。以栅压 U_{G_2K} 为横坐标,电流 I 为纵坐标绘制电离电位曲线。从电流曲线近似线性部分的切线与横轴的交点可以获得汞原子的电离电位 U_z。将计算结果与公认值进行比较,分析误差来源。

3. 第一激发电位测量

完成电离电位测量后,将"栅压调节"旋钮调到最小,"工作状态"切换到"激发"。调节加热炉面板上的控温旋钮,逐步升温到所需温度(可以在不同温度下测量汞原子的第一激发电位,如 140 ℃、160 ℃、180 ℃、200 ℃等),待温度稳定后便可开始测量激发电位。

(1)粗略观察。先将微电流放大器的"倍率"调到"×10"挡,并将"栅压调节"旋钮从零开始缓慢调大,观察一个完整的电流起伏波形(即电流 I_A 增大→减小→增大)。通过观察,大致了解汞原子第一激

发电位 U_0 值。如果微安表满偏，可以通过“倍率”旋钮增大倍率来扩大量程。

(2)逐点测量。从 0 V 开始缓慢增加栅压 U_{G_2K}，仔细观察微安表的指针偏转，并记录电压、电流值和测试条件。为了便于数据处理过程中准确提取 U_0 值，可在电流波峰和波谷附近多测一些点。在方格纸上绘制 $I_A-U_{G_2K}$ 曲线，并计算出 U_0 的平均值。将计算结果与公认值进行比较，分析误差来源。

(3)实验中可以在不同的温度和不同的灯丝电压下测量 I_A 随 U_{G_2K}变化的规律。可以在同一张 $I-U$ 图中比较同一温度下不同灯丝电压 U_H(如 5.7 eV、6.0 eV、6.3 eV 和 7.0 eV 等)获得的 $I_A-U_{G_2K}$曲线，也可以在同一张 $I-U$ 图中比较同一灯丝电压下不同温度(如140 ℃、160 ℃、180 ℃、200 ℃等)对应的 $I_A-U_{G_2K}$曲线，分析温度和灯丝电压对 $I_A-U_{G_2K}$曲线和 U_0 的影响。

【注意事项】

(1)实验完毕，应将“栅压选择”和“工作状态”开关置“0”，“栅压调节”旋到最小。

(2)实验完毕，暂不要拆除 K、H 间连线，也不要切断微电流放大器电源。应先切断加热炉电源，小心旋松加热炉面板螺丝(或卸下面板)，让炉子降温，在温度低于 120 ℃之后再切断放大器电源，这样能延长管子的使用寿命。

(3)加热炉外壳温度较高，操作时应注意避免灼伤。移动加热炉时，必须提拎炉顶的隔热把手。

(4)由于加热炉结构较小巧轻便，炉内温场分布不甚均匀，因此，温度计的水银泡要与夫兰克-赫兹管中的栅极、阴极平齐。

(5)双金属片控温开关有热惯性，在所需温度范围内会有±3 ℃的涨落，但不影响实际测量。

(6)控温时，电热丝会忽亮忽暗。在同一 U_{G_2K}电压下，电热丝点亮时 I_A值比熄灭时略大。这是由电热丝直接热辐射所致的，但不影响曲线峰、谷值的位置。为了取得一致的结果，读数时要注意电热丝的明暗变化，可以采取在同一状态下(如点亮时)读数的办法来减小差异。

(7)当炉温较低而栅压 U_{G_2K} 过高时，整个管内会出现蓝白色的辉光。此时管内全面电离击穿，电流远远超出微安表的最大量程（微安表无论如何扩大倍率，也无法读数）。应立即降低 U_{G_2K} 电压，采用锯齿扫描时，应将“栅压选择”开关拨向“DC”，以免管子受多次严重击穿而损坏。

(8)灯丝电压只能在 5.7～7.0 eV 之间选用，即不宜超过标准值 6.3 eV 的±10%。电压过高或过低都会损伤管子。

(9)微电流测量放大器的“G”“H”“K”端切忌接反或短路，连线时需要注意。

(10)微电流测量放大器的“倍率”旋钮相邻挡位应成 10 倍关系增大或减小。根据 I_A 值的大小选用适当的倍率，I_A 的读数为表头读数×倍率值×10^{-6} A。

(11)更换夫兰克-赫兹管时，必须捏住电极连接套，以免扭裂管壳造成漏气。

【实验数据记录与处理】

1. 电离电位测量

测试条件：U_H＝____ V；U_{AG_2}＝____ V；t＝____℃。

U_{G_2K}(V)										
I_A(μA)										

2. 第一激发电位测量

测试条件：U_H＝____ V；U_{AG_2}＝____ V；t＝____℃。

U_{G_2K}(V)										
I_A(μA)										

数据处理如下：

(1)根据实验数据分别绘制汞原子电离和激发 I_A—U_{G_2K} 曲线。

(2)根据实验数据求得汞原子的第一激发电位 U_0。

(3)根据实验数据求得汞原子电离电位 U_z。

【思考题】

(1)实验过程中,若电离电位和激发电位均要求测量,应先测电离电位,后测激发电位,为什么?

(2)拒斥电压的大小对 $I_A-U_{G_2K}$ 曲线有何影响?

8.6 光栅光谱仪的使用

在科学研究和工业生产过程中,光谱分析法是一种十分常见也十分重要的方法。光谱仪是进行光谱分析的重要设备。色散系统是光谱仪的核心部件,常见的色散元件有棱镜和光栅。在现代科学研究中,光栅光谱仪被大量使用。开展光谱分析首先要从宽波段的电磁辐射中分离出一系列窄波段的电磁辐射,窄波段的宽度是衡量光谱分析仪器性能的重要指标之一。利用光栅出射电磁辐射的衍射角与波长之间存在特定关系,通过步进电机驱动光栅转动来改变衍射角,并将出射的电磁辐射通过光电转换装置转换成电信号输入计算机中,就可以实现用电脑来完成波长扫描和信号采集工作。使用电脑完全控制的自动扫描多功能光栅光谱仪改变了以往在摄谱仪上使用感光胶片来记录光谱的方法,该方法便于进行数据记录、传输和处理,也可以完美地与其他相关设备融合成高效率、高性能的自动测试系统,现已成为现代光谱研究的主流方法。

本实验主要介绍 WGD-8/8A 型组合式多功能光栅光谱仪的工作原理及使用方法。

【实验目的】

(1)了解光栅光谱仪的工作原理。

(2)学习利用光栅光谱仪进行光谱分析的方法。

【实验仪器】

WGD-8/8A 型组合式多功能光栅光谱仪、光源(汞灯或钠灯)、计算机、打印机等。

【实验原理】

光栅光谱仪是以光栅为分光元件，利用不同波长的光对应不同的衍射角这一原理，将复色光分解成单色光。光栅光谱仪是光谱测量中最常用的仪器。WGD-8/8A 型组合式多功能光栅光谱仪光学系统示意图如图 8-6-1 所示。整个光学系统由入射狭缝 S_1、平面反射镜 M_1 和 M_4、抛物面反射镜 M_2（准直镜）和 M_3（成像物镜）、平面衍射光栅 G，以及出射狭缝 S_2、S_3 构成。

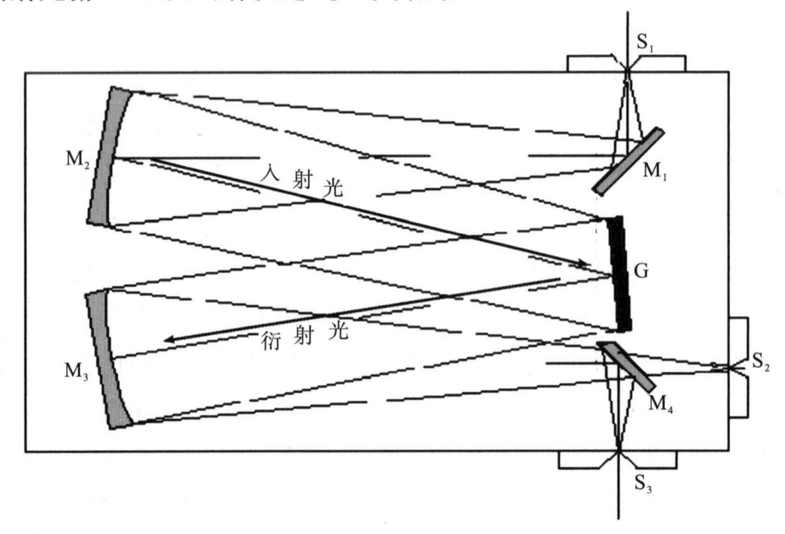

图 8-6-1　WGD-8/8A 型组合式多功能光栅光谱仪光学系统示意图

待测光源发出的复色光经过入射狭缝 S_1 进入光谱仪，S_1 位于准直镜 M_2 的焦面上。复色光经平面反射镜 M_1 反射后入射到准直镜 M_2 上，再经准直镜 M_2 会聚成平行光照射到光栅 G 上。入射光在光栅 G 上发生衍射，衍射光经物镜 M_3 会聚于焦面上。出射狭缝 S_2、S_3 位于物镜 M_3 的焦面上，狭缝 S_2 后面是光电倍增管，狭缝 S_3 后面是 CCD 接收器。光电倍增管和 CCD 接收器中的光电转换单元对采集到的光信号进行处理，转换后的电信号由数据线传递给计算机。光电倍增管的输出数据经软件处理后绘制成光谱曲线，通过计算机显示屏或打印机输出。CCD 系统采集的动态信号经软件处理后输出模拟摄像视频。整个系统工作流程如图 8-6-2 所示。

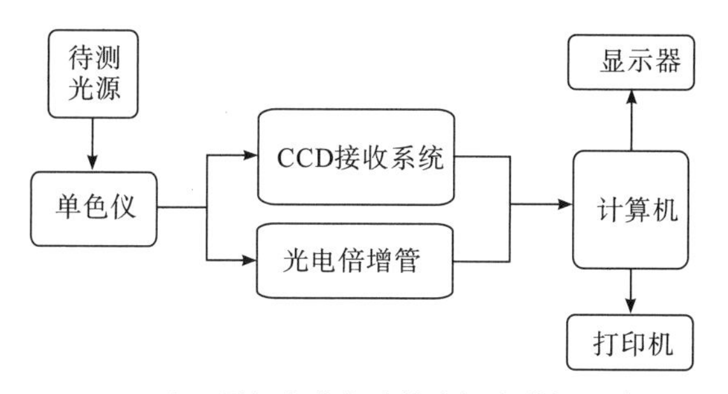

图 8-6-2　WGD-8/8A 型组合式多功能光栅光谱仪系统工作流程图

衍射光栅是光栅光谱仪色散系统的核心元件。WGD-8/8A 型组合式多功能光栅光谱仪采用切尔尼-特纳光学系统，其色散元件是反射式光栅。在一块光学玻璃或金属上均匀刻画一系列平行刻线，其密度达每毫米 2400 条。刻线方向与狭缝平行，相邻刻线的间距 d 称为光栅常数，光栅衍射方程为

$$d(\sin\alpha - \sin\beta) = k\lambda, k = 0, \pm 1, \pm 2, \cdots \qquad (8\text{-}6\text{-}1)$$

式中，d 为光栅常数，α、β 分别为相对于光栅平面法线的入射角和衍射角，k 为衍射级次，λ 为发生衍射的谱线波长。

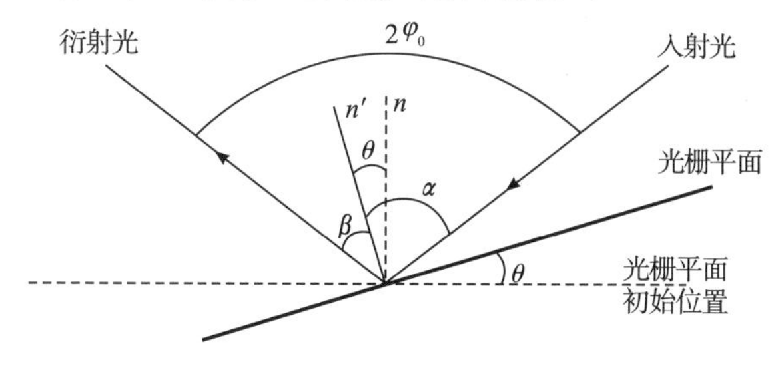

图 8-6-3　光栅衍射示意图

由于单色仪的准直镜 M_2 和成像物镜 M_3 的位置固定，因此，入射光线和衍射光线间的夹角是固定值，令其为 $2\varphi_0$。光栅光谱仪对不同波长谱线的检测是通过光栅平台转动以改变入射角和衍射角来实现的。光栅从初始位置转动 θ 角，光栅平面的法线也随之从 n 转到 n' 位置，转动 θ 角，入射角增加 θ，而衍射角减小 θ，则入射角与衍射角之差为 2θ，故有 $\alpha+\beta=2\varphi_0$，$\alpha-\beta=2\theta$，如图 8-6-3 所示。对式(8-6-1)进行三角变换，得

$$d \cdot 2\sin\frac{\alpha-\beta}{2}\cos\frac{\alpha+\beta}{2} = k\lambda$$

即

$$2d\cos\varphi_0\sin\theta = k\lambda \tag{8-6-2}$$

由式(8-6-2)可知，对于同一衍射级次，不同波长的谱线对应不同的光栅转角 θ。当 $\theta=0$ 时，则 $k=0$，$\alpha=\beta=\varphi_0$，此时零级衍射光与入射光关于光栅平面法线对称。WGD-8/8A 型组合式多功能光栅光谱仪把零级衍射对应的光栅位置标定为谱线波长的零点，将一级衍射谱线($k=1$)作为检测对象，谱线波长 λ 与光栅转角 θ 的关系可以表示为下式

$$\lambda = 2d\cos\varphi_0\sin\theta \tag{8-6-3}$$

即光栅光谱仪把对波长的检测转变为对光栅转角的测量。

【实验内容】

1. 准备工作

(1)接通电源之前，先认真检查光栅光谱仪各个部分(单色仪主机、电控箱、接收单元和计算机等)的连线是否正确。

(2)狭缝调节。狭缝为直狭缝，宽度范围为 0～2 mm 连续可调，顺时针旋转为狭缝宽度增大，反之减小，每旋转一周狭缝宽度变化 0.5 mm。为延长使用寿命，调节时注意最大不超过 2 mm，平常不使用时，狭缝宽度最好开在 0.1～0.5 mm。

(3)开启电箱。电箱包括电源、信号放大器、控制系统和光源系统。在运行仪器操作软件前，一定要确认所有的连接线正确连接，且已经打开电箱的电源开关。

(4)启动程序。单击“开始”菜单，执行“程序”组中“WGD-8A”组下的“WGD-8A 倍增管系统”或“WGD-8A CCD 系统”，即可分别进入 WGD-8A 的倍增管系统或 CCD 控制处理系统。

2. 系统初始化

软件启动后会弹出对话框，让用户确认当前的波长位置是否有效、是否初始化。如果选择确定，则确认当前的波长位置，不再初始化；如果选择取消，则进行初始化，初始化后波长位置确定在 200 nm 处。每次重新开机，实验前都要进行初始化。

3. 波长校准

光栅光谱仪在第一次使用前要用已知的光谱线来校准仪器的

波长准确度。在日常使用中，也要定期校准仪器的波长准确度。通常可用氘灯、钠灯、汞灯以及其他已知光谱线的光源来校准光谱仪的波长。WGD-8A 型组合式多功能光栅光谱仪的光电倍增管波长接收范围是 200～660 nm，CCD 的光谱响应区间是 300～660 nm，汞灯特征谱线分布范围较广（237.83 nm、253.65 nm、275.28 nm、296.73 nm、313.16 nm、334.15 nm、365.02 nm、404.66 nm、435.83 nm、491.60 nm、546.07 nm、576.96 nm 和 579.06 nm），恰好覆盖光谱仪的测量范围，故汞灯是理想的波长校准光源。氘灯的两根已知谱线波长为 486.02 nm 和 656.10 nm，钠灯的两根特征谱线波长为 588.97 nm 和 589.61 nm。

光栅光谱仪检索波长与步进电机驱动螺杆上滑槽的运动距离呈非线性关系，所以在对短波段校准时，并不意味着长波段也能得到有效校准，反之亦然。在光谱仪波长校准时，应根据实际测量范围来选择合适的特征谱线作为校准参考值。例如，事先确定待测谱线的波长范围，若待测谱线波长处于光谱仪测量范围的长波段区域，可以选用氘灯或钠灯的特征谱线来校准；如果待测谱线波长处于测量范围的短波段区域，则选择汞灯的 365.02 nm 特征谱线来校准较为合适。

将校准光源置于入射狭缝处，根据能量信号的大小手动调节入射狭缝和出射狭缝的宽度，扫描校准光源光谱，将检索到的特征谱线波长与标准值进行比较，如果波长有偏差，则需进行校准。

（1）光电倍增管处理系统波长校准操作。点击菜单栏→“读取数据”→“波长修正”，执行该命令后，弹出“输入”对话框。在“输入”编辑框中输入修正值，单击“确定”按钮，系统会自动记忆修正值并自动调整硬件系统。当标准峰波长偏长时，输入的修正值为负值，反之为正值。一般修正后需要关闭软件，再重新启动软件，并对设备进行重新初始化，再测峰、修正，总修正值不得超过±50 nm。

（2）CCD 处理系统波长校准操作。点击菜单栏→“系统”→“波长修正”，执行该命令后，弹出 “输入”对话框。在“输入”编辑框中输入修正值，单击“确定”按钮，系统会自动记忆修正值并自动调整硬件系统。当标准峰波长偏长时，输入的修正值为负值，反之为正值。

一般修正后需要关闭软件，再重新启动软件，并对设备进行重新初始化，再测峰、修正，总修正值不得超过±50 nm。

4. 扫描不同光源的光谱

（1）扫描钠原子光谱，将光谱仪电压调到500 V左右，观察扫描到的两条钠原子特征谱线，通过软件的“寻峰”功能提取每条谱线的波长。

（2）扫描汞原子光谱，将光谱仪电压调到500 V左右，可检索到一系列谱线，通过软件的“寻峰”功能提取每条谱线的波长。

软件操作说明参见WGD-8/8A型组合式多功能光栅光谱仪说明书。

【注意事项】

（1）避免光电倍增管在施加负高压时暴露在强光下（含自然光）。

（2）测量结束后，应将入射狭缝和出射狭缝调节至0.1 mm左右。

（3）测量结束后，点击菜单栏中“文件\退出系统”，再按照提示关闭电源，退出仪器操作系统，完全退出软件后才能关闭设备电源。

（4）测量结束后，应及时调节负高压旋钮，使负高压归零，然后再关闭电箱电源。

【实验数据记录与处理】

熟悉仪器的操作和软件使用方法，并练习测量钠灯、汞灯等光源的光谱。

【仪器介绍】

WGD-8/8A型组合式多功能光栅光谱仪由光栅单色仪、接收单元、扫描系统、电子放大器、A/D采集单元和计算机等部件组成。该设备集光学、精密机械、电子学、计算机技术于一体，设备连线示意图如图8-6-4所示。光学系统采用的是切尔尼-特纳装置类型。

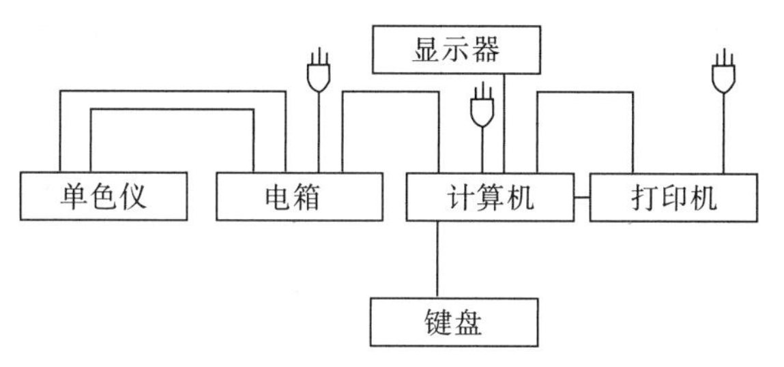

图 8-6-4　设备连线示意图

光源系统为仪器提供工作光源，可选氘灯、钠灯、汞灯等各种光源。

WGD-8/8A 型组合式多功能光栅光谱仪的光谱接收单元包括光电倍增管和 CCD 接收器，器件的控制和光谱数据处理操作均由计算机软件来完成。

根据接受元件不同，软件系统分为 WGD-8A 倍增管系统和 WGD-8A CCD 系统，如图 8-6-5、图 8-6-6 所示。软件系统主要功能包括仪器系统初始化、光谱扫描、定标及波长修正、电机及各种动作控制、测量参数设置、信息采集、数据图形处理、数据文件管理、光谱数据的计算等。

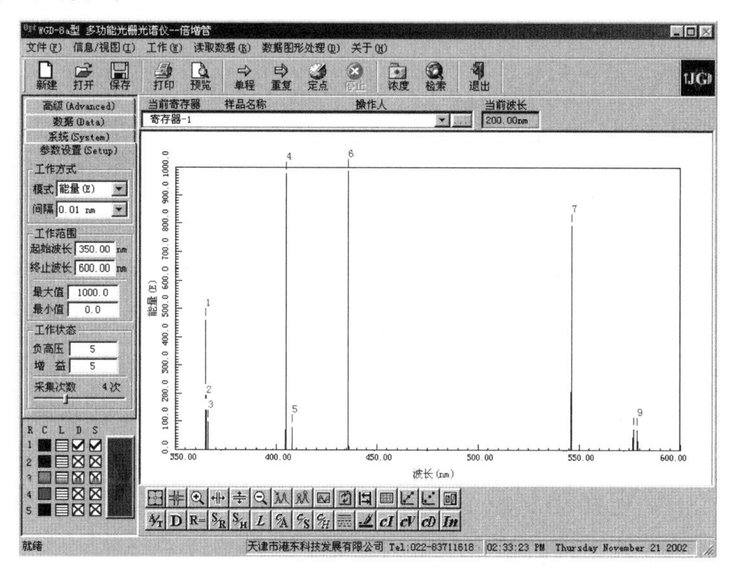

图 8-6-5　WGD-8A 倍增管系统界面

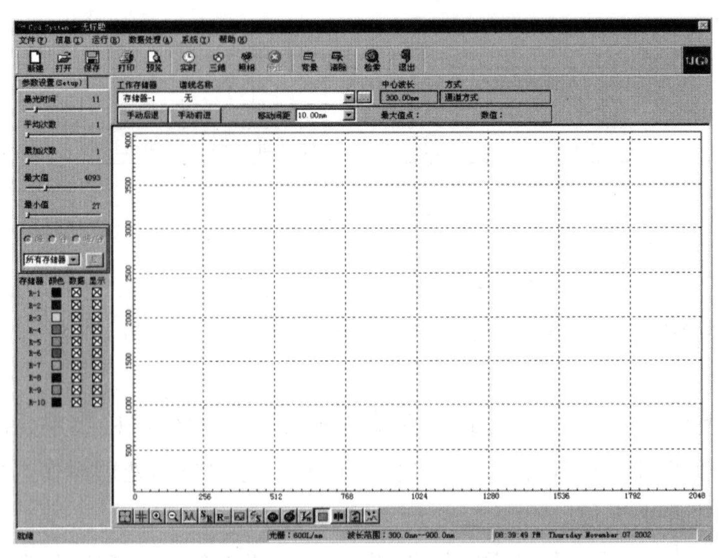

图 8-6-6　WGD-8A CCD 系统

软件介绍详见 WGD-8/8A 型组合式多功能光栅光谱仪说明书。

8.7　氢-氘原子光谱

早在 19 世纪，人们就对原子光谱和分子光谱有了一定的研究，人们认识到原子光谱与原子内部结构之间存在着密切联系，原子光谱进而成为研究原子结构的一种重要方法。1885 年，巴耳末建立氢原子在可见光区域谱线的经验公式，后来人们把符合巴耳末经验公式的氢原子谱线统称为巴耳末系。1913 年，玻尔在巴耳末的研究成果基础上，提出氢原子的模型——玻尔模型。1925 年，海森堡等人在原子光谱研究成果的基础上提出矩阵力学，揭开量子力学研究的序幕。1932 年，尤里根据实验中发现的里德伯常量随原子核质量不同而变化这一规律，对液态氢蒸发后残留的液态氢进行光谱分析，发现氢的同位素——氘。本实验采用 WGD-8/8A 型组合式多功能光栅光谱仪观察氢-氘原子光谱，通过对巴耳末系谱线的测量和相关物理量的计算来理解精密测量的意义。

【实验目的】

(1)进一步熟悉光栅光谱仪的性能及使用方法。

(2)通过光栅光谱仪测量、辨识氢-氘原子谱线,加深对氢光谱规律和同位素位移的认识。

(3)通过计算里德伯常量和氢、氘的原子核质量之比,了解精密测量的意义。

【实验仪器】

WGD-8/8A 型组合式多功能光栅光谱仪、氢-氘光谱灯、汞灯、计算机、打印机等。

【实验原理】

1885 年,巴耳末根据氢光谱的实验测量结果总结出可见光区域氢原子光谱的规律,提出著名的巴耳末经验公式。

$$\lambda_H = B\frac{n^2}{n^2-4}(n=3,4,5,\cdots) \tag{8-7-1}$$

式中,λ_H 为真空中氢原子谱线波长,B 为常数(B=364.56 nm),n 为大于 2 的整数。当 n=3,4,5,6 时,分别对应可见光区域氢原子光谱中的四条谱线 H_α、H_β、H_γ 和 H_δ,其结果与实验结果一致,人们把氢原子光谱中符合巴耳末经验公式的谱线统称为巴耳末系。1896 年,里德伯引入波数(波长的倒数)概念,将巴耳末公式改写为式(8-7-2)的形式。

$$\tilde{\nu}_H = \frac{1}{\lambda_H} = \frac{4}{B}\left(\frac{1}{2^2}-\frac{1}{n^2}\right) = R_H\left(\frac{1}{2^2}-\frac{1}{n^2}\right)(n=3,4,5,\cdots) \tag{8-7-2}$$

式中,R_H 为氢的里德伯常量($1.096776\times10^7\ m^{-1}$)。

根据玻尔模型和量子力学相关知识,对于只有一个价电子的类氢原子(如碱金属原子)谱线,也存在类似的规律,考虑原子实极化效应和轨道贯穿效应,氢原子和类氢原子的光谱规律可统一表示为式(8-7-3)的形式。

$$\tilde{\nu} = \frac{R_Z Z^{*2}}{n_1^2} - \frac{R_Z Z^{*2}}{n_2^2} = R_Z\left(\frac{1}{(n_1/Z^*)^2} - \frac{1}{(n_2/Z^*)^2}\right) \tag{8-7-3}$$

式中,R_Z 为元素 Z 的里德伯常量,Z^* 为元素 Z 原子实的平均有效电荷（氢原子 $Z^*=1$，类氢原子 $Z^*>1$），n_1 和 n_2 为整数（$n_2>n_1>0$）。式(8-7-4)为对应元素的里德伯常量 R_Z 的理论计算公式。氢原子光谱部分线系对应能级跃迁如图 8-7-1 所示。

$$R_Z=\frac{2\pi^2 e^4}{(4\pi\varepsilon_0)^2 h^3 c}\cdot\frac{m_e}{1+\dfrac{m_e}{M_Z}}=\frac{R_\infty}{1+\dfrac{m_e}{M_Z}} \tag{8-7-4}$$

式中，m_e 和 e 为电子的质量和电荷量，c 是真空中的光速，ε_0 为真空介电常数，h 为普朗克常量，M_Z 为元素 Z 的原子核质量。R_∞ 表示原子核质量无限大或 $M_Z\gg m_e$ 时的里德伯常量。R_∞ 是重要的基本物理常数之一，也是少数几个能被精确确定量值的常量之一，所以 R_∞ 常作为检验理论可靠性的标准和测量其他基本物理常数的依据，其推荐值为 $R_\infty=1.0973731568549\times10^7\ \text{m}^{-1}$。从式(8-7-4)中可以发现，里德伯常量 R_Z 与元素原子核质量有关，不同元素的里德伯常量会略有不同。

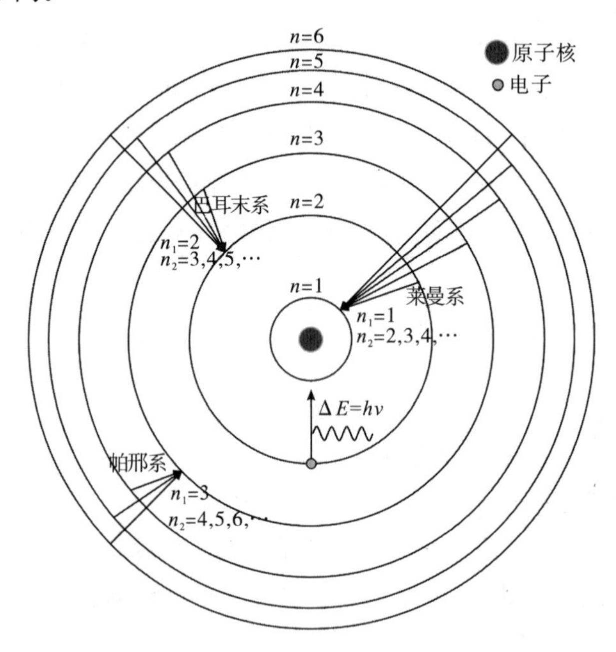

图 8-7-1　氢原子光谱部分线系对应能级跃迁示意图

1932 年，尤里及其助手对三相点（$T=14$ K）下的氢进行缓慢蒸发，对最后残留的液态氢进行光谱分析，结果发现除了已知的氢原子谱线，还有一些新的谱线。这些新谱线的位置恰好与核电荷数为

1,$M_Z=2$ 的元素预期谱线位置一致,由此,氢的同位素之一——重氢(氘,D)被发现。这一实验结果也验证了里德伯常量与原子核质量的相关性。由式(8-7-4),氢和氘的里德伯常量可分别表示为

$$R_H=\frac{R_\infty}{1+m_e/M_H} \tag{8-7-5}$$

$$R_D=\frac{R_\infty}{1+m_e/M_D} \tag{8-7-6}$$

式(8-7-5)、式(8-7-6)中,M_H 和 M_D 分别为氢原子核和氘原子核的质量。联立式(8-7-5)和式(8-7-6)可求得氢、氘原子的原子核质量比,即

$$\frac{M_D}{M_H}=\frac{\dfrac{R_D}{R_H}}{1-\dfrac{M_H}{m_e}\left(\dfrac{R_D}{R_H}-1\right)} \tag{8-7-7}$$

式(8-7-7)中,M_H/m_e 为氢原子核质量与电子质量的比值(取值 1836.1527)。如果测出氢、氘的里德伯常量 R_H 和 R_D,则可求出氢、氘原子核质量之比。根据巴耳末经验公式,氢、氘原子巴耳末系谱线波数可以表示为式(8-7-8)和式(8-7-9)。

$$\tilde{\nu}_H=\frac{R_H}{2^2}-\frac{R_H}{n^2}(n=3,4,5,\cdots) \tag{8-7-8}$$

$$\tilde{\nu}_D=\frac{R_D}{2^2}-\frac{R_D}{n^2}(n=3,4,5,\cdots) \tag{8-7-9}$$

实验中可以观测到氢、氘原子巴耳末系在可见光区域的四条谱线 H_α、H_β、H_γ、H_δ 和 D_α、D_β、D_γ、D_δ。将测得的氢、氘原子巴耳末系谱线波长及其对应的主量子数(n)带入式(8-7-8)、式(8-7-9)中,便可求得 R_H 和 R_D 的平均值。再将算得的 R_H 和 R_D 平均值带入式(8-7-7)中,便可获得氢和氘的原子核质量之比。由于氘原子核质量比氢大,因此观察到的氘原子谱线位置相对于氢而言向短波方向发生微小偏移,由此产生的微小谱线波长差,称为同位素移位。氢原子光谱可见光区域巴耳末系谱线波长参考值见表 8-7-1。

表 8-7-1　氢原子光谱可见光区域巴耳末系谱线波长参考值

符号	波长(nm)	能级跃迁($n_2 \to n_1$)
H_α	656.280	3→2
H_β	486.133	4→2
H_γ	434.047	5→2
H_δ	410.174	6→2

表 8-7-1 中，谱线的波长均指真空中的波长，计算 R_H、R_D 和原子核质量比时涉及的谱线波长需转换成真空中的波长。氢原子光谱可见光区域巴耳末系谱线波长修正值 $\Delta\lambda=\lambda_{真空}-\lambda_{空气}$，可以根据表 8-7-2来做近似修正。

表 8-7-2　氢原子光谱可见光区域巴耳末系谱线波长修正值

氢谱线	H_α	H_β	H_γ	H_δ
$\Delta\lambda$(nm)	0.181	0.136	0.121	0.116

【实验内容】

1. 实验准备

(1)按实验台上提供的系统连线示意图连接线路。

(2)检查连线、开关位置，并将接收器选择开关拨到“光电倍增管”。

(3)调节狭缝。先将入射狭缝和出射狭缝的宽度调整为 0.1 mm，实验时再根据光源情况调节狭缝宽度。

(4)接通光谱仪电源，启动计算机并打开光谱仪软件。

(5)进行系统初始化和参数设置。

2. 光谱仪波长校准

(1)汞灯预热 3～5 min，调节狭缝宽度，将汞灯置于入射狭缝处。

(2)测量汞灯光谱。通过“自动寻峰”功能检出汞灯谱线波长，以汞灯中波长为 546.07 nm 的汞绿线为参考，算出波长修正值，对光谱仪进行定标。

3. 氢、氘原子光谱测量

(1)将光源换成氢(氘)灯,调节狭缝宽度并设置好参数。

(2)单程扫描氢(氘)光谱,通过"自动寻峰"功能找出巴耳末系的前四条谱线并记录波长,保存谱图。

【注意事项】

(1)单程扫描过程中可能出现谱线能量超过最大值的情况,应记下此时谱线的波长范围,然后调整能量最大值和狭缝宽度,再对此波长范围重新定波长扫描,直到谱线最高峰不超过纵坐标的测量范围为止。然后再重新进行单程扫描,确保各条谱线最高点都不超过纵坐标最大值。

(2)禁止将光电倍增管等光电接收装置在通电情况下暴露于强光下。

(3)汞灯点亮后需预热 3~5 min 再进行实验。

【实验数据记录与处理】

在软件系统中寻峰记录数据,处理后打印谱图,并将测得的谱线波长记录在下表中。

氢(H)			氘(D)		
符号	波长(nm)	对应主量子数 n	符号	波长(nm)	对应主量子数 n
λ_{H_α}		3	λ_{D_α}		3
λ_{H_β}		4	λ_{D_β}		4
λ_{H_γ}		5	λ_{D_γ}		5
λ_{H_δ}		6	λ_{D_δ}		6

数据处理如下:

(1)计算氢原子里德伯常量。

$$n=3\text{ 时},R_{H_\alpha}=\frac{1}{\lambda_{H_\alpha}\left(\frac{1}{2^2}-\frac{1}{3^2}\right)}=$$

$$n=4\text{ 时},R_{H_\beta}=\frac{1}{\lambda_{H_\beta}\left(\frac{1}{2^2}-\frac{1}{4^2}\right)}=$$

$$n=5\text{ 时},R_{H_\gamma}=\frac{1}{\lambda_{H_\gamma}\left(\frac{1}{2^2}-\frac{1}{5^2}\right)}=$$

$$n=6\text{ 时},R_{H_\delta}=\frac{1}{\lambda_{H_\delta}\left(\frac{1}{2^2}-\frac{1}{6^2}\right)}=$$

$$\overline{R}_H=\frac{1}{4}(R_{H_\alpha}+R_{H_\beta}+R_{H_\gamma}+R_{H_\delta})=$$

(2)计算里德伯常量 R_∞。

由 $R_H=\frac{R_\infty}{1+m_e/M_H}$(其中 $M_H/m_e=1836.1527$)得

$$R_\infty=R_H(1+m_e/M_H)=$$

(3)计算氘原子里德伯常量。

$$n=3\text{ 时},R_{D_\alpha}=\frac{1}{\lambda_{D_\alpha}\left(\frac{1}{2^2}-\frac{1}{3^2}\right)}=$$

$$n=4\text{ 时},R_{D_\beta}=\frac{1}{\lambda_{D_\beta}\left(\frac{1}{2^2}-\frac{1}{4^2}\right)}=$$

$$n=5\text{ 时},R_{D_\gamma}=\frac{1}{\lambda_{D_\gamma}\left(\frac{1}{2^2}-\frac{1}{5^2}\right)}=$$

$$n=6\text{ 时},R_{D_\delta}=\frac{1}{\lambda_{D_\delta}\left(\frac{1}{2^2}-\frac{1}{6^2}\right)}=$$

$$\overline{R}_D=\frac{1}{4}(R_{D_\alpha}+R_{D_\beta}+R_{D_\gamma}+R_{D_\delta})=$$

(4)计算氢、氘原子核质量比。

$$\frac{M_D}{M_H}=\frac{\frac{\overline{R}_D}{\overline{R}_H}}{1-\frac{M_H}{m_e}\left(\frac{\overline{R}_D}{\overline{R}_H}-1\right)}=$$

【思考题】

(1)氢、氘原子光谱巴耳末系的系限波长如何计算?

(2)光谱仪狭缝宽度对分辨率和光谱能量有什么影响?

8.8 钠原子光谱

碱金属大多为+1价元素，包括Li、Na、K、Rb、Cs、Fr等，它们的物理性质、化学性质相似。碱金属原子的内层电子与原子核结合较为紧密，而价电子受原子核的束缚相对较弱。故碱金属原子可以看成是由原子核(Z个质子)与内层$Z-1$个电子组成的原子实和核外价电子组成的，类似于氢原子的结构模型。碱金属原子光谱和氢原子光谱相似，也可以归纳成一些谱线系列。碱金属原子光谱可以归纳为4个线系：主线系、第一辅线系(漫线系)、第二辅线系(锐线系)和伯格曼线系(基线系)。

然而，由于原子实与价电子的相互作用，产生了量子亏损效应，使得碱金属原子与氢原子在能级方面存在差异。一方面，价电子会与原子实相互作用，引起原子实极化效应，导致能量降低；另一方面，价电子轨道穿越原子实发生轨道贯穿现象，在价电子进入原子实时，轨道内原子实的有效电荷大于$+e$，也会导致能量降低；这些现象在氢原子中不会出现，使得碱金属原子光谱与氢原子光谱存在差异。另外，电子自旋和轨道运动的相互作用引起能级分裂，导致碱金属原子谱线存在精细结构，而氢原子谱线不存在精细结构。

通过对元素的原子光谱进行研究，可以帮助了解原子内部结构，并加深对原子内部电子运动规律的理解。本实验以钠原子光谱为研究对象，通过光栅光谱仪观察谱线并进行相关物理量的测量。

【实验目的】

(1)拍摄钠原子光谱，了解钠原子光谱精细结构。

(2)测量波长，计算量子缺和钠原子若干激发态能级。

【实验仪器】

WGD-8/8A型组合式多功能光栅光谱仪、钠灯等。

【实验原理】

19 世纪末,科学家们对原子光谱进行了深入的研究。瑞典物理学家里德伯在综合实验结果和前人研究成果的基础上,提出用波数(波长倒数)来表示谱线的方法,并给出用两光谱项之差来表示谱线波数的经验公式(8-8-1),该公式在氢原子光谱中得到了很好的验证。

$$\tilde{\nu}=\frac{R}{n_1^2}-\frac{R}{n_2^2} \tag{8-8-1}$$

式中,$\tilde{\nu}$ 为谱线的波数,n_1 和 n_2 为正整数,且 $n_2>n_1$,R 为里德伯常量($R=1.0967758\times10^7\ \mathrm{m}^{-1}$)。

以钠原子为例,钠原子共有 11 个电子,其中最外层的 1 个价电子受原子核的束缚力较弱,内层的 10 个电子受原子核的束缚力较强。钠原子可以看成是由原子实和最外层 1 个价电子组成的类似于氢原子模型的结构,原子实由钠原子核与内层 10 个电子组成。然而,由于价电子的轨道并非严格以原子核为圆心排列的同心圆,而是一个近似于圆的椭圆形轨道,有一部分会贯穿原子实,并且不同轨道在原子实中的贯穿程度不同,故价电子受到的作用强弱亦不同。由于轨道贯穿效应,原子实的平均有效电荷 $Z^*>1$,使得原子能量降低。另外,价电子在不同轨道或在同一轨道的不同位置,其与原子实中正、负电荷的相互作用也不同,这导致原子实的正负电荷中心不再重合,形成一个等效的电偶极子,并且等效电偶极矩也随着价电子的运动而改变,这也使得钠原子能量降低。由于存在轨道贯穿效应和原子实极化效应,使得在主量子数相同的情况下,钠原子能量要小于氢原子能量,这造成钠原子光谱不同于氢原子光谱,钠原子的光谱项如式(8-8-2)所示。

$$T=\frac{RZ^{*2}}{n^2}=\frac{R}{n^{*2}}=\frac{R}{(n-\Delta)^2} \tag{8-8-2}$$

式中,Z^* 为原子实平均有效电荷,$Z^*>1$,使有效量子数 n^* 不是整数($n^*<n$),而是相当于主量子数 n 减去一个修正值 Δ。主量子数修正值 Δ 称为量子缺,量子缺体现了原子实极化效应和轨道贯穿效应

对原子能量的影响，即原子实等效电偶极矩越大，轨道贯穿效应越显著，Δ 值越大。原子实极化效应和轨道贯穿效应与价电子轨道角动量量子数 l 有关，l 越小，价电子的椭圆轨道偏心率越大，原子实极化效应和轨道贯穿效应越显著，所以，Δ 值与角动量量子数 l 有关。另外，主量子数 n 越小，价电子越靠近原子实，使得原子实极化效应和轨道贯穿效应增强，故 Δ 值又与主量子数 n 有关。理论计算和实验观察显示，当 n 不是很大时，量子缺的大小主要取决于 l，随 n 的变化并不明显，所以实验中近似认为 Δ 与 n 无关。根据式(8-8-2)可以得到钠光谱的谱线波数表达式

$$\tilde{\nu}_n = \tilde{\nu}_\infty - \frac{R}{n^{*2}} \tag{8-8-3}$$

当 n^* 无限大时，$\tilde{\nu}_n \to \tilde{\nu}_\infty$，$\tilde{\nu}_\infty$ 为线系限的波数。对于单个价电子的钠原子，根据辐射跃迁的选择规则：$\Delta l = \pm 1$，$\Delta j = 0$ 或 ± 1，钠原子光谱可以分为四个谱线系。

(1) 主线系，对应于 $n\text{P} \to 3\text{S}$ 跃迁，谱线波数表达式为式(8-8-4)，n 取大于 2 的整数。该线系的谱线普遍较强，在可见光区只有一组双线结构的共振线，这就是为人们熟知的钠黄光，波长是 588.97 nm 和 589.61 nm。主线系的其他谱线都在紫外区域。

$$\tilde{\nu} = 3\text{S} - n\text{P} = \frac{R}{(3-\Delta s)^2} - \frac{R}{(n-\Delta p)^2} (n \geqslant 3) \tag{8-8-4}$$

主线系的双线结构是由能级分裂所致的。由于电子轨道角动量和自旋角动量相互作用，使原子能量获得附加值，这个附加值除了与主量子数 n 和轨道角动量量子数 l 有关，还与总角动量量子数 j 有关。总角动量量子数 j 的取值可以为 $l+s, l+s-1, \cdots, |l-s|$。电子自旋角动量量子数 $s=\frac{1}{2}$，所以总角动量量子数 $j=l \pm \frac{1}{2}$，$l \geqslant 1$，有两个取值，导致能级一分为二。nS 轨道角动量量子数 $l=0$，总角动量量子数 $j=\frac{1}{2}$，所以能级不能分裂。nP 轨道角动量量子数 $l=1$，总角动量量子数 $j=\frac{1}{2}$ 或 $\frac{3}{2}$，能级分裂为能量差很小的两个能级。主线系谱线对应跃迁的上能级为双能级，下能级为单能级，谱线形

成双重线结构,如图 8-8-1 所示。

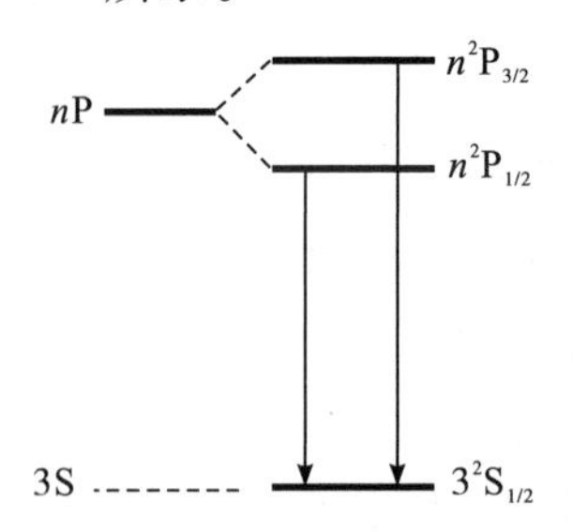

图 8-8-1　钠原子主线系谱线精细结构形成示意图

(2)第一辅线系,对应于 nD→3P 跃迁,谱线波数表达式为式(8-8-5),n 取大于 2 的整数。第一辅线系中,第一组谱线在近红外区域,其余谱线都在可见区。该线系的谱线较粗,且边缘弥漫模糊,故又称漫线系。

$$\tilde{\nu} = 3P - nD = \frac{R}{(3-\Delta p)^2} - \frac{R}{(n-\Delta d)^2}\ (n \geqslant 3) \quad (8\text{-}8\text{-}5)$$

漫线系谱线对应跃迁的上下能级均为分裂的双重能级,其谱线结构不同于主线系。受辐射跃迁的选择规则限制($\Delta j = 0$、± 1),每组谱线是由三根谱线组成的复双重线结构,如图 8-8-2 所示。复双重线结构中有一根谱线强度很弱,并与另一根谱线十分靠近,所以在分辨率不够高的仪器中,只能观察到两根谱线。

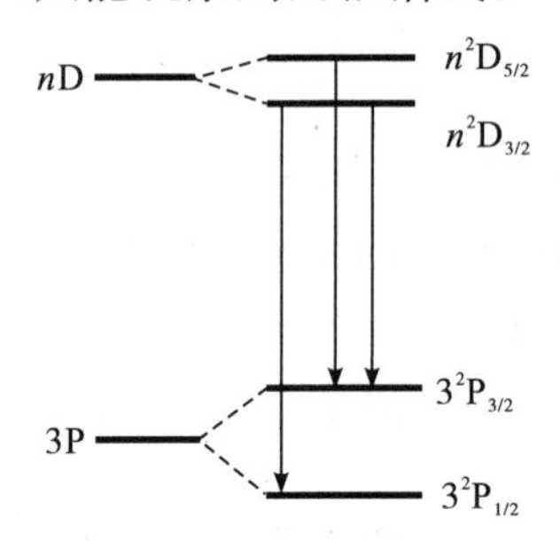

图 8-8-2　钠原子漫线系谱线精细结构形成示意图

(3)第二辅线系,对应于 nS→3P 跃迁,谱线波数表达式为式(8-8-6),n 取大于 3 的整数。第二辅线系中第一组谱线在近红外区域,其余谱线都在可见区。该线系的谱线强度较弱,但谱线轮廓细锐、边缘清晰,故又称锐线系。

$$\tilde{\nu} = 3\mathrm{P} - n\mathrm{S} = \frac{R}{(3-\Delta p)^2} - \frac{R}{(n-\Delta s)^2}(n \geqslant 4) \quad (8\text{-}8\text{-}6)$$

锐线系谱线对应的跃迁是从单能级的上能级跃迁至双能级的下能级，所以其谱线结构与主线系相同，也为双重谱线结构，如图 8-8-3 所示。

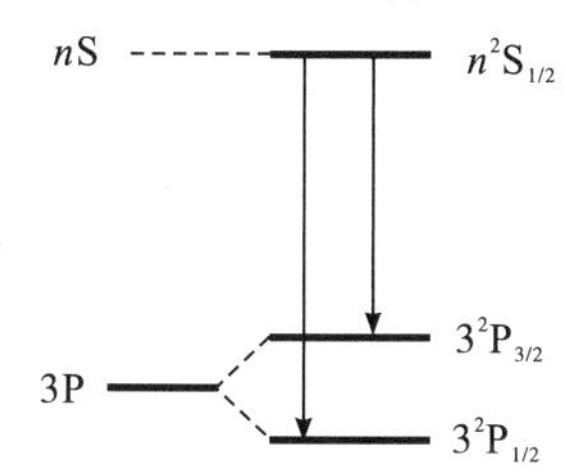

图 8-8-3　钠原子锐线系谱线精细结构形成示意图

（4）伯格曼线系，对应于 $n\mathrm{F} \rightarrow 3\mathrm{D}$ 跃迁，谱线波数表达式为式(8-8-7)，n 取大于 3 的整数。伯格曼线系的谱线强度很弱，且所有谱线都在红外区域。

$$\tilde{\nu} = 3\mathrm{D} - n\mathrm{F} = \frac{R}{(3-\Delta d)^2} - \frac{R}{(n-\Delta f)^2}\ (n \geqslant 4) \quad (8\text{-}8\text{-}7)$$

伯格曼线系谱线对应跃迁的上下能级都是双能级，所以伯格曼线系谱线结构跟第一辅线系谱线结构类似，也是复双重线结构，谱线形成原理如图 8-8-4 所示。

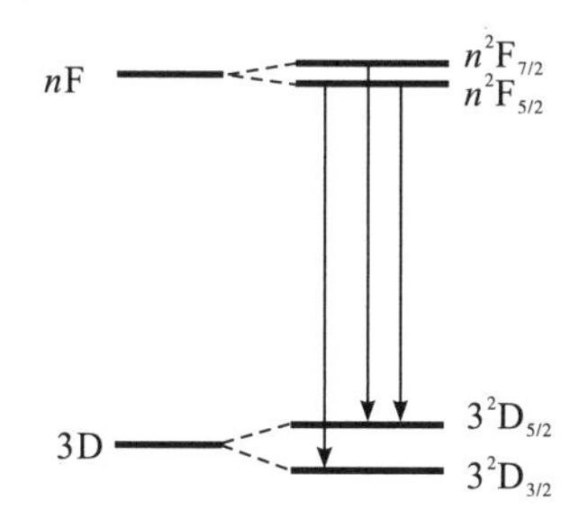

图 8-8-4　钠原子基线系谱线精细结构形成示意图

【实验内容】

（1）打开计算机和 WGD-8/8A 型组合式多功能光栅光谱仪电源。

（2）在计算机中打开实验软件，在选择接收器选项中选择“光电倍增管”。

（3）进入操作界面后，仪器自动检零，在操作界面左侧有“参数设置区”，在“模式”一栏中选“能量”，“间隔”选“0. 02 nm”

或“0.025 nm”。

(4)在“工作范围”选“起始波长 200 nm”“终止波长 800 nm”,“最大值”选“1000”,“最小值”选“0”。

(5)在“工作状态”中,“负高压”选“3”,“增益”选“3”,“采集次数”选“500”。

(6)参数设置完成后,将钠光源放置于光谱仪的入射狭缝处,用鼠标单击工具栏中的“单程”按钮,系统开始自动搜索,在屏幕上显示出各波长位置的能量分布图。

(7)在屏幕下方有“辅助工具栏”,其中“ ”为整体放大,“ ”为横向放大,“ ”为整体缩小,“ ”为自动寻峰。

(8)修改当前波长选择工具栏“检索”按钮,在弹出的对话框中输入要显示的波长,点击“确定”。

(9)画出计算机中输出的原子光谱线并记下数值,标记出主线系在可见光区的第一条谱线。

(10)计算钠原子光谱主线系量子缺值。

【实验数据记录与处理】

将操作软件中寻峰记录的数据及谱线图导出打印。

1. 提取谱线信息

序号	谱线波长(nm)	光强	线系	能级跃迁

2. 计算主量子缺

用操作软件中记录的波长查表计算。

【思考题】

(1)如何进行自动寻峰和手动寻峰?

(2)如何计算钠原子光谱主线系量子缺值?

(3)钠原子光谱项中,量子缺产生的原因是什么?它对钠原子能级有何影响?

(4)如何区分钠原子光谱的不同线系?

附 录

附录A 中华人民共和国法定计量单位

我国的法定计量单位(简称“法定单位”)包括:①国际单位制的基本单位(见A-1);②国际单位制的辅助单位(见A-2);③国际单位制中具有专门名称的导出单位(见A 3);④国家选定的非国际单位制单位(见A-4);⑤由以上单位构成的组合形式单位;⑥由词头和以上单位所构成的十进倍数和分数单位(词头见A-5)。

A-1 国际单位制的基本单位

量的名称	单位名称	单位符号	量的名称	单位名称	单位符号
长度	米	m	热力学温度	开[尔文]	K
质量	千克(公斤)	kg	物质的量	摩[尔]	mol
时间	秒	s	发光强度	坎[德拉]	cd
电流	安[培]	A			

A-2 国际单位制的辅助单位

量的名称	单位名称	单位符号
平面角	弧度	rad
立体角	球面度	sr

A-3 国际单位制中具有专门名称的导出单位

量的名称	单位名称	单位符号	用SI基本单位的表示式	其他表示例
频率	赫[兹]	Hz	s^{-1}	
力,重力	牛[顿]	N	$m \cdot kg \cdot s^{-2}$	
压力,压强,应力	帕[斯卡]	Pa	$m^{-1} \cdot kg \cdot s^{-2}$	N/m^2
能[量],功,热量	焦[耳]	J	$m^2 \cdot kg \cdot s^{-2}$	$N \cdot m$
功率,辐[射能]通量	瓦[特]	W	$m^2 \cdot kg \cdot s^{-3}$	J/s
电荷[量]	库[仑]	C	$s \cdot A$	
电位,电压,电动势(电势)	伏[特]	V	$m^2 \cdot kg \cdot s^{-3} \cdot A^{-1}$	W/A
电容	法[拉]	F	$m^{-2} \cdot kg^{-1} \cdot s^4 \cdot A^2$	C/V
电阻	欧[姆]	Ω	$m^2 \cdot kg \cdot s^{-3} \cdot A^{-2}$	V/A
电导	西[门子]	S	$m^{-2} \cdot kg^{-1} \cdot s^3 \cdot A^2$	A/V
磁[通量]	韦[伯]	Wb	$m^2 \cdot kg \cdot s^{-2} \cdot A^{-1}$	$V \cdot s$
磁[通量]密度,磁感应强度	特[斯拉]	T	$kg \cdot s^{-2} \cdot A^{-1}$	Wb/m^2
电感	亨[利]	H	$m^2 \cdot kg \cdot s^{-2} \cdot A^{-2}$	Wb/A
摄氏温度	摄氏度	℃	K	
光通量	流[明]	lm	$cd \cdot sr$	
[光]照度	勒[克斯]	lx	$m^{-2} \cdot cd \cdot sr$	lm/m^2
[放射性]活度	贝克[勒尔]	Bq	s^{-1}	
吸收剂量	戈[瑞]	Gy	$m^2 \cdot s^{-2}$	J/kg
剂量当量	希[沃特]	Sv	$m^2 \cdot s^{-2}$	J/kg

A-4 国家选定的非国际单位制单位

量的名称	单位名称	单位符号	换算关系和说明
时间	分	min	1 min=60s
	[小]时	h	1 h=60 min=3600 s
	天(日)	d	1 d=24 h=86400 s
[平面]角	[角]秒	(″)	$1''=(\pi/648000)$ rad(π为圆周率)
	[角]分	(′)	$1'=60''=(\pi/10800)$ rad
	度	(°)	$1°=60'=(\pi/180)$ rad
旋转速度	转每分	r/min	1 r/min=$(1/60)s^{-1}$
长度	海里	n mile	1 n mile=1852 m(只用于航程)
速度	节	kn	1 kn=1 n mile/h=(1852/3600)m/s(只用于航行)
质量	吨	t	1 t=10^3 kg
	原子质量单位	u	1 u≈1.6605655×10^{-27} kg
体积,容积	升	L(l)	1 L=1 dm^3=$10^{-3}m^3$
能	电子伏	eV	1 eV≈1.602189×10^{-19} J
级差	分贝	dB	
线密度	特[克斯]	tex	1 tex=10^{-6} kg/m

A-5 用于构成十进倍数和分数单位的词头

所表示的因数	词头名称	词头符号	所表示的因数	词头名称	词头符号
10^{24}	尧[它]	Y	10^{-1}	分	d
10^{21}	泽[它]	Z	10^{-2}	厘	c
10^{18}	艾[可萨]	E	10^{-3}	毫	m
10^{15}	拍[它]	P	10^{-6}	微	μ
10^{12}	太[拉]	T	10^{-9}	纳[诺]	n
10^{9}	吉[咖]	G	10^{-12}	皮[可]	p
10^{6}	兆	M	10^{-15}	飞[母托]	f
10^{3}	千	k	10^{-18}	阿[托]	a
10^{2}	百	h	10^{-21}	仄[普托]	z
10^{1}	十	da	10^{-24}	幺[科托]	y

注:①周、月、年(年的符号为 a)为一般常用时间单位。

②[ ]内的字,是在不致混淆的情况下可以省略的字。

③( )内的字为前者的同义语。

④平面角单位度、分、秒的符号,在组合单位中应采用(′)(″)的形式。例如,不用′/s 而用(′)/s。

⑤升的符号中,小写字母 l 为备用符号。

⑥r 为“转”的符号。

⑦人们在生活和贸易中,习惯将质量称为重量。

⑧公里为“千米”的俗称,符号为 km。

⑨$10^4$ 称为万,10^8 称为亿,10^{12} 称为万亿,这类数词的使用不受词头名称的影响,但不应与词头混淆。

附录B　常用物理数据

B-1　基本物理常量

名称	符号、数值和单位
真空中的光速	$c=2.99792458\times10^{8}$ m/s
电子的电荷	$e=1.6021892\times10^{-19}$ C
普朗克常量	$h=6.626176\times10^{-34}$ J·s
阿伏伽德罗常量	$N_0=6.022045\times10^{23}$ mol^{-1}
原子质量单位	$u=1.6605655\times10^{-27}$ kg
电子的静止质量	$m_e=9.109534\times10^{-31}$ kg
电子的荷质比	$e/m_e=1.7588047\times10^{11}$ C/kg
法拉第常量	$F=9.648456\times10^{4}$ C/mol
氢原子的里德伯常量	$R_H=1.096776\times10^{7}$ m^{-1}
摩尔气体常量	$R=8.31441$ J/(mol·k)
玻尔兹曼常量	$k=1.380622\times10^{-23}$ J/K
洛施密特常量	$n=2.68719\times10^{25}$ m^{-3}
万有引力常量	$G=6.6720\times10^{-11}$ N·m^2/kg^2
标准大气压	$P_0=101325$ Pa
冰点的绝对温度	$T_0=273.15$ K
声音在空气中的速度(标准状态下)	$v=331.46$ m/s
干燥空气的密度(标准状态下)	$\rho_{空气}=1.293$ kg/m^3
水银的密度(标准状态下)	$\rho_{水银}=13595.04$ kg/m^3
理想气体的摩尔体积(标准状态下)	$V_m=22.41383\times10^{-3}$ m^3/mol
真空中介电常量(电容率)	$\varepsilon_0=8.854188\times10^{-12}$ F/m
真空中磁导率	$\mu_0=12.566371\times10^{-7}$ H/m
钠光谱中黄线的波长	$D=589.3\times10^{-9}$ m
镉光谱中红线的波长(15 ℃,101325 Pa)	$\lambda_{cd}=643.84696\times10^{-9}$ m

B-2　在20℃时固体和液体的密度

物质	密度 (kg/m^3)	物质	密度 (kg/m^3)
铝	2698.9	石英	2500～2800
铜	8960	水晶玻璃	2900～3000
铁	7874	冰(0 ℃)	880～920
银	10500	乙醇	789.4
金	19320	乙醚	714
钨	19300	汽车用汽油	720～720

续表

物质	密度（kg/m^3）	物质	密度（kg/m^3）
铂	21450	钢	7600～7900
铅	11350	氟利昂-12	1329
锡	7298	变压器油	840～890
水银	13546.2	甘油	1260

B-3　在标准大气压下不同温度时水的密度

温度 T(℃)	密度（kg/m^3）	温度 T(℃)	密度（kg/m^3）	温度 T(℃)	密度（kg/m^3）
0	999.841	16	998.943	32	995.025
1	999.900	17	998.774	33	994.702
2	999.941	18	998.595	34	994.371
3	999.965	19	998.405	35	994.031
4	999.973	20	998.203	36	993.68
5	999.965	21	997.992	37	993.33
6	999.941	22	997.770	38	992.96
7	999.902	23	997.538	39	992.59
8	999.849	24	997.296	40	992.21
9	999.781	25	997.044	50	988.04
10	999.700	26	996.783	60	983.21
11	999.605	27	996.512	70	977.78
12	999.498	28	996.232	80	971.80
13	999.377	29	995.944	90	965.31
14	999.244	30	995.646	100	958.35
15	999.099	31	995.340		

B-4　在海平面上不同纬度处的重力加速度

纬度 φ(度)	g(m/s^2)	纬度 φ(度)	g(m/s^2)
0	9.78049	50	9.81079
5	9.78088	55	9.81515
10	9.78204	60	9.81924
15	9.78394	65	9.82294
20	9.78652	70	9.82614
25	9.78969	75	9.82873
30	9.78338	80	9.83065
35	9.79746	85	9.83182
40	9.80180	90	9.83221
45	9.80629		

注：表中所列数值是根据公式 $g=9.78049(1+0.005288\sin^2\varphi-0.000006\sin^2\varphi)$ 算出的，其中 φ 为纬度。

B-5　固体的线膨胀系数

物质	温度或温度范围(℃)	α (×10^{-6}℃$^{-1}$)
铝	0～100	23.8
铜	0～100	17.1
铁	0～100	12.2
金	0～100	14.3
银	0～100	19.6
钢(0.05%碳)	0～100	12.0
康铜	0～100	15.2
铅	0～100	29.2
锌	0～100	32
铂	0～100	9.1
钨	0～100	4.5
石英玻璃	20～200	0.56
窗玻璃	20～200	9.5
花岗石	20	6～9
瓷器	20～700	3.4～4.1

B-6　在20 ℃时某些金属的弹性模量(杨氏弹性模量)

金属	杨氏弹性模量 Y	
	(GPa)	(kgf/mm^2)
铝	69～70	7000～7100
钨	407	41500
铁	186～206	19000～21000
铜	103～127	10500～13000
金	77	7900
银	69～80	7000～8200
锌	78	8000
镍	203	20500
铬	235～245	24000～25000
合金钢	206～216	21000～22000
碳钢	196～206	20000～21000
康铜	160	16300

注:杨氏弹性模量的值与材料的结构、化学成分及其加工制造方法有关。因此,在某些情况下,Y的值可能与表中所列的平均值不同。

B-7-1 在 20 ℃时与空气接触的液体的表面张力系数

液体	σ（$\times10^{-3}$ N/m）	液体	σ（$\times10^{-3}$ N/m）
石油	30	甘油	63
煤油	24	水银	513
松节油	28.8	蓖麻油	36.4
水	72.75	乙醇	22.0
肥皂溶液	40	乙醇(在 60 ℃时)	18.4
氟利昂-12	9.0	乙醇(在 0 ℃时)	24.1

B-7-2 在不同温度下与空气接触的水的表面张力系数

温度(℃)	（$\times10^{-3}$ N/m）	温度(℃)	（$\times10^{-3}$ N/m）	温度(℃)	（$\times10^{-3}$ N/m）
0	75.62	16	73.34	30	71.15
5	74.90	17	73.20	40	69.55
6	74.76	18	73.05	50	67.90
8	74.48	19	72.89	60	66.17
10	74.20	20	72.75	70	64.41
11	74.07	21	72.60	80	62.60
12	73.92	22	72.44	90	60.74
13	73.78	23	72.28	100	58.84
14	73.64	24	72.12		
15	73.48	25	71.96		

B-8-1 不同温度时水的黏滞系数

温度(℃)	黏滞系数		温度(℃)	黏滞系数	
	(μPa·s)	（$\times10^{-6}$ kgf·s/mm^2）		(μPa·s)	（$\times10^{-6}$ kgf·s/mm^2）
0	1787.8	182.3	60	469.7	47.9
10	1305.3	133.1	70	406.0	41.4
20	1004.2	102.4	80	355.0	36.2
30	801.2	81.7	90	314.8	32.1
40	653.1	66.6	100	282.5	28.8
50	549.2	56.0			

B－8－2　某些液体的黏滞系数

液体	温度(℃)	(μPa・s)	液体	温度(℃)	(μPa・s)
汽油	0	1788	甘油	－20	134×10^6
	18	530		0	121×10^5
甲醇	0	817		20	1499×10^3
	20	584		100	12945
乙醇	－20	2780	蜂蜜	20	650×10^4
	0	1780		80	100×10^3
	20	1190	鱼肝油	20	45600
乙醚	0	296		80	4600
	20	243	水银	－20	1855
变压器油	20	19800		0	1685
蓖麻油	10	241×10^4		20	1554
葵花籽油	20	50000		100	1224

B－9　蓖麻油黏滞系数与温度的关系

T/℃	η/Pa・s	T/℃	η/Pa・s	T/℃	η/Pa・s	T/℃	η/Pa・s	T/℃	η/Pa・s
4.50	4.00	13.00	1.87	18.00	1.17	23.00	0.75	30.00	0.45
6.00	3.46	13.50	1.79	18.50	1.13	23.50	0.71	31.00	0.42
7.50	3.03	14.00	1.71	19.00	1.08	24.00	0.69	32.00	0.40
9.50	2.53	14.50	1.63	19.50	1.04	24.50	0.64	33.50	0.35
10.00	2.41	15.00	1.56	20.00	0.99	25.00	0.60	35.50	0.30
10.50	2.32	15.50	1.49	20.50	0.94	25.50	0.58	39.00	0.25
11.00	2.23	16.00	1.40	21.00	0.90	26.00	0.57	42.00	0.20
11.50	2.14	16.50	1.34	21.50	0.86	27.00	0.53	45.00	0.15
12.00	2.05	17.00	1.27	22.00	0.83	28.00	0.49	48.00	0.10
12.50	1.97	17.50	1.23	22.50	0.79	29.00	0.47	50.00	0.06

B－10　不同温度时干燥空气中的声速(单位:m/s)

温度(℃)	0	1	2	3	4	5	6	7	8	9
60	366.05	366.60	367.14	367.69	368.24	368.78	369.33	369.87	370.42	370.96
50	360.51	361.07	361.62	362.18	362.74	363.29	363.84	364.39	364.95	365.50
40	354.89	355.46	356.02	356.58	357.15	357.71	358.27	358.83	359.39	359.95
30	349.18	349.75	350.33	350.90	351.47	352.04	352.62	353.19	353.75	354.32
20	343.37	343.95	344.54	345.12	345.70	346.29	346.87	347.44	348.02	348.60
10	337.46	338.06	338.65	339.25	339.84	340.43	341.02	341.61	342.20	342.58
0	331.45	332.06	332.66	333.27	333.87	334.47	335.07	335.67	336.27	336.87
－10	325.33	324.71	324.09	323.47	322.84	322.22	321.60	320.97	320.34	319.52
－20	319.09	318.45	317.82	317.19	316.55	315.92	315.28	314.64	314.00	313.36
－30	312.72	312.08	311.43	310.78	310.14	309.49	308.84	308.19	307.53	306.88
－40	306.22	305.56	304.91	304.25	303.58	302.92	302.26	301.59	300.92	300.25
－50	299.58	298.91	298.24	397.56	296.89	296.21	295.53	294.85	294.16	293.48
－60	292.79	292.11	291.42	290.73	290.03	289.34	288.64	287.95	287.25	286.55
－70	285.84	285.14	284.43	283.73	283.02	282.30	281.59	280.88	280.16	279.44
－80	278.72	278.00	277.27	276.55	275.82	275.09	274.36	273.62	272.89	272.15
－90	271.41	270.67	269.92	269.18	268.43	267.68	266.93	266.17	265.42	264.66

B-11 固体导热系数

物质	温度(K)	[×10² W/(m·K)]	物质	温度(K)	[×10² W/(m·K)]
银	273	4.18	康铜	273	0.22
铝	273	2.38	不锈钢	273	0.14
金	273	3.11	镍铬合金	273	0.11
铜	273	4.0	软木	273	0.3×10^{-3}
铁	273	0.82	橡胶	298	1.6×10^{-3}
黄铜	273	1.2	玻璃纤维	323	0.4×10^{-3}

B-12-1 某些固体的比热容

固体	比热容[J/(kg·K)]	固体	比热容[J/(kg·K)])
铝	908	铁	460
黄铜	389	钢	450
铜	385	玻璃	670
康铜	420	冰	2090

B-12-2 某些液体的比热容

液体	比热容[J/(kg·K)]	温度(℃)	液体	比热容[J/(kg·K)]	温度(℃)
乙醇	2300 2470	0 20	水银	146.5 139.3	0 20

B-12-3 不同温度时水的比热容

温度(℃)	0	5	10	15	20	25	30	40	50	60	70	80	90	99
比热容[J/(kg·K)]	4217	4202	4192	4186	4182	4179	4178	4178	4180	4184	4189	4196	4205	4215

B-13 某些金属和合金的电阻率及其温度系数

金属或合金	电阻率(×10⁻⁶ Ω·m)	温度系数(℃⁻¹)	金属或合金	电阻率(×10⁻⁶ Ω·m)	温度系数(℃⁻¹)
铝	0.028	42×10^{-4}	水银	0.958	10×10^{-4}
铜	0.0172	43×10^{-4}	伍德合金	0.52	37×10^{-4}
银	0.016	40×10^{-4}	钢(0.10～0.15%碳)	0.10～0.14	6×10^{-3}
金	0.024	40×10^{-4}			
铁	0.098	60×10^{-4}	康铜	0.47～0.51	$(-0.04\sim+0.01)\times10^{-3}$
铅	0.205	37×10^{-4}			
铂	0.105	39×10^{-4}	铜锰镍合金	0.34～1.00	$(-0.03\sim+0.02)\times10^{-3}$
钨	0.055	48×10^{-4}			
锌	0.059	42×10^{-4}	镍铬合金	0.98～1.10	$(0.03\sim0.4)\times10^{-3}$
锡	0.12	44×10^{-4}			

注:电阻率与金属中的杂质有关,因此表中列出的只是 20 ℃时电阻率的平均值。

B-14-1　不同金属或合金与铂(化学纯)构成热电偶的热电动势

(热端在100 ℃,冷端在0 ℃时)①

金属或合金	热电动势(mV)	连续使用温度(℃)	短时使用最高温度(℃)
95%Ni+5%(Al,Si,Mn)	-1.38	1000	1250
钨	+0.79	2000	2500
手工制造的铁	+1.87	600	800
康铜(60%Cu+40%Ni)	-3.5	600	800
56%Cu+44%Ni	-4.0	600	800
制导线用铜	+0.75	350	500
镍	-1.5	1000	1100
80%Ni+20%Cr	+2.5	1000	1100
90%Ni+10%Cr	+2.71	1000	1250
90%Pt+10%Ir	+1.3	1000	1200
90%Pt+10%Rh	+0.64	1300	1600
银	+0.72②	600	700

注:①表中的"+"或"-"表示该电极与铂组成热电偶时其热电动势的正负。当热电动势为正时,在处于0 ℃的热电偶一端电流由金属(或合金)流向铂。

②为了确定用表中所列任何两种材料构成的热电偶的热电动势,应当取这两种材料的热电动势的差值。例如,铜、康铜热电偶的热电动势等于+0.75-(-3.5)=4.25(mV)。

B-14-2　几种标准温差电偶

名称	分度号	100 ℃时的电动势(mV)	使用温度范围(℃)
铜-康铜(Cu55Ni45)	CK	4.26	-200~300
镍铬(Cr9~10Si0.4Ni90)-康铜(Cu56~57Ni43~44)	EA-2	6.95	-200~800
镍铬(Cr9~10Si0.4Ni90)-镍硅(Si2.5~3Co<0.6Ni97)	EV-2	4.10	1200
铂铑(Pt90Rh10)-铂	LB-3	0.643	1600
铂铑(Pt70Rh30)-铂铑(Pt94Rh6)	LL-2	0.034	1800

B-14-3 铜-康铜热电偶的温差电动势(自由端温度 0 ℃)(单位:mV)

康铜的温度	铜的温度(℃)										
	0	10	20	30	40	50	60	70	80	90	100
0	0.000	0.389	0.787	1.194	1.610	2.035	2.468	2.909	3.357	3.813	4.277
100	4.227	4.749	5.227	5.712	6.204	6.702	7.207	7.719	8.236	8.759	9.288
200	9.288	9.823	10.363	10.909	11.459	12.014	12.575	13.140	13.710	14.285	14.864
300	14.864	15.448	16.035	16.627	17.222	17.821	18.424	19.031	19.642	20.256	20.873

B-15 在常温下某些物质相对于空气的光的折射率

物质	H_α 线(656.3 nm)	D 线(589.3 nm)	H_β 线(486.1 nm)
水(18℃)	1.3314	1.3332	1.3373
乙醇(18℃)	1.3609	1.3625	1.3665
二硫化碳(18℃)	1.6199	1.6291	1.6541
冕玻璃(轻)	1.5127	1.5153	1.5214
冕玻璃(重)	1.6126	1.6152	1.6213
燧石玻璃(轻)	1.6038	1.6085	1.6200
燧石玻璃(重)	1.7434	1.7515	1.7723
方解石(寻常光)	1.6545	1.6585	1.6679
方解石(非常光)	1.4846	1.4864	1.4908
水晶(寻常光)	1.5418	1.5442	1.5496
水晶(非常光)	1.5509	1.5533	1.5589

B-16 常用光源的谱线波长(单位:nm)

一、H(氢)	447.15 蓝	589.592(D_1)黄
656.28 红	402.62 蓝紫	588.995(D_2)黄
486.13 绿蓝	388.87 蓝紫	五、Hg(汞)
434.05 蓝	三、Ne(氖)	623.44 橙
410.17 蓝紫	650.65 红	579.07 黄
397.01 蓝紫	640.23 橙	576.96 黄
二、He(氦)	638.30 橙	546.07 绿
706.52 红	626.25 橙	491.60 绿蓝
667.82 红	621.73 橙	435.83 蓝
587.56(D_3)黄	614.31 橙	407.78 蓝紫
501.57 绿	588.19 黄	404.66 蓝紫
492.19 绿蓝	585.25 黄	六、He-Ne 激光
471.31 蓝	四、Na(钠)	632.8 橙

附录C 常用电气测量指示仪表和附件的符号

C-1 测量单位及功率因数的符号

名称	符号	名称	符号
千安	kA	兆欧	MΩ
安培	A	千欧	kΩ
毫安	mA	欧姆	Ω
微安	μA	毫欧	mΩ
千伏	kV	微欧	μΩ
伏特	V	相位角	φ
毫伏	mV	功率因数	$\cos\varphi$
微伏	μV	无功功率因数	$\sin\varphi$
兆瓦	MW	库仑	C
千瓦	kW	毫韦伯	mWb
瓦特	W	毫特斯拉	mT
兆乏	Mvar	微法	μF
千乏	kvar	皮法	pF
乏	var	亨利	H
兆赫	MHz	毫亨	mH
千赫	kHz	微亨	μH
赫兹	Hz	摄氏度	℃
太欧	TΩ		

C-2 仪表工作原理的图形符号

名称	符号	名称	符号
磁电系仪表		电动系比率表	
磁电系比率表		铁磁电动系仪表	
电磁系仪表		铁磁电动系比率表	
电磁系比率表		感应系仪表	

续表

名称	符号	名称	符号
电动系仪表		静电系仪表	
整流系仪表(带半导体整流器和磁电系测量机构)		热电系仪表(带接触式热变换器和磁电系测量机构)	

C-3　电流种类的符号

名称	符号
直流	—
交流(单相)	～
直流和交流	
具有单元件的三相平衡负载交流	≋

C-4　准确度等级的符号

名称	符号
以标度尺量限百分数表示的准确度等级，例如 1.5 级	1.5
以标度尺长度百分数表示的准确度等级，例如 1.5 级	1.5
以指示值的百分数表示的准确度等级，例如 1.5 级	1.5

C-5　工作位置的符号

名称	符号
标度尺位置为垂直的	⊥
标度尺位置为水平的	⊓
标度尺位置与水平面倾斜成一角度，例如 60°	∠60°

C-6　绝缘强度的符号

名称	符号
不进行绝缘强度试验	0
绝缘强度试验电压为 2 kV	2

C-7　端钮、调零器的符号

名称	符号
负端钮	—
正端钮	+
公共端钮(多量限仪表和复用电表)	⋇
接地用的端钮(螺钉或螺杆)	⏚
与外壳相连接的端钮	
调零器	

C-8　按外界条件分组的符号

名称	符号
Ⅰ级防外磁场(如磁电系)	
Ⅰ级防外磁场(如静电系)	
Ⅱ级防外磁场及电场	Ⅱ　Ⅱ
Ⅲ级防外磁场及电场	Ⅲ　Ⅲ
Ⅳ级防外磁场及电场	Ⅳ　Ⅳ

参考文献

[1] 李平. 大学物理实验[M]. 北京:高等教育出版社,2004.

[2] 陶灵平. 大学物理实验[M]. 合肥:安徽大学出版社,2020.

[3] 杨述武,孙迎春,沈国土,等. 普通物理实验(1)力学、热学部分[M]. 5 版. 北京:高等教育出版社,2016.

[4]《大学物理实验》编写组. 大学物理实验教程[M]. 北京:北京邮电大学出版社,2019.

[5] 王九云,邓文武,阮诗森. 大学物理实验[M]. 西安:西北工业大学出版社,2021.

[6] 吴泳华,霍剑青,浦其荣. 大学物理实验[M]. 2 版. 北京:高等教育出版社,2005.

[7] 王振彪,刘虎,郑乔. 大学物理实验[M]. 北京:中国铁道出版社,2009.

[8] 刘振飞,童明微. 大学物理实验[M]. 重庆:重庆大学出版社,1992.

[9] 唐贵平,何兴,范志强. 大学物理实验[M]. 北京:科学出版社,2015.

[10] 陈玉林,李传起. 大学物理实验[M]. 北京:科学出版社,2007.

[11] 徐建强,韩广兵. 大学物理实验[M]. 3 版. 北京:科学出版社,2020.

[12] 丁益民,徐杨子. 大学物理实验(基础与综合部分)[M]. 北京:科学出版社,2008.

[13] 周殿清. 大学物理实验[M]. 武汉:武汉大学出版社,2002.

[14] 吴俊林，刘志存. 大学物理实验[M]. 西安：陕西师范大学出版社，2007.

[15] 张志东，魏怀鹏，展永. 大学物理实验[M]. 2 版. 北京：科学出版社，2007.

[16] 杨瑛. 大学物理实验教程[M]. 北京：北京邮电大学出版社，2015.

[17] 胡平亚. 大学物理实验教程：基础物理实验[M]. 长沙：湖南师范大学出版社，2008.

[18] 夏云波. 大学物理实验[M]. 北京：机械工业出版社，2013.

[19] 唐文强，韦名德，杨端翠. 大学物理实验[M]. 北京：北京理工大学出版社，2007.

[20] 吴思诚，王祖铨. 近代物理实验[M]. 3 版. 北京：高等教育出版社，2005.

[21] 刘向明，韩延鸿，谢康新. 普通物理学[M]. 北京：人民邮电出版社，2003.

[22] 许永红. 大学物理实验教程[M]. 3 版. 合肥：安徽大学出版社，2019.

[23] 王臻，李文璋，王彦奎，等. 无介质硅压阻式压力/压差传感器的研制[J]. 宇航计测技术，2015，35(4)：27－33.

[24] 王永刚，曹学成，高峰，等. 大学物理实验[M]. 北京：中国农业出版社，2011.